建筑共生学理论及应用

潘海滨

著

JIANZHU GONGSHENGXUE

LILUN JI YINGYONG

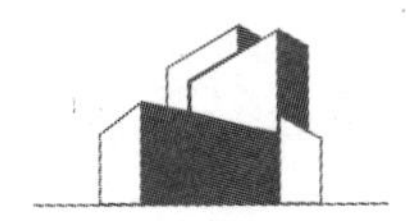

东北师范大学出版社

NORTHEAST NORMAL UNIVERSITY PRESS

图书在版编目(CIP)数据

建筑共生学理论及应用 / 潘海滨著. —长春 : 东北师范大学出版社, 2021.8

ISBN 978-7-5681-8344-4

Ⅰ. ①建… Ⅱ. ①潘… Ⅲ. ①建筑学 Ⅳ. ①TU-0

中国版本图书馆 CIP 数据核字(2021)第 180983 号

□责任编辑:岳国菊 □封面设计:黄 扬

□责任校对:于天娇 □责任印制:许 冰

东北师范大学出版社出版发行

长春净月经济开发区金宝街 118 号(邮政编码:130117)

销售热线:0431—84568025

网址:http://www.nenup.com

电子函件:sdcbs@mail.jl.cn

东北师范大学出版社激光照排中心制版

河南省环发印务有限公司印装

2021 年 8 月第 1 版 2021 年 8 月第 1 次印刷

幅面尺寸:210 mm×285 mm 印张:22 字数:535 千

定价:128.00 元

如发现印装质量问题,影响阅读,可直接与承印厂联系调换

序

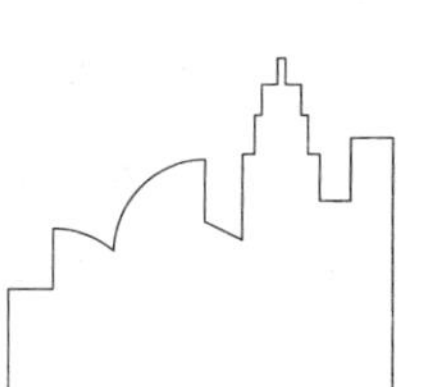

受潘海滨所托，给其书籍《建筑共生学理论及应用》写几句。对于一门新学科，我是外行，没有资格来评论，本应该由高资格、高威望的人士来写，但出于作者的精诚，盛情难却。

我通读了该书稿，其把建筑、环境、人作为一个整体来研究，提出建筑共生体概念，建立了建筑共生学理论，开辟了一个新的应用理论学科，具有划时代的实际意义。

在建筑共生学中，建筑不仅仅是建筑本身这个物质客体，还包括人与环境，由人、环境、建筑所组成的建筑共生体，其由材料、设备、形体、空间、人体、阳光、空气、雨水、植物、心理、思想、文化、风俗、制度、经济、科技等多层级因子所组合而成，各因子都有各自的特点，它们相互关联共生，发生不同程度的利弊关系，有互利、有利、偏利、偏害、有害、互害等共生关系。本书对建筑共生体进行了因子层级分类，论述了各因子的特点特征和它们相互之间的共生关系，还分析了在建设项目的前期策划、城乡规划和建筑设计、施工、使用、运行管理、修缮、拆除及项目咨询、评价等过程中的实践应用，特别是提到该理论在制造建筑设计机器人中的应用，这对完善建设项目、改善人居环境和对建筑进行自动化设计、减轻人工体力劳动，具有积极和开创性的现实意义。

这是认识建筑的方法论，符合中华文化的价值观和整体人学结构。中华文化起源于盘古开天辟地，伏羲观天察地，创造出独特的自身文化。人就是自然中的一分子，建筑就是自然中的物，建筑、自然、人就是一个有机的整体，而不是各自独立。

建筑的重要属性是人工自然物，既是物质实体，又是文化载体。人类的发展历史可以说是建筑的发展历史，二者同步发展，人类在建造建筑物时，把思想、习俗、信仰、科技等植入建筑实体中，人类文明在建筑实体中同步体现，建筑是一个不折不扣的文化载体，各历史时期的建筑承载着历史文明。

世界万物都是相互关联的，共同形成一个巨大的网络。个人也不是单独地存在着，而是有血缘、宗族、团队、社会等，彼此相互关联。自然万物同样都是相互关联着，人与自然万物也都是相互关联感应着，没有一样东西能独善其身，整个世界就是一个整体。

生命的本质不是物质而是信息，在于过程和组织形式。信息的集成构筑生命，物质只是个载体，信息的集成过程和集合方式，构筑成各种各样的生命体。

人、物质、城市气场等和宇宙场是全息的。一切事物在发展过程中，其整体和局部、不同层次、同一层次之间，都存在着相互全息的关系，都具有关联性。

中国古代的关联式思维方式中，天地万物是一个整体，万物之间相互作用、相互感应、相互联动。比如古代的农政、节气、时令等，都是天体运行规律在农业生产中的反映。本书把古代的关联性思维运用到建筑上，说明作者对中华文化有较深刻的认知。

本书是作者在长期的项目实践中学习、总结、归纳出的一个理论体系，然后又付诸实施应用，具有社会实践意义。理论来自实践，并指导实践，在实践中再完善理论，然后更好地去指导实践，呈螺旋式发展趋势，也符合宇宙世界的发展规律。

在城市化的大建设历史浪潮中，作者能沉下心来长期参与一线实践活动，能在实践中不断学习、总结、思考，建立起应用性学科，并在实践中运用，为改善提高人居环境而不懈努力，其敬业精神非常之可敬可佩。

丁俊清

2020 年 9 月 17 日

前　言

笔者通过对建设项目前期策划、设计、施工、经济、管理等长期的实践和思考，至2014年年底逐步形成了“建筑共生体”的概念。建筑是由众多的个体因子相互作用、相互影响而组合在一起的共生复合体，该共生复合体被称之为建筑共生体。经过五年的进一步实践和探索，笔者通过案例实践，对建筑共生体各组成因子及它们之间的共生关系进行了研究，形成了建筑共生学理论。

组成建筑共生体的个体因子包括视觉、听觉等人体器官能感觉到的客观物质因子，如建筑材料、设备、形体、空间、人体、阳光、空气、植物等，也包括看不见、摸不着的心理、思想、文化、制度、经济、科技等抽象因子。

由各种个体因子包括物质个体和非物质个体之间相互依存、相互作用的有机的建筑共生体，乃人为创造诞生。建筑师或起到建筑师作用的工匠等将各个体因子进行组合、应用等，取长补短，获其利避其害，使利益最大化，创造出人造空间环境。在个体因子的结合中，一个因子获得好处的同时，可能会出现对方因子受到伤害，或没有伤害，或对方获利等不同情况。研究建筑共生体中各因子的特点及它们之间的相互作用和影响的学说称为建筑共生学。

建筑共生体是伴随着错综复杂的各种各样的因子相互作用而产生的，众多因子相互关联在一起，不可分割。了解和利用各种因子的特点及其相互之间的作用关系，能在项目实践中最大限度地趋利避害，有利共享，有害减之或避之，以发挥各自优势，挖掘出项目的最大效益和潜力；能建造出更符合人的生理、心理的可持续发展的环境，改善人的精神面貌，使人更有进取心，心情更愉悦，更健康长寿。

在实践中，建筑共生学应用在如下几个方面：(1)建设项目的前期策划、城乡规划、建筑设计、施工、使用、修缮、拆除等活动；(2)建设项目的咨询和评价；(3)建筑自动化设计软件的开发，建筑设计机器人的制造，建筑的自动化设计。建筑共生学理论在项目上的应用，能优化完善建设项目，改善提升人居环境。

关于共生思想，在 20 世纪 70 年代，日本建筑师黑川纪章就提出过，在其书籍《共生的思想》的序言中提到“共生思想不只是包括艺术、文化、政治、经济、科学和技术等领域，而且，共生概念还涉及人与自然的共生、艺术与科学的共生、理性与感性的共生、传统与尖端的共生、地域性与全球性的共生、历史与未来的共生、不同年代的共生、城市与乡村的共生、海洋与森林的共生、抽象与象征的共生、部分与整体的共生、肉体与精神的共生、保守与革新的共生、开发与保护的共生等不同层次内容的共生”。日本还有一位大学建筑系统的专业教师大西正宜，也在其《建筑与环境共生的 25 个要点》(2010 年第 2 版）中专门论述了建筑与环境的共生关系。

但关于建筑共生体的概念和系统性的建立建筑共生学理论及明确该理论的应用范围，则是笔者首次提出和建立的。

鉴于此，笔者把该研究成果命名为“建筑共生学理论及应用”，并申请了知识产权，于 2019 年 11 月 13 日获得《作品登记证书》，登记号为“国作登字-2019-A-00845442”。

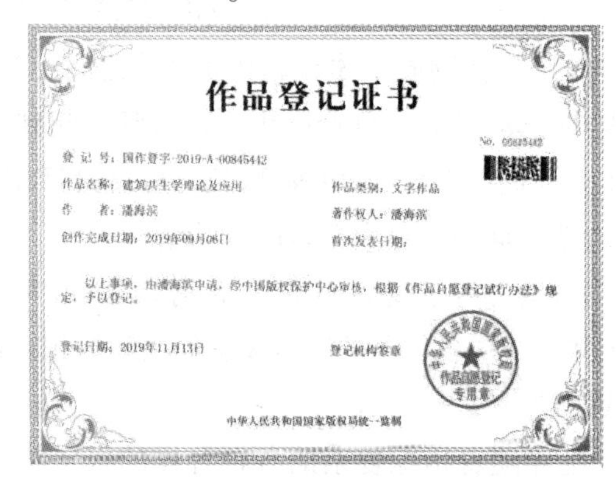

作品登记证书

登记号：国作登字-2019-A-00845442

作品名称：建筑共生学理论及应用　　作品类别：文字作品

作　　者：潘海滨　　著作权人：潘海滨

创作完成日期：2019年09月06日　　首次发表日期：

以上事项，由潘海滨申请，经中国版权保护中心审核，根据《作品自愿登记试行办法》规定，予以登记。

登记日期：2019年11月13日　　登记机构签章

中华人民共和国国家版权局统一监制

图 1 《建筑共生学理论及应用》作品登记证书

这次特地整理为图书出版，作为该理论的授权推广应用的配套用书。该理论需在著作权人书面授权下方可在项目上应用，没有经著作权人书面授权，书中内容均不允许在任何公开发表的文件、研究报告、项目说明中引用或用其他任何方式公开发表。虽然笔者花了大量业余时间和心血来完成，但囿于时间、水平及对世界认知的局限，书中难免有不足和错误之处，将在后续的实践中继续补充和完善，也望同行们在应用或研究中批评指正。

目　录

第一章

建筑共生体

第一节　建筑共生体的由来

建筑是一种物，是有生命活动的有思想的物种为了使自身能更好地生存，躲避自然中不利于自身生存和发展的因素，根据自己的想法意图而创造出来的适应自身生存和发展的新的环境，所以建筑共生体不是单单的建筑物本身这个客体，还包括创造者自身和自然环境。

蜜蜂为了生存和群体的繁衍，不惜一切代价，辛勤劳作，筑造巢穴，在树枝、房梁上甚至泥土中寻找筑巢点，建造适应自身生活生存的新环境，在巢穴里能躲风避雨，繁殖生存，外出采食(蜜)归来，就能在巢穴里避开外界对自身不利的风雨等。此时蜂巢就不只是一个简单孤立的客体，加上蜜蜂和环境，才赋予了其存在的意义。

成语“狡兔三窟”是说“狡兔三窟，仅得免其死耳。今有一窟，未得高枕而卧也”。这是冯谖用兔子的生存方式劝说孟尝君巩固其地位，结果孟尝君采纳后收到很好的效果。兔子为了生存，避开不利的环境，在不同地方建造多处住处，躲避死敌，提高存活率，这是兔子利用环境，主动改变环境来建造自己的兔穴，提高自身生存繁衍能力的一种方式。兔穴的一个重要作用就是保护兔子自身，兔穴本身这个客体没有什么意义，只有加上兔子和环境，才有存在的价值。

人类筑巢挖洞，是早期生存和发展的一种方式。人利用现成的树木、枯枝、藤条和茅草在树上建造巢居，躲避猛兽，避开湿地洪水，能提高存活下去的概率。在缺少树林的地方，就在土里挖筑洞穴，保护自身。若有现成的合适的山洞，就修整洞穴，进行穴居生活，有遗址记载的北京周口店龙骨山山洞，早期有人类在该山洞里居住，繁衍后代，据考古发现，他们曾在这里生活了数十万年，有距今70万至20万年的北京人、距今10万年左右的新洞人及距今3万年左右的山顶洞人。对于早期人类筑的巢和挖的洞，若撇开人和环境，其本身客体就没有什么价值意义，只有加上人和环境，三者合在一起，才能体现其价值，才能有用处。

随着人类智力的发展和改变环境能力的增强，“凿户牖以为室，当其无，有室之用”，人类更有意识、有目的地改变环境为自身所用。铁器的发明，能更好地加工木材，挖土筑墙，有预想地开设门洞、窗洞，安装门扇窗户，把实体或自然开放空间改造为与外部有沟通联系的人造空间。

不断地总结，不断地试错，不断地认识自然，能熟练精巧地用木、土、砖、瓦、草等构造出想要的生活环境。在缺少土、木的地方，就用石头筑造生存环境。我们普遍认为西方的古建筑都是石头造，东方的是木头造，其实这是一种假象，不是真实现象。人改变环境建造自己所需的东西，都遵从能量最低原则，西方早期同样是用土、木建造房子，因地域环境关系，当树木用完了，来不及生长出人们日益增长所需的木材，只好用石材，就地开采石头比从遥远的地方采伐树木更经济，所以就用石头建造房子，石头风化比木头腐烂缓慢得多。随着时间的流逝，木质房子烂掉后，剩下的都是石头的建筑，故现在看到的都是以石头建筑为主，所以，给人造成了错觉，认为西方的都是石头造，我们的都是木头造。我国在缺少木材的地方同样用石头造，但绝大部分地区还是木材丰富，赶得上生长，烂了再造，用树木比用石头经济，于是很多地区留下来的是以木头建筑为主。

早期人们基本上都是采用自然现成的材料或不改变原有特性进行加工来筑造所需的环境，新的环境与自然也融合、亲近，因为只是对现有的材料进行重组、拼合，未改变材料的化学结构，保持着原有的特性，只是改变了它们的大小、形状、地点、位置等物理性质。

后期随着生产力的发展、技术的进步和发明创造的增加，能把泥土烧结为砖、瓦，能用砖、瓦来配合补充原始土木材料的不足，来建造房子或构造物。但这时的砖、瓦只是对泥土中的土颗粒用高温熔化进行黏接再冷却烧制而成，但这只是对泥土进行高温再加工，并没有改变土粒矿物质成分，其还保留着原始特性，用土木砖、瓦建造的空间环境还保留着原始特点。

再后来随着技术的繁荣和蓬勃发展、工业革命的来临、高科技和信息时代的到来，人们改变自然的能力发展到了前所未有的地步。科学实验和发明创新，爆发性的发展，改变自然原生态物质，各种各样的人工新材料和仪器设备喷涌而出。玻璃、水泥、铁、铝、铜、塑料，以及发电机、空调、电灯、通风机等都生产出来，人们能根据自己预期的设想改变环境，建造出各种各样的建筑体，甚至造出大量室内没有窗户而完全依靠人工设备调节自己想要的环境的建筑体，人为地把生活环境与自然隔离开来，逆自然、悖自然而行，违背了人类是自然中的一分子的规律，违反了与自然应和谐相处的原则，进行了深刻的反思。

因此，建筑的出现和发展都是伴随着人类和环境而出现，与人、环境共生在一起，离开人与环境，建筑就无从谈起，把人、环境与建筑本体结合在一起，即为建筑共生体。

人们创造建筑共生体，目的是为了改造原环境中不利于人们生活、活动、生产等方面的因素，对有利的给予利用，不利的加以改造或避开，即利则用之、弊则改之或避之。比如，造一座房子，把原本是自然的空间用墙、屋盖、门窗将其隔离开来，分割出人们需要的空间，这种空间就是经过改造的自然空间，原自然空间不利于人的生活需求，才加以改造。对于空气、阳光等的需求，就开设门窗将其引入。

建筑共生体为人所创造，为人所用，人与建筑、环境紧密结合共生在一起。同时，建筑立在地上，与周围各种各样的客观环境保持联系，并紧密共生。因而，建筑、人、环境三者是紧密结合在一起的，共同构成建筑共生体。离开人和环境，孤立的建筑是没有价值、也没有存在的必要的，人们所需要的是建筑共生体，不是离开了人和环境的孤立的建筑客体。

建筑共生体是众多人、建筑、环境中各个因子共同结合而形成的有机的复合体。

第二节　建筑共生学的研究内容

建筑共生学的研究内容是建筑共生体中各类因子及其特性和各因子之间的相互作用关系。研究对象是建筑共生体（见图 1-2-1）。

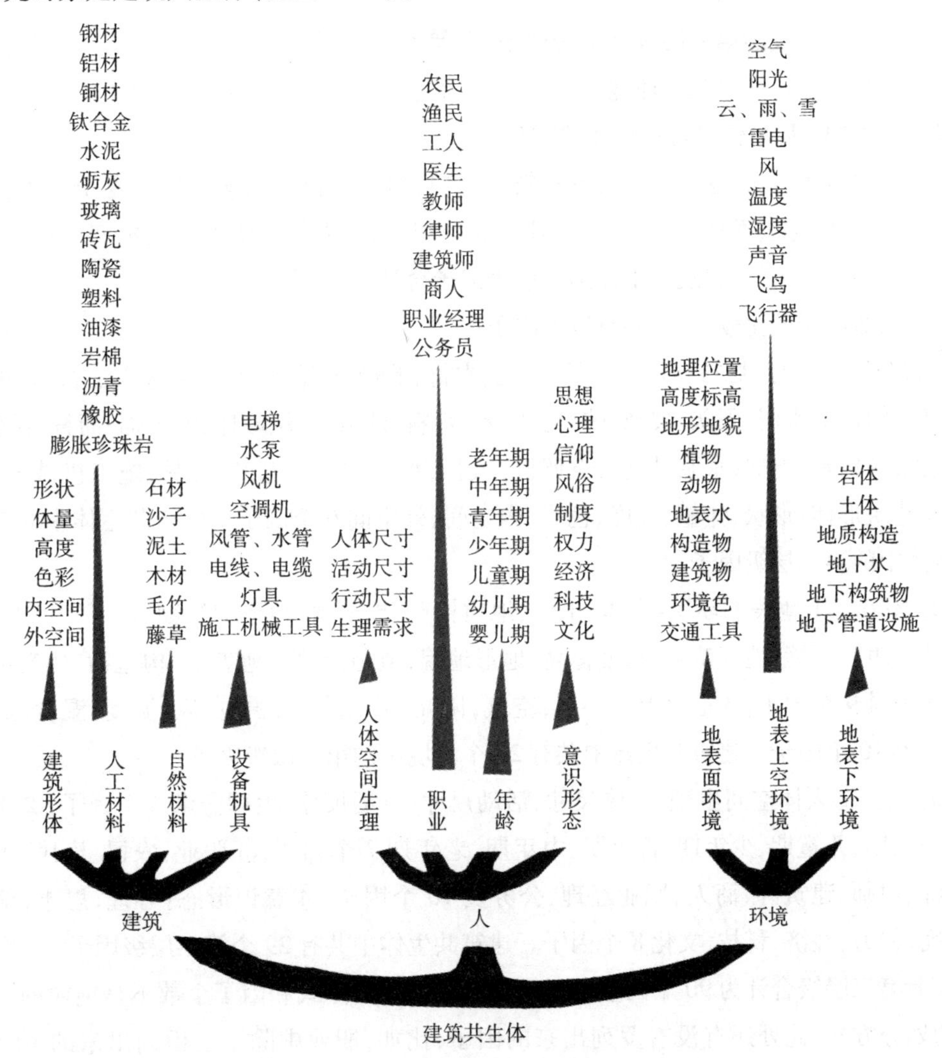

图 1-2-1　建筑共生体树形图

建筑共生体所组成的因子数量众多，错综复杂，常常是一个因子概念包含着许多的因子概念，如环境因子，环境当中有地下环境、地面环境、空中环境，而地面环境中又有地表水、道路、桥梁、田地、树木、建筑物、构造物等；地表水概念中包含着河流、溪流、湖泊、水塘、水沟等；建筑因子中的自然材料因子下的石材因子，下一层级有块石、乱石、卵石、石板、碎石等，石板下也还有下一层级如花岗岩石板、大理石石板、流纹岩石板、沙岩石板等。大概念中包含有小概念，小概念中包含有更小的概念，层层包含，因而很复杂。

建筑共生体中的建筑、环境、人这三大共生部分又各自由许多因子组成，每一部分中的各个因子也相互共生关联着，同时与其他部分的因子存在共生关系。各因子的共生关系错综复杂，很少只有两个因子共生着，一个因子往往与众多的其他因子一起共生着，彼此作用，要想分得很清晰、界线很明确是比较难的。

为了理顺关系，便于研究，并能条理清晰地进行论述说明，这里我将建筑共生体因子用层级来划分，然后依次对各层级的因子进行研究。但层级划分越往下因子越多，研究起来会有庞大的工作量，单凭个人是难以全部完成的，所以我这里先研究至第三层级。

建筑共生体组成的第一层级因子为建筑、环境、人三大因子。第一层级因子数量比较少，只有三个，也好理解，即建筑与环境、人。这三个因子在有关建筑方面的书籍上常常有描述到，比如说建筑要“以人为本”“与自然和谐”等。

第二层级因子有：①建筑中的自然材料、人工材料、设备机具、建筑形体 4 个因子；②环境中的地表下环境、地表面环境、地表上空环境 3 个因子；③人因子中的人体空间生理、年龄、职业、意识形态 4 个因子。建筑共生体第二层级因子合计为 11 个。

第三层级因子就比较多，主要有以下因子：

（1）建筑。①自然材料：石材、沙子、泥土、木材、毛竹、藤草 6 个因子；②人工材料：钢材、铝材、铜材、钛合金、水泥、砺灰、玻璃、砖、瓦、陶瓷、塑料、油漆、膨胀珍珠岩、岩棉、沥青、橡胶16 个因子；③设备机具：电梯，水泵，风机，空调机，风管、水管，电线、电缆，灯具，施工机械工具 8 个因子；④建筑形体：形状、体量、高度、色彩、内空间、外空间 6 个因子。建筑共生体中共有 36 个建筑客体中的第三层级因子。

（2）环境。①地表下环境：岩体、土体、地质构造、地下水、地下构筑物、地下管道设施 6 个因子；②地表面环境：地理位置，高度标高，地形地貌，植物，动物，地表水，构造物、建筑物，环境色，交通工具 9 个因子；③地表上空环境：空气，阳光，云、雨、雪，雷电，风，温度，湿度，声音，飞鸟，飞行器 10 个因子。建筑共生体中共有 25 个环境中的第三层级因子。

（3）人。①人体空间生理：人体尺寸、活动尺寸、行动尺寸、生理需求 4 个因子；②年龄：婴儿期、幼儿期、儿童期、少年期、青年期、中年期、老年期 7 个因子；③职业：农民、渔民、工人、医生、教师、律师、建筑师、商人、职业经理、公务员 10 个因子；④意识形态：心理，思想，信仰，风俗，制度，权力，经济、科技，文化 8 个因子。建筑共生体中共有 29 个第三层级因子。

以上第三层级合计为 90 个因子。对第三层级的划分方式和因子个数不是绝对的，可以有不同的划分方式，此处还有没有罗列出来的因子，比如，职业中除了上面列出来的 10 个因子外，还有其他的许多职业，建筑中的人工材料和设备机具上面列出来的也不是全部。

第二章

建筑共生体内因子的共生关系

第一节 建筑共生体内两因子间的共生关系

共生,先前是生物学上的概念,指每一种生物不是孤立的个体,都是由几种或多种生物生活在一起相互作用和影响的现象,有互利、偏利、偏害等共生关系。

建筑不同于生物,生物是自然界中自然进化发展而存在的,已经过漫长的适者生存的自然选择,长期的磨合,使得不优化的就慢慢淘汰,剩下的都是达到了最优的组合。而建筑是由人能动地创造而诞生的,虽然伴随着人类的出现而出现、发展而发展,但比生物的历史短暂得多。地球生物的历史有 20 多亿年,而人类的历史只有 20 多万年,能制造工具(新石器)至今只有 1 万年。建筑共生体中各因子的共生关系磨合历史比自然界中生物的共生关系磨合历史短暂得多。若能人为地对建筑共生体进行研究分析,找出其规律,予以人为干扰,优化建筑共生体,人类能更好地生存和发展。

虽然有部分类似于生物学上的共生关系,但建筑共生体内因子的共生关系比生物学的共生关系复杂得多,研究的基础也薄弱。一个因子与多个因子也可以说是与众多的因子有关联,与其有关联的因子同时与其他众多因子有关联,因此,各因子之间是立体的网状关系。理清晰、写清楚、讲明白其中的关系很难,为了方便研究,笔者在这里先理出一个因子与另一个因子之间可能出现的几种关系,然后用这几种关系来分析各具体因子之间的关系。

这里笔者把建筑共生体内的每两个因子之间的共生关系提炼概括出六种共生关系,即互利共生、有利共生、偏利共生、偏害共生、有害共生、互害共生等六种共生关系(见图 2-1-1)。这六种共生关系中,每一种都不是孤立存在的,都是有相互关联的,在外部或内部情况发生变化时,会相互转换,具有动态性。

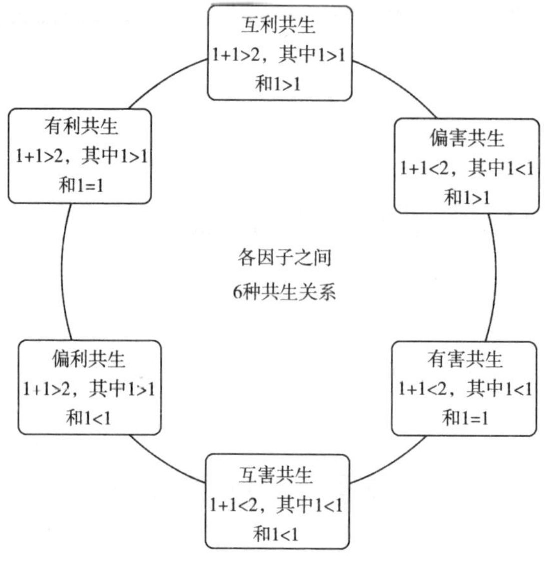

图 2-1-1 共生关系图

一、互利共生关系

互利共生就是对两个共生的因子都有好处。两个因子相互作用和影响，都能通过对方获得好处，同时都没有伤害到对方。

把一个因子所有的性能和用处等概括为 1，两个因子分别用代号 1_1 和 1_2 表示，当两个因子没有相互作用关系时，是 $1_1+1_2=2$。当两个因子有相互作用关系时，且共生后的两个 1 各自都大于共生前的 1，即 $1_1+1_2>2$，也就是说，共生后每一个因子的性能都比共生前好，即共生后的 1_1 > 共生前的 1_1，共生后的 1_2 > 共生前的 1_2。

如图 2-1-2，某一建筑物用钢材构筑成建筑物的内空间、外空间。构筑完成后，所用的钢材有了用处，在构筑完成后有了建筑内、外空间，钢材从中增加了使用的价值，获得了好处，把钢材作为一个因子 1，即完成该建筑物后的其因子 1 大于完成前的因子 1。把该建筑物的内空间作为一个因子 1，完成后的因子 1 比完成前的还是自然空间的因子 1 更有使用价值，即完成后空间的 1 大于完成前空间的 1。

图 2-1-2 钢材与建筑内外空间

同样，把该建筑物的外空间作为一个因子 1，完成后的因子 1 比完成前的还是自然空间的因子 1 更有使用价值，即完成后的建筑外空间的因子 1 大于其完成前还是自然空间的因子 1。

这样，在钢材构筑建筑内空间、外空间后，钢材因子、内空间因子、外空间因子的价值都大于在建筑物完成前的钢材因子、空间因子的价值。即完成后钢材因子 1 大于完成前的钢材因子 1，完成后的内空间因子 1 大于完成前的空间因子 1，完成后的外空间因子 1 大于完成前的空间因子 1。在钢材与内空间共生后，其共生后的因子 1 + 1 大于共生前的因子 1 + 1(= 2)。同样，在钢材与外空间共生后，其共生后的因子 1 + 1 大于共生前的因子 1 + 1(= 2)。

又如对于历史建筑的修缮(见图 2-1-3)，修缮后建筑与文化也是互利共生的。修缮后，历史建筑的样式、现状、技术牢固、价值等各方面之和为 1，大于修缮前的各方面之和的 1；修缮后的文化各方面的体现合计为 1，也大于修缮前的文化 1。当然，若修缮不当，对于文化的信息损伤或过多的破坏等，历史建筑与文化就可能是偏利或偏害共生。

图 2-1-3　历史建筑与文化

二、有利共生关系

有利共生就是两个因子共生在一起，相互作用和影响，一个因子从另一个因子中获得好处，而另一个因子没有从该因子中获得好处，但也没有受到伤害。

一个因子为 1_1，另一个因子为 1_2，共生后 $1_1 + 1_2 > 2$，其中一个因子获得好处，另一个因子没有获得好处，也没有受到损害，相互作用后总利益大于作用前的二者的总利益。作用后因子 1_1 大于作用前因子 1_1，作用后因子 1_2 还是等于作用前因子 1_2；或者作用后因子 1_1 等于作用前因子 1_1，作用后因子 1_2 大于作用前因子 1_2。

如图 2-1-4 是山地环境与村落共生在一起的情况，山地环境对村落是有利的，山地环境承载着整个村落，也是因为有了这个山地环境，村落才显得有价值、有文化、有特色等。若村落离开该环境，或者对该环境人为地或自然地造成破坏，村落的文化、特色、价值等就会减弱。而村落对环境已经处于无利无害状态。山地环境与村落长期的共生处于平衡状态中，村落对山地环境已经是没有好处和坏处，除非人为地对村落周围的环境进行改造破坏。在没有人为地对周围山地的环境破坏，保持现状的平衡状态，山地环境因子和村落处在有利共生关系中。

图 2-1-4　环境和建筑

如图 2-1-5，石材墙体围合成建筑物的室内空间，该室内空间与石材墙体就构成有利共生关系。在没有墙体围合前，该室内空间还是属于自然空间，空间对人的使用价值低于被墙体围合后的空间，也就是有石材墙体围合后，空间的价值得以提高。空间在石材墙体围合前和围合后，对石材墙体的作用是一样的，没有好与坏，只有人为的活动或自然的风雨等对石材墙体有损害作用，空间对其是没有什么影响的。

图 2-1-5　室内空间与墙体

三、偏利共生关系

偏利共生是两个因子在一起,对一方有好处,对另一方有害处,也即一个因子从另一个因子身上获得比较多的好处,另一个因子受损,但损失比较小,几乎影响不大。即 1 +1 大于 2,但其中一个 1 大于 1,另一个 1 略小于 1。

如图 2-1-6,在某风景区山体中建造人行步道构筑物,人行步道采取架空设置,只是用受力柱、梁镶嵌在岩体中,把对岩体的破坏以及人行步道架空后对植物的破坏都降到最低限度。在这种情况下,人工构造物即人行步道在自然环境中建造完成后,可获得好处,体现出有用的价值。

图 2-1-6　架空山道和环境

人行步道的建设,对其所处的环境中的山体、植物等有一定影响,在建设过程中,这种步道的破坏程度比较低,对整个山体、植物影响不大。人行步道构筑物分别与山体、植物都存在着偏利共生关系。把人行步道作为一个因子 1,建成后该 1 获利,即完成后的 1 大于完成前的 1。该处的山体作为一个因子 1,在人行步道建成后 1 受到微损,即完成后的 1 略小于完成前的 1。

在人行步道完成后,完成后的人行步道因子 1 加上完成后的山体因子 1 整体上是大于完成前的两个因子相加的 2。同样,把该处的自然植物作为一个因子 1,在人行步道建成后的 1 受到微损,即完成后的 1 略小于完成前的 1,但人行步道得到相对多的好处,即完成后人行步道因子 1 加上自然植物因子 1 大于完成前两个因子之和。

因此,该人行步道分别与山体、自然植物处于偏利共生的关系。

四、偏害共生关系

两个因子在一起共生,一方受到比较大的伤害,另一方从对方身上得到一些好处。也就是说,一个因子得到好处的同时对对方造成的损伤比较大,二者共生在一起后的总体效果和价值比共生前小。即 1 +1 小于 2,其中一个 1 小于 1,另一个 1 略大于 1。

如图 2-1-7,该人造建筑物和混凝土护坡对环境中的山体和植物造成了较大的破坏,虽然其从环境中得到好处,有了建筑物的使用价值,但破坏程度大,得到的利益或好处较小,人工建筑物与该处环境共生一起后,总体上效果和效益在降低。

图 2-1-7 建筑物与混凝土护坡

图 2-1-8 设备与墙体

为了建造房子,对山体进行开凿,开辟出一块平地,山体和植物受到了严重的不可弥补的损害,同时混凝土的护坡也同样对环境造成较大的损害,植物不能生长,雨水不能渗透,在长期的自然环境作用下,山坡上的流泥、滚石、树枝、落叶、雨水等都会对建筑造成不同程度的损坏,也降低了建筑的使用价值。显然,该人造物与环境是偏害共生关系。

又如图 2-1-8,该电表箱、电线、电缆的固定铁件与古门台、围墙就构成了偏害共生关系。

电表箱、电线、电缆的固定铁件在固定墙体上时,开凿墙体不仅降低了墙体的牢固度,还造成视觉感官上的难看、凌乱,最重要的是破坏了历史建筑构件的完整性。配件箱、电线、电缆依托墙体有了地方放置,从墙体上得到了好处。但墙体被其损害的坏处多于其得到的好处,总体上它们共生在一起,是偏害共生关系。

五、有害共生关系

两个因子共生在一起,一个因子对另一个因子有害,但自身也没有获得好处,一方没有获利,另一方受损。即 1 +1 小于 2,其中一个 1 小于 1,另一个 1 等于 1。

如图 2-1-9,环境对建筑造成了损害,建筑对环境无利无害。该建筑物长期处在自然环境中,受到阳光、风、雨、空气、生物等的作用,风化、腐烂,已明显破旧不堪,环境对建筑的有害作用很明显地表现出来。该建筑与环境的关系就是一种有害共生关系。

图 2-1-9　环境与建筑

又如图 2-1-10，管道与钢筋混凝土梁是典型的有害共生关系，在完成后的钢筋混凝土梁中钻孔穿过管道，钢筋混凝土梁受到的破坏程度是非常严重的，其结构受力功能几乎达到了报废的程度。从该梁受损的程度来说，管道虽然得到了一定的支撑的好处，但梁受损太过严重。

图 2-1-10　管道与梁

六、互害共生关系

两个因子共生在一起，相互对对方都造成伤害，两个因子都受损，即 1 +1 小于 2，其中一个 1 小于 1，另一个 1 也小于 1。

如图 2-1-11，河流与防洪堤，河边的防洪堤构造物在施工过程中对河床环境造成了损害，是一种有害作用，环境中的河水和淤泥等对构造物如基础桩基等也有损害作用，这种情况下，构造物与环境是互害共生关系。在建筑工程中，因子之间的互害共生关系普遍存在，如何把互害共生中的有害程度降到最低限度，这是工程技术人员应该重点考虑的问题之一。工程完成后，若人从中获得的有利程度小于工程项目对其他因子造成的有害程度，那项目有可能会是得不偿失的。

图 2-1-11　河流与防洪堤

又如图 2-1-12，河道里的混凝土与河道也是典型的互害共生关系。混凝土对河道有害，河道对混凝土也是有害的。浇筑在河床上的混凝土破坏了河道的生态平衡，水渗不到卵石层，生活在卵石层的生物受到伤害，同时水流的冲泻对混凝土造成损害，图中河床上的混凝土就有一部分被水冲泻破坏掉了。

图 2-1-12　混凝土与河床

第二节　建筑共生体内各层级因子的共生关系

建筑共生体由不同层级的因子共生组成，各因子之间存在着互利共生、有利共生、偏利共生、偏害共生、有害共生、互害共生等六种共生关系。

同一层级的因子之间存在着共生关系，不同层级的因子之间也存在着共生关系。每两个因子之间的共生关系，不是固定不变，而是动态发展变化的。比如，本是互利共生关系的两个因子，在时间、外部条件或其他因子等发生变化时，会影响其共生关系的有利程度，当发生较大变化时，也会转为其他类型的共生关系，如互利共生转变为有利共生、偏利共生等。同样，偏害共生也有可能转为偏利共生，有害共生的也有可能转为偏利共生。总之，任何一种共生关系不是绝对固定的，是相对的、动态变化着的。

因子之间的共生关系，有紧有松，有的很紧密，密不可分，有的比较松散，影响也比较微弱，或比较间接。

建筑共生体中第一层级中的建筑、环境、人三个因子，共生在一起，紧密相关、相互影响，密不可分，人们对于这种已达成了共识，也是业内人士谈论比较多的话题。比如建筑因子离开了环境因子、人因子，建筑因子就不复存在，也没有存在的必要。环境若没有人、建筑物，环境也只是孤立的自然环境，发挥不了其自身的价值，它的价值需要人来体现，有人也就伴随着有建筑。因此这三个因子是相互依存，共生在一起的，共同组成建筑共生体。但它们各自之间的共生关系也不是固定不变的。

一般建造房子，房子坐落的地方需要开槽做房子的基础等，原环境会受到一定程度的破坏，但房子建造起来后会给人带来更多的利益，这时建筑与环境、人与环境都是偏利共生关系；若建造房子时，进行大体量的开挖山体、大片的砍伐树木或填河填塘后建造建筑物，这时，环境受到的破坏比较严重，几乎达到不可弥补的地步，虽然建筑建好后，人也得到利益，但这些利益弥补不了这种自然生态环境受到的破坏，受到的破坏又会反过来降低人的生存条件，在这种情况下，建筑与环境、人与环境就是偏害共生关系。又如，人在建筑内活动，在使用建筑的同时又能好好对其进行维护、维修，人体与建筑就存在着偏利共生关系，若有意破损、破坏建筑，就存在着偏害共生，任其发展，就到了有害共生甚至互害共生。比如，有人在改造装修房子时，不规范，野蛮施工，这里拆拆，那里凿凿，把建筑弄倒塌了，对人也造成了伤害，这就是典型的偏利共生关系转为互害共生关系，还是很严重的互害共生关系。

建筑共生体中第二层级的自然材料、人工材料、设备机具、建筑形体和地表下环境、地表面环境、地表上空环境及人的人体空间生理、年龄、职业、意识形态等因子，它们相互之间也存在着多种不同的共生关系。在不同的条件下，共生关系也会发生转换。同时，第二层级的因子也会与上一级因子或下一级因子发生不同的共生关系。

比如，自然材料与人体空间生理的共生关系，一般是有利共生关系。自然材料构筑成给人生活的房子，容纳人体、行动的空间及居住的生理需求，人从自然材料中得到好处，自然材料被人使用，慢慢磨损，但磨损程度极慢，影响较小，有些房子使用了上百年甚至上千年，使用中加以维护，还可以继续使用，这种情况下，二者就是有利共生关系；但若在使用过程中，不加以保护和维护，还没使用多长时间就破破烂烂，这种情况下，自然材料与人体就存在着偏利共生关系；若自然材料破损严重，危害到人的身体和生活并使房子存在随时倒塌的可能，这种情况下二者就转为互害共生关系。

比较多的第三层级中的因子，相互之间同样存在着六种共生关系。同时，也存在着与第二层级的因子或第一层级的因子的共生关系。

在项目的前期策划、设计或施工、后期使用等过程中，需要把各因子之间的共生关系向好的共生关系发展，避免向坏的共生关系发展。互害的共生关系，要降低有害的程度，尽可能地创造条件向有害共生、偏害共生关系发展。偏害的向偏利、有利共生关系发展，有利的向互利共生关系发展。

因此，在项目实践中，在条件允许的情况下，巧妙地运用条件，或创造有利的条件，需想方设法把有害的共生关系转为有利的共生关系，避免严重的互害共生关系出现，尽量出现较多的互利共生关系。

第三章

建筑共生体第一层级因子及其共生关系

第一节　建筑共生体第一层级因子

建筑共生体第一层级因子有建筑、环境、人三个因子。

一、建筑因子

建筑是人们特意为了某种目的而建造起来的一个物体，如图 3-1-1，其有自身的独特性，主要表现为：

(1)必须有场地位置放置，占用场地，位置固定。

(2)对自然属性的空间进行了再造，带有边界限定的人造空间。

(3)必须要有材料，运用人力、工具、机械等进行加工和建造。

(4)都有功能性的用途，每个建筑物都有其用途。

(5)都有寿命时间，每座建筑都不会永久长期存在，都有寿命期。

(6)还带有公共性、商品性、文化性、艺术性、技术性等特点。

图 3-1-1　建筑因子

二、环境因子

环境是指周围存在着的一切静态和动态的情况，其主要特点表现为：

(1)已经客观存在着，包括自然存在着的和人工改造过的现象、物体等一切人造物。

(2)具有全方位性，包括地表下的、地表面的、地表上空的各种物质、空间、现象。

如图 3-1-2 和图 3-1-3 分别是在同一个地方人工改造过程中的环境和人工改造后的环境。在人们认为环境不适合自身利益时，会能动地有意向性有目的性地进行改造以满足自身的需要。

图 3-1-2　环境因子(人工改造过程中)

图 3-1-3　环境因子(人工改造后)

三、人因子

人指的就是人类社会中的人，如图 3-1-4 和图 3-1-5。人具有很明显的社会性，人有其自身独特的特性，从而有别于其他动植物，主要表现为：

(1)有思维能动性，能创造性地改变周围环境，有情感、思想等。

(2)有一定的体积大小，需要一定的活动空间。

(3)组成不同的群落集聚生活，有序地分工做事，构成社会群体，制定制度进行管理，构筑经济体系进行交易。

(4)有计划、目的地学习、生产、生活等。

(5)不同阶段的生长时期有不同的生活、活动方式。

图 3-1-4　室内活动中的人因子

图 3-1-5　室外活动中的人因子

第二节 建筑共生体第一层级因子的共生关系

建筑、环境、人三个因子共生一起。建筑必须要放置在场地上占据空间，且与其占据空间的外部各种因素通过其接触界面相互作用和影响，场地和外部各因素就是环境；建筑因为人的需求建造而存在，为人所用，离开人也就没有存在价值；人因欲望需求而改造，所处的环境若不能满足自身需求，会想方设法改善或改变环境来满足自己，环境也因为有人的活动，受到作用而改变，人与环境相互作用、相互影响。

一、建筑因子与环境因子的共生关系

建造建筑需要有个地方落地，需要有稳固的地基、水体、土壤、树草等，温度不能太热或太冷等。找好地点，建造建筑，该建筑与该地方的地质、土地、水、树木等就相互作用融合在一起。图 3-2-1 ~ 图 3-2-4 都是建筑与环境共生在一起的例子。

图 3-2-1 建筑与环境 1

图 3-2-2 建筑与环境 2

图 3-2-3　建筑与环境 3

图 3-2-4　建筑与环境 4

在已有人工建造的建筑物等环境中建造新建筑，那么新建筑与周围同其接触的各自然物质以及原人工环境等形成共生关系，共同作用、相互影响。

建筑与环境共生，一般情况下是建筑建造在大地上，大规模地开凿挖地，会对原环境造成伤害。建筑建造起来，诞生了新的物体，而环境中的土地被开凿受害，再回不到原来的状态，造成永久性的伤害，这是一种建筑和环境的偏害共生。

若建筑在建造时，对原环境不开挖破肚，或破损后进行环境补偿修复，且对其周围的环境如植物、动物、水文等保持原样不变或进行改造提升，总体上将对环境的破损程度降到最低限度，这种情况下建筑和环境就是偏利共生。

若原环境本就是破损的旧建筑或垃圾场等环境，在改造修缮、拆后新建建筑或环境治理改造新建后，原环境各方面还有周围的如水、空气、动植物等都反而比原来更好了，这种情况下，建筑与环境都获得利益，都得到好处，建筑因子与环境因子就是互利共生关系，是最好的一种共生方式。

建造建筑时，要尽量达到环境与建筑的互利共生，最起码要偏利共生，尽量避免偏害共生，更不能有有害共生或互害共生出现。

建筑建造后，发现建筑不能发挥出作用价值。这种情况下，土地被占用了，环境也遭到破损，而建筑没有发挥出作用，也就是说，该建筑没有用处，是多余的，这种情况下建筑与环境就是有害共生关系。如果建筑还是个危险体，比如危房等，不但不能发挥有益作用，还会产生有害作用，这种情况下，建筑与环境就是互害共生关系。

如图 3-2-4 中的建筑与环境关系，是达到了互利共生关系。建筑在建造时，挖掘土石破坏原生环境的同时，改造提升了环境，把建筑也作为生态环境中的一员考虑，改造后使原始环境有了更好的状态，对环境有利，对建筑也有利，二者就是互利共生关系。

二、建筑因子与人因子的共生关系

建筑需要人建造，不会凭空生长出来。对于建筑，人起到决定性的作用，一切都源于人，建筑是伴随着人类出现而生，也因为人类而亡。

起初，人类因为生产力的低下，只能建造些简陋、矮小的建筑，社会职业分工也简单，对不同类型的建筑需求也少，建筑的种类、样式也就少。随着人们对自然认识的深入，对各种材料进行各种实验，探索共性规律，认知材料的各种特性，如力学、热、声、光、防水、防火、防腐、电导等等，也发明创造出各种新型材料，同时也制造出建造建筑用的各种设备、工具等，而且社会分工也越来越细，对建筑类型的需求也越来越多，于是人们根据意愿设想能建造出各种各样的建筑。也出现参与建筑工作的人群分工，有专门投资出钱的，有专门设计建造的，有专门使用的，有专门管理的。参与建筑的人们都与建筑产生联系，建筑的大小、形状、好坏、留存或拆除等也都由参与的这部分人决定，建筑与人是紧密关联在一起的。

人需要在建筑里保护自身，避免在外风吹雨淋、受太阳暴晒、受野兽攻击等。人在建筑里活动，需要呼吸空气，建筑开窗或用设备更新空气、排出废气。人体需要喝水，用水管把水接入或用设备把水引入或直接用人力用水桶盛水提或挑运到建筑内，废水用管道排出或用桶提移出建筑外。人体需要进出建筑，就开设门洞、门扇，使建筑内部与外部连通。外部炎热，建筑的屋盖、外墙外窗进行隔热，隔开外部对人体不利的热辐射；外部寒冷，建筑的屋盖、外墙门窗来保存室内的热量，减少外流。屋盖、外墙门窗等通过抵御外界的暴风雨雪、烈日阳光来保护人体。人需要外部的绿植、景观观看欣赏，房子开设的窗户提供了人的这种需求。人需要艺术、美感等情感需求，建筑的外观艺术性、美观性等满足人的需要。

因此，建筑需要人，人也需要建筑，建筑与人存在着共生的关系（见图 3-2-5 ~ 图 3-2-8）。一般存在着互利共生、偏利共生、偏害共生等三种共生关系，互害关系也有，但比较少。

图 3-2-5　建筑与人 1

图 3-2-6　建筑与人 2

图 3-2-7　建筑与人 3

建筑的使用者若对建筑非常爱护,在使用过程中,及时修缮保护,随着时间的推移,建筑越来越有故事、内涵、印记,建筑也变成了文物,具有历史文化价值。该历史建筑也就越来越受到重视,越来越被加强保护,其价值也就越来越高。这种情况下,使用者人体获得利益,建筑也获得利益,二者都有利,这时,人与建筑存在着互利共生关系。如图 3-2-8 中的历史建筑已具有历史文化价值,与人就存在互利共生关系。

图 3-2-8　建筑与人 4

大多数情况下，建筑与人是偏利共生关系。建筑给予人体生活活动空间，保护人体不受外界不利因素的影响，人体从建筑上获得利益。人在建筑中活动、生活，会磨损建筑中的地面、楼板、门槛、门窗等构件，对建筑有损害作用，但不至于对建筑造成破坏性的影响。

若使用者对建筑进行敲凿等改变建筑结构或构件的行为，对建筑造成了一定的破坏，在使用一段时间后，发现很危险，不得不拆除建筑，这种情况下，人对建筑的破损影响过大，建筑与人体是偏害共生关系。

如果建筑设计的不好或施工的不妥等，在使用过程中，建筑对人体造成身心健康的伤害，甚至危及生命等，这种情况下，建筑对人体有害，人体对建筑也有害，建筑与人体是互害共生关系。

在实践中，人与建筑的关系错综复杂，对于每个项目都需要具体分析，综合判断其是属于哪一种共生关系，如何避免不利的共生关系，把不利的共生关系转变为有利的共生关系，这些都需要从各方面上进行分析。

现实中，建筑因有人需要，加上有人或机构愿意投资建造而诞生，其中的机构也是人组合在一起进行活动。建筑与人是息息相关、密不可分的，紧密共生在一起，不可分割。

三、人因子与环境因子的共生关系

人离不开环境，环境也离不开人，二者交织在一起，其关系比较复杂，呈现出多样的关系。不同的情况下有不同的共生关系，互利、有利、偏利、偏害、有害、互害等六种共生关系都有存在。

人在环境中生存，在环境中获取各种所需的同时，人不破坏环境，而且还对环境进行改造、改善、提升。比如，开辟荒地，植树造林，种植果树、粮食，原环境得到改善，获得利益（见图 3-2-9）。又如，拆除和清理破旧、荒废的人工环境，改造后成为生机勃勃的绿色、生态的环境。这种情况下，人和环境都从对方身上得到好处，环境与人是互利共生关系。

图 3-2-9　人与环境 1

若人在生活活动中，对环境不加以干扰，环境没有受到人为破坏，也没有得到人为的改造提升，但环境中自然生长的动物、植物等过剩的部分，人们获取来使用，并享受自然的空气、阳光、雨露等，这种情况下，人体从环境中获得利益好处，而环境没有受损，也没有得到好处，人体与环境是有利共生关系。

若人体在环境中获得利益的同时，对环境造成一定的影响，但没有对生态环境造成破坏，生态环境也能够进行自我修复。比如，人们砍了一些树木，树木还能生长出来，过不了多久，就能恢复到原来的状态，环境受到伤害，但这种伤害程度比较小。如图 3-2-10 中人对环境的伤害比较小，这种情况下，人与环境处于偏利共生关系。

图 3-2-10　人与环境 2

又如，人们改造自然山体变为种植田地，自然山体环境虽然在人获得利益的同时受到开挖改造，但在改造为田地后，生态得到了补偿修复，总体上山体受到人的损害程度比较低。还有一种情况，人在改造环境中，环境得到很多的改善、提升，人受到一定程度的伤害、损伤，但总体来讲，人这种损失比较小。这种情况下，一方获利另一方受损但受损程度比较小，这时，人与环境是偏利共生关系。

若人们为了获得生活、生产、活动等空间，在环境中攫取的利益比较多，造成环境的生态损坏，环境自身无法恢复到原来的生态平衡，有些物种数量明显减少或灭亡，这种情况下，人与环境存在偏害共生关系。

若人们对环境的破坏程度到了人们无利可取的地步，人也得不了好处，只有环境受到损坏，这时，人体与环境是处在有害共生关系之中，到了这种程度，人会抛弃所在地，寻找新的栖息地。

若在经济发展的过程中，人们大量砍伐树木、大量开采矿产、随意排放等工业污水，不但打破了原有环境的生态平衡，还污染了环境，土体、水体、空气等都带有有毒物质，这种被污染的环境反过来会损害人们的身心健康。这种情况下，环境受损，人体也受损，人与环境就变为互害共生关系。这种情况一出现，说明人与环境之间的关系已经到了最坏的程度。

如图 3-2-11，居民生活污水的随意排放，造成周围环境的严重污染，环境反过来对人的身心造成严重的损害，这就是明显的互害共生。

图 3-2-11　人与环境 3

第四章

建筑共生体第二层级因子及其共生关系

第一节　建筑共生体第二层级因子

此处研究建筑共生体中第二层级的如下 11 个因子(图 4-1-1),分别为建筑因子的 4 个下层级因子即自然材料因子、人工材料因子、设备机具因子、建筑形体因子和环境因子的 3 个下层级因子即地表下环境因子、地表面环境因子、地表上空环境因子及人因子的 4 个下层级因子即人体空间生理因子、年龄因子、职业因子、意识形态因子。每个第二层级因子都有各自的特点、特性,共同构筑成建筑共生体。

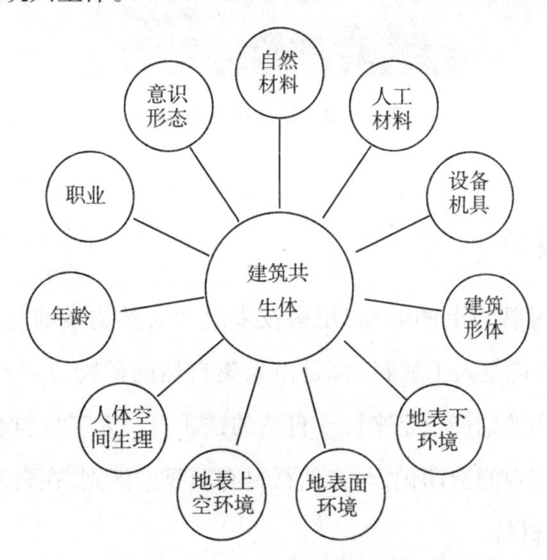

图 4-1-1　建筑共生体第二层级因子

一、自然材料因子

自然材料指的是直接从自然界中存在的物质获取而来,没经过人类创造性地改变其化学结构,只改变其大小、形状等物理特性的物质。如石材,直接从岩石体中开凿出来,再加工为需要的大小尺寸的块或板等。还有木材,采伐于各种树木,加工为各种需要的形状大小,没改变其化学结构,只有形状大小、含水量等变化。其特点如下:

(1)自然,没有改变其化学结构。

(2)生态环保,可以重复使用,在建筑使用寿命完成后,可以拆卸下来再次使用。

(3)稳定,各种性能比较稳定,不会随着时间的推移而发生明显的化学变化。

(4)再生性差,石头从矿体中开采过来,无法再生,石头的形成是从地质年代开始计算,如数百万年、数亿年,人的生命期与其相比可以忽略不计。如图 4-1-2 中的一个采石场遗迹,石头被开采后,无法再生。

图 4-1-2 某采石场遗迹

二、人工材料因子

人工材料是人类通过智力上的劳动,用科技来改变自然物质的化学结构,创造出新的材料。如钢材、水泥、玻璃等都是人工材料,都是由采集自然的矿物,进行粉碎、冶炼等制造出来的,如图 4-1-3 中的建筑用的钢筋就是来源于自然的铁矿石。人工材料有如下特性:

(1)有明显的人工、工业制造印记,与自然材料有明显的区别,在自然环境中没有自然存在的,是人创造加工出来的材料。

(2)生态环保性一般,参差不齐。如瓦、砖还可以,水泥、砺灰就差,钢材、玻璃一般。

(3)稳定性一般,如钢材会生锈、水泥会发生化学反应、沥青会老化等。

(4)再生性一般,有的可以再生使用,如钢材、玻璃、塑料等,有的就不行,如水泥、砺灰等。

图 4-1-3　人工材料的钢材

三、设备机具因子

设备机具属于建筑体中的配套用品，是能源运输、温度调节、空气调送、重物运送等的各种管道、管线、机械、机具等，如图 4-1-4 中就是建筑中配套的各种管道设备，其有如下特点：

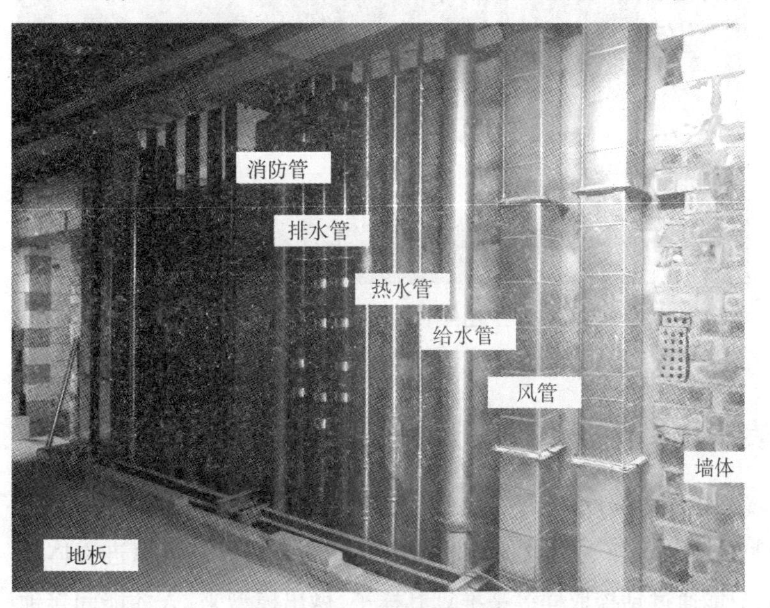

图 4-1-4　建筑管道设备

(1)是建筑体的配套设施，本身不构成建筑体的结构，但依附于建筑结构，优化建筑体的各种功能。

(2)具有一定的体积，需占用一定的空间。

(3)运输其他有用的东西，本身只是个载体。如电梯，是运人体或货物，本身是个机械设备，作为运输使用。

(4)需求性对各建筑体不一样。越大型、越复杂、越现代的建筑体,设备机具越需要,越简单、越原始的建筑体越不需要。

(5)能加工或运输物资、人员等,是建筑建造的必需品。

四、建筑形体因子

建筑形体是指建筑体内和外的样式等,是人对建筑的直观感受的外在表现,如图 4-1-5 是柬埔寨吴哥窟的一座建筑形体。其有如下特点:

(1)能感受到实体、空间、色彩等。

(2)没有固定统一的样式,变化多样。

(3)由人的智力和技术、经济水平来决定。

(4)有地域性、文化性、艺术性,不同的地域、文化往往形成有可区别性的建筑形体。

图 4-1-5 建筑形体

五、地表下环境因子

地表下环境是指地表面以下自然存在或人工改造的环境。有其如下特点:

(1)隐蔽性,在地表面下,人难以看到。若是空洞、空穴人还可以进去体验。若是实体的,人无法感受到,只能通过钻探取样等来推算其样子,做出模型来,人才能间接地感受到,或者只有挖开来才能清楚地看到。如图 4-1-6 是地面挖开后看得到的地下土体情况。

(2)是建筑的承载载体,建筑有一定的重量,依靠地下的环境如岩体、土体等来支撑。

(3)复杂性,地下的东西,看不到全貌,因而复杂。

图 4-1-6　地下土体

六、地表面环境因子

地表面环境是指附在地表面的各种自然和人工的物体及其可感知的各种形状、状态、色彩等,如地形地貌、动植物、建筑物、构造物、人群、交通工具等,如图 4-1-7。其有如下特点:

图 4-1-7　地表面环境

(1)能感知,看得见,摸得着。

(2)多样性,各种样式、形体、色彩等都有,静态的、动态的都有。

七、地表上空环境因子

地表上空环境指的是不依附在地表面,在空中的各种物质或现象(见图 4-1-8),如空气、云、雨、雪、阳光、风、声音、温度等。其有如下特征:

(1)流动性,在空中,没有固定的具体的位置,会移动变化。

(2)充满空间,不是固定在一个点或一个地方。

(3)可感知、感受,有些东西看不见,但可以感知到,如温度、声音等。

图 4-1-8　地表上空环境

八、人体空间生理因子

人体空间生理因子是指人的个体大小、活动尺度、生理需求等,如图 4-1-9。其有如下特性:

(1)有一定的形状和体积。

(2)活动性,人体会有各种活动,需要活动空间。

(3)需要食物、氧气、水等维持生命。

图 4-1-0　人体生理空间

九、年龄因子

这里的年龄因子是指人体从出生至死亡的生存期,分为不同的阶段婴儿、幼儿、儿童、少年、青年、中年、老年等,不同的年龄段有不同的特点、需求、想法等。

特别是老、幼年龄阶段，行动缓慢，有的还需要他人照顾、护理等，他们需要的生活物理空间也与其他年龄阶段有所不同。如图 4-1-10，某一养老中心的老年人的洗漱活动空间就有其独特的地方，平面空间要宽敞，能自由活动轮椅，卫生器具两侧有扶手，底下悬空等。

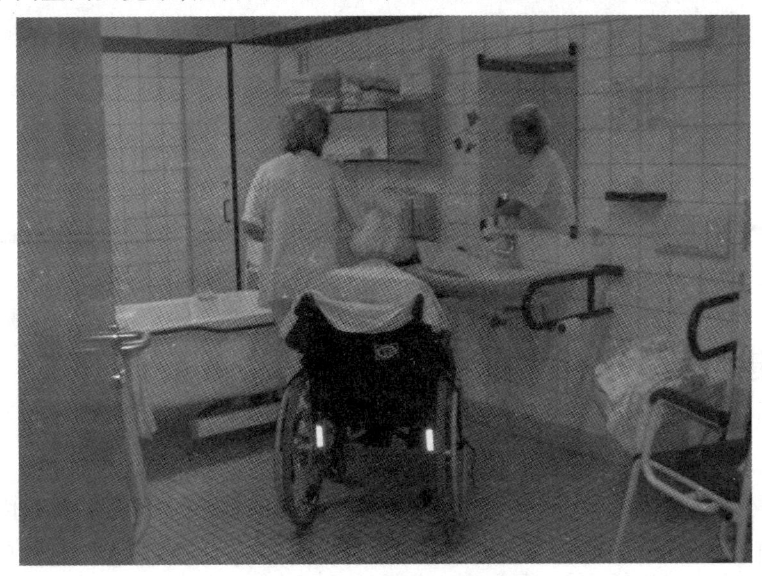

图 4-1-10　老年人生活活动

十、职业因子

职业是指社会活动分工，不同类型的事由不同类型的人来做。专人做专事，使社会更精细化地发展分工，因此产生了不同的职业。当然，社会也是动态发展的，在发展过程中，有些旧的职业会被淘汰，有些新的职业会产生。

如图 4-1-11，这些人是工人职业，该图中的工人正在操作绑扎建筑中的钢筋，他们是专门从事建筑建造施工中的技术工作。工人有工人的特点，生活方式、需求等有其自身的特征。不同职业的人，学识、素养、习惯、追求等都有所区别。

图 4-1-11　建筑工人

十一、意识形态因子

意识形态是抽象的、不是实体化的形态及活动,如思想、信仰、制度、经济、科学技术等。人体的大脑有丰富的思维,比任何动物都更富有智慧。人还有心理需求,并制定各种制度来规范管理社会,制定交易活动规则,进行经济活动,能进行科学研究、技术发明,能创造发明出新事物。

第二节 建筑共生体第二层级因子的共生关系

建筑共生体第二层级因子有11个,分别为:①自然材料因子;②人工材料因子;③设备机具因子;④建筑形体因子;⑤地表下环境因子;⑥地表面环境因子;⑦地表上空环境因子;⑧人体空间生理因子;⑨年龄因子;⑩职业因子;⑪意识形态因子。在建筑共生体中,每个因子与其他因子都相互作用、相互影响,存在着不同的共生关系,但这种关系并不是固定不变的,作用影响不同,其共生的强度和程度也不同。有些共生关系比较复杂,外部条件不同,就有不同的共生关系,其共生关系随着条件的变化而变化。

这里将一个因子与另一个因子的关系,两个两个地进行描述。有些关系是比较清楚和明确,可以指出属于哪种共生关系。有些关系比较复杂,不确定因素多,这里暂时没有给予指出是哪种共生关系,但在实际分析中,可以比较明确地进行定位。以下两两关系的描述中,前面描述过的后面不再重复。

一、自然材料因子与其他因子的共生关系

1. 自然材料与人工材料

自然材料为人工材料提供原材料,人工材料是从自然材料中得到的,一般建筑体都是自然材料与人工材料共同使用,它们之间会相互作用。

自然材料带有自然的特性,给人以亲近自然、朴素的体验,人工材料带有工业技术的特性,给人的体验是科学技术、现代的感觉,二者一起使用,形成鲜明的对比,朴素的更显朴素,工业的更显工业性,存在着互利共生关系。

有些情况下,二者存在着有利共生、偏利共生的关系。比如建筑体的基础处理,用小石块填筑在泥土上,再在小石块上浇筑水泥混凝土,水泥混凝土不直接浇筑在泥土上,这时小石块与水泥混凝土存在有利共生关系,小石块没什么受益、受害或较少受害,但水泥混凝土受益,避免被泥巴掺杂进去。

但也有存在着偏害共生的关系。人工材料来自自然材料的制造、加工,人工材料制造多了,自然材料就减少。比如,泥土被采集制造烧制为砖、瓦,多了砖和瓦等人工材料,得到好处,但泥土的减少是不可再生的,造成了永久性的伤害和损失。

2. 自然材料与设备机具

自然材料的开采、加工、搬运等需要设备机具,否则无法发挥作用。比如埃及的金字塔,大块的石头若没有设备机具的使用,就无法开凿、加工、搬运、砌筑等,金字塔也就建造不起来。

这种情况下,二者是偏利共生,石块有利,得到使用,发挥功能作用;设备机具被使用,有所磨损,但影响不大,是慢慢磨损,不至于马上破损得不能使用。

3. 自然材料与建筑形体

自然材料与建筑形体在不同的条件下存在着不同的共生关系。

在建造小体量、小规模的简单建筑体时,就存在着互利共生和有利共生的关系。比如,过去小体量的木构建筑、石构建筑等,全部用木材或石材或木和石结合等建造,自然材料得到充分使用和性能发挥,同时也符合简单的建筑体型要求。

在建筑大体量、大规模的复杂建筑体时,有存在着偏利、偏害的共生关系。单用自然材料建造大体量、大规模的建筑体,自然材料会制约建筑体的形体发挥。

若在高大建筑体上用某些自然材料,就会出现有害共生、互害共生的关系,如用泥土墙建造多层建筑物,建筑形体会有很大的局限性,为了保持墙体的牢固,墙体会很厚,且不能开大洞设置门窗,泥土也会受到风雨的侵蚀,二者共生对彼此都有坏处。

4. 自然材料与地表下环境

自然材料与地表下环境存在有利共生和偏害共生关系。

自然材料大部分是采集于地表下的地下环境,开采本身就是破坏了地下环境,过度的开采造成更多的地下环境的破坏,这是一种偏害共生关系。

在采集地表上的自然材料比如树木、竹藤等时,对地表下环境影响很少,可忽略不计,这种情况下,自然材料与地表下环境存在着有利共生关系。

5. 自然材料与地表面环境

二者一般存在有利和偏害共生关系,但也有存在互利的共生关系。

自然材料的开采一般都造成地形地貌的改变,对地形地貌有害,这种情况下二者是偏利共生关系。

在开采自然材料的同时,对地表面环境破损的部分进行修复改造,使其比原开采前更好,这种情况下,自然材料与地表面环境就存在着互利共生关系,二者各自对对方有利。

6. 自然材料与地表面上空环境

二者一般存在着有害共生关系,自然材料对地表面上空环境基本上没有什么作用或影响,但地表面上空环境比如雨水、阳光、风霜等,对自然材料的作用是有害的,会不可避免地对自然材料进行风化、侵蚀等。

7. 自然材料与人体空间生理

二者一般是存在着偏利或偏害的共生关系。

自然材料对人体空间生理有好处，人体的活动空间不大，自然材料构成的建筑体适合人体的活动需求，人体的生理需求偏向于自然，因此自然材料对人体的生理需求是有利的。但人体的空间活动对自然材料有磨损影响，作用影响有大有小，当影响比较小时，二者是偏利共生的，这种情况比较多些；当影响比较大时，就是偏害共生，如人的活动行为对泥土地面和墙体用水进行冲洗，用火对木件进行烧烤，就造成致命性的伤害。

在特殊情况下，也存在着互害共生关系。比如，开采来带有放射性的石材、有毒的树木、携带有毒物质的泥土等来建造人体活动的建筑空间时，自然材料会对人体生理有害，这时，二者就存在着互害共生关系，自然材料对人体生理空间有害，人体生理空间对自然材料也有害。

8. 自然材料与年龄

乡村环境很多以自然材料打造为主，有不少长寿的老人，显然，自然材料对年龄有利，这种情况下二者就存在着有利共生关系。

9. 自然材料与职业

与自然材料接触的长短、程度不同，会影响人的心理，对未来考虑从事于某种职业有倾向性的想法。不同的职业对自然材料的偏爱也是有所不同的，二者作用有有利共生和偏利共生两种情况的存在。

10. 自然材料与意识形态

这二者存在的共生关系变动较大，在意识形态倾向于自然时，二者是有利共生关系，也有互利共生的关系产生。在意识形态中不重视自然材料的情况下，就是偏利或偏害共生，甚至是有害共生关系。

二、人工材料因子与其他因子的共生关系

1. 人工材料与设备机具

人工材料与设备机存在着互利、有利、偏利、偏害、有害、互害等六种共生关系。

当人工材料与设备机具在一起，对二者都有利时，就存在着互利共生关系，这种情况比较少，但也有，如设备机具在固定时，穿过保温、隔热等人工材料，热桥处理恰当，固定件对材料起到固定保护作用，材料对设备机具也有保护作用，这种情况下，就存在着互利共生关系。

在管道管线预埋在材料中时，当材料没受到什么影响，但管道管线受到保护时，这种情况就存在着有利共生；在材料受到不利影响，但影响不大，在承受范围内时，这种情况下就存在着偏利共生关系；在材料受到不利影响比较大，破坏了结构或受力平衡等，如在房子装修时，把结构钢筋混凝土梁钻孔用来穿空调管等，这种情况就是偏害共生。

把机械固定在混凝土或砖墙体中，随意钻孔，而安装也不稳固，在机械没有遭到受损影响时，二者存在着有害共生关系。在机械被固定得不稳固，减弱了它的使用性能，或掉下、移位等

受到破坏时，二者就存在着互害共生关系。

提升的机械设备与人工材料共生时，存在着偏利共生的情况比较多，材料得到运输，得到了好处，而设备虽然受到磨损等影响，但影响较小，是很缓慢地受到磨损，不至于一下子受到破坏而不能使用，这时是存在着偏利共生关系。当然，若操作野蛮使设备受到极大破损，这就存在着偏害共生关系，如材料也受到破损，就转为互害共生关系。

人工材料用设备机具进行矿物开采、冶炼、加工、运输等时，设备机具受到不同程度的磨损，二者存在着偏害共生关系。

2. 人工材料与建筑形体

人工材料与建筑形体存在着互利、有利、偏利、偏害的共生关系。

二者共生，建筑形体基本上都有好处，得到满足，现代的人工材料可以造出各种各样的建筑形体，但人工材料不一定都有好处。

在材料没受到什么有损影响时，二者存在着有利共生关系。当然，在材料受到保护，有好处或者材料得到有价值的提升作用时，二者就存在着互利共生关系。

在材料受到一定的有害影响，但比较轻微时，就存在着偏利共生关系；在受到有损影响比较严重时，就存在着偏害共生关系。

3. 人工材料与地表下环境

人工材料与地表下环境存在着偏利、偏害的共生关系。

人工材料大都开采于地表下的实体物质制造加工而成，对地下环境产生有害作用，损害比较少时，存在着偏利共生关系；损害较大时，如地质结构、构造等受到破坏，诱发地震、泥石流、崩石等灾害，就存在着偏害共生关系。

人工材料在做地下加固、改善等时，对地下环境有好处，但对材料没有好处，甚至因环境恶劣，材料会受损，这种情况下就存在着有利共生或偏利共生关系。

4. 人工材料与地表面环境

人工材料与地表面环境存在偏利、偏害共生关系。

人工材料在开采、生产时，对地表面环境起到损害作用。在损害少的时候，存在着偏利共生关系。当损害大的时候时，就转为偏害共生关系。

在用人工材料来改善、改造地表面环境时，一般存在着偏利共生关系，人工材料对地表面环境有好处，但材料在地表面慢慢受到环境的侵蚀等作用，没有好处，只有坏处。如果处理不当，二者就是互害共生关系，如在改造环境时，往往对地表面环境造成破坏，材料也受到了破损作用。

5. 人工材料与地表上空环境

人工材料对地表上空环境一般情况下没有什么影响，而地表上空环境对其有风化、腐蚀作用，二者存在着有害共生关系。

但在生产、使用人工材料时，若产生了烟雾、尘埃、有毒挥发物，人工材料也会造成对地表面上空的不利作用，这种情况下，二者存在着互害共生关系。

6. 人工材料与人体空间生理

二者一般存在着偏利共生关系。

用人工材料建造出人体空间生理需要的各种场所，对人体空间生理有利，但人体的空间活动，对人工材料有不同程度的损伤作用，不过受损一般都比较细微。在人工材料对人体有害的情况下，二者就存在着互害共生关系。

7. 人工材料与年龄

某些材料会使小的年龄段如婴幼儿等产生过敏反应，加上婴幼儿免疫功能较弱，材料对其伤害会比较大。婴幼儿自身的活动、行动能力比较弱，对材料没有什么作用或影响，这种情况下，二者存在着有害共生关系。

大年龄段的人有一定的活动能力，在活动过程中，不可避免地与材料接触，对材料有磨损作用，而材料对其没有有损影响的情况下，二者存在着有害共生关系；若材料对其有害，二者就是互害共生关系。

8. 人工材料与职业

在人工材料对职业的发展有益时，如新型材料的出现，也产生了新的职业。同时，有些职业对人工材料的研究开发、应用等有好处。这种情况下，二者是互利共生关系。

在大量的人工材料出现后，有些传统的工匠等职业就没有活干，使该职业逐渐衰退、衰落直至消失，人工材料对某些职业是有损的，这种情况下，二者是有害共生关系。

9. 人工材料与意识形态

人工材料的出现和发展，影响着意识形态的改变和发展。意识形态的发展，也影响并促进着人工材料的进一步改进和发展。这种情况下，二者是互利共生关系。

三、设备机具因子与其他因子的共生关系

1. 设备机具与建筑形体

因为有设备机具的配套存在，提供了建筑形体的多样性，设备机具也发挥了自身应有的作用，这种情况下，各自得到好处，二者存在着互利共生关系。

在某些情况和条件下，也会存在一方对另一方产生伤害，这时，二者就是偏利或偏害共生关系。如设计或处理不当，设备机具占用空间不合理，影响建筑功能空间的使用或建筑外部的美观等；还有建筑形体的扭曲古怪，造成设备机具发挥不了作用，甚至对设备机具有损害作用。

2. 设备机具与地表下环境

设备机具对地表下环境有损害作用，但一般情况损害较少，除非在地下的大型设备机具发生爆炸或运行时有毒物质排放在地表下环境中等的事故。地表下环境一般比较潮湿，对设备机具有侵蚀作用。因此这二者存在着有害或互害的共生关系。

地表下环境存在危险、安全隐患等不利情况时，可用设备机具排除各种不利情况，这时，二者存在着偏利共生关系，设备机具对地表下环境有利，地表下环境对机具设备稍有损伤影响。

3. 设备机具与地表面环境

大部分时候设备机具对地表面环境影响不是很大，但有些情况下还是会有影响，如占用绿地或排放有毒物质在水体里、任意占用地表面等。地表面环境对设备机具一般没有什么影响，但在特殊的地表面环境下也有影响，如人造建筑物构造物的沉陷、地面塌陷等对某些设备机具就有破坏作用。因而，二者此时存在着有害或互害的共生关系。

当地表面环境脏乱差甚至有安全隐患，需要用设备机具去清理、整理和排除等。二者此时存在着偏利共生关系。

4. 设备机具与地表上空环境

当设备机具向空气中排散有毒有害等物质时，就对地表上空环境有损害作用，一般地表面上空环境对设备机具也会有风化、侵蚀等有害作用。所以二者存在着有害或互害的共生作用。

5. 设备机具与人体空间生理

一般情况下，设备机具给人体空间生理提供方便，有时也给人体空间生理补充不足和缺陷的部分，人体空间生理有时还依赖于设备机具。这种情况下，设备机具对人体空间生理有好处。在某些情况下，人体空间生理对设备机具有磨损影响，但影响较小。所以，二者存在着有利共生或偏利共生关系。

6. 设备机具与年龄

设备机具一般对各年龄段的人都有益处，特别是对于还不会行动的低龄或行动不便的高龄人来说，益处较明显，而各年龄段的人对设备机具几乎无影响，这种情况下二者是有利共生关系。但在设备机具安装有问题或本身就有问题时，造成对人体的伤害，二者就转为有害共生关系。

7. 设备机具与职业

各职业都离不开设备机具，都能从中获得或多或少的利益，而大多数职业基本上对设备机具没什么影响，只有少数的职业如安装工人、维护工人、发明和制造设备机具的人对设备机具有正面作用。二者是存在有利共生或互利共生关系。

8. 设备机具与意识形态

设备机具对意识形态是有益处的，更能活跃思维、促进经济、稳定社会等，意识形态对设备机具也有好处，发明创造各种设备机具就是意识形态发挥了作用。此时它们是互利共生关系。

四、建筑形体因子与其他因子的共生关系

1. 建筑形体与地表下环境

一般情况下，建筑形体与地下环境存在着偏利共生关系，地下环境有供建筑形体的支撑作用，而建筑形体对地下环境或多或少会产生有损作用。

如果建筑形体过于巨大或数量过于集中，造成地下环境的严重破坏，二者就是偏害共生关

系。若破坏过于严重，又反过来造成建筑形体的倾斜、沉陷、倒塌等，这种情况下，二者就是互害共生关系。

2. 建筑形体与地表面环境

建筑形体与地表面环境之间，建筑形体一般都有得到益处，而地表环境就不一定，有好有坏，因而存在着四种共生关系，分别为互利共生、有利共生、偏利共生、偏害共生等，其中偏利共生关系出现的情况最多。

建筑形体与地表面环境相互融合，二者都能从对方得到好处，建筑形体借助地面得以落地，地表面环境也会因建筑形体而得到改善、提高，这就存在着互利共生关系，这种共生关系最理想，也是人们所追求的结果。这种情况有存在，但现实中往往不多。

有利共生的情况也比较少，建筑形体从地表面环境中得到好处，地表面环境没受损也没有得到好处。

偏利共生的情况比较多，大部分属于这种共生方式，建筑形体得到好处，但地表面环境多少受到一些损害。

在建筑形体的作用下，地表面环境损伤很大，此时二者这就变为偏害共生。

3. 建筑形体与地表上空环境

建筑形体的存在占用了一定的空间，多少会损害空中环境。空中环境对建筑形体也有损伤作用，如地表上空环境对建筑形体会有各种风化作用，此时二者存在着互害共生关系。在工程的建设活动中，就要创造条件，把二者的相互有害作用尽可能地降到最低程度。

4. 建筑形体与人体空间生理

一般情况下，这二者存在着互利共生关系。建筑形体是根据人体空间生理的需求而建造的，否则也没有存在的必要。人体空间生理从建筑形体中得到各种满足，二者相互利用各从对方身上得到好处。

当然，有些特殊情况下，二者也存在着其他共生关系，如有利、偏利、偏害、有害、甚至互害共生关系都会存在。比如，有些建筑形体对人体空间生理造成伤害，人体空间生理也对建筑形体造成破坏，这种情况下，二者就是互害共生关系。

5. 建筑形体与年龄

二者一般存在着互利共生关系，各年龄段的人对建筑形体有利，建筑形体从年龄段中得到好处，不同的年龄段也从不同的建筑形体中得到好处。如各年龄段的人对建筑形体的需求就不一样，幼儿园和老年人公寓的建筑形体相差就很大。

当然，在某些特殊条件下，也会出现有害共生关系。比如，有些建筑形体是不适合某种年龄阶段的人使用，使用起来不方便，甚至有损其健康。

6. 建筑形体与职业

一般情况下，二者存在着互利共生关系，各从对方身上得到利益。职业的多样化促使各种各样的建筑形体的产生，建筑形体的不固定模式和复杂性的特点也促进了职业的多样化，还能催生出新的职业种类。比如，高空外墙的擦洗工人，就是由高楼大厦的出现而产生的新职业。

7. 建筑形体与意识形态

建筑形体与意识形态一般是存在着互利、有利共生关系。

建筑形体由意识形态来创造并决定着，从意识形态中得到益处，同时，意识形态也从建筑形体中得到加强、发挥。这就存在着互利共生关系。

如果意识形态没能从建筑形体中得到好处，也没受损，二者就存在着有利共生关系。

若意识形态被建筑形体所束缚、制约，这种情况下，二者就存在着偏利或偏害共生关系。

如图 4-2-1，该建筑形体与意识形态是共生着的，该建筑的形状、体量、高度、内外空间等建筑形体由思想、制度、经济、文化等影响决定。建筑师和社会有关群体的意识形态决定着该建筑的形体。在该建筑体中，意识形态从建筑形体中得到体现，其在该建筑完成前没有得到很具体的表现，是很隐秘的，在该建筑完成后，就从该建筑形体上得到很具体的表现，同时也得到更多人的知晓，意识形态从该建筑的建筑形体中得到好处。同时，该建筑形体也从意识形态中得到好处，若没有该意识形态，该建筑形体也就不复存在，有了意识形态，才有了该建造形体。在该建筑体中，其建筑形体与意识形态是互利共生着的。

图 4-2-1　意识形态与建筑形体共生

五、地表下环境因子与其他因子的共生关系

1. 地表下环境与地表面环境

这两个因子几乎是相连在一起的，相互影响，六种共生关系都有存在，在不同的条件下存在着不同的共生关系。

如地表面的河水、溪流等，对地下水有补充作用，地下地质结构的稳定性为河水、溪流提供了保障，二者是互利共生关系。

建造在地质不很稳定或地下有空洞的地方，因后加的重量作用，打破了原有的力学平衡，出现事故，两败俱伤，这种情况下，二者就是互害共生关系。

2. 地表下环境与地表上空环境

一般情况下，地表下环境与地表上空环境存在着有利共生和有害共生关系。

在空中的云、雾、雨水补充地下水分，改善了地下结构，而地表下环境对地表上空环境没什么影响，这种情况下，二者存在着有利共生关系。

如果地表下环境出现喷火、火山爆发等情况，向空中抛洒火山灰、有毒烟雾，而空中环境对其没有什么坏处或好处，这种情况下，二者就存在着有害共生关系。

3. 地表下环境与人体空间生理

地表下环境与人体空间生理存在着多种形式的共生关系。

地表下环境为人体空间生理提供有益的东西，人体空间生理也为保护地表下环境提供有利的条件，这种情况下，二者是互利共生关系。

人体空间生理在从地下环境中获得利益的同时，对其造成某些方面的破坏，这就存在着偏利共生或偏害共生关系。破坏程度小，为偏利共生；破坏程度大，就是偏害共生。

在人体空间生理没能从地表下环境中获得利益的同时，反而破坏了地表下环境，这就是有害共生关系。若双方都因对方受到损害，这就转为互害共生关系。

4. 地表下环境与年龄

地表下环境的优劣对人的年龄是有影响的，若地表下环境如地下水、土体等人为污染严重或本身就存在着有毒物质，对人体的发育生长有害，人的寿命会缩短，年龄变短。而人的年龄对地表下环境没有什么影响或作用。这种情况下，二者是有害共生关系。

优良的地下环境有利于寿命的延长，年龄对地表下环境没什么作用或影响，这种情况下，二者是有利共生关系。

5. 地表下环境与职业

地表下环境的不同影响着职业的选择，如有丰富的矿产资源，开矿工人就多；土壤肥沃、地下水丰富，从事耕作的农民就多。有些职业有利于地表下环境的治理，这种情况下，二者是互利共生关系。

在某些情况下，比如，有些职业对地下环境人为影响比较大，比如开矿工人开采地下矿产，就是对地下环境的一种破坏。建筑师设计地下工程、工人开挖建造地下工程也是对地下环境的一种破坏。这种情况下，二者是有害共生关系。

6. 地表下环境与意识形态

地表下环境会影响着意识形态。地下资源丰富，经济也就发达，有些国家、地区就是依靠丰富的地下石油发家致富、发展经济的。意识形态在开发地下资源的同时，兼顾到了保护，不至于过度地开采，把地表下环境损伤程度降低到最低程度。这种情况下，二者是偏利共生关系。

若地下环境优良，生态良好，人们的心理也健康，各方面都会向好的方面发展。意识形态对地表下环境有意识地保护，这种情况下，二者是互利共生关系。

有些意识形态对地表下环境进行过度的开发、开采、挖掘等，只想着怎样开发地下、怎样建造地下项目而获得利益，这就造成对地表下环境破坏过度，当这种破坏程度大于人们从中获得的经济利益时，二者存在着偏害共生关系。

有些意识形态就是想保护好地下环境，选择不开挖、不开凿地下的东西，这时对地下环境最有利。同时，地表下环境对意识形态也带有好处，这种情况下，二者也是互利共生关系。

六、地表面环境因子与其他因子的共生关系

1. 地表面环境与地表上空环境

二者在某些情况下存在着互利共生关系，即二者都从对方身上获得好处。比如，地表面的树木得到雨水、甘露的补充，植被、树木等也吸收灰尘、净化空气，改善地表上空环境等。

在二者都对对方造成有损影响时，这种情况下，就是互害共生关系。比如，地表面环境向空中释放出尘埃、灰尘、烟雾及有毒的气体等，地表上空环境也对地面环境的各物体造成破坏，双方就有互害影响。

若地表上空环境对地表面环境造成各种风化等有害影响，而地表面环境对地表上空环境没有什么影响，这种情况下，二者就是有害共生关系。

2. 地表面环境与人体空间生理

地表面环境与人体空间生理紧密关联在一起，有五种共生关系存在着。

地表面环境为人体空间生理提供其所需的一切，人体空间生理也为地面环境做好维护、保护、改善，双方各有好处，二者是互利共生关系。

人体空间生理在活动过程中，对地面环境造成破损、破坏等，根据受损的程度情况如何，有偏利共生、偏害共生关系存在。

在地面环境对人体空间生理带来害处的情况下，根据受害程度的大小，存在着有害共生或互害共生关系。

3. 地表面环境与年龄

地表面环境是人能直接接触到的，各年龄段的人都需要在地面环境中活动、生活等，地表面环境的好坏、优劣对各年龄段的人的生长发育有很大影响。优良的地表面环境能延长人的寿命，对少年儿童的发育、身心健康有好处，对老年人的延年益寿也有帮助；而差的环境则会损害身体健康，使人折寿。因此，二者存在着有利共生和有害共生关系。

4. 地表面环境与职业

地表面环境不同，职业也有所不同。比如水体丰富，渔业就能很好地发展，渔民就多。地表面都是商务办公楼，那么从事脑力劳动的就多，从事体力劳动的就少。

地表面环境对职业有正面的积极影响。当有些职业对地表面环境也有正面的积极影响时，比如从事保护环境、提升改造环境等的职业，在拆除废旧物体或建筑、改善旧环境的同时，提升了地表面环境，也尽量向着生态的方向发展，那就对地表面环境很有利。这种情况下，二者是互利共生关系。

若有些职业对地表面环境有破坏影响，比如某些从事工程建设的管理者、工人等，在对地

面环境进行改造时，在原生态环境上建设项目，就是对地表面环境的一种破坏，对环境有害。这种情况下，二者是偏害共生关系，若地表面环境对职业没有什么有利的影响，二者就是有害共生关系。

5. 地表面环境与意识形态

地表面环境的好坏直接影响着意识形态。比如，有好的环境，就有好的经济；土地肥沃、水资源丰富、植被茂盛，经济就会发展，人的精神面貌也就好，就会积极向上，思想开放，思维敏捷。同时，意识形态对地面环境的影响也是决定性的，若以生态为重，就会全力改善，提高环境质量，二者是互利共生关系。若对于各类对环境有损害影响的活动，人会尽可能地将对环境的影响降到最低的限度，这种情况下，二者是偏利共生关系。

如果地表面环境恶劣，土地贫瘠、寸草不生，经济也就差，人的思想也闭塞、局限、不开放。人们对地表面环境也不加以保护，听之任之，则对地表面环境也有损害。这种情况下，二者是互害共生关系。

如果地表面环境还可以，但思想意识等片面，想法单调，只顾眼前利益，在各种活动中也考虑不周，对原有的地表面环境造成比较大的损害，比如，生产时废物、废气、废渣等不加处理，随意排放，就污染了地表面环境。这种情况下，二者是有害共生关系，若对地表面环境造成过多的破坏，到了影响人体的健康和社会经济发展等的程度，这种情况下，二者也就由有害共生关系转为互害共生关系。

七、地表上空环境因子与其他因子的共生关系

1. 地表上空环境与人体空间生理

对于人的生理需求，特别是需要的阳光、新鲜空气等都需从地表上空环境中获得，若地表上空环境也因为人体空间生理的活动而得到改善或提高，这种情况下就存在着互利共生关系。

若人体空间生理对地表上空环境存在有害作用，那么二者就是偏利或偏害共生关系。

当存在使地表上空环境空气污浊等有害于人的生理活动时，二者就存在着有害共生或互害共生关系。

2. 地表上空环境与年龄

地表上空环境对年龄有影响，恶劣的环境降低人的寿命，比如温度高的地方，人体的新陈代谢快，寿命就短。年龄对地表上空环境没多大影响。这种情况下，二者存在着有害共生关系。

温度低的地方，气候合适，人体的新陈代谢慢，人的寿命就较长。这种情况下，二者存在着有利共生关系。

3. 地表上空环境与职业

地表上空环境的好坏对农民、渔民的影响最大，良好的气候环境对种植业的收成、打鱼的风险降低等很有好处。各种职业的活动排放的废气等对地表上空环境有损害作用，这种情况下，二者存在偏利共生关系。

恶劣的地表上空环境对职业活动有害，这种情况下，二者是互害共生关系。

4. 地表上空环境与意识形态

地表上空环境对意识形态有影响，好的环境可以促进意识形态的积极、健康发展。良好的意识形态也有助于地表上空环境的改善。这种情况下，二者是互利共生关系。

恶劣的环境会导致各种意识形态上的消极发展。有些意识形态比较落后、消极，若对地表上空环境不加以重视，比如，在经济的发展过程中随意排放废气、尘埃等，造成空气污染，这种情况下，二者就是互害共生关系。

八、人体空间生理因子与其他因子的共生关系

1. 人体空间生理与年龄

年龄小，人体空间尺寸就小，生理需求量也就少。到了成年后，人体空间尺寸就基本上固定下来，生理需求也比较稳定。到了老年后，人体空间尺寸会有所缩小，生理需求也有所减少，活动量降低，饭量变少。这种情况下，对空间生理有好处，人体空间生理与年龄为有利共生关系。

2. 人体空间生理与职业

有些职业需要高大体型、体能大的人；有些职业需要矮小体型，体能一般就行。这样看来，人体空间生理与职业有一定的联系，能互利共生是最好的一种组合关系。

3. 人体空间生理与意识形态

意识形态对人体空间生理有影响，比如社会制度完善、经济发达等对人体的发育、发展都有利，也就越能满足人体的各生理需求，增强人的幸福感。在意识形态也有助于人体空间生理时，二者是互利共生关系。

九、年龄因子与其他因子的共生关系

1. 年龄与职业

没成年的低年龄阶段，职业生涯还没开始，成年后才能参加工作，故一般与职业有关的年龄都是成年人，有些国家禁止低年龄人参加工作，年龄很小就参加工作的叫童工，在很多国家是禁止的。年龄大了，干不动了，就退休，离开职业岗位，有些国家对各职业的退休有个年龄限定，到了时间就退休。某些职业为了工作更有效率对年龄有要求，会设定年龄段。在各自对对

方有好处的情况下，二者是互利共生关系。

2. 年龄与意识形态

年龄大小不同，心理、思想、信仰等都有所不同。年龄过低的，心理、思想等还不成熟，很容易受到外部环境的干扰。年龄越大，心理、思想等就越成熟，判断力也就越强。在年龄与意识形态都能从对方得到益处的情况下，二者是互利共生关系。

十、职业因子与其他因子的共生关系

职业与意识形态是紧密关联在一起的，什么样的职业一般都有相应的意识形态，正确、健康、积极的意识形态就有适合自己的职业获得，适合的职业更能促进意识形态的健康发展，这种情况下二者是互利共生关系。

第五章

建筑共生体第三层级因子及其共生关系

建造建筑形体，首先要打好地基，地基要强且硬，如环境中的岩体，建筑基座安置和镶嵌在岩体上就是利用其强硬的特性，建造的建筑与岩体就存在着某种关系。若岩体顶部埋设过深，上部泥土覆盖较厚，建筑基座就安置在土体上。若建筑体高大且重，建在土体上会破坏土体，建筑也就不稳，会沉陷、倾斜甚至倒塌，于是得挖掉土层建在下面的岩石上。若土层过厚、过深，挖不掉，就用各种各样的桩打下去来处理，要么直接把桩深入岩石，若延伸不到岩石也要打到比较硬的土层上，这时建筑与环境中的土体、岩体就存在着不可分割的一个整体关系，相互作用影响着。

建筑自身是用柱或墙、梁等来支撑做骨架的，做骨架的材料需要强、硬，如木、砖、石、竹、铁等，那些弱、软的材料不合适，如草、藤、海绵、沥青等。选用强、硬材料做建筑的骨架，各骨架材料就结合在一起，谁也离不开谁，相互作用，存在着共生关系。

建筑骨架弄好后，还需要隔墙、楼板、屋盖、门窗和各表面层的装修及各设备设施等，所选用的材料都需要根据建筑的部位特点和要求，结合材料本身的特性来选定用什么材料。屋面、外墙等需要有防水功能的材料，如沥青、瓦、漆、铁皮等；地面、楼面需要干净、脚感、视感合适、无毒无异味的材料，如木板、地砖、地毯等；墙面需要身体、手触感和视感合适的材料，如漆、布、木等；建筑室内空间明度不够，需要照明应选择合适的灯具；室内要有适合人体的温度，调节温度就需选择合适的设备等。各种材料和施工机具通过贴、粘、钉、栓、挂、扣等方式结合在一起，发挥各自的优势，相互依靠、利用，取长补短，多种材料、设备机具等共生着，共同构成人们需要的场所。

建筑因为人的需求如居住、生产、工作、储藏等各种需要而建造，建筑若离开了人的这种需求也就没有了存在价值。同时，人也通过制定各种制度来规范建筑的规划、设计、施工、使用等。人们的各种社会活动，产生经济、文化、信仰、习俗等，这些因素反过来也影响着建筑活动，影响着建筑。

上述构成建筑体的更细化的因子，如岩体、石材、钢材、灯具、施工机械工具、温度、经济、文化等各种因子共同组成建筑共生体，这些因子为建筑体的第三层级因子。这章将论述这些因子的特点、特性和它们之间的共生关系。在此共罗列出 90 个第三层级因子，实际上还有其他的因子，并不是全部。

90 个第三层级因子，在第一章中已有提到，这里再重复一下。

建筑中，①自然材料：石材、沙子、泥土、木材、毛竹、藤草 6 个因子；②人工材料：钢材、铝材、铜材、钛合金、水泥、砺灰、玻璃、砖、瓦、陶瓷、塑料、油漆、膨胀珍珠岩、岩棉、沥青、橡胶 16

个因子;③设备机具:电梯,水泵,风机,空调机,风管、水管,电线、电缆,灯具,施工机械工具8个因子;④建筑形体:形状、体量、高度、色彩、内空间、外空间6个因子。共36个因子。

环境中,①地表下环境:岩体、土体、地质构造、地下水、地下构筑物、地下管道设施6个因子;②地表面环境:地理位置,高度标高,地貌形状,植物,动物,地表水,构造物、建筑物,环境色,交通工具9个;③地表上空环境:空气,阳光,云、雨、雪,雷电,风,温度,湿度,声音,飞鸟,飞行器10个因子。共25个因子。

人中,①人体空间生理:人体尺寸、活动尺寸、行动尺寸、生理需求4个因子;②年龄:婴儿期、幼儿期、儿童期、少年期、青年期、中年期、老年期7个因子;③职业:农民、渔民、工人、医生、教师、律师、建筑师、商人、职业经理、公务员10个因子;④意识形态:心理,思想,信仰,风俗,制度,权力,经济、科技,文化8个因子。共29个因子。

以上90个第三层级因子相互作用影响,交结一起共生,构成建筑共生体。以各种建筑共生体为因子构成村庄、乡镇、城市等,以村庄、乡镇、城市为因子构成地区、国家等。

该第三层级因子,同一层级各因子之间存在互利、有利、偏利、偏害、有害、互害等六种共生关系,一个因子与另一个因子的共生关系有一种或多种共生关系存在,外部的条件不同,共生关系也不同,共生关系随着外部条件的变化而变化。

研究建筑的第三层级因子的共生关系,有助于创造优质的建筑共生体,提升人居环境。

第一节　建筑共生体第三层级因子

一、建筑中的第三层级因子

建筑一级因子中含有自然材料因子、人工材料因子、设备机具因子、建筑形体因子等四大类二级因子。

二级自然材料因子下有石材、沙子、泥土、木材、毛竹、藤草等三级因子;二级人工材料因子下有钢材、铝材、铜材、钛合金、水泥、砺灰、玻璃、砖、瓦、陶瓷、塑料、油漆、膨胀珍珠岩、岩棉、沥青、橡胶等三级因子;二级设备机具因子下有电梯,水泵,风机,空调机,风管、水管,电线、电缆,灯具,施工机械工具等三级因子;建筑形体因子下有形状、体量、高度、色彩、内空间、外空间等三级因子。

(一)自然材料中的因子

1. 石材因子

石材是建筑中最原始、历史最悠久、最普遍的材料。人类自古就有用石材造房子的习惯,做基础、墙体、柱子、梁等。

石材抗压性能强,但抗拉性差、抗剪强度低,抗压强度是抗拉抗剪强度的10倍左右,所以石材是最适合做受压作用的墙柱。石材耐腐蚀性强，埋在地下做基础时间永久。石材做梁需要大尺寸，否则易断裂。工程中利用石材抗压强度大的力学性能特点，用石块砌筑拱形结构用于桥梁、建筑也很普遍，如现存的建于隋代的河北赵州桥、古罗马的大型公共建筑、欧洲中世纪时期的哥特式建筑等都是大量用石块砌筑拱形解决建筑的横跨度问题。

石材用于建筑外表面装饰也很普遍，如地面、墙面等。因为石材坚硬耐磨，用于道路地面是不错的材料选择。如图 5-1-1，即是用石材来铺设地面。

图 5-1-1　石材用于铺设地面

石材的耐久性好，上千年不腐，只表面风化少许或与人体接触的部位被人磨损留痕，用石材建造的建筑物或构造物历史上保存时间长而久，留下的岁月痕迹还能反映历史，于是有人说：西方的历史就是石头的历史，因为其历史上用石材建的建筑物留存下来的比较多，各个时期都有，历史脉络清晰。

现代工业的发展、设备机器的改进很容易就可以把原始埋在地底下的石块开挖并切割加工成建筑上需要的各种形状、质感的材料。

2. 沙子因子

沙子是岩石风化后经过雨水、风等搬运形成的细小岩石颗粒，一般颗粒大小在 0.002 ~ 5 mm。沙这种材料在建筑上应用比较普遍，用于地基处理和混凝土、沙浆等的骨料。沙在河里、海里、陆地上普遍存在，海沙含盐分比较多，不适合直接用于混凝土、沙浆，陆地上的山沙含泥量和其他杂质多，也不适合直接用于混凝土和沙浆。

现代的技术可以把岩石粉碎，制成人工沙用于建筑材料，如用于屋面沥青瓦、外墙装饰涂料等，有色的天然石材制成的有色沙不易褪色，色彩保留时间久。

沙在建筑上的应用主要有两种，一是直接应用，二是与其他材料混合使用。用沙做换土地基、沙桩、沙坑、沙袋、沙石路等，就是直接使用，这种使用，对沙的品质要求不是很高，有一些杂质也没关系。沙与其他材料是混合使用的，如水泥沙浆、混凝土、沥青混凝土、仿石墙、防石板等。与其他材料混合使用时对沙子的要求很高，主要是因为有些杂质会与其他混合在一起的材料发生不利的化学反应，影响混合物的使用功能，如与水泥混合，若有盐分，会降低混凝土的耐久性和抗渗能力，对钢筋会产生腐蚀作用；若沙中含泥量过多，会降低混凝土的凝固力和耐久性，泥块会膨胀进而破坏混凝土。

3. 泥土因子

泥土是富含硅铝酸矿物的岩石在地球表面风化后形成的，颗粒细小，大小在 0.002 mm 以下，呈黏性，内含各类矿物颗粒、有机物质、水等。

在人工的建筑物或构造物中，泥土是一种重要的共生因子，是建筑不可缺少的组成部分，如建筑地基、绿地、墙体、屋面等。如图 5-1-2、图 5-1-3 是用泥土构筑墙体。

图 5-1-2　泥土墙体 1

图 5-1-3　泥土墙体 2

把土夯实可以直接作为地基，但有些土含水量大而透水性又差，如淤泥，夯时，水出不来，成为弹簧土，像橡皮一样，永远夯不实，就不能用于地基。有些建筑体量高大，重量也大，就不能单单以土作为地基，需与其他材料如桩等复合共同组成地基。

4. 木材因子

木材采伐于树木，属于有生命力的材料，是建筑中最重要、最常见的材料之一，最早的建筑物就是用木材建造的。在铁器没发明之前，就用石器采伐，建造原始房子，之后各种铁器的发明使得加工木材达到炉火纯青的地步，建造出各种复杂的结构构造和建筑物，特别是在我国，木构建筑有整套非常独特的工艺和形式，逐渐发展形成独立的流派，是世界上两大流派之一，号称东方建筑，另一流派为西方建筑。

木材做建筑物的装饰面，视感、质感温暖、亲切，其导热系数低、硬度合适，手感、脚感、体感都适合与人体接触。

但木材也有缺点，如易燃烧、易腐烂、易虫蛀等，随着现代技术的发展，可以把其处理加工为具有防火、防腐、防虫、防裂等性能。

木材既可以作为建筑体的主材，如整座建筑绝大部分都用木材建造，只有极少部分如屋面、地面等用点其他的材料如瓦、砖、石等。木材也可以作为建筑体的辅助材料，如地面、墙面、顶棚等。

尽管现代建造房子可以不用木材也能建造，但人们还是喜爱用木材。因为它与人们最亲切，自古以来，人们就用木材来造房、烧烤食品、制作各种家具和日用品，许多的食物、药物都来自树木，木材可以说是人类的伴随物，共生共存，离开木材，人类就几乎无法共存。人对于木材与生俱来就有种好感、亲近感，如房间内用木材装饰，就有种温馨的感觉。若用石材、陶瓷材料、金属或塑料等装饰建筑，就有一种冰冷、粗野的感觉。

5. 毛竹因子

毛竹，只要有一定的黄泥土层，就能迅速成片繁殖，生长速度快，一年就可成材使用，有些地方成片的山林都是毛竹，竹材丰富（见图5-1-4）。

图5-1-4　毛竹林

毛竹细长，坚硬，又很有韧性，在毛竹丰富的地方将毛竹采伐过来加工建造房子，号称竹屋，毛竹的柱子、毛竹的梁、毛竹的屋盖等，整个房子都用竹子材料建造。毛竹还可以用来建造桥梁（见图5-1-5）。

图 5-1-5　毛竹桥

毛竹还可以加工成竹条,装饰建筑外墙,做挡土墙、篱笆等,在我国传统的木构古建筑中,常常在梁柱间用竹编粉泥灰做房间的隔断。如图 5-1-6 ~ 图 5-1-8,即是用毛竹材料做篱笆、建筑外墙外表面装饰。

图 5-1-6　毛竹材料 1

图 5-1-7　毛竹材料 2

图 5-1-8 毛竹材料 3

6. 藤草因子

藤草也是建筑体的共生材料之一，过去建造房子离不开藤草，后来随着技术的发展，藤草用得少了。但人们意识到人终究要与自然共生，而藤草来自自然原始的生长，不是人工制造的工业品，具有生态、环保、可持续的特点，于是现代的某些建筑又用上了藤草。

特别是藤，是种自然生长的藤本植物，干支细长，轻巧坚韧，密实坚固，且不怕挤、不怕压，柔韧有弹性。在建筑上用作捆绑构件或外表皮的装饰等，也可以做建筑空间中使用的家具，如藤橱、藤柜、藤几、藤案、藤屏、藤架、藤椅、藤桌甚至藤床等。过去因技术的落后，制作比较粗糙。随着现代技术越来越先进，藤经过技术加工处理，能防毒、防蛀，制成的藤器表面细腻、光洁，线条流畅柔和，造型华贵舒适，给人一种气派典雅的感觉，又有纯朴自然、清新爽快的特点，既自然又现代且时尚。

建筑上用藤条装饰（见图 5-1-9），生态、自然、淳朴、大气，有种与自然很亲密的感觉。

图 5-1-9 藤草材料

（二）人工材料中的因子

1. 钢材因子

钢材是建筑中重要的材料之一，在现代，几乎每一座建筑都离不开钢材。如图5-1-10是用钢材制造建筑体。

图5-1-10 用钢材建造房子

钢是从生铁中冶炼而来的，是指铁中含碳量在0.02%～2.11%之间的铁碳合金的统称。生铁是从自然界中的铁矿石中冶炼而来，含碳量比较高，一般大于2.11%，生铁坚硬、耐磨，但比钢脆，不能锻压。钢中含碳量越少，韧弹性就越好，但强度会降低。钢中除了含碳外，还含有少量的硅、锰、硫、磷等，这些微量元素的含量多少也决定着钢的性能。另外，把锰、镍、钒等掺入钢中，能制作合金钢，如不锈钢等。

人类学会炼铁的时间比较早，我国在东周时期就开始了炼铁，春秋时期人工炼铁已很普遍，人们打造各种铁器来使用，早期主要用于农具、刀具、炊具等，用在建筑上，主要是开凿石材用的铁器或固定木材等用的铁钉。随着铁冶炼的普遍和产量的提高，也有用铁来建造铁塔或铁索桥等。随着19世纪工业的发展，大量的铁也就普遍用在建筑上，如桥梁、建筑物等，后来发明了混凝土，就把铁提炼为钢，钢具有比铁更好的性能，比如钢筋和混凝土的结合可取长补短，在建筑上也就普遍使用钢材了。

2. 铝材因子

铝在自然界中数量比较多，但都以氧化物的形式存在，铝合金材料出现的比较晚。1827年德国化学家维勒通过实验还原出铝，当时铝是帝王贵族们享用的珍宝，非常珍贵，同宝石齐名。在19世纪末，人们用电解的方法分离出铝，能大量生产出铝。后来以铝为基础掺入合金元素如铜、硅、镁、锌、锰、镍、铁、钛、铬、锂等，制成各种有不同性能的铝合金材料，广泛应用于航空、航天、汽车、机械制造、船舶及化学工业，同时在建筑中也得到广泛使用，现在建筑的设计建造中，铝材是一种重要的备选材料之一。

铝合金密度低、强度高，抗蚀性好，塑性也好，可加工成各种型材，在建筑中用于幕墙骨架龙骨、吊顶龙骨、门窗、栏杆、百叶等。也可加工成各种板材，如铝板、铝塑板、铝蜂窝板等，具有装饰性、耐候、耐蚀、防火、防潮、抗震、质轻、刚性好、强度高等性能特点，如有的建筑选用铝板做外墙面装饰、用铝蜂窝板做吊顶或墙面装饰等。

3. 铜材因子

铜的使用时间比较早，比铁还要早。据查，在六七千年前人类就开始使用铜，制造铜器，在五千年前就知道在铜中加入如锡、铅等冶炼出强度很高的青铜，用青铜制造各种生活器皿或武器等来使用，如青铜剑锋利无比。历史上，我国还形成了独具特色的青铜器文化体系。

铜之所以比较早地出现并使用，是因为自然界中有自然铜存在，如铜矿石中的铜是以独立的单质金属状态存在的，把其他的矿物质分离出来，就可得到铜，不像铁矿中的铁以氧化铁存在、铝矿中的铝以氧化铝存在，在铜矿中分离铜比较容易。

铜材在建筑中用作屋面、门窗、家具、器皿、电线、电缆、五金等。

4. 钛合金因子

钛合金也是一种建筑材料，主要是应用于建筑物的外墙表皮幕墙装饰、屋顶面层装饰兼作防水等，也用于建筑立柱装饰、纪念碑、标牌、门牌、栏杆、管道、防蚀被覆等。如在 1997 年西班牙毕尔巴鄂市的古根海姆博物馆就采用钛金属板做建筑外表面装饰。

钛合金材料是以钛为基础加入其他元素组成的合金，在 20 世纪 50 年代才发展起来，开始主要用于航空领域，具有强度高、耐蚀性好、耐热性高等特点，一般能在 600 ℃温度下使用。

钛合金材料有令人满意的自然光泽，熠熠生辉，表面氧化后能呈现不同色彩，有优越的耐蚀性，因而后来被作为建筑材料用在建筑上。但价格比较贵，一般用在有高要求的公共建筑上。

5. 水泥因子

水泥作为建筑材料使用很普遍，过去叫洋灰，因为从西方洋人那里传来，呈灰色的细颗粒，很像灰尘，就俗称洋灰。后来，因我国也能大量生产，不需要从洋人那里进口，其特点是需与水一起使用，不能单独使用，就改叫为水泥，意思是遇水即硬化的泥。

水泥最早使用是在两千年前的古罗马时期，其采集于天然的火山灰，就相当于现在的水泥，与水、石等搅拌用在建筑体上。后来，在 18 世纪末，人工通过实验将自然的石灰岩矿与黏土等一起高温燃烧制造出水泥。再后来随着科学实验、技术的发展，各种有不同特性和特定用途的不同品种的水泥被制造出来。比如，在一般建筑工程上使用的通用水泥有硅酸盐水泥、普通硅酸盐水泥、矿渣硅酸盐水泥、火山灰质硅酸盐水泥、粉煤灰硅酸盐水泥和复合硅酸盐水泥等，有专门用途的水泥即 G 级油井水泥、道路硅酸盐水泥等，有特定性能的水泥即快硬硅酸盐水泥、低热矿渣硅酸盐水泥、膨胀硫铝酸盐水泥等，还有带有装饰性作用的白水泥、彩色水泥等。

水泥自身是一种无机的胶凝材料，起到将其他建筑材料如沙、石子等胶结在一起，将松散的材料胶结成有强度的像石头一样的混合体建筑材料的作用，用于建筑的基础、柱、梁、板、墙、等结构构件和栏杆、地面、屋面、墙面等装饰性构件，还可用于黏接其他材料的如地砖、墙砖等黏接层。

但大量生产水泥对环境有污染作用，在烧制石灰石矿物质时，会产生大量的二氧化碳、粉尘等，还会形成雾霾、酸雨的氮氧化物等。水泥在建筑上使用后不能回收循环使用，只能作为建筑垃圾或搅碎作为填土等使用。故在建筑体上使用水泥有好的一面也有坏的一面。好的是方面其方便、坚固,坏的方面就是其不环保、不生态。

6. 砺灰因子

砺灰是在我国东南沿海一带的一种重要的传统建筑材料,应用比较广泛,主要在建筑的地基、地面、墙体、墙面等地方使用。如图 5-1-11 是砺灰用于建筑墙体填隔。

图 5-1-11　砺灰用于墙体填隔

砺灰是用牡蛎壳或其他的各种海生贝壳进行煅烧而成,这些海生贝壳主要成分为碳酸钙,煅烧后分解为氧化钙和二氧化碳,二氧化碳排放到空气中,留下的氧化钙即为砺灰。使用时,用水加泼生成氢氧化钙,即称为砺灰浆,砺灰浆可作为黏结材料用于砌筑砖墙或石墙,还可作为墙体外粉刷面。在木构建筑中,在梁柱枋间配合毛竹编条做隔断粉墙。砺灰还能与泥土混合做地基,或与黏土、碎砖或碎石等拌和为三合土做地基。古建筑中,有许多的地面就是用三合土夯实打平的。

砺灰属于气硬性的无机胶结材料。其水化后生成的砺灰浆即氢氧化钙与空气中的二氧化碳反应,又合成坚硬的碳酸钙无机物质,故称为气硬性材料,遇气即硬。但怕酸,遇酸即被腐蚀,因为碳酸钙遇酸起化学反应。

与砺灰有相似性质的石灰是用含碳酸钙的石灰岩煅烧而成,据查,在我国的龙山文化时期即距今 4000 年前就有发现使用过石灰,用石灰涂抹在房子的室内地面、墙面上,使地面、墙面清洁、美观,还能起到防潮的作用。

砺灰因煅烧贝壳会产生大量的白色的二氧化碳烟雾,污染环境,过去比较多的砺灰厂现在都被取缔关闭。因古建筑中比较多地使用到砺灰,在古建筑维修、修缮中,还需用到砺灰,需要定制生产。

7. 玻璃因子

玻璃除了制作各种器皿等外,是一种常见的建筑材料之一。玻璃致密、透光,是一种非晶无机非金属材料,主要成分为二氧化硅和其他氧化物,在加入某些金属后可制作成各种有色玻璃,色彩斑斓。但玻璃很脆硬,不柔软,破损后很容易对人体造成伤害,需经过处理,如加工为夹胶玻璃、钢化玻璃等,可避免伤人。玻璃可回收融熔后循环使用。玻璃在建筑中,被普遍用于门窗、隔断、屋面、地面、栏杆、幕墙、地面、家具等。

8. 砖因子

砖是建筑中比较传统的材料，在我国3000年前的周朝就有砖烧制用在建筑上，在秦汉时期砖得到广泛使用，制砖的技术、生产规模、质量和花式品种都有显著发展，在建筑史上有“秦砖汉瓦”之称。

砖主要用在建筑的墙体上，其小块状方便砌筑墙体。其次也被用在地面铺装、墙体装饰、拱形结构受力构件砌筑、柱子等上。

砖分烧结砖（见图5-1-12）和非烧结砖（见图5-1-13）。烧结砖如黏土砖，也包括页岩、煤矸石等材料为主要原料，把原材料泥料进行搅拌清除杂物，再用标准规格的模具成型、再晾干，然后在炉中焙烧，高温使土颗粒融化而黏接，再冷却即成坚硬的砖块。非烧结砖如灰沙砖、粉煤灰砖、水泥砖、陶粒砖、加气块等，是将水泥或石灰等黏接材料与沙等骨料混合，经蒸压或自然等条件下黏接成块，有一定的强度。

图5-1-12　一种烧结黏土砖

图5-1-13　水泥砖、陶粒砖

烧结砖稳定性比非烧结砖好，在管理不严格的农村地方，还习惯用烧结的黏土砖。烧结黏土砖需要泥土，往往挖掉农田里的土来烧制，为了保护农田，国家已经禁止使用实心黏土砖。

9. 瓦因子

瓦是指盖在屋顶的片状物，起到防水、排水、抵御雨雪等作用。有黏土烧制的小青瓦、陶瓦、琉璃瓦、石片瓦、水泥瓦、沥青瓦、混凝土瓦、石棉水泥瓦、玻纤镁质波瓦、玻纤增强水泥波瓦、聚乙烯瓦、铝合金压型制品、涂层钢压型制品、新型金属瓦等。颜色有灰色、黄色、蓝色、红色等。如图 5-1-14 为黄色琉璃瓦。

图 5-1-14 琉璃瓦

我国在距今 3000 年的西周就发明和制作了瓦片，并在建筑上使用，黏土瓦在历史上使用时间最长，现存的古建筑中大多是用黏土瓦。在后来的发展中，各种各样的瓦片被发明和制造，建筑屋面的瓦片样式和种类越来越多，屋盖使用瓦的选择性也多起来，可根据设计使用要求进行选择。

瓦片一般用在有一定坡度的屋盖上，平屋顶建筑就不需用瓦。现代建筑技术的发展、专用防水材料的发明使用使得对瓦的防水功能需求逐渐减弱，装饰功能需求逐渐增强。

10. 陶瓷因子

陶瓷是由黏土、高岭土、长石、石英等自然原材料经过粉碎、混合、成型、干燥烧制而成，即将原矿物高温熔融后重新固结，把原塑形的材料变成坚硬的脆性材料。在建筑上使用的有陶瓦、地面陶砖瓷砖、墙面陶砖瓷砖等，还有各种陶管、瓷管等，用于建筑的屋面、地面、墙面粘贴铺设等，起到保护和装饰作用，陶管瓷管还能做排水管道使用。

陶类比瓷类松散些，瓷类在烧制时有更高的温度如 1000 多摄氏度，把原料熔融的更彻底，冷却后就更致密。若在其表面涂抹釉料，烧制后表面就更光滑，有玻璃状的光泽。

11. 塑料因子

塑料是现代建筑体中不可或缺的材料之一。有塑料电线套管、塑料水管、塑料门扇、塑料围栏、泡沫塑料、玻璃钢（玻璃纤维增强塑料）、塑料地板、塑料地毯、塑料墙板、塑料壁纸、塑料吊顶、塑料瓦、防水膜等等。

塑料是化学家通过化学实验而发明的，在建筑上大量使用是在 20 世纪中期。塑料是合成的高分子化合物，主要成分为树脂，还有其他的添加剂如稳定剂、增塑剂、增强剂、填料、着色剂等，分热塑性和热固性。热塑性的有聚氯乙烯、聚乙烯、聚丙烯、聚苯乙烯等，热固性的有酚醛塑料、氨基塑料等。

塑料重量轻、价格低、比强度高、导热系数小等优点，可制造出高强度的合成塑料。加工性能好，能制造出各种形状的建筑构造物件，还能与其他材料如木、钢等合成，制造出复合材料，如钢塑管、塑木板等。但塑料若没有经过特殊改良处理，一般有刚度小、热膨胀性大、耐热性差、易燃等缺点，特别是易老化，使用时间不长。塑料燃烧会产生有毒气体，在高温环境下会分解产生有毒成分。

其中一种聚苯乙烯泡沫塑料即挤塑板是比较好的一种保温隔热材料，其保温隔热、抗压强度、憎水性、防潮性、防腐性等都比较好，唯一的缺点是不防火，使用时需加阻燃剂。

塑料在建筑体中，需要有选择性地去使用，综合衡量避其缺点用其优点。如图 5-1-15 是塑料用于建筑外墙装饰。

图 5-1-15　塑料用于建筑外墙装饰

12. 油漆因子

油漆是建筑体中不可缺少的建筑材料之一。建筑体中的许多构件都需要保护，在构件的表面涂上油漆，隔绝与空气或雨水的接触，以防被风化、侵蚀等，使构件得到保护，从而延长建筑构件的使用寿命，如在铁构件表面涂油漆预防生锈、木构件表面涂油漆预防腐烂、混凝土构件表面涂上油漆预防风化等。还有些建筑构件表面需要装饰使其美观，也需要油漆涂刷装饰，如房间的内墙面、门窗表面等。如图 5-1-16 中，在钢材外表面涂油漆，既有保护作用又有装饰作用。

图 5-1-16　油漆用于钢材外表面

13. 膨胀珍珠岩因子

将某些自然岩矿开采后，高温加工制作出轻质多孔的无机材料，用于建筑上起保温、隔热等作用，各项性能指标稳定，是建筑工程中一种很好的可选择的材料，膨胀珍珠岩就是其中的一种材料。

膨胀珍珠岩将珍珠岩矿破碎成细颗粒后，高温焙烧，内部膨胀形成多孔结构，体积会增大10多倍甚至30倍，作为主要的无机骨料，用水泥等黏接混合后，就可用来做建筑屋面、墙体等的保温隔热层，也可用来制作某些轻质建筑构件。

14. 岩棉因子

岩棉是一种无机的棉花状的短纤维，是由岩石破碎成一定的颗粒，加入助剂等配料，入炉高温熔化，用喷吹法、离心法、离心喷吹法等形成棉状无机物。根据含矿物质的不同，岩石可制成矿渣棉、岩棉、玻璃棉、陶瓷纤维等。岩棉及其各种建筑构件制品具有质轻、耐久、抗燃、抗腐、抗霉、抗虫蛀等特点，是优良的保温隔热、吸声材料，因为本身是以岩石为原料来制造的，稳定性很好，使用寿命长。

15. 沥青因子

沥青在建筑上使用历史比较久远，有数千年的历史，早在古巴比伦时期，就在墙体砌筑和墙体外做保护与装饰中使用。沥青具有黏接性和防水性，当时砌筑墙体在石块或砖块之间用沥青来黏接，把沥青涂在泥砖外墙面，可以保护墙体不被雨淋而侵蚀、破损，同时还可涂刷成图案起装饰作用。

沥青是黑褐色的半固体状，加热会变软或成液体，具憎水性，不溶于水，不透水，有很好的防水、防潮性能。由沥青加工成的各种材料，在建筑上使用较多，如屋面外墙防水、建筑木构件和钢构件等的防潮防腐、构件之间的填缝、构件之间的隔离层等。

沥青主要成分为沥青质和树脂，是从石油和煤中经过提炼后得到的有机混合物，也有从天然沥青矿中直接开采的。从来源途径的不同可分为石油沥青、煤焦沥青、天然沥青等，石油沥青是原油蒸馏后剩下的残渣，煤焦沥青是煤在炼焦过程中焦油蒸馏后留下的残留物，天然沥青就是直接从沥青矿中开采。

沥青是可燃性材料，燃烧后会产生有毒烟雾，具有污染性。在建筑上沥青的使用，需对其优点和缺点进行综合评价比较后合理使用。

16. 橡胶因子

在现代建筑中，许多地方都会用到橡胶，如玻璃门窗的密封橡胶条、隔音地板中的橡胶垫、橡胶地毯、橡胶弹簧坐垫、橡胶防水卷材等。总的来说，有橡胶防水材料、橡胶密封材料、橡胶支撑与隔震材料、橡胶铺装材料等四大类橡胶建筑制品材料在建筑体上应用。

橡胶具有优良的回弹性、绝缘性、隔水性、可塑性、气密性、阻尼性和缓冲性等优异特性，若经过适当处理，还具有耐油、耐酸、耐碱、耐热、耐寒、耐压、耐磨等性能。

利用橡胶的防渗漏性强、耐温性好、耐气候性能好且施工方便等特点，可将其作为一种比较好的防水材料，如粘贴在建筑物和构筑物的橡胶防水胶片、铺设在建筑屋顶的橡胶防水卷材、涂在建筑浴室卫生间地面墙面的防水涂膜、设置在混凝土构件接缝处的止水带、掺入混凝土或水泥沙浆中制成的聚合物防水混凝土和聚合物防水沙浆等。但橡胶在热、光、氧及机械作用下，也会老化，如表面上出现龟裂、发黏、硬化、软化、粉化、变色、长霉等。

橡胶有天然橡胶和人工合成橡胶。

（三）设备机具中的因子

1. 电梯因子

电梯，顾名思义就是以电为动力的梯子。立体的有层数的空间装配上电梯，就大大方便人的上下楼层，特别是层数多的如数十层，以人的体力爬楼梯到达数十层很困难，若以电梯为依托，很方便就可上楼，到达上百层也没问题。对于腿脚不灵便的人，上建筑物的楼层很吃力，有了电梯，就可方便地到达各层。一般正常人在建筑物中走楼梯，从一层到三层不觉得吃力，到四层就有点儿吃力，到七层就明显感觉吃力，到十层就更觉吃力。当建筑配置了电梯，建筑物的上下交通就大大改善，解放了人的体力，只需很少时间，就能上下楼层，打破了楼层数量的限制，大大提高空间的垂直利用。

电梯一般由机房、轿厢、井道、层站、底坑等构成，一部完整的电梯有曳引、导向、轿厢、门、重量平衡、电力拖动、电气控制、安全保护等系统组合协调运作。

电梯除了在建筑物中使用外，还在旅游景区、人行街道、观光塔等中使用，如把人员从山底提升到山顶、从地面提升到天桥或下降到地道等。

电梯在建筑物或构造物中需要一定的空间，安装部位的结构要牢固等，需要与建筑物、构造物协同一致，共同使用。笔者在实践中曾遇到过一座建筑物，建筑主体已完成，正准备安装电梯的时候，发现设在楼顶的电梯机房，其出入机房的门开设在电梯的曳引设备位置旁，人无法出入，当追查原建筑图纸时，原门设计在另一侧的墙体，但该墙体上下有两道结构梁，当中只留一小洞，无法开门，出现这种情况，就是该建筑的建筑设计、结构设计没有考虑好电梯设备的安装和使用维护需要的空间。

2. 水泵因子

水泵是为液体增加压力的机械设备。建筑中的液体主要是水，水的自然流动依靠的是其自身的重力，只能从高处向低处流，但现代建筑绝大部分不是一层，而是多层，就需要将水从低处引向高处，这样，但需要赋予一定的压力才能办到，否则无法使水从低处向高处流。水泵刚好是给水提供压力，使水能从低处向高处流动。再者，从远处把水引入建筑体中，也需要将水加压。因而，水泵是建筑中不可或缺的机械设备之一。

生活用水、消防用水、有些特殊位置的雨水排放、污废水排放等都离不开水泵。建筑的设计、建造、使用等必须考虑水泵的安置位置、需要的空间大小等。如图 5-1-17 是安装在地下室中的水泵。

图 5-1-17　水泵

3. 风机因子

风机是一种对气体加压使其流动的机械设备。现代建筑，由于体量大而复杂，自然空气流动满足不了使用功能的需求，需要通过风机机械设备将气体根据需求而进行流动。

在相对封闭的建筑体中，人体呼吸及设备的运行等将会使空气变得混浊，需要补充新鲜空气，就需要有一套新风系统，新风系统中主要的动力器具就是风机。风机将外部的新鲜空气输送到建筑体中需要的各部位空间。

建筑体中如发生火灾等事故，人员需要快速撤到安全空间如封闭的疏散楼梯间及前室等。安全空间需要将火灾引起的烟雾阻挡住，防止烟雾流入，在安全空间里需要增压，当其空气压力大于会流入烟雾部分的空气压力时，就能阻挡烟雾的流入，增加空气压力就需要风机将外部空气排入来增压。另外，为了降低烟雾对人员的伤害程度，需将烟雾能快速地排出建筑体外，这时就需要风机排烟，即需要一套排烟系统，排烟系统的主要动力设备也就是排烟机，即风机。

因而，大型的建筑体或地下建筑体中，需要新风系统、排烟系统、防烟系统等，这些系统中主要的动力设备就是风机，可以将气体进行输送，如图 5-1-18、图 5-1-19 中设置在屋顶的风机。

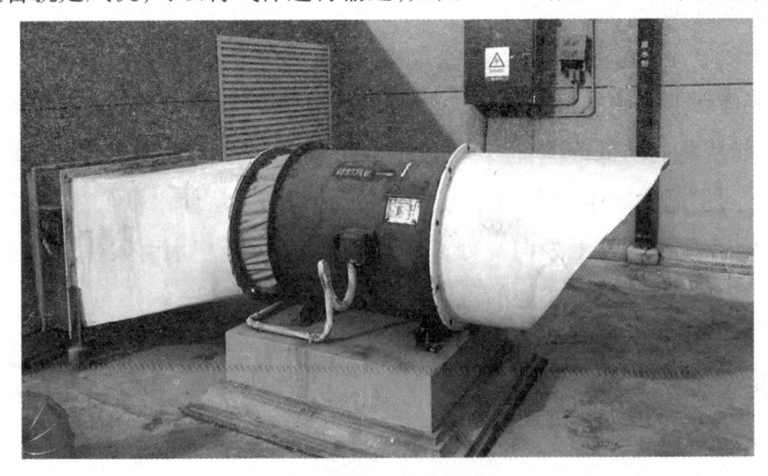

图 5-1-18　排烟风机

图 5-1-19　正压风机

4. 空调机因子

现代建筑体量大，室内空间复杂且数量多，需要空气调节。调节建筑内部空气的温度、湿度、洁净度等，调节空气的这种工具就是空调机设备。空调机有一定的体积，需要空间安置，运行时也会有震动和声响。在建筑体中，有安置在屋顶、外墙的室外机和建筑室内的室内机，在室内的需占用一定的室内空间，在室外的占用室外一定空间的同时也影响着建筑的形状、美观等。空调机与建筑是相互作用、相互影响的，合理放置、做好隔震隔音措施是必须要考虑的。

5. 风管、水管因子

风管、水管是建筑体中不可缺少的设施，特别是大型建筑。风管有排风(烟)管、新风管、送风管、回风管等，水管有雨水管、污水管、废水管、通气管、冷冻水供水管、冷冻水回水管、热水供水管、热水回水管、蒸汽管、补水管、蒸汽凝结水管、空调冷凝水管等。风管、水管需要竖向、横向布置，占用建筑内部一定的空间，也影响着建筑内部使用空间的尺寸，如房间的净高、净宽等。风管、水管运行使用时也会发出一定的震动和声音，影响人的心情，故需要做好防护措施，减少或降低震动和噪声。风管、水管同时也影响着室内空间的美观，也需要采取一定的措施。

6. 电线、电缆因子

电线、电缆是现代建筑中必须要有的材料，是电能和信息的传送载体之一。小的电线用套管埋设在梁柱、墙体、楼板中，大的电缆还需要桥架挂设来安放各电缆，桥架也需占用一定的空间，竖向的有些还需要专门的电缆井给予放置。水平的桥架需要挂设在楼板或梁底，同时也影响着建筑空间的净高和美观。因此建筑空间设计需要综合考虑电线、电缆的布置。

7. 灯具因子

灯具是建筑中人工照明的器具，分配人工发光体如灯泡、灯管等光源，同时也可固定和保护光源。建筑中的灯具形状各种各样，大体上分有吊灯、吸顶灯、落地灯、壁灯、台灯、筒灯、射灯等，灯具的形状、样式、材质、色彩关系到光照效果，同时也关系到感观效果。

8. 施工机械工具因子

建筑的建造需要各种各样的机械工具，有打桩机（见图 5-1-20）、挖掘机（见图 5-1-21）、铲土机、压实机、钻孔机、起重机、升降机、吊塔提料机、钢筋加工机、混凝土运输车（见图 5-1-22）、混凝土泵等等。建筑离不开各种机械设备，建筑的建造、使用、维护、拆除都需要各种施工机械工具，建筑建造技术是随着建筑施工机械工具的发明、发展而完善的。

图 5-1-20　建筑打桩机

图 5-1-21　挖掘机

图 5-1-22 混凝土运输车和打桩机

建筑是随着施工机械工具的发展而发展的,建筑历史也可以说是一部建筑机械工具的发展史。过去机械工具简陋低端,只能建造些小体量建筑,若建大体量的建筑,就需要更多时间加上更大量的人力资源。现代工程机械的繁荣发展,使得建造高大的建筑很方便。

(四)建筑形体中的因子

1.形状因子

建筑是由实体的物质将自然的空间进行围合,构成新的实体形状。形状有各种各样,简单的单一几何形状如长方形、正方形、圆柱形、圆形、棱形、锥形等,复杂的建筑体是由各种基本单一的几何体进行穿插、叠加、切割、加减等组合而成,形成多种样式的形状,给人视觉上造成不同的感受(见图 5-1-23),但有些不顾建筑使用功能的需求而故意给人造成视觉上的刺激、冲击等的建筑,其是好是坏,争议很大。建筑都是因有功能需求而设计建造的,不管形状如何,好的建筑形状必须要与功能相结合,牺牲功能而特意设计建造成奇形怪状的建筑,是不可取的。

图 5-1-23 建筑形状

有个反应建筑体形状的量化数字，是体型系数，即建筑与外部空气接触的外表面积与建筑体积的比值，该比值越大，说明建筑形状越复杂，同时也是反应建筑节能的一个指标，数值越大，建筑耗能越多。

设计建造建筑，对于建筑的形状需综合考虑，平衡各方利弊，不能想怎么做就怎么做。

2. 体量因子

建筑体量是指建筑的大小，即建筑占据自然空间的体积，有高度、长度、宽度三项指标。

建筑体量大小给人的感受，可以通过视觉上的对比来体现。比如周围都是一、二层的建筑，当中有座7层的建筑，就会感觉这座7层建筑很巨大。如果场地上都是7层的建筑，人们感觉7层建筑就不是那么大。若在一群7层建筑当中有座30层的建筑，就会感觉这座30层的建筑很巨大。同样场地上都是30层的建筑，也就感觉不到这些30层建筑的巨大体量，如有座100层的建筑在一群30层的建筑当中，就感觉30层的建筑不那么巨大，而这座100层的建筑就显得很巨大。建筑体量的空间尺度大小是个相对概念。如图5-1-24中的重庆解放碑，在20世纪80年代看到时感觉很高大，如今在周围的高大建筑对比下，看着就觉得很小。

图 5-1-24　建筑体量

3. 高度因子

建筑高度是度量建筑的竖向高矮，也是衡量建筑大小的主要指标之一。一般对建筑最简单的度量就是用高度，比如某某建筑有多高。

建筑不是越高越好，这里有个临界值，建筑越高，每平方米的造价指标就越高，当建设成本大于建筑使用价值时，建造就无意义。但在现实中，有些地方为了门面、名气，而脱离经济规律，建很高的建筑，这是好是坏存在着争议。

另外，建筑越高，对地基产生的压强就越大，这也有个临界值，当建筑高度高到其重量大于地基岩体的承受力时，就不能再高了。

4. 色彩因子

这里的色彩指的是建筑的外观色彩，其不同的色相、纯度、明度会给人不同的感觉，甚至差别很大，色彩在建筑上有物理、装饰、标识、情感等的作用。

高明度、低彩度、偏暖的颜色给人温暖、轻快的感觉。不同的建筑体或同一建筑体不同部位有不同的色彩，能增加建筑的可识别性。建筑外表面通过色彩的装饰，能给环境添加美感。

建筑表面为浅色，能提高对太阳光的反射，减少对太阳辐射的吸收，起到建筑节能的作用，在建筑外墙采用高反射的色彩可以增加周围环境的亮度。若选择低反射、高吸收的色彩会增加建筑外墙温度，也会增强外墙粉刷层开裂脱落的风险，影响建筑美观。

5. 内空间因子

建筑各外围护构件围护而成的空间，是建筑体的内空间。内空间是将处在自然状态的无界限的自然空间隔离部分出来，变成有界限、可度量、可感触体验的人工空间，改变了原自然空间的性质。

内空间又可以通过水平、竖向等实体构件进行分隔，分隔出可连通或不连通的大大小小有形状的空间，为人们起居、生活、学习、办公、活动、生产等提供服务（见图 5-1-25）。

图 5-1-25　建筑内空间

6. 外空间因子

外空间是建筑外围护以外，以外围护为一侧界面的空间，是介于自然空间和人工空间之间的空间，也有人称之为灰空间，其既有人工特点又有自然特点。

外空间有一定的限定，一侧位置有墙或板限定空间的位置、大小，另一侧为顶则没有限定物，能无限延伸（见图 5-1-26）。

图 5-1-26　建筑外空间

比如几座建筑物的外墙之间或院子的围墙之间构成外空间，其顶是开放的，可以无限延伸，且与自然开放的空间连通，但其周围有墙来限定，是有限的，有尺寸可度量。

二、环境中的第三层级因子

环境中的一级因子包含有地表下环境、地表面环境、地表上空环境等三大类二级因子。

地表下环境中的二级因子有岩体、土体、地质构造、地下水、地下构筑物、地下管道设施等三级因子；地表面环境中的二级因子有地理位置，高度标高，地形地貌，植物，动物，地表水，构造物、建筑物，环境色，交通工具等三级因子；地表上空环境中的二级因子有空气，阳光，云、雨、雪，雷电，风，温度，湿度，声音，飞鸟，飞行器等三级因子。

以上环境中的第三层级因子，也可称为建筑所处的空间位置上下左右全方位的各环境因素，它们是对建筑产生影响的自然因子，也包括已存在的人工因子，同时也是建筑体对它们产生影响的外部因子。

建筑是人工物，对于人工物，我国传统历来讲究风水，风水用现代术语来讲就是建筑环境。民间讲的房子风水好不好，就是建筑环境好不好，健康不健康，有没有对人产生不利影响，对人的身心、生理、心理等会产生什么样的影响，是积极的还是消极的等。

民间造房子习惯上都找“风水先生”看一下，如房子放的位置好不好、朝向好不好、外面和里面功能如何布置等等。若房子位置已固定不能变动，而周围环境又存在着各种缺陷，这种情况下，就找“风水先生”来看如何破解、辟邪等，当然，这是一种迷信活动，但也有一些科学成分在里面。民间的这一切，在现代，其实就是建筑师所做的对建筑所处的各环境因子，也就是对上述提到的这25个因子等进行分析、研究，找出最合理的建筑总平面布置、建筑室内外各功能布置及建筑的外观、门窗等布置，避开不利因素，利用有利因素，对不能避开的因素进行妥善处理。

建筑的这些外部环境因子是客观存在着的，一般不以人的意志而改变、消散。建筑避不开这些外部因子，就只能与其共生共存。

（一）地表下环境中的因子

1. 岩体因子

地球原本就是一个岩石球体，有漫长的天体运动、自身的地质运动、生物活动和进化等，地面有各种各样的覆盖体。岩体就被埋设在地表这些覆盖体下，虽然也有些裸露在外，但绝大部分是被各种土层、植被、建筑物等所覆盖，看不到。人工建造的各种各样的建筑物如房屋、道路、桥梁、水坝等是靠这岩体直接或间接支撑着。

由于长期的地质作用，如板块运动、火山爆发、断裂作用、地震作用、水流作用、风化作用等，沧海桑田，原是海洋河流的变成陆地山脉，原是大山的变成海底等，于是造就岩体形状不规整、凹凸起伏、坡度不同、埋设深度不同、矿物成分不一样、软硬不同、稳定性不同等。依靠岩体来支撑的建筑就需要选择合适的位置、地点等，不能随便就地建造。

建筑的选址建造与岩体有紧密的关系。在平原地带，岩体被土层所覆盖，深度不一。

体量巨大、重量大、高度较高的建筑需要岩体支撑，将其规划在有较深岩体处建造，建筑的地基基础就需要达到岩体位置，有些处理起来非常复杂，经济造价也非常高，消耗的资源能源也巨大。在规划建筑布局时，建筑必须要好好选址，选择在稳定、平缓、坚硬的岩体处，把重量大的建筑规划在岩体埋设浅的地方区域，把重量轻的建筑规划在岩体埋设深的地域，这样能有效地节约资源。

规划建筑时，需要调查所在位置的岩体地质情况。若岩体地质不稳定，如有地质断裂带、破损带、活动带等，就不宜建造建筑物。因不了解地质情况就规划建造，出现建筑物倾斜、倒塌、被崩石冲垮等的案例不少，甚至地震时连人带房被淹没，沉没在地底下。在裸露岩体上建造建筑，建筑的基础需镶嵌在岩体上，建筑上部与下部的基础要连接成一体，以求稳定。

对于岩体，需尽可能少地人为破坏开凿，岩体本身处在自然的应力平衡中，过多地开凿破损，打破了原有的应力平衡，为了重新达到应力平衡，需释放应力，岩体会移动变化，同时会伴随着地震，对建筑物、构造物造成破坏，造成人、财、物的损失。

岩体是由不同的岩石矿物组成，有的岩石带有放射性元素，对人体有害，建筑选址要避开有害岩体。当开凿岩石，作为建筑材料使用，建造房子或作为装饰建筑物表面时，对岩石需做放射性测试，超过标准的就不能使用。如图 5-1-27 为被开挖后裸露出来的岩体。

图 5-1-27　岩体因子

2. 土体因子

土体就是地表中各种土颗粒组合而成的块体，覆盖在岩体上方，地表绝大部分被其覆盖着，只有很少量的部分没被土体覆盖，裸露着岩体。

绝大多数的建筑都需建在土体上，建筑底部即基础部分镶嵌在土体中，上部露出地面，个别建筑是全部埋设在土体中如地下建筑工程。如图 5-1-28 中，把建筑基础建在土体中。

图 5-1-28　土体

建筑与土体相互依存、相互作用，选址建筑或设计建造前，首先得把土体的分布及各种性质、性能分析清楚，如厚度、密度、含水量、空隙率、承载力、摩擦力、土粒性质、渗透性等，还有是否存在有害物质，对人体是否有害，对埋地建筑构件是否有侵蚀作用等。这些可以通过地质调查、地质勘探等手段取样分析、实验等获得。

分析清楚土体后，才能有针对性地做规划、设计、建造建筑。只因为对土体的认识不足或没分析清楚各性能指标或只凭经验等，建造的建筑常常会事故不断，如斜了、沉了、裂了，甚至倒塌掉都有发生，甚至造成人员伤亡，代价巨大。有的土体存在有毒物质，使用建筑的人出现不健康症状。有些土体因为人为原因造成有毒，如工业废水排放或垃圾堆放产生的废水等渗入土中，原来是好的现在被污染，比如某个做皮革、电镀等工业很发达的乡镇，每年的年轻人当兵体检时都不合格，当地居民得癌症的也特别多。

新建或改建建筑时，对土体的处置不合理、不妥当，造成土体的位移或压缩等变动，引起周边建筑的开裂、倾斜、倒塌等情况也时有发生。

3. 地质构造因子

人居环境中，地质构造的影响是不可忽略的。

地下岩石极少是原生态，都是经过了地质运动，即岩块、岩层相互挤压、弯曲、剪切、错位、上升、下降等，使原岩块或岩层形成褶皱、节理、断层、劈理，从而表现出各种各样的新形状，而且它们相互作用的运动还存在不断的变动，是动态而不是静止不动。

建造建筑需要稳定，那么建在地表的建筑就不稳定吗？不是的，地质构造运动时间很漫长，以万年为单位计算，而建筑的使用寿命是以年为单位计算，人类的建筑活动时间是远远小于岩石地质运动的时间，与地质时间相比是很短暂的，在这一短时间内，地质构造运动可以看作静止不动的。只要选址合理，在人类可预知的活动期及建筑的使用寿命期内还是可视为岩石是稳定不动的，其微弱的地质运动对人类活动的影响可忽略不计。

对有些可预测岩石活动有大概率短时期内发生剧烈活动的，就不能忽略不计，如地质断裂带、破碎带、岩石节理地带风化严重位置、孤石地带等，这些地方很容易发生地震、崩塌等，就不适合建造建筑。如图5-1-29中的地质断裂破损带，其裸露在地表处，形成沟槽，岩石破碎凌乱，就可以很明显地发现，于是人们就不会在其上方建造建筑，若因某些原因不得不建，就要采取特殊处理，如采用软性的结构、基础可隔震或能移动等，但经济成本会大大增加。有些地质活动带埋设在地表下，这就要非常小心，预先必须要把地质勘探清楚，不能盲目建设。也有发生因地质勘探误差或认知局限，把建筑建造在地质活动比较活跃的地带，甚至整个村、镇、市建在该地带，结果发生地震、滑坡等，建好的全村、全镇或全市几乎所有的建筑都倒塌或淹没。

图5-1-29　地质构造

据记载，1755年11月1日上午9点40分，葡萄牙首都里斯本发生地震，历时约30 s，顷刻间城市大部分建筑物被破坏，10点钟再次强烈震动，建筑物继续大量倒塌，持续了约两分钟。没隔多久，中午发生第三次强烈震动，使里斯本及葡萄牙西南部的所有村镇彻底成为废墟。里斯本的2万多座房屋中有四分之三在地震中全部毁坏，在全城27万居民中死亡的有10万人。当时由于认知的局限，对地质构造认识浅薄，不知地下有断层活动带，而且很活跃，以地质年代来看，随时就会发生地震。该地震发生后，人们才对地质构造有了新的认识。

4. 地下水因子

地下水是指在地表面下的水，其以各种形态、形式存在，有液态、固态、气态，有流动的和静止的。大多时候都以液态存在，固态的是在温度比较低的零摄氏度以下的地方存在，气态是在温度比较高的地方存在，如在地表下几千米处温度较高，水以气态存在，若有与地表有贯通的岩石裂缝，水蒸气就有可能通过裂缝喷出地面。

地下水的来源主要是雨水渗透，还有溪、江、河、湖、海等的渗透。再者，就是矿物中结合水，这种水在一定的条件下也能游离出，流出地表，一般都溶解有丰富的矿物元素。

建造房屋前的选址，首先要考虑的就是水环境如何。若雨水不丰富，地下水丰富也可以，如新疆的吐鲁番，雨水很少，但地下有来自雪山融化渗透过来的丰富地下水，人们也可以取水生存。

古代人因缺乏能深入地底下勘探地下水情况的设备，只能是满地走，观山察树找水源，古代俗称看风水。房子必须要建在有水源的地方，且水的来源要清澈干净，不能含有对人体有害的物质，若含对人体有利的微量矿物元素则没关系。喜欢旅游的人就会发现，没有一座老城市、一个老集镇、一片老村庄附近是没有水的，水井也是不可缺少的。据查，世界上现有人工开挖最深的一口水井在印度拉贾斯坦邦月亮水井（Abhaneri），有1200年的历史，深达30 m，有3500个台阶，井底的温度要比地面温度低5～6 ℃。可见，为了水，沙漠地区的人们付出了很大的代价。

打水井取水不但能解决生活、生产等用水，还可以调节小气候。有些地方能自然涌现出泉水，有些还是温泉，这就能为建筑选址提供参考。有些地下水移动时经过地下矿物质，溶解有对人体有利的微量元素，长期使用对身体健康很有好处。但也有些地下水溶解有对人体有害或对建筑物有侵蚀的物质，建筑活动需要避开或采取隔离措施。

若人类的工业活动没有采取环保措施或措施不当，有害物质的排放侵入对地下水造成污染，从而影响人们健康的情况也时有发生。有些由于过度的开采取用地下水，造成土体压缩、地面下沉，影响建筑物和人的活动。

地域不同，地下水的存在形式、形态、数量、矿物质含量等都有所不同，现代科学技术比较发达，对地下水基本上都能勘探得一清二楚，建筑活动就可以趋利避害，但地下水不是取之不尽，而是资源非常有限，若开采过度则会影响人类活动。现实中也有这样的案例，地下水的过度开采或污染，使得人们不得不搬迁。

5. 地下构筑物因子

人类活动中，经常在地面下建造各种构筑物，如军事上用的地下工事、民用上的各种地下室、各建筑埋设在地表下的基础及为地上服务的各种地下管井等，无论是什么构筑物，都与地表上的建筑有共生关系，它们并不是孤立存在的。

有些构筑物在历史上开始是地面上的，因后来历史的变迁、地质的活动等，被淹没在地下，现在建设项目时被发现挖出来，这些需特别留意，有些对工程建设有害，如各种洞穴、空孔等，有些还是文物，如某地在工程建设中，挖出来一座古水闸，这也是对地域的地理历史变迁的一个实物例证。

地上建筑都需有埋设在地下的基础，有的还做地库（地下室）与地上建筑有机结合成一个整体，并与地上的建筑空间互补使用。对于完全深埋在地底下的，也同样需要有与地上联通的通道、气孔等。甚至就连深埋在地底下的大坟墓也有通道，只是在完工后再把其封堵上。

对于那些完全废弃不再使用的地下构筑物，在其上部建设建筑需倍加小心，需探明地下构筑物情况，采取应对措施。有这样的案例，在不知地下有矿洞、矿道、地下室、墓穴等的情况下，在其上部建造建筑物，后来出现倾斜倒塌的情况。

旧建筑在改造修缮中，因原来的排水、排污、给水、电力、通信等设施的不完善，给现代生活带来不便，需要重新改造提升建设，需要修建管井构造物埋设在狭窄的道路地下，这种地下构造物在设计、施工等时需特别小心，否则就会适得其反，如弄裂、弄塌房子，若施工顺利，就能改善老旧建筑的使用环境。

现代有些地下构造物中还有人造交通器，如在地下运行的地铁，穿过山体、土体、河床且在其中行驶的汽车、火车、高铁等，其行驶在地下的过程中的震动和保持自身的安全等，与山体、土体、河床及周围各构造物、建筑物等都有着共生关系。

6. 地下管道设施因子

建筑所处的环境中，地下管道设施是必不可少的，它们是建筑与外部联系的纽带。排水管（沟、廊）、电力管沟，还有给水、通信、煤气、热力等各地下管道设施，与建筑有着千丝万缕的联系，建筑内部各功能空间所需要的水、电、信息等全依靠它们输送。也可以说是建筑内部的血脉、神经与外部联系的通道。同时，这些管道与周围环境也有着密切的联系，环境的好坏直接与这些管道设施的完善程度有关系，若排污管沟渗漏或直接排入河、溪，就会污染水质，造成生态环境的破坏，直接损害于人们的身心健康。

对于废弃不用的地下管道设施，在建设中都需要处理。陈旧的设施若继续使用，需维护修缮或更新。在城镇更新中，更需要考虑地下各管道设施的更新或埋设。地下各管线的埋设与旧房子、泥土、路面等共生在一起，如何做到各得其所，都有好处是比较难的，但通过精心设计、施工、管理等手段是可以达到的。

（二）地表面环境中的因子

1. 地理位置因子

地理位置也就是经纬度位置或坐标位置。经纬度不同，自然气候条件就不同，甚至差别很大，接近南北极的高纬度和接近赤道的低纬度相比就有天壤之别，需要的建筑形式也就很不同。高纬度一般气温低，比较冷，建筑需要保温、墙体厚、屋盖厚、开窗小。低纬度一般温度高，建筑需要隔热、通风、窗户多而大、屋盖大、遮阳。

不同的地理位置，太阳光的照射高度角和方位角就不一样，得到的太阳光也不一样。在北半球的位置太阳光从南边射进来，造房子时需坐北朝南；而在南半球就不一样，太阳光从北边照射过来，房子需坐南朝北。

在我国，越靠北，太阳高度角越低，如果多幢房子在一起，前面的房子需离后面的房子要更远，否则会挡住太阳光。

2. 高度标高因子

高度和标高其实是一个意思，高度是一种通俗习惯的表达，标高是带有科学性的一种表达方式，更严谨些。

在工程中，高度一般用标高数值来表达。标高就是人为设定一个高程基准面，以该面为0起点，然后测得各位置与该基准0面的垂直差距，就是该位置的标高。高于这0基准面的为正值，低于这0基准面的为负值。如我国定的一个统一的基准标高，在黄海设置一个固定的观潮站，观测潮水的平均高度，以该平均高度为全国的0基准面即海平面。标高正值越大，离海平面高度越高；负值越大，离海平面越深。如图5-1-30中标注海拔4680 m，即该位置离海平面垂直距离有4680 m。

图 5-1-30　高海拔位置

一个地点标高数值的大小,能看出其有多高。同一经纬度,高度不同,气候条件会差别很大,建筑也需要有所区别。同一个地理位置,高度高,温度就下降,每升高 100 m 温度约下降 0.6 ℃。数千米高的大山,山顶与山脚的温度相差很大,有的甚至山脚是温暖的春天,山顶是下雪的冬天,这样在山脚和山顶建造建筑方式就需不同,以适应其周围的气候环境。如图 5-1-31 中,在高海拔的高山上建构造物就有自身的特点,以适应该位置的环境。

图 5-1-31　高海拔构造物

有时为了方便,对于某特定工程,人为设定一个基准 0 标高,然后以此为基准面,工程中各部位标注相对于该基准面高差的高程,这为特定项目自行设定的标高只能叫相对标高。

3. 地形地貌因子

地表各种各样的形态即地貌,是地球内部各种地质运动和外部的如水流动、风吹动、太阳辐射、生物活动等长期综合作用的结果,如图 5-1-32 中的地貌。

图 5-1-32　地貌

地貌也可以说是地表的外形形状,有时也用地形来表达,地形侧重于外形,地貌还侧重于外形如何形成的机理。

地表外形形状有高、低、平、凹凸等。用形象概况,如高原,平原、盆地、丘陵、山地等。高原指的是很高的土地,海拔 500 m 以上,开阔、面积大,周围有陡坡,与其他有明显的隔开。丘陵是海拔高度在 200 ~ 500 m 之间的起伏和缓、连绵不断的低矮山丘。山地是指海拔高度在 500 m以上的蜿蜒起伏的有明显的山顶、山坡、山麓三部分组成的山。平原就是地面平坦的一大片区域,盆地就是像盘一样的地方,中央低而平整,四周高。

地形地貌的表达一般用等高线来描绘,将高度一致的点用线连接起来,该线上任何位置都是同样的高度。设置统一的水平距离绘制出各等高线就可以很方便地在有等高线的地形图上看出哪个地方平、哪个地方陡、哪个地方是山脊、哪个地方是山谷及哪个地方陡坑、哪个地方悬岩等,还能计算出各处的坡度。

对于工程建设来讲,地形图很重要,项目策划、规划、设计等的工作首先需要在地形图上研究,且成果表达中的部分图也需要在地形图上绘制。

4. 植物因子

植物根据高矮特征分类,有乔木、灌木、藤类、花草、地被等。植物吸收二氧化碳光合作用产生氧气,人需要吸收氧气呼出二氧化碳,刚好与人互补。植物的果实、叶、茎等为人提供食物,采伐于植物的木材是人类生活中必不可少的物质,各景观也不能缺少植物。

图 5-1-33　植物植被

植被（见图 5-1-33）是在地表某一区域生长着的各种植物的总称。它与气候、土壤、地形、水等自然环境要素有着密切的联系，如果气候恶劣、土壤贫瘠、雨水稀少，植被生长就差，植被稀少，稀稀落落；反之，各种植物生长郁郁葱葱、枝繁茂盛，植被就很好，空气也新鲜。

植被好坏也与人类活动有关系，如黄土高原，古时是森林、草原，植被良好，后由于长期的人类活动如人为的砍伐，生态遭到破坏，自身修复不了，就逐步变成了现在的荒山秃岭。有些地方虽然遭到人为破坏，但后来采用保护、植树、适度采伐等措施，恢复了原来茂盛的植被（见图 5-1-34 和图 5-1-35）。植被茂盛是提供人类生活保障的基础，为了有好的生活环境，人们都在努力植树，保护植被。

图 5-1-34　遭到破坏的山体环境

图 5-1-35　种植植物修复后的山体环境

在建筑所处的环境中,人们热衷于通过种植植物来平衡和改善生态环境。因为人工建筑的建造是对原自然环境的一种破坏,为了降低这种破坏程度,用人工模仿自然来种植各种植物也是一种补偿方式。

5. 动物因子

动物是生态环境中必不可少的群落,自然界中需要各种野生动物保持生态平衡,在自然选择与进化过程中人类脱颖而出,但人类的发展永远离不开动物。为了自身生存的需求抓捕动物,如古人生存除了采摘外就是狩猎。

随着人类智力的发展,狩猎本领和工具的发明发展,以至于人们过度抓捕,有些动物的繁殖速度赶不上被抓捕的速度,变得越来越少,影响了人类的食物需求,于是就对抓捕过来的动物进行驯养繁殖,于是有了如羊、马、牛、骆驼、鸡、鸭、鹅、兔等。人类就养殖各种被驯服的动物为自己服务,也养殖大量的食用动物来提供各种食品。后来只要有人类的地方,就有被驯服的动物和周围环境中自然生存的动物,人类与动物就共同生活着,有人就有建筑,也就出现了建筑与动物共生一起的景象。有了动物就能增加生气,比如画画的人总是在绘好建筑等静物后加几只动物上去;做建筑设计效果图时,也同样会添加动物上去,使图接近真实性、现实性。

另外,有些动物若灭绝,会打破原有的人类生存环境的生态平衡,进而威胁人类的生存。因而,人类现在越来越重视动物的保护,甚至还特意协助某些动物进行繁殖,放归自然。

这里的动物因子主要指地面上的动物,在天空中飞行的鸟类动物归类到地表上空环境中的飞鸟因子里。

6. 地表水因子

地表水就是陆地表面上的各种水。流动的如河水、溪水等,基本上静态不流动的如湖水、水库水、池塘水等,还有以固态存在的冰川等。

地表水受降水量影响,大量的地表水都是经过径流最后流入大海,为了利用水,人们建造各种水坝进行截留。水是生命之源，农业的灌溉、生活的使用等都离不开水。人类的居住地首先要选有水的地方，现存的乡村、城市绝大多数都是依水而建。随着工业的发展，地表水污水严重，影响着人们的身心健康，大力治水成为人们的共识。

古代有句话“气乘风则散，界水则止”，说明水在人们生活中的重要性。在创造人居环境时，地表水是不可缺少的，没有也要从远处开渠引入，有“无水不成景”的说法。节约用水，是当前全人类的共识。

7. 构造物、建筑物因子

人类在活动中，建造了各种各样的建筑物、构造物，房子、道路、桥梁、河坎、水坝、海堤、灯塔、田地、庙宇、坟墓等。

城市就是由人工建造起来的超大巨型构造物，是典型的人工环境。人在城市中与各种构造物、建筑物等共生着，且已不可分割，人若离开它们几乎无法生存，构造物若离开了人，也会成为废弃物。

人类一直在不断地建造各种建筑物、构造物，从不停止。历史上，漫长的建造活动中，尽管多数建筑物被废弃或倒塌或人为破坏等，但也留下了丰富的各历史时期建筑物、构造物的遗址，从中也能解读出当时人们的生产力、技术、思想、习俗等，因而保护历史建筑成为人们的共识。

当前，到处都是人工构造物、建筑物，在新建设活动中，这些已经存在了的人工构造物、建筑物就成为新建设工程的周围环境因素的一部分。

8. 环境色因子

这里的环境色指的是在新建项目周围环境中的各种颜色，不是新项目的本身色彩。

颜色是人们视觉上对周围环境的一种反映，对不同的感觉进行命名分类，从而能更好地认识环境。如对火的认识，火是自然界的一种现象，靠近时会烫，于是人类对其产生敬畏之情，但又可以用来取暖，食物经过其烤烧，比以前好吃很多，该视觉的感知取名为红色，有类似其视觉感觉的都为红色，于是看到这种红色，就有反应炽热的、强烈的、敬畏的、激情的、喜庆的等心理反应。对于天空，蓝色，人们有遥远的、深远的、冰冷的等心理反应，其与红色在人们的心理反应刚好相反。

人们在建筑中对色彩的运用，其中主要的一点就是利用其引起人们的心理反应特性。人看到外界物体，色彩是最先的感知对象。人进入一个环境，看到自然风景或一座建筑，或进入一个城市、乡村等，第一反应就是外观色彩。环境色彩如何，对于新建或改造修缮的建筑来说，是要着重考虑的一个因素，可以说周围环境色彩决定着新建筑或改造修缮建筑的外观色彩。若不考虑周围环境色彩，会出现新设计的外观色彩与周围环境不协调、不和谐的情况。

9. 交通工具因子

地表上行驶或停放的汽车、轮船、火车、动车、自行车、助动车、三轮车等，是为了加快和辅助人的地面位置移动而人为建造的工具，这些交通工具形状各式各样，也大小不一，重量不等，对环境的污染程度也不同，但有一个共同特点，就是占用一定的地面空间（见图 5-1-36 和图 5-1-37），与人、建筑物争夺地盘，但现代社会中只要有人集聚的地方，就有它们的存在，是必不可少的工具。

图 5-1-36　交通工具停用时占用地面

图 5-1-37　交通工具使用时占用地面

这里的交通工具因子是指依附在地表面上的各类交通工具，在天空中的交通工具如飞机等归类到地表上空中的飞行器因子里。

（三）地表上空环境因子

1. 空气因子

俗话说，人活一口气，这“气”虽然说的是一种哲理上的气，但也可以通俗地理解为空气，没有空气，人无法存活，更不能有生活活动。空气到处有，充满空间，无固定形状，是各种气体组成的总和，主要由氧气、氮气组成，还有二氧化氮、水蒸气、各种尘埃杂质及一些如氦、氖、氡等稀有气体组成，人们需要的氧气大约占空气的21%。

同时，由于工业活动如煤、石油燃烧产生的气体或工厂里产生的废气、固态尘埃等排放到大气里，原空气就被污染，有些物质如一氧化碳、二氧化硫、二氧化氮等对人体有害，过多地排放二氧化碳会引起地球的温室反应，使整个地表温度上升，打破原有的生态平衡。

空气是否新鲜，关键在于空气中对人体有害的物质存在多少，若极少或没有，空气就新鲜。在城市化、工业化到来的同时也带来了空气的污染问题，治理空气成了人们的共识，有许多人逃离城市、逃离工业区，主要就是空气被污染，人们呼吸不到新鲜空气。

空气的好坏是衡量人居环境好坏的一个重要指标。建筑的选址、规划、设计等对于空气的考虑是至关重要的，人居住、生活、工作、学习等长期停留的地方必须要有清洁的空气，会产生污染的生产工厂、垃圾处理厂、燃煤发电厂等要与人们的居住环境有一定的距离，且必须要在下风位，有些工人长期在有污染源的工厂里工作，得病率就很高。

过去在工业革命时期，为了表现现代工业科技的成就，把大量的玻璃用到建筑体上，整个建筑外表被玻璃包裹起来，密不透风，在建筑内的人需要的空气全部用人工设备机器进行输入输出。虽然从建筑外部看起来玲珑剔透，光鲜漂亮，但里面的人享受不到外面自然的空气，而呼吸到的里面的空气有被污染的风险。同时，输送空气的机器得需要能源，而这些能源，大部分是燃煤燃油得到的，燃煤燃油又会造成空气污染，这样，人就有可能呼吸到污染的空气。

现在，人们已慢慢醒悟过来，不再把建筑体严密包裹起来，但不乏还是有些人坚持这样做，美其名曰城市需要美。

2. 阳光因子

阳光就是来自太阳的光线，是太阳核反应产生的辐射光，是最重要的自然光源。

人体需要阳光照射，阳光照到皮肤上能使皮下血管扩张，促进血液流动，同时将一些化学物质如麦角醇、胆固醇等形成维生素D，进而促进钙的吸收，使人体达到钙平衡，因为人体长期缺钙会得软骨病。阳光中的紫外线还能杀菌消毒，因而有些人为了健康，特意晒晒太阳。阳光还是地球获得能源的主要来源之一，一切生物需要的能量都是直接或间接地来自阳光。人们对太阳能的直接利用也越来越重视。

阳光是建筑环境中一个重要的因素，为人提供居住、生活、工作等的建筑内部空间需要引入自然阳光。建筑外观在阳光的照射下，显得有立体感，有建筑物内容的图画都需要利用光影来刻画显示其立体形象。

阳光也是建筑设计中需要考虑的因素之一，光影、光照的利用是否合理是影响建筑作品好坏的关键因素之一。

3. 云、雨、雪因子

建筑环境中云、雨、雪、冰雹等是围绕着建筑物的天然物质，与建筑有着密切的关系，是不可分割的一部分。如图5-1-38是面上的积雪和山间的云雾。

图 5-1-38　云和雪

地球表面的水被蒸发，成为微小颗粒的水蒸气，蒸气弥散到空间中，充填在空气里，随着空气而流动。空气上升遇冷，遇到细小的凝聚核就凝聚成微小的水滴，大量的水滴集聚流动，就成为云，与大地接近的就是我们通常感受到的雾。当各微小水滴相互碰撞时，体积和重量增大，无法漂浮下降下来，就形成了雨。若水滴在下降过程中遇到冷空气，就凝结为固体而下降，于是就形成了冰雹。若云遇冷空气凝结形成冰晶而下降，就形成了雪。在地面或植物附近的水蒸气遇到低温会凝结为固体霜附在地表各物体表面上。

云、雨、雪、冰雹是水在空间中的几种不同的存在形式，是自然现象，但也会因人为因素而有所变化。如集聚的人们因生活、生产而产生废气、灰尘，大量的排放入空气中，空气中尘埃过多，水蒸气凝结需要的依附体增多，就形成了雾霭。污浊的空气中降下的雨雪也很脏，但降下后能起到清洁空气的作用。

人们为了遮风避雨而建造了房子，以保护自身。但任何事物都有双面性，云、雨、雪、冰雹、霜也一样，其有害于人，但也有有利于人的方面，建筑物的设计建造等就是避其害用其利。比如雨，一方面建筑物要做好防雨、防漏、防渗，另一方面也要做好雨水的回收利用。

4. 雷电因子

雷电是一种自然现象，是在云层中积累的电荷释放形成的。许多自然火灾都是由雷电引发，其高电压高电荷能致人死亡。虽然雷电在自然界中也有益处，如能间接地产生氮肥、加强农作物的新陈代谢、使空气变干净等，但目前对于建筑物来讲仍需要防备，也许将来科技发展到一定的程度，可以把雷电中的电能引来储藏使用。

在高大建筑物、金属屋顶、空旷或潮湿地带的树木、烟囱等地方更容易引来雷击，因而在这些易遭受雷击的地方需人为地安装避雷设备，将雷电引入地下，避免伤害到人或建筑内的设施。新建的建筑物一般都有设计安装避雷设施，有些古老的建筑因为当时人们对雷电认识不足，没有安装避雷设施，鉴于保护和安全的考虑，在修缮时都需补装上。文保古树因没安装避雷设施被雷击破坏的情况也时有发生,若有可能,也应该安装避雷设施给予保护。

5. 风因子

风是由太阳辐射引起地表空气产生温度差异而流动形成。空气热胀冷缩,热膨胀密度降低,重量变轻,反之则变重,于是形成压力梯度差,产生空气就流动,风是空气流动的表现。风本身是看不到的,但能被感知体验到。风通过树、草、衣服等轻盈物体被赋予风能量而表现出的飘动就能被人眼看到。

风通常用风玫瑰图来表示风气候情况。风玫瑰图是了解某一地区、某一区域气候条件的必备资料,它是将某一地区多年平均统计的各个风向和风速的百分比值即频率,按一定比例进行绘制而成的图,因形状像玫瑰花,于是形象地以"玫瑰"将其命名。

水体、山体、建筑物等因其地域环境突变的特点,会引起地域风,如海陆风、山谷风、弄堂风等。风具有一定的能量,可以利用,如风力发电就是利用风能的一种方式。项目建设中,怎样利用有利的风、避开或抵抗有害的风是策划、规划、设计等都需考虑的因素之一。

6. 温度因子

温度是人们对冷热程度的一种度量。建筑环境中温度的高低和变化是建筑物适用程度的一个因素,温度过高或过低,或变化相差过大,与人体的适应程度不相符,就会影响人的生活、工作、学习等舒适程度。

温度的高低直接关系到人的舒适度,人体处于36.5 ℃左右的恒温状态,环境温度25 ℃左右时人体感觉最佳,超过42 ℃人体就无法呼吸,造成生命危险。一般环境温度在16~26 ℃,人会感觉舒畅。过高或过低,人就会感到不舒服。

为人所使用的建筑空间,需要合适的温度。建筑所处的外部环境温度是自然的,人难以控制,只能用建筑围护、设备、设施等来调节室内温度,使其适合人的生存。建筑外部环境的温度高低及其变化情况,直接影响着建筑物采取什么方式来设计、建造。建筑物的形状、样式、门窗、屋盖、围护等都与外界的温度有关。

7. 湿度因子

建筑的设计、使用等,与其所处地点周围环境的湿度也有紧密的关系。湿度是指空气中所含的水分即水汽的多少。在一定温度下,一定体积空气中水汽的质量与在该温度下水汽达到饱和时水汽质量的比值就是我们通常所说的湿度,也即相对湿度,相对湿度为50%左右时人是感觉比较舒适的。过低会感觉干燥,过高则感觉潮湿。

一定封闭体积空气中所含水汽的质量称为绝对湿度,不随温度的变化而变化,是个定值,而相对湿度随着温度的变化而变化,温度升高,相对湿度就下降,反之就上升,最大值为100%。空气温度越高,能容纳水汽的量就越多。在一定温度下,单位体积空气里容纳的水汽有个最大值,即相对湿度100%,再多,水汽就会结露出水。在绝对湿度不变的情况下,若温度下降或某物体的温度比较低,在该温度时相对湿度到达了100%,水汽就即将结露出来。

室外环境的湿度对室内环境的湿度有相应的影响,建筑设计中对湿度结露的把握至关重要,设计不好,就会出现墙面、地面结露,影响使用。一般来说,南方比北方湿度大,森林、河、海等地方湿度大，下雨、阴雨天比晴天湿度大。

8. 声音因子

声音是物体震动产生的声波通过空气、固体、液体传播而被人听觉感知的一种运动现象。人耳感知的波段为20～20 000 Hz。声音对人在感觉上的大小即响度，距离声源越远越小，并随振幅减小而降低。噪声使人烦躁，干扰人们的工作、学习、休息，建筑设计时需要考虑隔声和吸声等，避免噪声过大。声音传播过程中，遇到物体会被反射和吸收，在房间内多次反射直至被吸收消失，从发出声音至消失的时间即混响时间，如果这段时间约等于人发出声音的时间，人就听不清楚。若建筑设计不好，人在会议室或多功能厅里讲话听起来会感觉很杂，听不清楚。

建筑环境中影响最多的噪声产生于建筑施工中的各设备机械和行驶中的汽车、轮船、飞机等，还有工厂生产中的设备仪器，以及建筑使用中的各变电站、水泵、电梯、排风排烟机等。

9. 飞鸟因子

空中的各种飞鸟是生态环节中的重要一环，没有飞鸟，生态也会不平衡。建筑周围环境的各种飞鸟也是不可忽略的，其也是建筑共生体中的一员。

10. 飞行器因子

随着技术的进步，各种人工飞行器的数量和种类越来越多，有些飞行器如飞机等噪声很大。但很多飞行器又是生活不可或缺的，如摄影等采集信息的无人机等，其虽无多大噪声，但也影响人们的视觉。

建筑环境中飞行器同样是不可缺少的，建筑的设计、建造、使用等对飞行器的依赖或干扰等都是需考虑的因素，不能避之不管，也需要统筹考虑。

三、人因子中第三层级因子

一级人因子中有人体空间生理、年龄、职业、意识形态等四大类二级因子。

二级人体空间生理因子中有人体尺寸、活动尺寸、行动尺寸、生理需求等三级因子；二级年龄因子中有婴儿期、幼儿期、儿童期、少年期、青年期、中年期、老年期等三级因子；二级职业因子中有农民、渔民、工人、医生、教师、律师、建筑师、商人、职业经理、公务员等三级因子；二级意识形态因子中有心理，思想，信仰，风俗，制度，权力，经济、科技，文化等三级因子。人是建筑共生体中重要的一部分，人因子中第三层级各因子也都是建筑共生体中重要的组成部分。

（一）人体空间生理中的因子

1. 人体尺寸因子

人体尺寸是指人体的总高、宽、厚尺寸数值和各部位的如脚、手、腰等的尺寸数值。建筑可以说是人的容器，内部的空间大小等设计为人提供活动、休息、工作、生产等，这种空间的长、宽、高尺寸必须是以人体的大小尺寸推算而来。比如房间卧室，是提供人睡眠使用，现正常人体统计男性成年人平均身高为1.735 m，手能伸至2.3 m高，则房间净高至少要在2.45 m以上，否则人会很压抑、感觉不舒服。但若过高了，也不舒服，房间净高正常范围应在2.45～2.95 m时会比较恰当、合适。同样,房间的长、宽尺寸也有个范围,不能过小或过大。小了,人活动不方便,大了,过于空旷,不温馨。舒服的卧室大小为内净宽3.6 m、净长4.8 m,除放置必要的卧具、衣柜等外刚好还有人可方便活动的空间。

2. 活动尺寸因子

活动尺寸是指人体各部位如手、脚、臀、肩等延伸、摆动、转动等的尺寸数值大小。人手脚延伸活动,会占用一定的空间尺寸,拿东西、走动等都需要空间,这些活动需要的空间尺寸也决定着建筑物的空间大小。如走廊、楼梯等宽度是依据人行走包括手臂摆动需要的空间大小,成年人人体肩宽一般为45~55 cm,手摆动的幅度为10~15 cm,一人行走需要的空间尺寸宽为55~70 cm,所以要能满足两人相向行走就需要至少1.1 m的净宽度,如有比较快的移动,就需要更宽的尺寸,如高层建筑的疏散楼梯至少要求有1.2 m的净宽,否则人在应急时快速移动是极不方便的。

3. 行动尺寸因子

人不能只是待在一个固定的地方,因工作、学习、生产、锻炼等会从一个地方移动到另一个地方,可能会有几百米、几千米、数十千米等的移动。人的移动行为是难以避免的,这些移动的距离大小就是人体的行动尺寸。

一座建筑物内部楼层之间、建筑物与建筑物之间需要空间尺寸,也需要花费时间,这些行动需要消耗人的体能。若距离过远,超过人体行动的体能承受力,人体步行一般就很难到达,即使勉强到达,也需要花费很长的时间。于是,就不得不借用交通工具。对于大型的建筑物,在出现应急如火灾等情况下,需要快速地移动到安全地带,因为人体的行动尺寸的限制,这时就需要考虑房间到安全地带的距离,若过长,移动需要过多时间,若火都爆燃了,还没移动到安全地带,人就会发生危险。

4. 生理需求因子

人体为生存所需要的对外界的一切需求就是人的生理需求。人只要是活着,就需要空气、温度、阳光等,没有空气,人就无法呼吸不,会因窒息而亡,若空气污浊,也会造成呼吸困难。人恒温动物,温度过高或过低人都无法承受,从而会导致死亡。光线也是人体的生理需求因子,人不能长期生活在无光线的黑暗之中,眼睛看见物品等需要光线。还有声音也是人的基本生理需求,过度的噪声会严重伤害人的身心健康,优美的声音有助于人的健康。人体还需要食物、水、房子、生命安全等需求。

(二)年龄中的因子

人体的不同生活阶段需要与其共生适应的不同的建筑空间,如婴儿、幼儿、儿童、少年、青年、中年、老年等,不同的年龄阶段对各方面的需求有所不同。若建筑物不变,内部的局部空间也需要跟着变化。

1. 婴儿期因子

婴儿是从母体出生后一周岁以内的人。婴儿个体小、智力低、抵抗外部环境差、不能自己行动,一切不能自理,需大人细心护理、照顾。婴儿生活的建筑空间就需要适应婴儿的特性,不能过热、过冷,空气流通要好,也需要适当地晒晒太阳。有些人抱着婴儿,在外到处走或没有提供较好的建筑生活空间,对婴儿的成长很不利,会导致婴儿经常生病,影响其生长发育。

2. 幼儿期因子

幼儿是指 2 ~ 3 岁的小孩,该阶段基本上会爬、走等,但对外界的危险认知度很低。如常报道有小孩从楼上窗户掉下来。幼儿会爬、走、玩耍时,注意力开始会集中在玩耍的事情上,当玩着玩着,对这件事没兴趣了,会寻找新的兴趣点,但若一下子没找到,会找人求助,如果父母等看护人都没在场,会没有安全感,会产生恐慌。若有窗户开着,且在窗台处有沙发、凳子、椅子等,就会爬上去。幼儿感知不到窗户外的危险,就从窗户爬出去,一不小心就掉下来。有的人把幼儿床安置在房间靠窗的位置,幼儿睡醒后,就会起来走或爬,在窗户开着时,可能会爬到窗台上,就会掉下楼。建筑的内部空间有幼儿生活、活动时或专门提供幼儿活动的建筑如幼儿园等,必须要考虑幼儿的习性,窗户设置、家具摆放、墙柱阳角、地面硬度等都需要设计恰当,消除给幼儿带来危险的安全隐患。

3. 儿童期因子

在 4 ~ 7 岁幼儿园阶段的儿童,爱动,喜欢模仿,对什么都感兴趣。专门提供给他们活动的建筑物也就需要符合其心理,建筑要活泼、鲜艳、明朗,儿童能到达、接触的地方,要光滑、柔软。建筑的空间尺寸、构造尺寸要符合儿童的身体尺寸、活动特点及心理需求。

4. 少年期因子

在 8 ~ 12 岁阶段的少年,是正在读小学的阶段,主要生活、活动空间是家和学校,心理特点为好奇、敏感、好胜,但自控力差、心理稳定性差,自尊心很强,其对未来的人生定位处在萌芽状态,其所处的建筑空间需要引导他们向着健康的方向发展,建筑要清爽、积极,要提供能动手实践、认识自然、向往科学的室内外空间。小学学校建筑、家里等小孩的卧室都需要适应该年龄段少年的特点,因其影响着少年的心理走向,对其人生未来的方向有诱导作用。而且在不同建筑中生活、活动的小孩,气质、性格也会有所不同。

5. 青年期因子

13 ~ 18 岁阶段的青年,一般是在初中、高中学校学习的阶段,这个年龄段是奠定人生方向的阶段,向哪个方向发展,基本上都是在这阶段定型,可能会有叛逆对抗心态,学校、好的环境及好的居住生活空间,再加上家长、老师等的正确引导,其人生会向着积极美好方向发展,反之,会发展得不是很理想。

6. 中年期因子

在 19 ~ 60 岁阶段的成年人,已完全有自我管理的能力,各方面都比较成熟,可以继续学习、工作以及家庭生活等,在人生中占的时间最长,也是用劳动养活自己或他人等的年龄段,同时,也是创造社会财富的时间段。大学、办公楼、工厂等建筑为成年人而建造,要符合成年人的生理、心理、信仰等需求。

7. 老年期因子

60 岁以上年龄的人为老年人,身体各方面机能都有所下降,身体也慢慢衰退,活动能力、体能等下降，对事物的认知能力也下降，容易孤独和依赖他人，也易发怒和恐惧。针对老年人，建筑要适合老年人的特性。建筑要宽敞、明亮，便于来回活动，特别是行动不便需坐轮椅的，要有足够的空间场地方便轮椅行驶；有楼层或楼高的，要附带有电梯、坡道等设施方便老年人上下。

（三）职业中的因子

社会越发展，工作分工越细，职业也越多样，工作的特点也越不同。如农民、渔民、工人、医生、教师等从事不同的职业，其行为习性就有很大的区别。对于建筑的使用，不同的职业对象需要有不同的建筑空间环境来适合不同的职业。各职业都有各自的特点，为各职业人群所使用的工作、生活的建筑，都需要结合其特点来设计、建造，不能生搬硬套，要顺之、和之、应之，相互融合。这里我举例出 10 种典型的职业，当然还有其他职业或有不同的分类等，在这里不做赘述。

1. 农民因子

农民即是以农业种植为职业的人。农民的职业特征之一就是有许多的农业生产工具，建筑的设计建造就要考虑这些生产工具，还有粮食、化肥等的存储，建筑要有适合储藏这些东西的室内或室外空间。农民一般都生活在田地附近，周围空旷、环境清新自然，建筑设计就需与其地域环境相适应。

2. 渔民因子

渔民是以打鱼、卖鱼为生计的人，他们有打鱼的设施，渔民大都以海为邻，居住在海边。海边的地貌一般要么是山石地、高低不平，要么是沙滩、柔软不硬，建筑物就要适应渔民的生活、生产，也需适应其地貌特征，海边一般都有海风，有时有暴雨、台风，甚至海啸等，建筑物就要有抵抗这些外部环境因素的能力。

3. 工人因子

工人在工厂里以生产操作为业，其工作是在生产厂房里，生活要么是厂区的宿舍里，要么是在附近的居住区里，为工人生活、工作的建筑就要符合工人的特点。工厂要人性化，要控制噪声、尘埃、有毒气体等，其生活的宿舍也要人性化，要具备其生活所必需的各种空间环境。有的宿舍非常拥挤，一间房，住着七、八个甚至十几个人，这样的居住环境，严重影响工人的身心健康，进而影响生产效率及产品质量。建筑的好坏直接关系到工厂的产品质量，关系到企业的效益。

4. 医生因子

医生是救人治病的职业，以此为生计的人其工作环境是医院、诊所等建筑物。医生天天接触的是病人，长期与不健康的病人打交道，其心理、生理都会受到一定的影响，因此其工作环境特别要注意干净、清爽，以调节并平衡医生的身心健康，建筑的内外空间环境都要符合医生的职业特点。医生从医院的工作环境回到家后，往往还会留有在医院的心理影响，其居住的环境也需要与医生的职业特点相互关联起来，特别是专为医生居住的宿舍。好的环境能调节医生的精神状态。医生居住地要尽可能地选择优雅、清静的地方，若外部环境无法改变，那住房的室内环境在装饰装修方面可以根据医生的职业特点适当地调节。

5. 教师因子

教师就是教导和传授给学生知识的人，把自己所掌握的人类历来积累的对各种事物的认知及自身探索的经验成果传递给学生。教师正常的工作环境就是学校，学校的建筑规划、设计需要与教书育人的方式、特点等相适应，体现教师的职业特征。教师的生活环境同样要与教师相适应，教师是高雅、受人尊重的人群，教导、培养下一代，其生活的环境应该是雅致、积极向上的，为教师生活而设计的建筑物就要符合教师身份的特点。

6. 律师因子

律师是学法律的，专门为企业、个人等提供法律服务的执业人员，其工作是为服务对象提供法律帮助，以维护法律的正确实施，维护国家、企业和公民的合法权益。律师的职业特点是其逻辑思维和辩护能力比一般人要强，他们的生活习惯、工作习惯等都有自身的特点。

7. 建筑师因子

建筑师是受过建筑知识方面的专业教育和训练，以建筑设计和技术服务为主要职业的人。在建筑设计工作中，与工程投资者、施工建造者合作，提供建筑物建造前的各方面咨询服务，在建造过程中进行技术、经济、功能和造型上的监督和指导，使得建筑物的建造顺利施工。

建筑师为了解决建筑物各方面的问题，需要多方面的知识学习和能力训练，由于职业习惯，其空间思维能力特别强，其工作、生活等需求的建筑空间需要有适合其自身特点的方面，如需要安静、明亮和体现技艺性等的空间环境。

8. 商人因子

商人也就是做生意的人，生意人会经常与对方谈判，需要有气势、有判断力，有时需要通过包装来迷惑对手，其职业特点决定着他们的生活方式需要气派、高档的建筑空间环境。

9. 职业经理因子

职业经理是专门管理企业经营活动的职业，其拥有良好的职业境界、道德修养、专业管理能力，能合理充分地利用企业的各种资源，使企业能良好地运行，让企业获取最大的利润，推动企业的发展。其属于高端的管理人才，工作压力、生活紧张度比较大，需要一个放松、休闲的空间来减压。

10. 公务员因子

公务员是为公共服务的职业，其为社会提供公共服务。公务员的薪资报酬是来自其服务对象的各种税收，其办公建筑的工作环境需要亲民、大众化、朴素等。

（四）意识形态中的因子

1. 心理因子

心理是外界客观事物在人的感觉器官感受后，人所表现出来的喜、怒、哀、乐、惊等情感活动。比如，对于历史知识丰富的人，看到历史古建筑物，会表现出兴奋、激动、感叹，因为原本只是在历史书上了解到该知识，只能凭想象，现在终于亲眼看到实物了，于是联想翩翩，兴奋程度无以言状。

2. 思想因子

思想是一种想法，也是人的一种观念和人的思维活动，是人对客观事物认识、认知后的一种思维判断活动。人的思想左右着建筑物的样式。在建造建筑物时，不是随意、随机的建造，而是人经过思索，在大脑中形成一种虚拟的准备建造的建筑物的形状、样式后，然后开始行动实施。需要多人参与实施时，把虚拟的形体用图绘制出来或用模型制作出来，他人可以看得见，从而方便交流实施。

建筑物首先是由思想来决定的，若思想脱离客观、现实，脱离现有的技术水平，建筑物是难以实施的，即使建造出来也会很别扭、不协调、不融合。

由于知识结构差异、智力差异、掌握知识程度的差异等，不同的人对同一件事物的认识、理解是不同的，甚至差别很大。他们对建筑物及其环境的认识、理解是有区别的。比如，同样的一座建筑物，某些人可能认为毫无价值、毫无文化可言，只是人工机械堆积的一堆混凝土、砖头等；而对于另外一群人，可能认为非常有价值，能值几个亿。同样，比如对于一座全玻璃幕墙的高楼大厦，有些人可能认为这是一座好看不好用的很普通的建筑物，但另一群人则认为是高大上的建筑物，很能体现时尚、现代、高端，体现城市的现代气息。对于居住，一模一样的一种住宅套型，不同文化程度的人将其装修、打造得差别很大，有的很土，有的很精致、高雅，有的很朴素、清爽，有的很豪华、金碧辉煌等。这就是人的思想不同而产生的不同的结果。对于不同思想的人使用的建筑，需要营造不同的建筑室内外空间环境来适应。

3. 信仰因子

信仰，是人因对某种思想、宗教或某人某物的信任而拥护、追随，将其奉为自己各项行动的行为准则。如信仰上帝，上帝的标志物就是十字架，拥有这种信仰的人会随身佩戴一个十字架，建造建筑物，也要体现这种宗教信仰。同样，信仰其他宗教的，也同样体现这种宗教的形体。在柬埔寨，人们信仰一种蛇，把这种蛇当作神灵，其建筑物到处体现这种蛇的形态。

4. 风俗因子

在某特定区域由特定人群历年来延续下来的风气、礼节、习惯等，大家自然而然地共同遵守着，这就是风俗。各地的建筑与当地的传统风俗习惯有很大的关联性，特别是传统民居建筑，其布局、结构、外形、细节装饰等，不同的民俗有不同的布置、构造方式。

5. 制度因子

社会制度是人为设定的一种社会组织结构形式，其对建筑的影响也是很明显的。比如中国古代的封建王朝制度，皇帝拥有至高无上的绝对权威和主宰权，皇帝为天子，等级分明，天子为最高等级，接下来依次为诸侯、大夫、士、庶民等或一品官员、二品官员至七品官员等，每一等级的建筑规模、大小等都有严格的规定，下一等级的不能超过上一等级，否则就是僭越。比如，在一品官员官府门前放置的石狮子，狮子头可雕刻 13 个鬈毛疙瘩，每降一级，要少一个鬈毛疙瘩，否则就是僭越，且七品官员以下的门前不能放狮子。对建筑的每个部分都有严格的规定，如屋顶、台基、踏道、面宽间数、斗拱、彩画、色彩、大门的门钉等，都不能僭越。

封建社会制度被推翻后，这种僭越就不存在了。只要你拥有合法的财富资本，建什么样的建筑自由度就大得多，但是新的社会也有新的制度，有各种法律法规和行业规章制度，任何建筑活动都要符合当前社会的法规。

6. 权力因子

权力最能左右建筑的规模、样式。人的欲望是无止境的，只是因条件的限制或约束，有些欲望无法实现，但是只要条件许可或无约束，有些人就会去想方设法获取得到。人只要获得对事物、组织等一定的支配权，就会使用自身的权力，权力因素对建筑的影响是很明显的，任何建筑都避免不了或多或少的受到权力的影响。

历史上历代皇帝都好于利用其权力建造规模巨大的建筑体，用来反映至高无上的意志、尊严，用看得见的建筑来代表其看不见的权力，如汉代的萧何有句话“天子以四海为家、非壮丽无以重威”，深刻表明了皇权思想。另外，且建筑还有等级之分，相应等级权力的人只能建相应等级的建筑，不能越界。古埃及的金字塔、古希腊的神庙、古罗马的斗兽场等都是权力意志的一种表现。

现代建筑师设计而落地建造的建筑，大部分不是建筑师建筑思想的体现，而是对该建筑建造有支配权的体现。经常听到，设计方案需领导看上、满意，否则，即使是中标的方案，也需修改直到领导满意为止，否则实施不了，这说明了建筑和权力的密切关系。但有些领导不是建筑师，不从建筑的实际本身出发，而是根据自己的喜好、经历、阅历、意志等来思考建筑，名义上是建筑师设计，实际上是领导在设计、建筑师在绘图，把领导的思想、意志进行具体化。

基本上任何建筑都与权力因子有关联，不只是纯属建筑师的思想、意志体现。当然，也有些建筑和权力的关联很微弱，基本上是建筑师的意志表现。

7. 经济、科技因子

经济是社会上的人对物资的创造、生产、使用、处理、分配，并对其进行管理的一个整体交换现象。科技是科学和技术的结合，是人们的智慧对事物的本质认识，产生附加的发明创造价值，是推动社会发展的基本因素。

经济、科技的强弱与建筑有对应的关系。古代人类对事物的认知浅薄，创造力不足，科学水平低下，社会经济也较弱，建筑物也普遍较小、质量差。随着科学技术的发展，社会经济逐渐变强、变好，高大的建筑物已比比皆是。

现代社会中，在同一时间节点上，不同的地区、区域其经济也有差异，甚至有的差异很大，同样建筑也表现出很大差异。如非洲某些贫困的区域，建筑物很矮小、简陋，人们的居住、生活条件与经济发达的区域相比，差距很大。

8. 文化因子

文化是一切文明的总和，自从人类出现以来，其所创造留存下来的，或记载下来的，或还不知道没被发现发掘出来但的确存在的所有文明，包括当代不断出现的新的文明。

文化的生命力最强，也最具有感化性，比如，建筑文化贯穿于人类历史和全人类，无处不在，有些历史建筑见证了曾经出现和发生的伟大的文明。

第二节　建筑共生体第三层级因子的共生关系

一、建筑共生体第三层级因子共生关系概述

建筑共生体第一层级因子为建筑因子、环境因子、人因子等,第二层级因子为自然材料因子、人工材料因子、设备机具因子、建筑形体因子、地表下环境因子、地表面环境因子、地表上空环境因子、人体空间生理因子、年龄因子、职业因子、意识形态因子等。建筑共生体第三层级因子数量比较多,共罗列了90个因子。分别为:自然材料有石材、沙子、泥土、木材、毛竹、藤草等因子;人工材料有钢材、铝材、铜材、钛合金、水泥、砺灰、玻璃、砖、瓦、陶瓷、塑料、油漆、膨胀珍珠岩、岩棉、沥青、橡胶等因子;设备机具有电梯,水泵,风机,空调机,风管、水管,电线、电缆,灯具,施工机械工具等因子;建筑形体有形状、体量、高度、色彩、内空间、外空间等因子;地表下环境有岩体、土体、地质构造、地下水、地下构筑物、地下管道设施等因子;地表面环境有地理位置,高度标高,地形地貌,植物,动物,地表水,构造物、建筑物,环境色,交通工具等因子;地表上空环境有空气,阳光,云、雨、雪,雷电,风,温度,湿度,声音,飞鸟,飞行器等因子;人体空间生理有人体尺寸、活动尺寸、行动尺寸、生理需求等因子;年龄有婴儿期、幼儿期、儿童期、少年期、青年期、中年期、老年期等因子;职业有农民、渔民、工人、医生、教师、律师、建筑师、商人、职业经理、公务员等因子;意识形态有心理,思想,信仰,风俗,制度,权力,经济、科技,文化等因子。

第一层级因子和第二层级因子,它们相互之间的关系在前面章节里已讲过,本部分主要讲这90个第三层级因子相互之间的共生关系。它们也存在着互利共生、有利共生、偏利共生、偏害共生、有害共生、互害共生等六种共生关系。

第三层级的90个因子中,一个因子与另一个因子之间存在着的共生关系,在不同的情况或外部条件变化情况下,也有不同的共生关系,有的六种共生关系都有可能发生。在实践中,这就需要尽可能地创造条件向有利的共生关系发展,避免最不利的共生关系。

对于这90个因子相互之间的共生关系,一个因子与另外89个因子都有关联,或强或弱,或密切或疏远,或多或少总有关系。这里从自然材料的钢材因子开始至意识形态中的文化因子,按顺序与对应的相关因子之间的关系进行描述。在共生关系的描述中,选择共生关系比较明显的主要因子进行描述,对于次要的关系比较弱的暂且不描述,在实际工作中针对具体项目可以具体分析它们的共生关系。

两个因子的共生关系描述中,有的指出了其是属于哪一种共生关系,有的一般只指出其关系情况和影响情况,属于哪种共生关系先没有明确地指出,对于这种情况,在实际工作中可以进行具体分析,判断是属于哪一种共生关系。

另外,为了节省篇幅,前面已描述过的两个因子的关系,后面就不再重复描述。比如,当描述到最后一个文化因子与其他因子的共生关系时,因为前面的各因子与文化因子之间的关系都已描述过,到了文化因子这里,就不再具体描述其与其他因子的共生关系。

二、自然材料中因子与其他因子的共生关系

（一）石材与相关因子的共生关系

1. 石材与沙子

经常听到“沙石”这个词，可见石和沙常常是密不可分的。石材是比较大的尺寸，沙子是很小的尺寸，二者在一块，沙子填充石块的缝隙，使其结合在一起，有一定的密集度。而且二者强度相当，沙子不会被石材压坏，二者结合在一起，经常用于填筑地基、路基等，二者是互利共生关系。

若二者再加上水泥等的黏接材料，混合在一块就可以筑造混凝土。在建筑上的用途更加广泛。如图 5-2-1，是石材、沙子等共生作用制作混凝土的施工现场情况。

图 5-2-1 石材与沙子

2. 石材与泥土

泥土颗粒比沙子更细，且还有黏接性。石材和泥土二者在一起，泥土在填塞石缝的同时，对石块也有黏接固定作用。在古代，修建道路时，主要就是用土来固定填塞石缝，使道路的石块稳定牢固。在砌筑墙体时，也是用土来填缝和黏接。在做土墙时，也填塞一些石块做支撑骨料，使土墙更牢固些。石材硬，泥土软，二者取长补短。二者是互利共生关系。

3. 石材与木材

石材和木材组合在一起，石材硬、稳固，但难加工；木材软、轻盈，易加工。木材容易腐烂，石材不怕腐烂。二者在一起，石材放置在泥土里，支撑木材，使木材离开潮湿的地面或地下环境，上部复杂的结构构造用木材加工制作，下部简单的基础、墙基等用石材制作，二者相互依存，取长补短，是互利共生的关系，如图 5-2-2。

图 5-2-2　石材与木材

4. 石材与毛竹

石材硬不怕腐烂，可做基础、地面，毛竹在上部做柱、围护等，二者是互利共生关系。

5. 石材与钢材

石材和钢材组合，石材是原始材料，代表历史、原生态；钢材是工业材料，代表现代、技术，二者在一起，形成比较强烈的对比，突出各自的特性，在景观、艺术处理等方面常常将二者结合在一起使用。二者是互利共生关系。

还有一种在建筑的装饰中，石材幕墙就是石板和钢骨架、挂钩等结合共生在一块，如图 5-2-3所示。

图 5-2-3　石材与钢材

6. 石材与水泥

石材和水泥这二者组合比较常见，水泥做黏接剂，将石材黏接牢固，如铺地、砌墙、贴墙等。还有大量使用的方法是把石材搅碎，再混入沙填缝，加水，用水泥拌并将它们黏接牢固，就是可塑性的混凝土，可制作各种需要的建筑构件，如基础、墙、柱、梁、板等等。二者是互利共生关系。

7. 石材与砺灰

砺灰是黏接材料也是装饰材料，石墙用砺灰填缝和外表面涂抹，增加了牢固度和平整度，且有装饰性，在古代，工程上经常使用这样的组合。二者是互利共生关系。

8. 石材与玻璃

玻璃透光，且不透水，用石材砌筑的石墙留洞安装玻璃，在石墙体防风挡水的同时能有光透过来。玻璃石屋若设计处理得好，会很有特色，古朴和现代、粗糙和光滑、稳重和轻盈等形成强烈的对比，视觉上很有冲击力。二者是互利共生关系。

9. 石材与砖、瓦

石材与砖结合，石材做基础和下部墙脚，砖砌上部。因为砖长期泡水、潮湿会加速风化，石材就比较难风化，另外上部用砖砌，平整又可节省人力，同样规模的砖墙体比石墙体省力很多。二者是互利共生关系。

石材与瓦结合，石材做墙，瓦做屋面，再加上木材做内屋架等，就可以构筑成遮风避雨的可居住的场所，如图 5-2-4。

图 5-2-4　石材与瓦

10. 石材与施工机械工具

石材的使用，必须要有机械工具，二者是密不可分的，石材的开采、粗加工、运输、细加工、砌筑等，都得使用机械工具。石材依靠施工机械工具发挥用处，施工机械工具在使用过程中有不同程度的磨损等。故二者是偏利共生关系。

11. 石材与建筑形状

以石材为主的建筑物，建筑形状一般方正、规整，石材呈脆性、块状，且自身没有黏结性，是依靠重量、摩擦力咬合，很难做出不规整、扭曲、歪斜的形状来。

12. 石材与建筑体量

用石材建造的建筑物，一般建筑物的体量不大，只是个别的公共建筑物有特殊需求，做的体量比较大，但需要耗费大量的财力、人力和机械，而且需要的时间特别长，建造一座大体量建筑用时几十年甚至上百年。

13. 石材与建筑高度

用石材建造的建筑物，建筑高度一般不高，能建到三层、四层就已经是很高的了，通常都是一层或两层。百米以上的相当稀少，如一些过去建造的有特定功能意义的欧洲的大教堂、埃及的大金字塔等。当用石材做建筑外表装饰时，随着建筑高度的增高，危险性也越来越高，因为石材越高坠落的危险性越大，故石砌建筑一般都是以一层高度为主。

14. 石材与色彩

用石材砌筑建筑物或做表面装饰等，石材基本上保持原色，很少用其他颜色涂刷覆盖，如原为灰白就保持灰白色，原为红的就保持红色等。当表面被风化后，也就保留风化后的色彩。

15. 石材与建筑内空间

用石材构成建筑内空间，一种是石材作为结构、构件，砌筑竖向界面的墙、柱和横向界面的地面、楼盖、屋盖等，这样构成的内部空间一般不是很大，也显示出粗犷、笨重的感觉，只是个别特殊需要，如西方旧时的教堂，采用圆拱、帆拱、骨架券、尖券、飞扶壁等技术措施，用石材建造出空旷而高耸的内部空间。

另外一种情况是用石材作为装饰面层使用，黏接或挂接等依附在结构表面，如地面楼面表面面层、墙体表面层等，对原内空间进行表皮的装饰。这种情况对内空间物理尺寸基本上没什么变化，只是引起人的视觉、感觉上对空间大小的感受不一样，从而心理反应不同，能提升室内空间的档次。

16. 石材与建筑外空间

用石材构成的外空间比较多，如广场、道路、庭院等。石材作为铺地界面、墙体界面等，构成的空间有生态、原始、粗野的感觉。若只是作为装饰面层构成的外部空间，只是视觉上引起变化，对生态没什么影响，如地面的铺装，下部是不透水的混凝土等结构，上部用石板铺设面层，地面还是不透水。若直接用石块铺设在泥土上，或下部用透水的材料等，地面就透水，这样就比较生态。如图 5-2-5 是由石材构筑而成的建筑外空间。

图 5-2-5　石材与外空间

17. 石材与岩体

石材是从岩体中开采出来的,开采多少,岩体就减少多少,二者是一增一减关系,开采的过多、过度、过烂,对岩体的损伤也就大,二者是偏利、偏害的共生关系。如图 5-2-6 是岩体开采石材后的场景。

图 5-2-6　石材与岩体

岩体是提供建筑用的石材的来源,所有建筑上所使用的石材都开采于岩体,但石材可以二次使用,旧建筑在完成使用寿命等后,可以把其石材拆过来再次使用。

18. 石材与土体

土体软,石材硬,因此常常用石材来改善土体的受力结构,把石材挤压在土体中或铺垫在土体上部,再在上部做其他构造、结构以构成构造物、建筑物等。如在土体上建造建筑物,在做基础时,一般都是在地基土体上先铺设块石或片石等垫层,再做混凝土垫层,在混凝土垫层上才开始做钢筋混凝土基础结构。石材与土体有互补作用,是互利共生关系。

19. 石材与地质构造

石材使用过度，即开采过多，会引起地质构造的变化，此时二者是偏利共生关系。开采过来的石材有使用价值，用在工程建设中，但地质构造受损。开采过来使用的石材与地壳中大体量存在着的岩石相比，毕竟是很少很少的一部分，对地质构造受损影响有限，总体上影响不大。

20. 石材与地下构筑物

石材不易烂，强度又高，往往用其建造涵洞、防空洞、军事工事、民用地下室等各种地下构筑物。

21. 石材与植物

用石材铺地、砌墙，可以在石缝中填塞种植土，种植植物，形成植草块石地面、立体绿化石墙，二者是互利共生关系。

22. 石材与构造物、建筑物

用石材建造的地面构造物、建筑物数量很多，有的整个村落的各构造物、建筑物都是用石材建筑而成，形成独特的地域特色，文化气息浓厚，留存时间长久。

23. 石材与空气、阳光、云、雨、雪、风、温度、湿度

暴露在外部的石材，与空气、阳光、云、雨、雪、风、温度、湿度等紧密联系，受其影响会慢慢风化，二者是有害共生关系。

24. 石材与生理需求

人们用石材可以制作各种所需要的生活用品、工具和遮风避雨的空间及装饰等，以满足自身的生理需求。二者是有利共生关系。

但有一种情况下也会是有害共生关系，比如建筑外墙石板幕墙，在石板挂件出现问题或石板挂孔破损、石板破损等，石板就会掉下来，对地面上的人造成身体伤害，此时，石材对人的生理有害，二者就是有害共生关系。

如图 5-2-7，石材干挂在建筑外墙，破损脱落，对行人的生理需求有害；如图 5-2-8，石材地面因为没有处理好，在使用过程中，出现不均匀沉降，造成高低不平、积水等情况，对人的行动需求造成有害影响。这两个案例中，石材与生理需求就存在着有害共生关系。

图 5-2-7 石材墙面破损

图 5-2-8　石材地面沉降

25. 石材与建筑师

建筑师与石材关系很密切，建筑师设计各种构造物、建筑物时，都离不开对石材性能的了解、把握和运用。二者是互利共生关系。

26. 石材与信仰

有些人的信仰是崇拜石头，认为石头代表长久、永生，各种需要的东西尽可能地用石材来制造、建造。

27. 石材与经济、科技、权力

开采加工石材和制作、建造各种用具、构造物、建筑物等，耗时费力，需要科学技术和比较好的经济，一般都需要有强大的经济、科技作为基础，才能加工和建造。

建造高大的石材构造物、建筑物，需要权力的集中和把控，完成后，也是一种权力的代表和外部具体表现。当然，历史上也出现过为了建造大量、大体量的石材建造物，耗尽了国家的经济财力、人力，而无钱投入国家防御上，随着过度的投入建设，国家出现灭亡。

28. 石材与文化

石材耐风化，留存时间长，有时上千年还很完整。用石材修建的构造物、建筑物等保存时间长，历史文明留存印记在石材上也就保存了下来，丰富了文化的内涵，因此石材对文化有利。人们对文化的需求也要求保留石材古迹，文化对石材也有利。二者是互利共生关系。

（二）沙子与相关因子的共生关系

1. 沙子与泥土

沙子与泥土常常拌和在一起叫沙土，足以说明二者紧密的关系。土颗粒细，且有黏性，但很软；沙子松散，无黏性，但很硬。用泥土搅拌入沙颗粒中，黏接了松散的沙子，也增强了沙子的密集性，二者混合能发挥出更好的性能，可用作垫层、填充物等。泥土中还含有植物所需要的营养物，沙子和泥土的混合物还适合某些植物的生长。二者是互利共生关系。

2. 沙子与水泥

沙子与水泥混合，再加水，水泥起化学反应，使充填在沙颗粒之间缝隙的水泥浆凝固，把各沙颗粒进行黏接，形成一种坚硬的混合物。

沙子与水泥在混合的时候具有塑料，易操作，在凝固后，为坚硬的固体状态，常常用来砌砖石墙和粉刷墙面及地面找平、地面贴砖等。二者是互利共生关系。

沙子与水泥，再加上骨料石子等就是建筑上最常用的材料即混凝土，若与钢筋结合，互补性能，就是结构上用的钢筋混凝土。

3. 沙子与砺灰

沙子与砺灰结合，就是常说的砺灰沙浆，可用来砌筑墙体、粉刷抹平墙面等，有保护墙体、装饰墙面的作用。如果加入土、碎砖等可以组合成三合土，做建筑基坐垫层、地面等使用。

4. 沙子与砖

沙与水泥等混合可制作水泥砖。各种砖砌体基本上都需要沙子与水泥等的混合物，即水泥沙浆或混合沙浆。

5. 沙子与岩体

沙子是岩体的风化物，矿物成分与岩体的矿物成分一致。在海边粗糙不平的岩体表面铺垫沙子，就是很好的人工沙滩。

6. 沙子与植物

在沙漠里生长的植物景观有特别的风味，在景观设计建造中，常常用模仿沙漠景观的风景来点缀。用沙子来充填地面，种植植物，能形成一道独特的小景观。

7. 沙子与儿童

儿童爱动，喜欢玩要，沙子具有流动软性可堆性等特点，又不黏手和衣服等，经常用来制造沙坑，专供儿童玩要。

（三）泥土与相关因子的共生关系

1. 泥土与木材

土木，两个字组合在一起经常出现，足见它们之间的紧密关联性。木做骨架，土做填充，就可以做成墙体、楼盖、屋盖等，能建造出建筑物。在土体里挖掘出泥土，就能开凿出洞穴，用木制造门窗及使用的各种生活家具等，就可以居住生活，如古代的洞居和现代还有人居住的窑洞。

制作木材的植物，其生长载体就是土，植物的树叶等掉落腐烂又反过来补充泥土养分而增加肥力。没土就没木；没有木，土也难以发挥很好的作用。二者是互利共生关系。

2. 泥土与藤草

藤草是靠泥土来生长，在自然界中，二者本就是互利共生在一起，泥土依靠藤草来稳固，藤草依靠泥土来提供营养。泥草屋，就是以泥土为墙体、地面，草为屋盖、墙面，建造房子来遮风避雨，居住生活等。二者是互利共生关系。

3. 泥土与砺灰

泥土与砺灰等组合制作而成三合土，再夯实密集，就很坚硬，古代常用来做地面、加固地基等。

4. 泥土与砖、瓦

砖、瓦是泥土烧结凝固而成。泥土遇水、泡水会变得更软,但砖、瓦却不会,砖、瓦能起到一定的防水保护作用,也有较高的强度。泥土墙外包砖砌体、泥土屋盖上铺瓦,就能对泥土起到保护作用,也增加了强度,泥土有比较好的保温、隔热性能,而砖、瓦保温、隔热性能就差些,二者结合能起到取长补短的作用。明朝时期,用泥土与砖建造了大量的防御工程即城墙。二者是互利共生关系。

5. 泥土与施工机械工具

泥土软,好切割、分块,用机械设备如挖土机很容易开挖,也容易搬运,同时对机械工具的损害也不大。二者是偏利共生关系。

6. 泥土与建筑形状、体量、高度、色彩、内空间

用泥土做的建筑,形状需规整,不能歪歪扭扭,否则易坍塌。泥土屋体量也不会很巨大,高度也不会很高。因为土墙过高会坍塌,高就需要很厚的墙体,如福建的土楼,其土墙就很厚,下部有 1.2 m 厚。有外粉刷的泥土墙在外粉刷层风化剥落后,基本上保持着原始自然的土黄色。泥土建筑内部空间比较小,土墙的强度比较弱,不能建造很宽敞的内部空间。

7. 泥土与土体

泥土是从土体中开挖而来,开挖过度,会破坏土体的受力平衡,破坏土体的稳定性,发生坍塌、泥石流等灾害。这种情况下,二者是偏害共生关系。

泥土重新进行搬运、堆填等,就形成新样式、新形状的土体,称之为人工堆土。

8. 泥土与地下管道设施

泥土软,易开挖,地下管道设施一般都建造在土体中,用泥土来包裹保护。但被扰动的泥土会自然压缩和沉降,对地下管道设施不利。

9. 泥土与地貌形状

泥土的开挖和使用对原有地貌形状是一种改变,也可以说是一种破坏。泥土被搬运到新的地方后,重新进行组合、使用等,对新地方的地貌形状也形成改变。总之,只要使用泥土,就会使地貌发生改变。二者是偏利或偏害共生关系。

10. 泥土与植物

植物的生长离不开泥土,一般有泥土的地方就会有植物生长。同时泥土也需要植物的根系来稳固,防止流失,二者相互依存,有互利共生关系。

11. 泥土与空气、风

泥土漂浮或发散到空气中,就是尘埃,会对空气造成污染。空气的流动会吹起、飘动、搬运松散的泥土,破坏泥土。泥土与空气、风是互害共生关系。

12. 泥土与信仰

泥土是种植人们所需食用的粮食的载体,没有泥土,就没有食物。于是人们产生了对泥土的崇拜。有一种信仰就是对土的崇拜,五谷杂粮都来自土,土是神圣的,要保护、珍惜、祭拜,民间传说有土地爷,人们造土地庙进行祭拜。

有个词叫故土,就是对土的一种爱恋。有些人离别家乡,会把家乡的土带上一些,留存,是对家乡的一种思念寄托。人们把建筑物、构造物等一些人造物件,表面用土黄色来装饰,也是

对土的一种信仰寄托。泥土与信仰二者是有利共生关系。

（四）木材与相关因子的共生关系

1. 木材与毛竹

毛竹加工为竹条，用来捆绑木材，稳固交叉交接的木柱、木梁等，用来建造房子。木梁架中，用竹编来做填充，在竹编两侧抹泥和白灰，作为分隔开间的墙体即分隔墙。还有，用木材制作各种圆形的生活用具，用竹篾做紧固用材，二者相互配合，各自发挥长处。二者是互利共生关系。

2. 木材与藤草

藤纤维具有捆绑加固的作用，草也有防雨作用，木柱、梁等用藤条捆绑，用茅草覆盖屋顶和外墙体，就可建造房子、亭（见图5-2-9）等。木材与藤草二者也是互利共生关系。

木材与藤条结合还可以做生活用具，如藤椅、藤床、藤桌等。二者是互利共生关系。

图5-2-9　木草亭

3. 木材与钢材

用钢材做骨架，用木材做隔断、饰面等，建造房子或构造物，别有风味。钢材代表着现代、工业技术，且坚硬牢固；木材代表着传统、文化艺术，且柔软温馨。二者有互补作用，同时也相互形成强烈的对比，给人一种强烈的新鲜感和震撼感。

还有一种情况，二者能意象结合，把钢材的外表面油漆或喷涂为木纹色，从外看就像木材，可做柱、梁、栏杆等，视觉上像是由木材加工而成，实际上由是钢材制作。给人心理上一种温暖、愉悦的感觉。

4. 木材与铝材

铝材常用来加工为门窗、栏杆及部分家具等，原色常常给人以生硬、冰冷的感受，把其外表涂刷上木纹后，感受就完全不一样。仿木铝合金门窗、栏杆或构造物等，就有用木材加工的感觉，实际上是铝合金加工，耐腐烂、不怕虫蛀，坚硬牢固，且还轻巧。如图5-2-10，用仿木铝合金加工为细柱和梁架的休闲亭，视觉上给人木材加工的感受。

图 5-2-10　仿木铝材亭

5. 木材与玻璃

木材做门窗骨架，镶嵌玻璃，是很传统的一种做法，门窗温馨舒服。有的用木材做成传统的隔扇窗、门等，在格栅中央后部加玻璃，既有传统的古色古香，又有现代窗户的隔声挡风等作用。许多家具也由木材和玻璃相结合制作而成，如架子为木材，板面为玻璃的茶几、桌子等。二者是互利共生关系。

6. 木材与砖、瓦

用砖砌筑墙或柱，或者部分墙或柱，上部用木柱、梁、檩、椽、板等，就能建造房子，屋顶面用瓦覆盖，防水、防雨、防风等。传统的砖木建筑具有很好的生态环保特性。有的是先全用木材建造好房子骨架后，再用砖砌筑外围护墙和内隔墙等，材料各自发挥其作用，强硬的砖墙等保障房子免受外部力量的侵害，保温、隔热性能也很强。木材与砖、瓦是互利共生关系。

7. 木材与塑料

有一种材料叫作塑木，就是木材和塑料的结合，把木材加工为细木料或粉，用塑料来黏结等处理。塑木具有木材和塑料的双重性能，可做栏杆、地板等，有很好的防火、防腐、防虫性能，又有木材的外感和感受，温暖、亲近，各自发挥其优势。二者是互利共生关系。

8. 木材与油漆

在木材外表涂刷油漆，有保护木材的作用。油漆能隔断水分侵入木材内部，预防腐烂，油漆还能配置各种颜色，能美化用木材制作的柱、梁等。二者为互利共生关系。

9. 木材与沥青

在木材外涂刷沥青，有防水、防腐、防虫作用，木材镶嵌在隐蔽的地方或埋设在地下等，都需要涂沥青或浸泡沥青处理。沥青还能制作防水卷材，如改性沥青防水卷材，覆盖在屋面的木望板上表面做防水层。二者是有利共生关系。

10. 木材与施工机械机具

木材的砍伐、搬运、加工等都需要施工机械机具，小型木材近距离地搬运还可以用人来扛、抬，但没有设备工具就无法砍伐、加工木材。在砍伐、搬运、加工木材时，施工机械机具有磨损影响。二者是偏利共生关系。

11. 木材与建筑形状、体量、高度、内空间、外空间

人类早期都是用木材建造房子，而且持续很长时间。在铁器不断发展和木材出现短缺后，才用石、砖、瓦等，后来由于工业革命，工业材料大量出现，木材使用量有所减少。由于木材自身材料的特点，建造的建筑物，一般都是形状规整、体量小、高度低、色彩黄褐灰、内部空间小巧、外部空间宜人等。

树木为条杆状，细长，长细比一般为30，但木材的抗拉、抗压强度都比较高，抗剪、抗弯强度也都不错，加工成为建筑的柱、梁、板等，能都支撑结构受力。中国传统建造技术，用木材建房子达到了炉火纯青的地步，方正规矩，模数定型，用固定模数进行屋架拼装，一至二层，三间至九间等，再将独立的一幢一幢组合，内外空间交叉、过渡、流畅，浑然一体，如房间、正堂、廊道、小天井、院子等一气呵成。

木构建筑，能小中见大，大中见小。一间房一般长也只有6～12 m、宽只有3～4 m，但可以组合拼装出大宅院，数亩、几十亩甚至上百亩地都能做到，这就是小中见大。北京的故宫规模足够大，但皇帝的卧室也就是一间房，这就是大中见小。

当然，也有个别情况，因木材强度大，可以经得起受压，能建高楼，如山西应县的木塔，有13层，地面上有63 m高，相当于现代21层的住宅楼高。

12. 木材与土体

来自植物的木材，已经是一种材料，没有了生物学上的生命迹象，不像是有生命的植物，与土体是融合的。

木材埋设在土体中，若在干燥几乎无水分的土体中则不会腐烂，如在干燥的沙漠中，木材就很难腐烂。而在潮湿的土体中，木材吸收水分，微生物繁殖侵蚀木材，木材就会腐烂。在饱和水土中，木材吸收水分至饱和，没有空气，木腐菌等微生物就难以生存，木材也不会被侵蚀腐烂。一般情况下，木材在土体中若不被腐烂，木材需经过特殊处理，如涂刷或浸泡防腐剂，隔离空气和水分，使木腐菌不能繁殖生长，这样木材就难以腐烂。木材与土体在一起，是有害共生关系。

13. 木材与植物、动物

木材是由植物加工而成，是来自植物，植物是其母体。在木材采伐、使用过度或超过植物的生长速度时，植物就越来越少，破坏了生态平衡。当然，适当地使用木材，植物生长过密、过多，砍伐过剩的植物，不会影响生态平衡，同时也有利于植物的繁殖生长。二者存在着有利、偏利、偏害的共生关系。木材会受到白蚁等虫蛀，木材与动物之间是偏害共生关系。

14. 木材与构造物、建筑物

已有的地表面上的构造物、建筑物，有的本身就是全部用木材建造构成，有的是大部分或部分用木材构成，有的使用少量的木材做装饰构件等，这些构造物、建筑物在修缮、维修中，同样使用木材就更符合其文脉的传承，在没有用到木材的构造物、建筑物中，修缮中适当地用些木材做构件等，也会使建筑物有一种别样的风味、美感。

在现代，大量用工业材料建造的构造物、建筑物中，局部构造、构件用上木材，能给人一种温馨、亲切感。木材与人工构造物、建筑物之间是有利共生关系。如图5-2-11，是用木材构筑成的廊桥。

图 5-2-11　木材与构造物、建筑物

15. 木材与环境色

木材常以本色呈现，看到它们，就知道是木头，因手感温暖、舒适，使人感到温馨，同时也能使人联想到树木、植物的生命。木材对环境色有利，二者是有利共生关系。

16. 木材与空气、阳光、风

木材暴露在外，与空气、阳光、风接触，受空气中水分的影响特别是高湿度的空气如湿度为80%以上时，会很快腐烂，没几年就会腐烂完，而在干燥的空气中就难以腐烂。木材在阳光的照射下，会变色，失去水分，并收缩开裂。木材受风吹，能保持干燥，不会过度受潮腐烂，也不会过度失去水分而开裂。保持良好的通风，在干燥的条件下，木材保存会很久，有时甚至上千年。木材与空气、阳光是有害共生关系，与风是有利共生关系。

17. 木材与云、雨、雪

木材与云、雨、雪之间是有害共生关系，木材与云、雨、雪接触一起，会吸收水分很快腐烂变质，二者是有害共生关系。

18. 木材与温度、湿度

木材的导热系数比较小，一般在 0.1 ~0.2 W/(m·K)之间，有比较好的保温性能，传热很慢，身体接触，在冷天气里不会觉得冰冷，在热天气里不会觉得烫，因此家庭卧室一般用木地板铺设。

木材在温度为 25 ~30 ℃时，最适合真菌的繁殖，被真菌侵入后木材会腐烂，在低温下则不易腐烂。木材在过高的温度下，强度会降低，并变成暗褐色，如长期在 50 ℃环境下强度会下降三分之一，在 100 ℃以上木材中部分成分会分解，强度也会明显下降，所以在 50 ℃以上的环境中就不能使用木材建造构造物、建筑物。

木材最易腐烂的含水率为 35% ~50%，高湿度如在 80% 以上，木材就受潮更易腐烂，低湿度下木材就不易腐烂。

19. 木材与声音

用木材建造的房子对隔声不利，木板和木楼板隔声性能比较差。在房间内大声点讲话，隔壁都能听清;人在楼上走动或搬移家具等东西,楼下都能明显听到。有的人家把木构旧房子重新改造使用时,就需特别处理好隔墙和楼板的隔声问题。

在室内用木材进行装饰处理时,对声音是有好处,比如墙面、顶棚用凹凸木条、多孔木板等饰面,能起到吸音、漫反射的作用,可以提高室内的音响效果。

在不同的条件下,木材与声音存在着互利共生和有害共生关系。

20. 木材与人体尺寸、活动尺寸、生理需求

用于房子建造或家具制作的采伐过来的树木一般直径为 15 ~ 50 cm,高度为 4 ~ 20 m。人体尺寸成年人高度一般为 1.7 m、伸手宽度一般为 1.8 m、身体宽度一般为 55 cm、身体厚度一般为 30 cm。人的步伐、伸手、坐躺等活动尺寸也就是几十厘米至两米。木材大小尺度与人体的尺度相差不大,用木材加工建造房子、制作家具,大小尺度上刚好合适。如图 5-2-12 中,用木材制作的休闲坐凳,很适合人体尺寸。

图 5-2-12　适合人体尺寸的休闲坐凳

木材的温暖性、有机性符合人的生理需求,在视觉、触感、嗅觉上等都能满足人的需要,舒适、温馨。

木材与人体尺寸、活动尺寸、生理需求是有利共生关系。

21. 木材与儿童、老年

木材的柔软性,能降低儿童好动而引起的伤害的概率。老人爱回忆,木材构筑的建筑物、家具能使老人对过去传统产生回忆。

木材与儿童、老年是有利共生关系。

22. 木材与农民

以田地耕作为业的农民,与自然接触紧密,对采伐于自然生长树木的木材,有一份亲切感,特别是在田埂上生长的木材,能就地取材,用木材做农具、加工家具、建造房子,或用木材当柴火烧饭做菜等。这种情况下,二者是偏利共生关系。

但农民过度地使用木材,砍伐了大量的树木,破坏了生态平衡,这种情况下,二者就是偏害共生关系。

23. 木材与建筑师

建筑师是设计建筑物、构造物、人造环境的专职职人员，对木材性能、使用用途等的了解非常清晰，木材在建筑师的运用下能发挥更好的作用，达到最好的效果、最佳的效益。建筑师也因为有木材可以使用，而更能发挥自身的才智，二者是互利共生关系。

24. 木材与风俗

木材是来自有生命的植物，使用木材也寓意着生命、生机、持续。我国的传统建筑使用木材建造，也是因为有信仰自然、生命的可持续延续的民族风俗等因素，连续使用木材数千年不间断，即使木材短缺，用石材或砖陶等也要模仿木材的结构构造外观，甚至在开凿的石窟门柱、内饰上也硬要模仿木结构，在坚硬的石头上凿出木形状构件来。在现代的佛教、道教、宗祠等的修建中，民间用钢筋混凝土材料也要模仿建造出用木材建造的传统房子的样式来，这足见其木材与风俗习惯的紧密关联关系。木材因依靠风俗而不断使用，继而发扬光大，风俗依靠木材而留存、传承不断，二者是互利共生关系。

25. 木材与制度

制度是人为制定的，以现实、历史等为基础。木材的采伐、买卖、运输加工等都有一套制度来规范管理，对于历史木构建筑的修缮、文物保护等也有一套专门的制度，对于木材的消防防火、防潮防虫等也有规章制度。二者是有利共生关系。

26. 木材与权力、经济、科技

大木料、稀有木料等一般都是有权、有钱的人在使用。比如，在宫殿、民房、宗教等建筑中，能见到大木料如柱子直径 40 ~ 50 cm 的，或稀有楠木等，基本上都是有权力、有经济实力的人或机构来建造的。一般没有什么权力或经济较差的人都是使用些一般的木料、尺寸来建造遮风避雨的场所。

而科技的进步能使木材得到进一步合理的使用。

27. 木材与文化

传统的木构建筑和建造工艺，以及不断成熟的施工工艺等，承载了数千年的中华民族文化，木材与文化之间是互利共生关系。

（五）毛竹与相关因子的共生关系

1. 毛竹与水泥、砺灰

水泥沙浆或水泥混凝土具有脆性，受拉时抗拉能力差，而毛竹片受拉时抗拉能力强，在某些场合或过去在缺乏钢筋时，把毛竹片掺入水泥沙浆或水泥混凝土中，能填补水泥沙浆或水泥混凝土的抗拉能力，增强整体的抗拉性能。

泥灰竹编隔断用在木架梁（枋）柱之间的空挡位置。用毛竹编制成网格板片，有镂空空隙，不隔声、不隔光线，但在两侧涂抹上泥灰，就能隔声、隔光线，还能保护毛竹避免虫蛀、腐烂等。有些在制作某装饰件或造型时，先用毛竹片做好框架，再在外皮涂抹泥灰，物体的形状就出来了。

毛竹与水泥、毛竹与砺灰是互利共生关系。

2. 毛竹与油漆

毛竹怕虫蛀、腐烂，在毛竹构件或制品面层涂刷油漆，能保护毛竹材料，隔离虫子、细菌的入侵,延长毛竹构件、制品的使用寿命。

3. 毛竹与施工机械工具

毛竹采伐、加工时需要各种刀具等机具,现代精细化的加工,如制作竹地板、竹木板、竹家具等,有专门的机械机床工具,加工后的成品光亮、精致,很漂亮,丰富了人们对材料、家具的选择品种。二者是偏利共生关系。

4. 毛竹与建筑形状、体量、高度、色彩、内空间、外空间

用毛竹建造房子,别有一番风味。有的建造形状是模仿木构建筑,毛竹片可以防水,屋面也就可以用毛竹代替瓦片,整座建筑物除了采光窗户部分使用玻璃外,其余所有的结构、构件都可以用毛竹加工制作。因为毛竹材料的大小限制,毛竹建造的房子一般体量不大、高度不高,色彩一般都是干燥后的毛竹原色、黄棕色、浅黄色等暖黄色系列。内部空间不大,适合数人居住或活动等。也常常用毛竹做篱笆、格栅等分隔出特定的外空间。

5. 毛竹与土体

毛竹的生长依靠泥土,在土层深厚、肥沃、排水良好的土体里生长得较好,贫瘠、稀薄的土体难以生长毛竹,排水不良、积水严重的土体中,毛竹也生长不好,易枯死。毛竹的生长也能稳固土体,防止泥土流失。二者是互利共生、偏利共生关系。

6. 毛竹与植物

毛竹属于植物,是独立的一种竹亚科植物。毛竹生长茂盛就相当于植物茂盛。但植被好的地方,毛竹不一定生长好。

7. 毛竹与阳光、云、雨、雪

毛竹生长喜阳光,在阴暗、背阴的地方生长不好。毛竹生长还需要雨量充足,云雾湿度大,如80%的湿度等,但也需要干湿季节明显、四季分明,冬季有雪霜,在年平均13~18 ℃之间最适合毛竹的生长。

8. 毛竹与人体尺寸、活动尺寸、生理需求

毛竹一般直径在8~16 cm大小,高度在10~20 m,是细长的杆状,符合人体尺寸尺度,制作加工为建筑物、构造物、生活用具等符合人体活动尺度。人们也偏爱用毛竹制品,其具有有机、环保、生态、耐用的特点,能满足人们生理需求中对生活用具的要求。

9. 毛竹与工人

毛竹的砍伐,特别是加工,需要有一定的技艺。在过去,有专门的一个职业,叫篾匠,很专业,需要专业师傅传承带教,一般跟班学习三年才能出师,独立制作各毛竹制品。这里,加工毛竹的工人是技术工人,不是普通工人。

10. 毛竹与建筑师

有些建筑师比较偏爱毛竹,用毛竹作为建筑材料设计出独特的建筑物,用毛竹作为结构构件,或作为外表皮装饰构件等使用。

11. 毛竹与经济、科技

毛竹也是一种经济植物,有些地方依靠丰富的毛竹开发产业链,如毛竹园旅游产业、毛竹笋加工食物、竹地板、竹墙板、竹家具及各种竹工艺品等,发展地域经济,带来很好的经济效益。科技的发展能使毛竹的加工、使用更广阔。

12. 毛竹与文化

毛竹制品承载着传统手工艺和生活习俗的文化。那些古代留存下来的毛竹篮、毛竹饭桶、毛竹席等制作精美，同时也可以从毛竹生活用具上看出当时的生活习俗等。

（六）藤草与相关因子的共生关系

1. 藤草与建筑形状、体量、高度、色彩、内空间

藤草一般是作为建筑的屋盖面、外墙外表面等依附在结构构件上，作为防水用。但也有作为装饰用，使建筑具有粗野、原始生态、野趣等的感观效果，一般在风景区、古建筑复原等中使用，但使用藤草的古建筑原物无法保存下来，藤草自然寿命比较短，也就是几年时间。

使用藤草的建筑体，形状以长方形、圆形居多。藤草屋体量小，一般也就几米大小，很少有数十米的。高度一般为一层居多，二层很少。色彩为藤草的原色，即干枯的色彩，如黄褐色、淡黄色等，内部空间小，也就是能容纳数人。如图 5-2-13 草屋盖建筑和图 5-2-14 草屋盖风景亭。

图 5-2-13　草屋盖建筑

图 5-2-14　草屋盖风景亭

2. 藤草与土体

藤草生长在土体里，没有土体，也就没有藤草。藤草也有稳固、保持土地的作用。二者很显然是互利共生关系。

3. 藤草与植物

藤草属于植物。植被良好的地方，藤草也就多。藤草多、茂盛也说明植被好。二者是互利共生关系。

4. 藤草与动物

多数野生动物、家禽家畜以藤草为食物，如兔子、牛、马、羊等。但过度地饲养动物，吃掉的藤草量多于其生长量，对生态就会造成破坏。食草野生动物、家禽家畜对藤草的消耗量小于或等于藤草的生长量时，对于生态才有好处。

因此，二者除了有互利共生关系外，还有偏利或偏害共生关系存在。

5. 藤草与空气、阳光、云、雨、雪、温度、湿度

藤草的生长需要空气、阳光，需要适宜的云、雨、雪、温度和湿度。没有空气，藤草就无法生长。光照不足，其生长会不良或颜色变枯黄，在光照充足的地方会生长良好，在黑暗中无法进行光合作用，难以存活。适当的云雨能使其生长茂盛，没有雨水或过多的雨水也会使其生长不良。适宜的温度、湿度最适合其生长；过低或过高都难以使其生长茂盛，只有个别的种类能存活下来。

6. 藤草与人的生理需求

藤草属于绿色植物，能作为景观使用。在室内外种植的各种花草、绿藤等，有些在净化空气的同时还能吸收有毒物质，对人的呼吸、视觉等都有利。

藤草对人的生理需求有利，二者是有利共生关系。

7. 藤草与信仰

藤草有很强的生命力，受人们崇拜。在建筑构件上，人们经常会雕刻或绘制以藤、草或藤草一起等为题材的各种图案，以表达对生命永存的愿望。如古希腊人在柱头上用莨菪草的叶子样式雕刻图案，这种草在地中海一带生长特别旺盛，人们还把这种柱子专门取个名字叫"科林斯柱式"，有生命的寓意，也比较好看，至今人们还在模仿使用。

在中国古代，也有用藤草图案来做建筑构件的图饰，以表达驱灾避祸、祈求平安幸福、生命永久延续等的寓意，这种文化信仰至今还留存连续着。

藤草为信仰提供实物依靠，信仰为藤草提供知名度，二者是互利共生关系。

8. 藤草与文化

用藤草图案作为各种建筑构件的装饰面，具有丰富的文化内涵，可以解读出许多故事。

三、人工材料中的因子与其他因子的共生关系

（一）钢材与相关因子的共生关系

1. 钢材与铝材

钢材与铝材经常相互依赖使用，比如很大的铝合金窗，需要有更强的硬度，在铝合金框内

放置内钢衬。在建筑外围护墙体铝合金窗的安装施工中，窗洞内往往先做好钢副框，再安装铝合金窗，把铝合金窗框用固定件固定在钢副框上，这样能起到防水、稳固、密缝的效果。在玻璃幕墙的铝合金型材立柱内放置内衬钢，加强立柱的强度，另外幕墙用的各铝合金型材的固定都需要钢材制作的固定件。二者是互利共生关系。

2. 钢材与水泥

钢材与水泥是最常见的组合。水泥构筑成的混凝土与钢材加工成的钢筋组合成钢筋混凝土，钢筋自身具有较强的抗拉性能，混凝土自身具有较强的抗压性能，钢筋耐火、耐锈差，而混凝土耐火、耐腐蚀性强，用混凝土包裹钢筋，构成的钢筋混凝土的墙、柱、梁、板等抗压、抗拉、抗弯性能较强，还能耐火、耐锈、耐腐蚀等，二者取长补短，相互利用，是互利共生关系，广泛应用于各建筑体中。

3. 钢材与玻璃

用钢材做骨架，玻璃镶嵌在空格中，既有一定的强度、又能遮风挡雨、透射光线。有的整座建筑体就只有用这两种材料构建而成，通透光亮。最早的一座建筑体被叫作水晶宫，于1851 年在英国海德公园建成，作为世界博览会展览馆使用。建好后当时引起很大的轰动，它代表着一个工业时代新篇章的开启，在展览完成后，还依然保存至今。如今已有 150 多年，这种钢材与玻璃的结合使用还在普遍应用，有些地方还作为时髦、高端、现代的象征。

4. 钢材与塑料

有一种用钢材制作的管道，在管道的内外壁涂敷环氧树脂或聚乙烯粉末等，具有防腐、耐侵蚀、无毒、无辐射的绿色环保性能，叫钢塑复合管。钢塑复合管耐腐蚀性很强，用于石油、天然气输送管和给水管、排水管等，这种管道就是利用钢材的高强度、塑料的耐腐蚀性等优良特性，填补不足性能，如塑料的低强度用钢材的高强度来补偿，钢材的弱耐腐蚀性用塑料的强耐腐蚀性能来补偿。还有一种普遍用到的塑钢窗，也是利用二者的优缺点互补结合在一起。这两种材料结合在一起是互利共生关系。

5. 钢材与油漆

钢材易生锈，就是与空气中的氧气、水分等发生化学反应，变成没有强度而松散的三氧化二铁。在钢材的外表面涂上漆，也就是防锈漆，可以隔离钢与空气的接触，防止生锈，保持强度。暴露在空气中或埋设在泥土中的各种用钢材制作的栏杆、梁柱板等外表面就必须要有防锈漆涂层，还需每隔 1 ~ 2 年涂一次，因为已埋在泥土里的钢材日后不好操作外涂漆，所以很少有把结构用的钢材埋设在泥土里。钢材防火性能差，在作为结构构件使用时，外表面涂刷防火漆，就能提高构件的耐火性能。

钢材在油漆的作用下，得到广泛应用的好处。油漆也因为钢材的需要而研制出多种特色性能漆。因此，二者是互利共生关系。

6. 钢材与电梯、水泵、风机、空调机

电梯、水泵、风机、空调机都是以钢材为主要材料加工制造而成的，在安装使用时也需钢制品配件固定安装，钢材也因为它们的使用而发挥更大的用处，二者是互利共生关系。

7. 钢材与风管、水管、电线、灯具

有许多的风管、水管的主要材料是钢材,电线也有的为铁丝制品,灯具有的也是铁制作或某些配件是铁的。安装风管、水管、电线、灯具的固定件基本上都是铁件制品,钢材固定件能使其安装稳定牢固。二者是有利共生关系。

8. 钢材与施工机械工具

在过去没有炼钢技术出现时,施工机械工具一般用木材、石材、绳藤等制作,后来钢铁出现后,基本上都是用钢铁制造各种各样的施工机械工具。施工机械工具又能有助于钢材的运输、吊装、安装等。二者是互利共生关系。

9. 钢材与建筑形状、体量、高度、内空间、外空间

钢材不但强度高,还可以锻造成各种不同大小、形状的型材。理论上讲,使用钢材可以建造各种形状的建筑体,只要你能想象得出,现实中,也有各种奇形怪状的建筑体出现。上百米甚至上千米高的建筑体,用钢材都可以建造,这充分利用了钢材的高强度特性。

利用钢材,可以将建筑体的内空间设计得宽大一些,如利用钢桁架可以建设大跨度的建筑室内空间,上百米的跨度都能设计建造。利用钢材,也可以自由设计界定外部空间,不同的大小、形状等都能设计建设。

一般来说,钢材与建筑形状、体量、高度、内空间、外空间之间的关系是互利共生关系。但若不利用钢材的有利特性,而只是为了某种装饰作用而使用钢材,有可能出现互害共生,如某建筑体,在屋顶上设计了一个没有功能性作用,只有装饰作用的钢架子在上面,一方面增加建筑物的屋面荷载,另一方面裸露在屋顶室外,易生锈破坏乃至脱落,遇到大风会掉落地面,砸到人或物,存在安全隐患。这种设计对钢材不利,对建筑体形状、体量等因子也都不利,这种情况下,二者是互害共生关系。

10. 钢材与岩体

钢材来自铁矿石岩体,钢材的大量使用,也势必需大量开采铁矿,这对铁矿石岩体具有破坏作用,这二者是偏利或偏害共生关系。

另外一种情况是,对某些不稳固的岩体,用钢材加固是一种不错的选择,这时,二者是互利共生关系,岩体得到加固,钢材也能发挥作用。

11. 钢材与地质构造

钢材的过度使用,对地质构造造成破坏,二者是有害共生关系。

12. 钢材与地下构筑物、地下管道设施

地下构筑物、地下管道设施经常用钢材来加固、保护等,二者是有利共生关系。

13. 钢材与构造物、建筑物

现代构造物、建筑物的主要骨架材料是以钢材为主。如图 5-2-15 和图 5-2-16,就是用钢材加工的钢筋在施工建造构造物和建筑物。

图 5-2-15　钢材与构造物、建筑物 1

图 5-2-16　钢材与构造物、建筑物 2

5-2-17　钢材与构造物、建筑物 3

地面人工构造物、建筑物在使用、修缮、加固等过程中，普遍用到钢材，同时在构造物、建筑物使用期完成后拆除，其所含的钢材（若有）都可以回收重新加工使用。钢材与地面人工构造物、建筑物是互利共生关系。如图 5-2-17 是建筑物在修缮中用钢材加固。

14. 钢材与空气、云、雨、雪、雷电、温度、湿度

空气、云、雨、雪、湿度对钢材有损害作用，使钢材生锈破坏，温度过高或过低都会使钢材降低或失去强度，此时钢材与它们是有害共生关系。

钢材能很好地引导雷电进入大地，避免对人或物造成破坏，这种情况下，钢材与雷电是有利共生关系。

15. 钢材与飞行器

人工各飞行器的许多零部件都是由钢材加工制造的。因为飞行器的需求，特种钢材得到发展。二者是互利共生关系。

16. 钢材与人体尺寸、活动尺寸、行动尺寸、生理需求

钢材可以锻造、加工出任意尺寸、形状的构件，能建造出适合人体尺寸、活动尺寸、行动尺寸的各种物件和空间来，这种情况下，二者是互利共生关系。

钢材材料有硬性、导热的快速性，人体肌肉皮肤有柔软性、对温度的敏感性，当人体触摸到钢材时，会有不适感，这种情况下，钢材与人的生理需求是有害或互害共生关系。

17. 钢材与建筑师

钢材是建筑师经常用的一种材料，特别是对于现代的高楼大厦，有时是不得不用钢材，也因为有钢材可以选用，建筑师能发挥更多的才智。二者是互利共生关系。

18. 钢材与经济、科技

现代经济离不开钢材，也因为钢材工业的萌芽和发展，才有现代的工业革命和经济的发展，科技的发展促进了钢材的发展。钢材与经济、科技是息息相关、互利共存的，没有钢铁工业的地区或国家，经济很难发展，经济的发展也促进了钢铁技术的进步，二者是互利共生关系。

19. 钢材与文化

钢材的出现，开启了现代文明。钢材是现代文化的基石。二者是互利共生关系。

（二）铝材与相关因子的共生关系

1. 铝材与玻璃

铝合金门窗在建筑体中存在比较普遍。用铝合金型材加工为门窗框、内镶嵌玻璃，重量轻，牢固度高，透光性好。还有大量的玻璃幕墙也是铝合金型材作为龙骨骨架，固定幕墙玻璃。铝材与玻璃是互利共生关系。

2. 铝材与塑料

铝塑管是铝合金与塑料结合的一种管道，两者结合使用，铝合金可发挥自身的强度优势和致密且不透水、不透气优势，聚乙烯塑料可发挥自身的耐酸、耐碱、耐腐蚀和无毒、无味、光滑的优势，两者择优补短，能使管道既有一定的硬度、强度，变得更加牢固，又耐腐性，流水、排气设施等都可以使用，还能长时间使用。还有一种材料为铝塑板，也就是用塑料与铝合金结合在一

起加工为装饰板，二者也发挥各自的优势，互补利用。二者是互利共生关系。

3. 铝材与油漆

铝合金中见得比较多的是银白色，但现代工艺可以在其表面喷涂各种颜色，如木纹色、红色、香槟色、古铜色等。木纹色铝合金型材加工的门窗或栏杆，视觉上就像是由木材加工而成一样，视觉和装饰性效果都不错。

4. 铝材与风管、水管

许多排风管、送风管都是由铝合金板加工而成，风口也是由铝合金加工而成，铝合金风管、风口强度高、质量好，易加工。

铝合金还可以加工成落水管，也较容易加工为排水系统的各种配件，如定位器、接口器、封盖檐槽、斜三通、落水斗等，还可以在外表涂上各种颜色等，在别墅等低层建筑中使用，别有一番风味。

5. 铝材与施工机械工具

铝合金出厂后，是各种板材和型材，使用时，都需要机械工具进行切割、加工、拼接等，加工制作成需要的各种建筑构件、器具等。

6. 铝材与建筑色彩、内空间、外空间

铝合金使用比较多的是在建筑的外表皮上，如铝幕墙板、玻璃幕墙框、门窗框等，显示出建筑外观为银灰色居多，也有铜色、金色、木棕色等。

建筑内空间用铝合金型材做隔断骨架，再配上玻璃，有轻盈、空透、现代、时尚的感觉。建筑外围护用铝合金窗、铝合金龙骨，也会显得建筑内空间空透、宽大，同时也使外部空间显得轻盈、不压抑。如走在建筑外皮以铝合金为主的街道、小巷里，比走在建筑外皮以石材、涂料等为主的街道、小巷里，感觉更轻盈、空透。

7. 铝材与构造物、建筑物、环境色

环境中已有的人工构造物、建筑物在修缮改造时，铝合金做更新门窗、外表皮的装饰、内部的隔断、内表面装饰等都是不错的选择。在构造物、建筑物拆除时，铝合金构件都可以回收再次使用。

铝合金强度高且质量轻，使用寿命长，比如用木纹铝合金做的栏杆、门窗等，视觉上感觉有木材的温暖，色彩温馨、亲切，耐久性又远大于木材，有木材的外表又有高强的内心骨。

8. 铝材与空气、阳光、云、雨、雪、雷电、风、温度、湿度

铝合金暴露在空气中，表面会形成一层氧化膜，这层膜具有很好的耐腐蚀性，以保护铝合金材料不被继续氧化和破坏等。铝合金暴露在阳光、云、雨、雪、风、湿度的变化环境中，具有良好的稳定性。

铝合金材质致密，不会渗透雨水，具有很好的防水性能。铝合金导热快，环境温度的变化会很快引起其自身温度的变化，铝合金门窗需要做断热构造，才有保温隔热的功能。铝合金导电性能好，能引导雷电进入大地。

9. 铝材与飞行器

铝合金强度高、质量轻、易加工，是人工飞行器的主要材料，绝大部分的人工飞行器的主要构件都是由铝合金加工制成。

10. 铝材与人体尺寸、活动尺寸、行动尺寸、生理需求

铝合金加工性能好，也易于回收利用，能加工成符合人体尺寸的构件、用具等，也能建造出符合人体活动尺寸、行动尺寸的空间。

人体对住、行的生理需求中，铝材有较多的贡献份额。铝合金材料大量用在建筑物、交通工具等，以满足人们的生理需求。

11. 铝材与建筑师

铝材是建筑师经常使用的材料之一，应用广泛，如铝板装饰、铝合金门窗、彩铝格栅、铝材吸音板等。

12. 铝材与经济、科技

在金属中，铝材使用的数量和广泛性都仅次于钢材，在国民经济中有举足轻重的地位。科学技术的进步和经济的发展也促进了新型铝材的发明和发展。铝材与经济、科技是互利共生关系。

（三）铜材与相关因子的共生关系

1. 铜材与玻璃

铜材与玻璃组合，加工制作成铜门窗。铜材料比较贵，一般建筑不使用铜窗，只有豪华高端的建筑会使用铜窗。有些建筑体特别是小体量的如别墅等，才有经济条件使用铜门窗。一般一座建筑物若窗户比较多，则门就会少一些。对于大体量的建筑一般只有其入口门用铜门，以显示其高贵的气派。

2. 铜材与电线

铜材导电性能很好，大量的电线、电缆导电部分就是使用的铜材料。

3. 铜材与建筑色彩

铜色彩呈暖色，有个专用的色彩名字为古铜色，氧化后会带有绿色，其色彩就是铜绿色，铜材有自身的独特颜色。建筑体用铜材料做外皮、门窗、屋面等，可显示出特有的色彩个性。

4. 铜材与岩体

铜材来自自然界的铜矿岩体，开采使用多少，岩体也就减少多少，大量的开采将使岩体得到不可逆的破坏性影响，此时铜与岩体是偏利或偏害的共生关系。

铜材可以回收再利用，因此，当各建筑体或其他物件上的铜不再使用时，可以回收再次利用，以减少铜矿开采量，降低对岩体的破坏。

5. 铜材与空气、云、雨、雪、雷电、温度、湿度

铜材暴露在空气中，会与氧气、二氧化碳、水汽等发生化学反应生成铜锈，也就是说，铜会生锈，但生锈到一定程度，就不会继续生锈了，因为之前生成的铜锈包裹、覆盖住里面的铜，起到隔绝作用。铜在潮湿环境下，会加速生锈，在干燥环境下则较难生锈。

铜材是很好的防水材料，屋面用铜板皮做表面层，起到防水作用，防止云、雨、雪渗漏到室内，也可以在建筑结构中做止水带，起到隔断水的作用。铜材导电性能好，用铜材料做建筑体的引雷电、避雷电配套构件是很好的选择。铜材的导热性能也很好，很适合做铜锅、铜壶、铜炉等。

6. 铜材与声音

许多的乐器都是以铜为材料制作而成的，能敲打出悦耳的声音，如铜鼓、铜锣等。有些建筑在屋角处挂上铜制风铃，在微风吹拂下，叮当作响，悦耳动听，别有一番风味。

7. 铜材与生理需求

铜材可以制作各种生活用具，如铜镜、铜香炉、铜暖手壶、铜火锅、铜餐具等，可以满足人们日常生活中的照镜、烧香、暖手、吃等生理上的需求。特别是在人类早期的古代，铜器使用就比较多。

8. 铜材与权力

在自然界中有自然铜矿存在，可以直接开采使用，不用提炼，所以铜材是人类最早使用的金属材料。但毕竟裸露在外的数量稀少，能用铜器的都是高贵的上层人物，加上铜颜色与泥土的黄色相似，对土的依赖崇拜延伸到对铜器的崇拜上，用铜器也是代表权力的一种象征，如铜鼎、铜编钟、铜佩剑等。后来随着对铁的发现和提炼技术的成熟，就逐步使用铁器了。

9. 铜材与文化

铜材出现比较早，如青铜器，历史上留存下来的各种青铜器皿、青铜剑等承载着深厚的历史文化。

（四）钛合金与相关因子的共生关系

1. 钛合金与建筑形状、色彩

钛合金价格昂贵，难以在建筑上普遍使用，但在个别有特殊意义的建筑上还是会使用，一般用在建筑外表皮，用钛合金做外皮装饰，以显示建筑体的华贵。

钛合金板可以制作成任何形状，对任何不规则形状的建筑体都能适应加工，在阳光下闪闪发光。如在西班牙毕尔巴鄂城市的古根海姆博物馆，其建筑形状极不规则，就像一座巨型的雕塑，外形有各种弧形，建筑外皮用钛合金覆盖，光亮的金属光泽使建筑光芒四照，别具特色，像一段流动的、看得见的音乐。

2. 钛合金与空气、温度、湿度

钛合金耐蚀性好，在潮湿的大气中其耐蚀性远优于不锈钢；耐热性好，即使在 450 ~ 500 ℃的温度下也能长期存在，不会降低强度；耐低温，钛合金在低温和超低温下，仍能保持其力学性能。

钛合金在和空气接触的过程中，一般的温度、湿度的变化情况下具有长期的稳定性，与空气、温度、湿度是很弱的偏害共生关系。钛合金受到空气、温度、湿度的伤害很微弱，在建筑体上使用，其受害程度可以忽略不计，是很稳定的建筑材料，但价格昂贵，难以普遍使用。

3. 钛合金与生理需求

钛合金虽然性能优越,但价格奇高,主要用在航空航天中,在建筑体中使用主要是作为外表皮的装饰部件,满足人们的视觉生理需求,对视觉有很强的冲击力,带有独特的金属外观特色。

4. 钛合金与建筑师

只有个别的建筑师会考虑钛合金的使用,大部分建筑师不去使用,因为价格过高,一般的经济情况无法接受。

5. 钛合金与经济、科技

1 mm 厚的钛合金板材料每平方米的价格是 1500 元左右,加上运费、加工、配件、施工等,应用在建筑上,一平方米要数千元,在一般建筑体上使用太昂贵。但钛合金的使用也代表着雄厚的经济力量和先进的科技。

6. 钛合金与文化

在建筑上使用钛合金,代表着一种高科技和发达经济的现代文化。

(五)水泥与相关因子的共生关系

1. 水泥与砺灰

水泥与砺灰组合制作成混合沙浆,用于砌筑砖墙、粉刷墙面等,比水泥沙浆和易性、黏结性相对好些,易操作,易施工,但耐水性、防水性相对差些,一般用在地面以上的墙体砌筑和内墙粉刷上。

2. 水泥与砖

水泥和砖的结合,是把水泥用在砖的砌筑和砖墙面的粉刷上。水泥将一块一块松散的粒块黏合为整体,如砖墙体、砖柱、砖拱等,粉刷墙面能起到保护墙体、增强墙体强度、装饰墙面等作用。水泥依靠砖也获得了使用价值。二者是互利共生关系。

3. 水泥与膨胀珍珠岩

膨胀珍珠岩是松散的颗粒,用水泥将其黏接成为整体,组合在一起可以做屋面的找平层、保温隔热层或墙体的保温隔热层等,二者是互利共生关系。

4. 水泥与建筑形状、体量、高度、色彩、内空间、外空间

水泥是一种胶凝材料,把松散的颗粒胶结在一起,如把石子和沙胶结在一起,硬化后其强度变硬,从松散的颗粒到塑性体再到坚硬的固体,理论上可以做成任何形状的固体,用水泥作为主要材料,可以构成任何形状的建筑体,也可以构筑巨大体量和很高的建筑。

以水泥为主要材料的混凝土构筑成的墙体、柱、梁等外观色彩为灰色至灰白色,比较素,一般都在其外表加上其他色彩来覆盖,也有不加覆盖层,而直接用本色外露的,呈现出一种原始的味道。

以水泥为主要材料构筑的建筑体内空间可大可小,多样丰富,适合各种情况使用。外部空间也丰富多彩,不局限为某几种形状、样式。如图 5-2-18 是用水泥为主材料构筑的建筑内空间。

图 5-2-18　水泥与内空间

5. 水泥与岩体

水泥是以石灰岩为主要材料高温烧制加工而成的。水泥使用多，石灰岩岩体就减少，一增一减，二者是偏利或偏害共生关系。

但水泥还可以用来加固某些不稳固的岩体，以预防其坍塌等，对某些建筑体的地基岩体，也可以用水泥来加固增稳。这种情况下，水泥和岩体是互利共生关系。

6. 水泥与土体

制造水泥也需要一定量的黏土为原料，黏土来自土体，水泥增加用量也势必使土体减少。二者是偏利共生关系。

另一种情况是，对于要求加固地基，把水泥灌注入土体中，增强土地的承载力，这种情况下，二者为互利共生关系。

7. 水泥与地下构筑物

现代地下构筑物绝大多数是以水泥为主要材料之一进行构筑的。水泥也依靠地下构筑物而发挥自身的作用，地下构筑物依靠水泥而发挥功能作用，这二者为互利共生关系。

8. 水泥与植物

水泥硬化后不透水，会隔离水分，水泥中没有植物所需要的养分，因此水泥对植物基本上没有好处。植物的根系也会对以水泥为材料构成的路面、护坡等有破坏作用。这种情况下，二者是互害共生关系。

但有一种特殊情况存在，以水泥为主要材料构筑种植构造物，提供种植载体，在实体洞口、凹槽等种植植物。这时，水泥对植物是有利的，植物对水泥稍有侵蚀作用，这种情况下，二者是偏利共生关系。

9. 水泥与地表水

以水泥为主要材料构筑的构造物用来汇集雨水、泉水等，以免渗漏，汇集使用或暂时储藏，待需要时再取水使用，如汇集雨水至水塘、水池等，做灌溉、消防等使用。这种情况下，二者是偏利共生关系。

10. 水泥与构造物、建筑物

水泥是建筑上的主要材料之一，建造构筑各种地上人工构造物、建筑物，它们是互利共生关系。现代的工程建设离开水泥，可以说寸步难行，没有水泥作为基本材料，无法建造现代各种构造物、建筑物。大量的构造物、建筑物可以说是水泥的堆积物。如图 5-2-19 是以水泥为主要材料建造的建筑物。

图 5-2-19　水泥与构造物、建筑物

11. 水泥与环境色

以水泥为主要材料而构筑的构造物、建筑物以本色存在时，也不会觉得难看，丰富了环境色彩，使环境色彩显得更多样化，更有文化性、艺术性。这种情况下，水泥和环境色是互利共生关系。

12. 水泥与空气、阳光

空气、阳光对水泥材料有风化、侵蚀作用，水泥在施工中对空气也有污染作用，这时二者是互害共生关系。但水泥施工完成后，其对空气、阳光就没有什么影响，只有空气、阳光对其有风化等有害作用，这时二者是有害共生关系。

13. 水泥与云、雨、雪

云、雨、雪对水泥有风化、侵蚀等有害作用，而水泥对云、雨、雪没有什么影响，二者是有害共生关系。

14. 水泥与温度、湿度

温度对水泥构造物有热胀冷缩作用，会使其形成裂缝或破损。以水泥为主要材料构筑的各物体对热量有储藏作用，夏天会增加外部温度，之后再慢慢将能量释放出来。这种情况下，二者为互害共生关系。在冬天，水泥结构的物体将吸收后的热量再慢慢释放出来以增加外部温度，对环境温度有好处，这种情况下，水泥和温度是偏利共生关系。

一定的湿度对水泥构造物有好处，可以使水泥慢慢硬化以增加强度，水泥构造物对湿度没有什么影响，这时二者是有利共生关系。但在水泥建材运输、存储中未使用前，湿度对水泥是有害的，会使其硬化失去功能，这时水泥与湿度是有害共生关系。

15. 水泥与人体尺寸、活动尺寸、行动尺寸

水泥作为主要材料，在凝固硬化前有流动性、可塑性，可以用模板、模具等构筑适合人体尺寸、活动尺寸、行动尺寸的用具、内外空间等，如凳子、房子内部房间、院子外部空间、道路外部空间等。这种情况下，水泥与人体尺寸、活动尺寸、行动尺寸之间为有利共生关系。

16. 水泥与生理需求

水泥能构筑人们生活需要的各种构造物、建筑物等，以满足人们的生活、工作、学习、行走移动等需求，水泥对生理需求是有利的，但人的各种生理需求在活动、过程中对水泥构造物有侵蚀作用，如水泥道路在人行走、车轮等作用下，会慢慢破损，房子也是如此。水泥与生理需求之间是偏利共生关系。

17. 水泥与农民

现实中有这种情况存在，在农村，农民偏爱水泥，什么都用水泥，房子、道路、道坦、护坡、水沟、溪流等都用水泥，原农村里可以就地取材的材料如木材、毛竹、石材、泥土、藤草等反而统统不用。这对农村生态造成有害影响，水泥被用在不应该用的地方，白白浪费水泥。

18. 水泥与建筑师

水泥对建筑师有好处，有了水泥这种材料，建筑师可以发挥更多的想象力，设计建造出更多人们需要的空间、形态。建筑师对水泥也有好处，能使水泥这种材料发挥应有的长处，用到该用的地方。这二者是互利共生关系。

19. 水泥与思想

在人造水泥发明创造后，促进人们思考对这种材料的应用，如可以用在大坝上、桥梁上、道路上、建筑物上、构造物上等，水泥也就越来越多地被生产出来，数量、品种也越来越多，也促使人们更多地思考水泥的使用、应用、处理等。水泥与思想是互利共生关系。

20. 水泥与经济、科技

水泥能促进经济的发展，经济、科技也促进水泥的发展和生产，朝着优质、环保、生态的方向发展。二者是互利共生关系。

21. 水泥与文化

水泥的发明、发展和广泛的应用，这本身就是一种文化，水泥的历史也是现代建筑史的一个缩影。

（六）砺灰与相关因子的共生关系

1. 砺灰与砖、瓦

砺灰是砖块之间的胶凝材料，也是砖砌体的外表面的粉刷材料，二者是互利共生关系。瓦固定在需要砺灰黏接固定的地方，二者也是互利共生关系。

2. 砺灰与建筑色彩

砺灰色彩为灰白色，时间长了，被风化、侵蚀后会慢慢变深、变黑，但依稀还能渗透出灰白色，印记着时间的痕迹。白墙灰瓦、粉墙黛瓦，这两个词经常用来形容乡村历史建筑朴素的乡野之美。有些乡村里，墙体外表呈现出的白色，就是以砺灰为主要材料来粉刷的，呈现出来一道道的白色墙，屋盖用青瓦覆盖，远看，雪白的墙壁、青黑的瓦，别有风味。

3. 砺灰与土体

砺灰也可以加固土体，在建筑地基土过软时，土体承受不了建筑体的重量，过去把砺灰掺杂到土中，或把土先挖出，掺入砺灰、碎砖等，再分层回填，分层夯实，土体就变硬变强，增强了承载力。这种情况下，二者是互利共生关系。

4. 砺灰与环境色

因为粉刷砺灰而呈白色的墙体，在蓝天、绿地的对比下更显突出，构成蓝、白、绿人工与自然组合的环境色彩，很有一种纯净的美感。

5. 砺灰与工人

砺灰的烧制离不开工人，使用、施工也离不开泥工。有一类工人叫灰塑艺人，专门以砺灰为主要材料，在房子的墙壁、屋脊等制作人物、花鸟、虫鱼、瑞兽、山水等，来表达人们祈福、消灾、求安等的愿望。

6. 砺灰与信仰、经济

过去砺灰是一种比较高档的材料。人们对未来有美好的强烈愿望，相信有一种力量或事物等控制、左右着人们的未来发展走向，于是就产生一种深入人心的信仰，各种灰塑看得见的实体正好可以表达人们看不见的信仰，所以砺灰与信仰有关联，是一种互利共生关系。

7. 砺灰与文化

因历史上砺灰的使用，留下了许多灰雕遗址和遗物，是有价值的文化，是过去的人文、工艺、技术的一种实物见证。

（七）玻璃与相关因子的共生关系

1. 玻璃与橡胶

玻璃具有硬脆性，碰撞到硬物会破损，在使用时，又需要坚硬的材料做支撑，如钢材、铝材等，但不能直接与钢材、铝材等接触，这就需要软而有弹性的橡胶等作为过渡。由橡胶制作的各种密封垫、密缝条等填塞在玻璃与钢材、铝材等材料之间，既起到过渡作用，又起到密缝作用，能防水、隔气、隔声等。这种情况下，玻璃与橡胶是互利共生关系。

2. 玻璃与灯具

玻璃可用来制作各种灯泡、灯罩、透光体等，在日常生活中很常见。也因为有玻璃，才有了丰富多彩、各式各样的灯具，灯具发挥出更多的功能作用。同时，玻璃也在灯具中发挥各种出色的作用，二者是互利共生关系。

3. 玻璃与建筑形状

玻璃通透、透光，可以定型加工成任何形状，除了在一般规整建筑的外部门窗上使用外，还可以在球形、三角形、弧形、斜形、曲面形等不规整建筑体外表上使用，做幕墙、围护、窗户等。

4. 玻璃与建筑色彩

玻璃一般无色透明，为了降低透光率，吸收太阳光，或其他美观要求，在制造玻璃时添加一些色剂，能制造出各种彩色玻璃。不管是哪种玻璃，都具有镜面反光特点，建筑体外表皮上的玻璃能照出周围的环境物体，比如天蓝色的天空，原无色透明的玻璃看到的颜色是天蓝色。建筑上用白色玻璃的，玻璃窗呈蓝色；用彩色玻璃的，玻璃窗呈现的是玻璃色彩和天空等环境色的混合色。建筑体的总体外观色彩在玻璃的作用下，一般不是本身原色彩，有周围大地和天空的环境色彩的混合色。

5. 玻璃与建筑内空间、外空间

建筑体上，玻璃用得多，内部空间就显得宽阔，因为玻璃有通透的视觉感。房间的一面外墙全部用玻璃和部分用玻璃，使人对房间的感受就不一样，玻璃用得越多，房间就显得越大，反之越少。

在建筑体内空间中，用玻璃进行隔断和实体墙隔断，使人对房间的感受也不一样。用玻璃隔出的房间就显得空透、开阔，用实体墙隔出的房间就显得封闭、狭窄。

在外部空间中，用玻璃就降低了外部空间的封闭性，如广场上用一堵玻璃墙来分隔，分隔开来的空间封闭性就差；用玻璃做景区栈道的地面，能看到栈道下面的地面部分，若离地高，如在悬崖上，人走在上面，感觉很虚空，不踏实，这就是用玻璃降低了空间的封闭性，增加了开放性。

玻璃的使用对建筑内空间、外空间变化影响是比较大的，用得好有好处，用得不恰当会有害处。玻璃与建筑内空间、外空间存在着有利共生或偏利共生关系。

6. 玻璃与植物、动物

用玻璃做植物暖房、暖棚，可增加内部温度，调节温度、湿度，加速植物生长，避免冬天被冻坏，对某些植物培植有好处，这种情况下，玻璃与植物是有利共生关系。

玻璃对动物一般没有好处。动物认知性低，认为玻璃是通透的，能穿过去，结果就撞到玻璃上，玻璃可能就被撞坏。这种情况下，玻璃与动物是互害共生关系。

7. 玻璃与构造物、建筑物

在已经存在的、作为环境一部分的人工构造物、建筑物，在其改造、提升或修缮中，玻璃是不可或缺的建筑材料，有的用玻璃改造屋顶，如德国的国会大厦，用玻璃改造后，特有风味，把阳光引入室内，还成了著名的旅游景点。又如法国的卢浮宫在改造时在地下室顶做了玻璃金字塔，也成了著名的景点，游客纷纷光顾。如图 5-2-20 是德国国会大厦的玻璃改造屋顶。

图 5-2-20 玻璃与构造物、建筑物

8. 玻璃与环境色

玻璃有其独特性,能对环境色彩进行反射、镜像,运用得好,能增加趣味性,这种情况下,二者是互利共生关系。

9. 玻璃与空气

玻璃对空气流通是有害处的,会隔断空气的流通,空气对玻璃没什么影响,二者是有害共生关系。

10. 玻璃与阳光

玻璃能透过阳光,但热长波又透不过,在冬天比较好,房间内能得到太阳光,房内各物体晒热后发出热波,不能透过玻璃散发出去,使房间内部比外部温度高。但在夏天,房间内部比外部温度高,使人感觉闷热,需打开窗户通风散热。

玻璃能把光引入地下空间,能使地下的黑暗环境变得光亮。如图 5-2-21 是道路人行道的玻璃块把地面光引入地下空间。

图 5-2-21 玻璃与阳光

还有一种情况,大楼用玻璃幕墙时,若角度不对,会把太阳光反射到人眼里或聚焦在某一集中点,这就对人或物等会造成伤害。

因此,玻璃与阳光存在着偏害共生关系,运用得好可以转为有利共生关系。

11. 玻璃与云、雨、雪

玻璃化学成分比较稳定，云、雨、雪对玻璃几乎没有侵蚀影响。玻璃材质很致密，能阻止雨水透过，防水防雨性能特别好，能隔挡云、雨、雪。玻璃与云、雨、雪是有利共生关系。

12. 玻璃与风

玻璃能挡风，但风过大会破坏玻璃，台风过后整栋大楼的玻璃窗都被破坏的案例在新闻中经常有报道。这二者存在着有利共生关系和有害共生关系的情况。

13. 玻璃与温度

由于温度的变化导致玻璃爆碎的情况也有发生过，玻璃导热系数大，传热快，保温隔热差，二者存在着互害共生关系。当然，在某些情况下也存在着有利共生关系，比如，用玻璃做阳光房。

14. 玻璃与生理需求

玻璃破碎会伤害到人，人被玻璃割破而受伤的案例也不少。但人需要的观景、阳光，在使用了玻璃后就能在房间内体验到想要的景观、阳光；玻璃还能制作大镜子，满足人的需要，这二者存在着有利共生关系，使用不好就会转为有害共生关系。

15. 玻璃与建筑师

建筑师比较喜欢对玻璃进行运用，玻璃材料的发明对建筑师才能的发挥有积极作用，玻璃也因为建筑师的采用，发挥了自身的很大作用，二者存在着互利共生关系。

16. 玻璃与风俗

在 20 世纪 40 年代，一位女医生法恩斯沃斯委托现代建筑大师密斯为其设计建造一座住宅，但密斯为其设计了一座全玻璃的房子。除了中心的厕所、浴室和机械设备为实体墙隔起来外，周围墙体、屋盖都是用玻璃，房子非常通透敞亮，视野很开阔，但与当时当地的风俗不合，人住在里面，生活起居没有隐私。建好后，那女医生很生气，据说还要起诉密斯。

玻璃运用不恰当，会与风俗相冲突。此时玻璃与风俗存在着有害共生关系。

17. 玻璃与思想、经济、科技

建筑体上用玻璃幕墙被认为是高档、豪华、有经济实力的象征。20 世纪 50 年代玻璃幕墙建筑在西方出现后，20 世纪 70 年代开始流行，20 世纪 80 年代传入我国，后来一发不可收拾。不管是公共建筑还是住宅，不管经济状况如何，都装上一些玻璃，比如在临街的一面或楼梯间等，不分析建筑体的功能需要，只为装上玻璃幕墙来显示有地位、有经济实力、有技术水平、房子豪华高端等。至今，还有大楼用玻璃幕墙。但建筑体在使用过程中，发现很多问题，如不节能、不生态、空气不流通、光污染等。在这种特殊的情况下，思想对玻璃有害，玻璃对经济有害。这就存在着玻璃与思想是偏害共生关系。玻璃与经济、科技也存在着偏害共生关系。

（八）砖与相关因子的共生关系

1. 砖与瓦

人们常说砖、瓦房，说明砖与瓦比较紧密地联系在一起。砖、瓦的发明已有数千年，砖砌筑墙体，瓦覆盖屋面，再加上一些支撑瓦片的木条，就能构筑遮风挡雨、为生活所需的建筑体。此时砖与瓦是互利共生关系。

2. 砖与电线、电缆

砖墙、砖柱经常是电线、电缆穿埋的媒介。电线、电缆穿埋在砖墙柱中，受到墙体的保护，同时也得以隐蔽，不外露，美观不混乱。但砖墙柱被穿后，整体性多少受到影响，即整体性变差，实心的比空心的影响大，被横穿的比竖穿影响大。这二者是偏利共生关系。

3. 砖与施工机械工具

砖的制作需要模具工具，砌筑使用也需要施工工具，现在有一种自动砌砖的机器被发明、建造出来，用机器来砌筑。在砖的生产、搬运、使用过程中，施工机械工具多少会受到磨损消耗。二者是偏利共生关系。

4. 砖与建筑形状、体量、高度

砖是小块体，砌筑组合成墙柱，要竖向垂直，不能偏斜，否则会受力不稳。用砖砌筑的建筑体必须垂直不能歪斜。以砖砌体为受力结构的建筑，其形状规整、体量小、高度低。建筑形状、体量、高度受到砖的制约，不能随意建造建筑物。

5. 砖与建筑色彩

外墙砖砌体在没有墙面粉刷时，即保持清水墙，显示出砖原色，灰色、青灰色、灰白色、红棕色、红色等也都有，使建筑呈现出朴素、生态的味道。有些项目在修缮改造或装饰中特别要求用清水砖墙。而有的在室内装饰时，也用清水砖墙或构造部件等，来反应粗野、古朴的气氛。这二者，使用时如果搭配得好，就有互利共生关系，否则会是偏利共生或偏害共生关系。

6. 砖与建筑内空间、外空间

明朝的无梁殿就是整座建筑体全部用砖砌筑，梁、板等横向的结构也都用砖拱构筑，不用一根木头。无梁殿可用来储藏书籍、档案等怕火的物品。无梁殿内部空间封闭性强，虽然空间不大，但防火性能特别好。用砖来构筑建筑内部空间，在我国明朝开始大量使用。用砖铺设地面、砌筑围墙、矮墙、照壁等，来建造或限定外部空间是常用的手法，朴素、自然。在特定的条件下，砖与建筑内空间、外空间是互利共生关系。

7. 砖与岩体、土体

黏土砖是用黏土加工烧制而成的，烧制多少砖就减少多少泥土，特别是用于农作物种植的土体，泥土减少会影响粮食生产，当前国家禁止黏土砖使用，就是为了保护农田。页岩砖是以页岩和煤矸石为原料进行烧制，页岩和煤矸石都属于岩体之类，还有其他的各种砖，最源头的材料基本都来自岩体、土体。因此，这种情况下，砖与岩体、土体是偏害共生关系。

8. 砖与地下构筑物

地下构筑物，在没有发明人工混凝土前，除了石块建造外，基本上是以砖为主要材料。地下排水沟、地下阴宅、地下储藏室等，这些上千年的地下构筑物都有遗址存在。砖埋设在地面下风化极慢，地下构筑物使古砖保留下来，对研究历史很有价值，从这种意义上来讲，二者是互利共生关系。

9. 砖与构造物、建筑物

既存的地上人工构造物、建筑物中，以砖为主要材料或次要辅助材料的大量存在，特别是历史建筑，保留修缮是不可或缺的工作，需要烧制相似尺寸的砖来修缮。由此来看，砖与地上人工构造物、建筑物是互利共生关系。

10. 砖与环境色

在工程项目建设中，砖运用得好，能丰富、改变环境色彩，如用红砖铺设人行地面，有一种暖暖的感觉，使环境显得热闹、亲切、自然朴素。对砖使用得恰当，砖与环境色也能有互利共生关系。

11. 砖与空气、阳光、云、雨、雪、温度、湿度

砖会受到空气、阳光、云、雨、雪、温度、湿度侵蚀的影响，慢慢风化，有的会变成得疏松脱落，砖与它们是有害共生关系。

12. 砖与人体尺寸、活动尺寸

砖尺寸是几厘米至数十厘米的大小，人体尺寸为几十厘米至一百多厘米，用砖很容易构筑符合人体尺寸的构造物、建筑物。人的活动尺寸也就是数十厘米至数百厘米，砖也能很方便地构筑符合人体活动尺寸的各种空间。同时，砖也是依赖人体尺寸、活动尺寸的需要而发挥自身的作用，因此二者是互利共生关系。

13. 砖与人的生理需求

有个庇护所、居住的空间是人的基本生理需求之一，砖是构筑人所需要的各种空间的材料之一。还有用砖直接铺设室外的地面构筑生态地面，以利于人的行走，同时也利于雨水就地渗透，改善人对温度、空气的生理需求。因此二者是互利共生关系。

如图 5-2-22 中，从挖开的人行道施工现场可以看出，其人行道砖是直接铺设在泥土地基上的，中间没有铺不透水的水泥沙浆或水泥混凝土做垫层，雨水能沿着砖缝和砖体直接渗透到泥土中，在保持地面干燥的同时，能存储雨水改善空气质量，提高了人体的生理需求质量。

图 5-2-22　砖和生理需求

14. 砖与农民、工人

在自给自足的农耕时代，农民自己制作、烧制砖，自己用砖砌筑房子等，这种情况下，二者

是互利共生关系。

在现代,砖需要工人来制作、砌筑使用,工人的技术好坏直接关系到砖的砌筑质量好坏。如图 5-2-23 是工人在砌筑砖块。

图 5-2-23　砖与工人

15. 砖与建筑师

砖是建筑师不可或缺的使用材料之一,在设计结构受力构件、围护构件、装饰构件等时,都有考虑到砖的使用要素,这二者是互利共生关系。

16. 砖与制度

制度引导着砖的产生、使用等。比如,为了保护耕地土体,政府出台禁止使用黏土砖的使用制度。为了节能环保,出台鼓励使用有隔热保温性能的砖等制度。砖从制度上得到合理使用,制度从砖上得到完善,二者是互利共生关系。

17. 砖与经济、科技

砖的制造、生产、买卖、使用消费等是一种产业,是现代经济中不可缺少的一环,也是国民经济中的一部分。经济、科技的发展也促进砖的提升、发展。二者相互促进,是互利共生的关系。

18. 砖与文化

留存的历史实物中,砖比较多,砖承载着丰富的历史文化。几乎每一个地方的历史博物馆里,都有历史砖块展出。

(九)瓦与相关因子的共生关系

1. 瓦与建筑形体

有铺瓦的建筑体一般都为坡屋面。有铺瓦,就有坡,只是有坡度大小不同。这样,表现出的建筑体形状屋面一定不是水平的,有一定的坡度,比如山墙上部就呈现出三角形状。因此,瓦与建筑形体有关联,瓦丰富了建筑形体。二者是互利共生关系,瓦材料对建筑坡屋盖形体有帮助，坡屋盖的建筑形体能使瓦发挥作用。但过陡的屋盖对瓦不利，存在着安全隐患，易造成滑动而出现危险。

2. 瓦与建筑色彩

瓦有各种材质、色彩。材质有陶质的、水泥质的、沥青质的、金属质的、塑料质的等，颜色有黑色、青色、灰色、红色、蓝色、黄色、绿色、白色等。使用瓦的建筑，屋盖在外部就表现出瓦的材质和色彩，用得好，二者就是互利共生关系；用得不好，也可能出现互害共生关系，也就是选择的瓦在该建筑上使用后，与该建筑总体上所表现的色彩不协调。

3. 瓦与建筑内空间、外空间

建筑体屋面使用瓦时，顶层在坡屋面的影响下，顶棚是斜坡，不是平的，内部空间是前后边缘低，向高点位置逐步升高。在建造景观时，常把瓦作为一种带有文化气息的材料来使用，如堆砌隔离空间的矮墙用瓦片或部分用瓦片，地面限定空间时，用瓦铺设某一块地。瓦用得恰当，瓦与建筑内、外空间就会有互利共生关系，反之会出现有害或偏害共生关系。

4. 瓦与土体

黏土瓦，原材料是取之于土体，黏土瓦使用过多，会使土地有所减少，对土地造成伤害。这种情况下，二者是有害共生关系。

5. 瓦与环境色

在对既有的环境改造修缮时，使用瓦，如建筑平屋面改为坡屋面，整个固有的环境色彩就有所不同，瓦改变了原环境色。使用得好，对环境色有利，若瓦的色彩选择不恰当，对环境色有破坏作用。对于原环境中有使用瓦的，在修缮时，还是用原瓦，色彩不变为妥。

6. 瓦与空气、阳光、云、雨、雪、风、温度

一般情况，瓦暴露在外界中，与空气、阳光、云、雨、雪、风、温度紧密接触。空气、阳光、云、雨、雪、风、温度等对瓦有风化、侵蚀作用，但很缓慢，不至于马上破坏掉。二者是比较弱的有害共生关系。

7. 瓦与生理需求

瓦这种材料主要是用在屋面，起到排水、防水等作用，以保证室内干燥，满足人所需要的生活需求。二者是有利共生关系。

8. 瓦与建筑师

建筑师在做某建筑设计时，若对瓦的选择、把握、使用合理适当，则对这个建筑体是有好处，使瓦用到该用的地方。这种情况下，二者是互利共生关系。

9. 瓦与心理、思想

尽管社会在发展变化之中，但也有人认为房子屋盖不是坡屋面，不用瓦，那就觉得房子不像房子。不用瓦的房子使某些人的心理、思想上无法接受。

10. 瓦与风俗

有的地方用黏土小青瓦已经是约定成俗，建筑屋顶必须要用小青瓦，不能用其他的瓦代替。在小青瓦短缺时，也得用外表相似于小青瓦的瓦材料。

11. 瓦与文化

在历史建筑中屋檐前缘的瓦当经常有各种图案，比如蝙蝠、石榴、卷草等，这也是一种文

化，记载着过去人们对美好生活向往的祈求。

（十）陶瓷与相关因子的共生关系

1. 陶瓷与施工机械工具

陶瓷的运输、切割等需要施工机械工具才能实施。特别是切割，工具的好坏直接影响着切割后的质量，用差的工具切割会使陶瓷边不平整，有锯齿边，进行粘贴施工后，就很难看。施工机械工具在使用过程中会有磨损。二者是偏利共生关系。

2. 陶瓷与建筑色彩

薄陶砖、薄瓷砖常用来粘贴在建筑外墙面上，建筑体就表现出陶瓷砖的色彩、质感，用得好也会很好看，二者是互利共生关系。

3. 陶瓷与温度、湿度

温度、湿度的变化对陶瓷有风化、侵蚀的影响，陶瓷对温度、湿度没什么影响，这二者是有害共生关系。

4. 陶瓷与生理需求

卫生间、厨房等的地面、墙面需要整洁、卫生、不透水、不吸水等，而表面光滑、致密不透水、不吸水的陶瓷片砖刚好符合这种要求，建筑中大多数的卫生间、厨房的地面、墙面都用瓷砖做面层，以符合人的生理卫生方面的需求。这种情况下，二者是互利共生关系。

5. 陶瓷与建筑师

陶瓷是建筑师需要的材料之一，二者是互利共生关系。

6. 陶瓷与心理、思想

过去有一段时间里，人们在心理、思想上普遍认为建筑体外表面用上瓷砖就是比较高档、豪华，使人感觉舒服。于是，只要有钱买得起瓷砖，就把建筑外墙面粘贴上瓷砖，小至 50 cm 高的挡土墙、垃圾屋等，大的至几十层高的大楼，外墙面都统统贴上瓷砖。后来发现，有些很难看，另外，瓷砖长时间受外界天气等影响，会脱落，掉下来会伤害到人。二者有时候是有害共生关系。

7. 陶瓷与经济、科技

陶瓷材料的发展也随着社会经济的发展而发展。经济、科技发展了，会投入更多的钱来研发和生产更好的陶瓷材料，好的陶瓷也促进经济、科技的发展。二者是互利共生关系。

8. 陶瓷与文化

陶瓷的发明和生产历史比较久远，也耐保存，各朝代生产的陶器、瓷器基本上都有留存，它们承载着丰富的历史信息，是比较有意义的文化实物。

（十一）塑料与相关因子的共生关系

1. 塑料与风管、水管

挤塑板塑料可以包裹在风管、水管外表面，有很好的保温隔热作用，这种情况下二者是有利共生关系。

2. 塑料与电线、电缆

塑料具有比较好的绝缘电性能，用来包裹导电的铜线、铝线等，制作电线、电缆，也制作塑料套管。在建筑施工中，如图 5-2-24，可以把套管预埋在建筑构造中，然后在塑料套管中穿入电线,同时也有保护电线的作用。但是,还存在着另外一种情况,大部分塑料是易燃的材料,同时在老化后会失去使用价值,在电线发生短路时,就有可能引燃可燃塑料或接触到可燃物质,引起火灾。因此,塑料与电线一般存在着互利共生关系,有时也存在着有害共生关系。

图 5-2-24　塑料与电线、电缆

3. 塑料与建筑色彩

塑钢门窗,外部材料是塑料,呈现出塑料的色彩。塑料排水管安装在建筑外立面上,建筑体上局部表现出塑料的材质和色彩。有些建筑用塑料制作外墙装饰板,装饰外墙面,这些建筑色彩就是塑料装饰板的色彩。二者若用得好,就是互利共生关系。

4. 塑料与植物

塑料与植物也有关系,比如用塑料或塑木组成花坛,在上面种植植物,二者相互利用,此时是互利共生关系(见图 5-2-25)。若将不易分解的塑料废弃物丢弃在泥土里,就不利于植物生长,这种情况下,二者是有害共生关系。

图 5-2-25　塑木花坛

5. 塑料与地下构造物、地下管道设施

防水塑料板可以做地下构造物的外壁、底板等的防水层。挤塑板塑料在地下构筑物、管道设施等中可用来保温隔热,在地面、墙壁、管道外部等安装施工使用。塑料与地下构筑物、地下管道设施之间是有利共生关系。

6. 塑料与阳光、温度、湿度

塑料在阳光照射、温度的高低变化中,会老化,变脆、变松。老化后的塑料,稍碰一下就会破损,没有了强度和整体性,这就失去了塑料的使用功能。这种情况下,塑料与阳光、温度是有害共生关系。

有一种塑料隔热性很好,如挤塑板塑料,但温度过高或遇火会燃烧。为了增强建筑体的防火性能,使其能在建筑体上使用,制造挤塑板时需添加阻燃剂,成为难燃材料。这种情况下,塑料与温度二者是存在着偏利或偏害共生关系。

塑料板本身完全不吸水,在防水性和防潮性性能上表现较好。其中的挤塑板塑料有良好的保温性能,遇水后,其背面能避免出现漏水、渗透、结霜等现象,所以,湿度对其没什么影响,反而其能阻隔湿度较高时的水汽。这种情况下,塑料与湿度是有利共生关系。

7. 塑料与生理需求

塑料可以用来制作人们生活需要的各种生活用具,如水桶、凳子、牙刷等。

挤塑板塑料保温隔热性能很好,其导热系数只有 0.028 W/(m·K),是绝好的保温隔热材料,用于屋面、墙体等,能协助营造符合人生理所需要的舒适的室内空间环境温度,但挤塑板会燃烧,一旦燃烧起来对人体有害,所以二者一般情况下是有利共生关系,在一些特殊情况下就是有害共生关系。

8. 塑料与建筑师

塑料也是建筑师思考的一种材料之一,二者用得好就是互利共生关系。

9. 塑料与制度

塑料会燃烧,为了消防考虑,有关部门有专门出台的规章制度,建筑上有些位置是限制使用塑料的。如可燃性的挤塑板塑料就不能用在高层建筑的外墙保温,制度约束着其使用。制度对挤塑板塑料有好也有坏,好的方面是规范挤塑板的使用,促进对挤塑板的技术研究,迫使人们制造出阻燃或非燃的挤塑板;坏的方面是制约了现有挤塑板的产业发展。因此,塑料和制度之间,在不同的情况下,存在着不同的共生关系,有互利共生和偏害共生关系。

10. 塑料与经济、科技

塑料与经济、科技是互利共生关系,塑料是随着经济、科技的发展而发展的,塑料的发展和性能的改善也促进经济、科技的发展。

(十二)油漆与相关因子的共生关系

1. 油漆与电梯、水泵、风机、空调机、施工机械工具

电梯、水泵、风机、空调机、施工机械工具的外露铁件都需要油漆,隔离与空气的接触,防止铁件生锈,从而延长这些设备机具的使用寿命。当然,这些设备机具在使用过程中,多少会对

涂刷在表面的油漆造成损伤,二者是偏利共生关系。

2. 油漆与建筑色彩

建筑体外表皮使用的漆比较普遍,各种外墙防水涂料、真石漆等,还能调配加工出你所需要的色彩。漆用得好,能使建筑表现出令人满意的色彩,同时也有保护建筑的作用。二者是互利共生关系。

3. 油漆与岩体

油漆有些原料是开采于岩体,但油漆用到的量比较少,对岩体的破坏影响不大。有一种人为情况的出现比较有意思,即有些岩体裸露在人们行动的视线内,有人认为很难看,没有绿色植被,就用绿色漆把岩体喷涂上,远看就像茂盛的植被,这种叫作假植被。实际上,这样做漆对岩体只有害处,岩体对漆也有害处。这种情况下,二者是互害共生关系。

4. 油漆与环境色

既有建筑物、构造物在修缮、提升等过程中,可以用漆来改善它们的外观色彩,提升既有的环境色彩,这时二者是有利共生关系。

5. 油漆与空气、阳光、温度

空气、阳光、温度对暴露在环境中的漆有损害作用,它们与油漆是有害共生关系。

6. 油漆与生理需求

人需要视觉上的满足,各种色彩的油漆涂刷在物体的外表面,就能改变物体在人视觉上的新认识,用漆还能绘制各种图案,冲击和满足人视觉的生理需求。人的生理需求的不断提升,也促进着油漆的发展,二者是互利共生关系。但是使用不当,也会转为有害共生关系,有带毒性的漆或色彩搭配不好,对人的呼吸、视觉等生理有毒害作用,这时二者是有害共生关系。

7. 油漆与建筑师

在建筑设计和建造中,建筑师对漆的选择包括品种、材质、颜色等,要花一番心思,选择最合适的油漆,运用得好,二者是互利共生关系。

8. 油漆与制度

油漆的成分比较复杂,有的有毒,国家或行业会出台一些制度来约束,使油漆向健康方向发展。制度上对其成分、防火、防水、防霉、人的健康等有规定要求,漆与制度是互利共生关系。

9. 油漆与经济、科技

油漆与经济、科技是互利共生关系,二者相互利用,共同发展。

10. 油漆与文化

油漆在建筑上的使用历史悠久,用油漆还能绘制出各种图案和图画。历史建筑构件上遗留的油漆或图案、图画等,承载着丰富的人文文化。油漆与文化是互利共生关系。

(十三)膨胀珍珠岩与相关因子的共生关系

1. 膨胀珍珠岩与岩体

膨胀珍珠岩是开采于火山爆发时留在浅层具有玻璃质的酸性岩体,开采后粉碎再经高温膨胀等加工而成。若膨胀珍珠岩用得多,开采岩体也多,岩体损失就多,二者存在着偏利或偏害共生关系。

2. 膨胀珍珠岩与温度

膨胀珍珠岩的原矿床岩体是在温度陡降下冷却而成的,矿物来不及结晶,水分来不及排出,就以玻璃质存在。开采后,再加以高温,水分膨胀,形成空腔,就制造成膨胀珍珠岩。能耐1300 ℃的高温,一般的温度变化对其没什么影响,能制作保温、防火等板材来使用。

因此,一般情况下,二者是有利共生关系。

3. 膨胀珍珠岩与生理需求

人体是恒温的,外界温度过低或过高,都会使人不舒服。膨胀珍珠岩具有保温隔热效果,而且无毒无味、不燃不腐,能满足人需要的适宜温度以及卫生、安全等生理需求。二者是互利共生关系。

4. 膨胀珍珠岩与建筑师

据查,有60%的膨胀珍珠岩是用在建筑上,占了大半,建筑师不能不考虑这种材料的合理应用。用在什么部位、怎么使用等,改善建筑体的功能效果如何等都是建筑师要考虑的内容。如果使用恰当,建筑师与珍珠岩是互利共生关系。

5. 膨胀珍珠岩与经济、科技

经济、科技的发展可促进珍珠岩成品的提升、发展、使用,同时珍珠岩产业也是经济中的一部分,其发展也可促进经济、科技的发展,二者是互利共生关系。

(十四)岩棉与相关因子的共生关系

1. 岩棉与风管、水管

岩棉包裹在风管、水管外,有保温隔热作用,二者是有利共生关系。

2. 岩棉与岩体

岩棉的主要原材料是玄武岩、白云石等岩体,经1450 ℃以上高温溶化后用离心机高速离心成纤维,再加上其他一些辅料制作成不同规格和用途的岩棉产品。岩棉用了多少,岩体也就减少多少。二者是偏利或偏害共生关系。

3. 岩棉与温度

岩棉一般对于温度变化是比较稳定的,也可以说在建筑体上使用,温度的变化对岩棉是没有影响的,但岩棉导热系数只有0.04,是很好的保温隔热材料,且遇火不可燃,可以用在屋面、墙体等来保温隔热,所以岩棉与温度是有利共生关系。

4. 岩棉与生理需求

岩棉优越的保温隔热和优良的耐火、耐候、无毒、无味等性能,能满足人们的许多生理需求,如营造具有舒适的温度、健康卫生的空间环境等,二者是有利共生关系。如图5-2-26是岩棉用于建筑外墙保温隔热。

图 5-2-26　岩棉建筑外保温

5. 岩棉与建筑师

岩棉是建筑师在建筑保温隔热设计中比较好的可选材料之一，建筑师也因岩棉发挥出应有的作用，二者是互利共生关系。

6. 岩棉与经济、科技

经济、科技的发展可促进岩棉的生产，岩棉的使用也有利于经济、科技的发展，二者是互利共生关系。

（十五）沥青与相关因子的共生关系

1. 沥青与人工构造物、建筑物

沥青主要是用在道路路面、防水层等。改性沥青被用在比如道路、广场等这些构造物中，其铺设的路面，耐高温、耐低温都比较好，夏天不会变软，冬天不会开裂，破损也容易修补。在建筑物上使用主要是屋面、地下室墙壁等防水层，也比较耐老化。沥青与人工构造物、建筑物之间存在着互利共生关系。

2. 沥青与阳光

沥青暴露在阳光下，会加速老化和损伤等，同时吸收阳光，变得很烫，阳光对它有害，故二者是有害共生关系。

3. 沥青与云、雨、雪

沥青具有良好的防水性能，能防止云、雨、雪等穿过，阻止雨雪影响人们的日常生活。从某一方面看，云、雨、雪对改性沥青也有好处，因为它们的存在，势必促进沥青的发展和技术革新。以这种情况看，二者是互利共生关系。

4. 沥青与温度

温度对沥青是有害的，温度过高或过低对它都有破坏影响，降低它的使用性能，故二者是有害共生关系。

5. 沥青与经济、科技

沥青的发展能促进经济、科技的发展,对新型沥青材料的研发也需要经济的投入,经济的发展和科技的进步也能促进沥青的发展,二者是互利共生关系。

6. 沥青与文化

沥青在建筑上的使用历史久远,数千年前的古巴比伦王国就开始用沥青砌筑墙体和涂刷沥青来防水及铺设石板等。现在还有遗迹留存,沥青也印证了古代文明的存在,使历史文化再现在人们面前,二者是有利共生关系。

(十六)橡胶与相关因子的共生关系

1. 橡胶与人工构造物、建筑物

橡胶在人工构造物、建筑物上,用于防水、密缝条和两种坚硬材料之间的交接、过渡等,这二者是互利共生关系。

2. 橡胶与空气、云、雨、雪、阳光、温度、湿度

橡胶虽然具有优异的耐老化和耐化学药品等特性,但在空气、云、雨、雪、阳光、温度、湿度等长期作用下,也会慢慢老化变硬,虽然时间比较缓慢。从这个角度看,它们是有害共生关系。

3. 橡胶与经济、科技

橡胶有助于经济、科技的发展,经济的发展和科技的进步也促进更多的橡胶新产品的研制和生产,二者是互利共生关系。

四、设备机具中的因子与其他因子的共生关系

(一)电梯与相关因子的共生关系

1. 电梯与建筑体量、高度

对于大体量、高大的建筑体,电梯是必不可少的。高度高,单靠人的体力难以爬上去,一般人爬上垂直高度 18 m,就会觉得有些吃力,若爬上数十米、数百米的高度,是比较困难的,而乘坐电梯上来,就会容易很多。同样,建筑体量大,人步行也会很吃力,在大型机场内,一般还会安装有水平移动的电梯,供体能不足的人使用。

伴随着电梯的发明、发展和使用,建筑体量、高度似乎是不受约束的,设计建造的建筑越来越大、越来越高。若没有了电梯,高楼大厦使用起来就极不方便,反而成为累赘。可以说,电梯是高楼大厦的命脉,依靠它才能正常运作,发挥出应有的使用价值。

电梯与建筑体量、高度是互利共生关系,因为有了建筑技术的发展,可以建造大体量、大高度的建筑物,同时也促进了电梯的发展。

2. 电梯与人体尺寸、活动尺寸、行动尺寸

电梯造价比较高,电梯安装在建筑体中也需要占用一定的空间,它的桥厢大小不能过大,过大造价就更高。若桥厢尺寸过小,人就站不下或移动不了,人需要用的某些器具等也放不下。所以电梯桥厢必须要根据人体尺寸及活动尺寸来确定大小。同时,部分电梯还需考虑轮

椅、担架等也能进电梯。另外，一座大楼，还要考虑使用的人的数量和行动尺寸，以及某些集中时段需要时间疏散等来布置电梯的数量和距离。

电梯与人体尺寸、活动尺寸、行动尺寸之间是有利共生关系，电梯从人体尺寸、活动尺寸、行动尺寸中获得好处，有了这些尺寸度量才能制造和布置合适的电梯，而电梯对这些尺寸没有什么影响。

3. 电梯与声音

电梯在运行使用时，机械的运动会发出一定量的声音，这也是一种噪声。如果该噪声影响到人的工作、生活等，就需要做隔音等处理。这种情况下，二者是有害共生关系。

4. 电梯与生理需求

人的体能有限，电梯能弥补这种局限。电梯能垂直、斜坡或水平等来运载人，人站着不动，就能到达目的地，电梯有利于人的这种生理需求。但人在使用电梯时，对电梯有磨损作用，比如有些人不爱护电梯，在电梯里乱放东西、乱安装或张贴东西等对电梯都有损害作用，有些小孩乱按按钮或乱窜等也对电梯造成不同程度的伤害。二者是偏利共生关系。

5. 电梯与老年期

人进入老年期，体能、体力都衰减下来，有的行动不便，需要轮椅等辅助工具，上下楼层更需要电梯的帮助。现代城市化建设中，建筑物基本上都是有楼层的，老年人上下楼层就需要电梯。二者是有利共生关系。

6. 电梯与建筑师

有了电梯的发明、制造和发展，更丰富了建筑师设计建筑体的想象力，激发创造力，二者是互利共生关系。

7. 电梯与经济、科技

这二者是互利共生关系，它们相互促进对方的发展。在贫困落后的国家或地区，连基本的吃饭也成问题，也就没有技术研究电梯，没有经济投入来制造电梯。

（二）水泵与相关因子的共生关系

1. 水泵与建筑体量、高度、内空间

有了水泵，水就可以从低处向高处运输。对于大体量建筑、高耸建筑、内空间复杂的建筑等，用水泵就可以把水送到每个需要的地点，二者是互利共生关系。

2. 水泵与地下水

地下水若不是泉水自行流出地表，一般都需要水泵提升出来使用。有了水泵，地下水就可以大量开采出来使用。有些地方因长期的地下水被抽出使用，来不及补充，造成地面下沉等情况，这种情况下，水泵对地下水有害。若没有水泵，地下水就不会被大量使用，只是用人力来抽提使用，对地下水的储量几乎无影响，因为这部分被使用的水量很少，很容易得到自然界地表水或雨水的补充。水泵与地下水之间存在着有害共生关系。

3. 水泵与地下管道设施

地下管道设施有些就是用水泵增压或抽到高位再流进的给排水管道设施，这种情况下，水泵帮助了给排水管道发挥作用,同时给排水管道也帮助了水泵发挥功能作用,二者为互利共生关系。

4. 水泵与地表水

水泵和地表水是互利共生关系。水泵需要有水抽送,才能发挥功能作用;地表水要从低处向高处流,必须依赖水泵才能实现。

5. 水泵与构造物、建筑物

各构造物、建筑物只要有用到水,一般都与水泵关联在一起,相互都有好处,水泵与人工各构造物、建筑物是互利共生关系。

6. 水泵与云、雨、雪

云、雨、雪被汇集后收集的水,都需要水泵抽送到使用地点,云、雨、雪对水泵有轻微的损伤作用,从这角度来讲,二者是偏利共生关系。

7. 水泵与声音

水泵运作时,机械的震动等会发出噪声,二者是有害共生关系。

8. 水泵与生理需求

水泵抽水,能满足人生活用水等的生理需求,人的生理需求有助于水泵的发展,二者是互利共生关系。

9. 水泵与建筑师

二者是互利共生关系。有了水泵的发明和创造,建筑师的才智更能发挥出作用,可大胆地设计建筑体的高度和体量等,一定高度范围内不会有水流不到高处和远处的担忧,影响建筑的使用。

10. 水泵与经济、科技

水泵的发展可促进经济、科技的发展,经济、科技的发展同样能促进水泵的发展。水泵与经济、科技是互利共生关系。

(三)风机与相关因子的共生关系

1. 风机与建筑体量、高度

建筑体量大会造成内部空气流通不畅,氧气不足,需要风机把外部的空气输送到建筑内,同时把污浊的空气抽送排放到外部。

在高层建筑中,若发生火灾,人员的应急疏散需要空气,烟雾会使人中毒而窒息。风机能从外部送风至某一疏散或避难空间,形成正压力,阻止因火灾燃烧而产生的烟雾流入,以保证逃生人员的安全撤离。

风机与建筑体量、高度有互利共生的关系。

2. 风机与内空间

对于没有窗户的内空间,没有与外界进行空气自然交换流通的通道,人无法在里面活动。风机出现后,能让该内空间有了可以让人活动使用的价值,风机用机械送风和排风来代替自然的空气交换流通。二者是有利共生关系。

3. 风机与空气

风机是收集和运输空气的一种设备机具,同时也能保证一个房间处于正压或负压的状态。

若不让有污浊或弥散着病毒空气的房间将其空气散发到周围房间，就需要保持该房间处于负压状态；反过来，要确保房间的干净和无菌状态，就需要保持该房间处于正压状态，这些都需要风机来调节空气量。当房间内的空气压力始终大于房间外的空气压力时，房间外的空气就无法透过门缝、窗缝流入房间内，保证房间内空气干净。空气对风机没有什么好处，而是对风机有微弱的磨损作用。风机与空气是偏利共生关系。

4. 风机与声音

风机的运行使用，会产生噪声，处理不当，会影响人们的日常生活，这二者是有害共生关系。

5. 风机与生理需求

人需要呼吸新鲜的空气。在城市化的进展中，人的聚集势必造成人需要的建筑物也应集中建造，产生了大量的封闭空间，人在内部生活、工作、活动等，需要有新鲜空气。风机的发明和生产解决了这些问题，把外界的新鲜空气输送到封闭空间，把封闭空间内产生的污浊空气送到外部。风机和人的生理需求是有利共生关系。

6. 风机与建筑师

风机与建筑师是互利共生关系。风机的存在有助于建筑师对建筑室内空间的合理分隔和布置。

7. 风机与经济、科技

风机与经济、科技是互利共生关系，能相互产生有利影响和促进发展。

（四）空调机与相关因子的共生关系

1. 空调机与建筑内空间、外空间

现代建筑内部空间几乎都离不开空调机。室外装空调室外机，室内装空调室内机，但空调机会占用一定的建筑内空间、外空间，处理不妥，会很难看。从这种情况来看，二者是有害共生关系。但是，空调机能调节室内空间的温度，夏天调低、冬天调高，这种情况下，空调机与室内空间是有利共生关系。

可是，对于室外空间来讲，夏天调低室内温度时，室外被升高了温度，这对室外空间就有害处。这种情况下，空调机与室外空间是有害共生关系。

如图 5-2-27，空调机占用了建筑外空间，空调机在运行使用时也改变了室外温度。

图 5-2-27　空调室外机与建筑屋顶室外空间

2. 空调机与构造物、建筑物

经常看到许多建筑物外墙悬挂着一个个空调机，不仅不美观，还不安全，说不定哪天掉下来，就会伤害到人或物。这种情况下，二者是有害共生关系。

3. 空调机与温度、湿度、声音

空调机可把房间温度调高或调低，调到人需要的温度。这种情况下，空调机与温度是有利共生关系。

在空调机调节房间温度的同时，房间内湿度也就发生了变化。夏天因为室内温度降低，湿度就会变高。冬天室内调高温度时，湿度就会降低，让人感觉很干燥。在没有把水分进行抽湿或补充情况下，空调机对湿度是不利，这二者是有害共生关系。

空调机运作使用时，会有噪声，这时空调机与声音是有害共生关系。

4. 空调机与生理需求

空调机可调节出符合人体需要的适宜温度，这种情况下，二者是有利共生关系。

在空调机发出噪声影响人的听觉和心情时，这种情况下，二者是有害共生关系。

5. 空调机与建筑师

空调机与建筑师是互利共生关系，二者相互对对方有利。

6. 空调机与经济、科技

空调机与经济、科技是互利共生关系，二者共生双方都获得利益。

（五）风管、水管与相关因子的共生关系

1. 风管、水管与建筑体量

风管、水管与建筑体量是互利共生关系。有了风管、水管，只要能用现代技术建造起来的任何大体量建筑，空气和水都能到达建筑体的每个位置。二者是有利共生关系。

2. 风管、水管与建筑内空间、外空间

风管、水管会占据建筑部分内空间或外空间。有的还专门开辟一个小房间来放置，名为管道井，在室内一般竖向集中安装使用。室外的有些就直接贴着外墙面暴露在外安装。

横向安装的一般在顶棚下，顶部有梁时，需要在梁底下通过。若一段在板底一段在梁底，对于排水、给水的硬性管子是不能施工的，只能都在梁底通过，这样，就浪费了梁上部的顶棚下空间。这种情况下，风管、水管的存在对建筑内空间有坏处（见图 5-2-28），二者是偏利或偏害共生关系。

图 5-2-28　水管风管与建筑内空间

3. 风管、水管与地下构筑物、地下管道设施

在地下埋设风管、水管，会对已有的地下构筑物、地下管道设施造成不同程度的有害影响，这种情况下，二者是有害共生关系。

4. 风管、水管与声音

风管、水管在运行使用过程中，管道内媒介的流动冲击管壁，震动发出噪声，如处理不当，会影响人的生活、工作，这种情况下，二者是有害共生关系。

5. 风管、水管与湿度

在风管、水管内流动的媒介温度低于外部温度时，引起管道外壁周围空间温度下降。当环境湿度比较大时，在管道外壁处很容易使湿度到达饱和，水汽就凝结出来，冷凝水汇集在管壁处滴下来。这种情况下，二者是有害共生关系。

6. 风管、水管与人的活动尺寸

风管、水管会占用一定的空间，影响人的活动，影响活动尺寸的使用，对人的活动有害，二者是有害共生关系。

7. 风管、水管与建筑师

这二者一般是互利共生关系。风管、水管对建筑师有利，能有助于建筑师思考建筑物的各种功能布置，建筑师对风管、水管也有利，能使其发挥出最佳的使用效益。

若建筑师考虑不周，二者有时候也会有不良情况出现。比如，建筑师把建筑的屋面排水管内包在建筑外墙外表面与外墙外石板装饰面之间，如图 5-2-29 所示。在建筑外立面装饰完成后，排水管被完全隐蔽地包裹在里面，建筑外部看不到落水管，视觉上是感觉清爽明了些，但后续会出现各种问题。当塑料排水管出现漏水或老化破损时，需要把排水管的外部石板装饰面全部拆开才能检查和修缮，修缮的代价就比较大。

图 5-2-29　外墙水管

8. 风管、水管与经济、科技

这二者是互利共生关系，有相互促进和发展的作用，各自对对方有利。

（六）电线、电缆与相关因子的共生关系

1. 电线、电缆与灯具

电线、电缆与灯具是互利共生关系，二者对对方都是有利的，各自从对方获得好处，发挥功能作用。

2. 电线、电缆与内空间、外空间

电线、电缆与内空间存在着偏利或偏害共生关系。内空间能为电线、电缆提供安装位置，对电线、电缆有利。但电线、电缆在布置时对内部空间的完整性有损害作用，如果电线、电缆在建筑体内部凌乱安装，还明线裸露，且不安全，这种情况下，二者是偏害共生关系。

电线、电缆与外部空间也存在着偏利或偏害共生关系。外部空间提供电线、电缆安装所需的地点、空间，如高压电线挂设在空中，这高压线周边一定范围内的土地就不能使用，这时二者就是偏害共生关系。

3. 电线、电缆与地下管道设施

地下管道设施有些是专门给放置电线、电缆使用，如电缆沟、井、管廊等，这些地下管道设施与电线是有利共生关系。

4. 电线、电缆与雷电、风、飞行器

电线、电缆是专门输送电力的，在雷电遇到电线时，就会通过电线传递，处理不当，就会出现事故。若通过专门的电线把雷电引入大地，就可消除事故隐患。雷电若被引入电器设备中，就会烧毁电器设备，造成事故。电线对雷电有利也有弊，需合理设计、妥当处理。电线、电缆与雷电既存在有利共生关系，也存在有害共生关系。

室外的架空电线，在风的吹动下，会摇晃，若风力超过了其设计取值时的承受力，就会被风吹坏，风对电线有害，二者存在着有害共生关系。

人工飞行器在碰到室外架空的高压电线时，就会触电，烧毁飞行器，同时飞行器也对电线造成伤害作用，这种情况下，二者是互害共生关系。

5. 电线、电缆与经济、科技

电线、电缆与经济、科技是互利共生关系，相互对对方有好处、有促进作用。

（七）灯具与相关因子的共生关系

1. 灯具与建筑色彩

建筑在黑暗处和傍晚、夜晚时，表现出来的色彩是以灯光色为主。在没有自然光的条件下，灯具决定着建筑的整体色彩。二者用得好，就存在着互利共生关系，灯具对建筑色彩有利，建筑色彩对灯具也有利，能更好地发挥灯具的作用。如果设计不合理、使用不恰当，就可能是有害共生关系，灯具对建筑色彩有损害作用，建筑色彩对灯具没有什么影响。

2. 灯具与建筑内空间

建筑内空间与灯具密不可分，大家都知道晚上的时候灯具对室内空间使用的重要性。一般情况下，建筑室内空间都需要灯具照明。白天，若自然光不足或没有自然光直接或间接照射到的空间，也需要灯具来发光提供照明。如图 5-2-30 和图 5-2-31 中，就是灯具在建筑内空间发挥作用。

另外，灯具的选用、数量、光色彩、光强度等都会影响到建筑内空间的使用效果。同时，建筑内空间的高度、大小、位置、形状、界面色彩等也会影响灯具的使用效果。

一般情况下，灯具与建筑内空间是互利共生关系。但是，如果设计、使用得不好，也会出现偏利或偏害共生关系，比如灯具的选用、布置、色彩等不恰当、不协调，就会对室内空间的使用造成有害影响。

图 5-2-30　灯具与建筑内空间 1

图 5-2-31　灯具与建筑内空间 2

3. 灯具与地下构筑物、地下管道设施

地下构筑物一般没有自然光到达,若有人使用、活动,必须要有灯具,如各种地下矿场的矿洞、井和地下军事工事、隧道等,没有灯具就漆黑一片。地下管道设施也一样,如地下管廊、地下管隧等,需有人进去进行设备安装、检查、保养、维修等,都需要灯光照明。

灯光对地下构筑物、管道设施等有好处,但地下构筑物、地下管道设施处于地下,环境潮湿,对灯具有害,有侵蚀作用,但伤害不会很大。所以灯具与地下构筑物、地下管道设施之间存在着偏利共生关系。

4. 灯具与地形地貌、植物、地表水

灯具对地形地貌有益,有的地方漫山遍野都安装有各种灯具,一到夜晚,灯具一开,地形地貌就充分地得到反应、呈现。这种情况下,灯具与地形地貌是有利共生关系。

有时,把灯具挂设在树上,包括其发出的灯光等,都会对植物造成损害,同时植物对灯具也有损害作用,这种情况下,灯具与植物是互害共生关系。但也有一种情况,选用的灯具灯光模仿阳光用来在特定的范围条件下对特定植物进行照射,以促进植物生长,这种情况下,灯具与植物是偏利共生关系。

地表水对灯具有损害作用。为了景观需要,用灯具来照射特定的地表水等,加上水的运动,制造出五颜六色、绚丽斑斓的景观来,这种情况下,地表水与灯具是偏利共生关系。

5. 灯具与构造物、建筑物

地面上部的人工构造物、建筑物,在夜晚都是依靠灯具来照明,它们是有利共生关系。

6. 灯具与环境色

有些城市对有些地段已存在的夜晚环境色彩不满意,就布置各种灯具来装扮,呈现出美丽的夜景色,这时,二者是有利共生关系。

在对灯具的选用、布置、使用不恰当的时候,会造成夜光污染等,这种情况下,二者的有利共生就转为有害共生关系。

7. 灯具与温度、飞鸟

灯具在工作中发出光的同时,也会或多或少散发出热辐射,提高了周围的温度,冬天提高温度有好处,夏天本就热,再提高温度就更热,就没有好处,所以灯具与温度存在着有利共生和有害共生的关系。情况不同,共生关系也就不同。

灯具对飞鸟没有好处,会错误地引导飞鸟,二者是有害共生关系。

8. 灯具与生理需求

人体没有夜视功能,在黑暗中看不见东西,在夜晚或白天没有自然光的空间里活动、生活、工作等,就需要灯具提供合适的补充光。对光的需求是人最基本的生理需求之一,这种情况下,灯具与人的生理需求是互利共生关系,相互都对对方有好处。

如果灯具的布置对人的视觉造成伤害,这种情况下,二者就是偏害共生关系。

9. 灯具与建筑师

灯具与建筑师是互利共生关系,有了这种灯具设备,建筑师对建筑体的设计、改造就多了一道想象纬度，同时，建筑师对灯具也有好处。

10. 灯具与心理、思想

合适的灯具与心理、思想是有利共生关系，灯具能使人心理健康、思想活跃。不合适的灯具与心理、思想是有害共生关系。比如特意把灯具灯光调得很亮，刺激人的心理和思想，使其心理崩溃、思想混乱，这种情况下，二者就是有害共生关系。

11. 灯具与经济、科技

灯具与经济、科技是互利共生关系。灯具产业是国民经济中不可或缺的产业之一，经济、科技的发展能创造出更精彩多样的灯具，二者密切相关，相互对对方有好处。

（八）施工机械工具与相关因子的共生关系

1. 施工机械工具与建筑体量、高度

从某种角度讲，施工机械工具决定着建筑体量和高度，古代施工机械工具简单、落后，很难建造出高楼大厦来。如今，钻机、塔吊机等施工机械工具的发明、制造，可以钻到地下数十米深的岩石，把桩基固定在石头上，也可以把材料提升到数百米的高空，把人造空间建造在数百米的高空中。所以，建筑机械工具与建筑体量、高度存在着互利共生关系。如图 5-2-32，建筑体在施工中依靠塔吊来提升建筑材料。

图 5-2-32　施工机械与建筑高度

2. 施工机械工具与岩体、土体

这二者存在着互害共生关系。施工机械工具在挖掘土体、开凿岩体、钻进土体岩体的时候，会对原土体、岩体造成破坏，在施工过程中，岩体、土地对施工机械工具也造成磨损等有害作用。如图 5-2-33 中，施工桩机的施工过程同时也是对土体的一种损害过程。

图 5-2-33 施工机械与土体

3. 施工机械工具与地下构筑物、地下管道设施

一般情况下，这二者是互害共生关系。对于既存的地下构筑物、管道设施，施工机械工具在施工中，很容易将地下设施等损坏。因为有的构筑物、管道设施存在的年代已经非常久远，没有记载或没有图纸，人们可能都不知道地面下有它们的存在，或不清楚存在的具体位置。在城镇更新建设过程中，经常会听到某地挖断了管线，导致水漫金山、煤气泄漏、军事信息不通、断电等，都是用施工机械开挖对它们造成破坏的结果。机械力大，人力难以控制，一不小心就把下面的管线挖断。在地下可能有管线存在的只能在周围人工用铲小心翼翼地开挖，以避免挖断管线。同时，施工机具遇到比其坚硬的地下构筑物、管道设施时，施工工具也会被弄坏。

4. 施工机械工具与地形地貌、植物

这二者一般是有害共生关系。施工机械工具在开挖地面施工时，就造成地形地貌的变化，同时也造成地面上已有植物的破坏。但也有一种情况，地形地貌不美观也不稳固时，用施工机械工具进行修整、加固等，这时二者就存在着有利共生关系。

植物原本就很稀少或没有，用施工机械工具进行施工补植，修复生态，这种情况下，施工机械工具与植物就存在着有利共生关系。

5. 施工机械工具与构造物、建筑物

这二者存在着偏利共生关系。人工各构造物、建筑物在建造施工、使用维护、修缮、改造等过程中，都需要依靠施工机械工具。施工机械工具在操作使用时，构造物、建筑物虽然对其有磨损作用，但影响不大，施工机械工具对人工各构造物、建筑物的好处大于人工各构造物、建筑物对施工机械工具的坏处。

6. 施工机械工具与工人

这二者一般是互利共生关系。施工机械工具需要工人来操作，工人需要施工机械工具发挥出更多的能动性作用。

7. 施工机械工具与建筑师

施工机械工具与建筑师之间是互利共生关系。建筑师设计各种建筑体都需要通过施工机械工具来施工建造实现。有了建筑师设计出的图纸、模型等，施工机械工具才能有用武之地。

8. 施工机械工具与经济、科技

施工机械工具与经济、科技是互利共生关系，这二者是有相互依存和促进发展的关系。

五、建筑形体中因子与其他因子的共生关系

（一）建筑形状与相关因子的共生关系

1. 建筑形状与高度

建筑高度越高，需要建筑形状尽量越简单。复杂的建筑形状，在建造低矮建筑时难度系数会有所将低，若建高耸建筑难度就会增加，复杂的建筑形状建造难度本身就大。这二者处理好就是互利共生关系，处理不好就是互害共生关系。

2. 建筑形状与色彩

复杂的形状需要简单的色彩，简单的形状可以用复杂的色彩来增添趣味。处理得好二者就是互利共生关系，处理不恰当、不科学就会出现互害共生关系。

如图 5-2-34，临街立面形状都平整一致的各建筑分别用不同的色彩，同时，复杂丰富的立面形状都用单一的同一种色彩。这样处理后，不仅色彩丰富，还会让人觉得不乱且舒服。

图 5-2-34　建筑形状与色彩

3. 建筑形状与内空间

建筑形状关联着建筑内部空间的形状。比如，圆形的建筑形状，靠近外围护的房间有一边就是弧形，对于斜面的建筑形状有些房间就是一面倾斜。建筑形状与内空间处理得好就是互利共生关系，处理得不好就是互害共生关系。

4. 建筑形状与外空间

建筑形状关联着建筑外空间的形状，建筑形状的界面就是其外表皮，这外表皮也就是建筑

外空间形状的外边界，什么样的建筑形状就有什么样的外空间，故二者相互密切影响着。处理好就是互利共生关系，处理得不好就会变为有互害共生关系。如图 5-2-35 的圣马可广场处理得就比较好，成了著名的文化景点，来旅游观光和拍照留影的人很多。

图 5-2-35 建筑形状与建筑外空间

5. 建筑形状与地质构造

建筑体若建在土体上，土体下面就是岩体，也就是间接地在岩体上，岩体的地质构造直接关系到建筑的安全，活动复杂或不稳定的地质构造，如断裂破碎带、活动的断层等，建筑体形状就需要整体性强的简单形状，避免不规则的复杂形状。二者处理得好就是互利共生关系，处理得不恰当就可能转为互害共生关系。

6. 建筑形状与地理位置

地理位置不同，地域特征就不同，对应的建筑形状也有所不同，如北方的敦厚密实、南方的轻巧飘逸等。建筑的形状需与周围已经存在的各种人工地物、自然地面等环境相协调，地理位置得不同，环境就不同，建筑形状也需要有所不同。若不考虑地理位置，就设计建造某个标准的建筑体，到处套用建造，结果很可能会出现很多问题。建筑形状与地理位置处理得好就是互利共生关系，处理得不好就可能转为互害共生关系。

7. 建筑形状与地形地貌

这里指两种不同的物体在一起，外观样式统一协调、均衡对比等美学要点不能违反，否则会很不美观。因此，这二者若处理得好就是互利共生关系。

8. 建筑形状与阳光

阳光照射位置、角度等有其自身的规律，人为无法改变，要想使建筑体多获得阳光照射或减少阳光照射或遮挡阳光等，可以用适当的形状来调节，二者处理得好就是有利共生关系。

9. 建筑形状与云、雨、雪

平顶屋面不利于排水，坡屋面就有利于排除雨水，建筑形状与云、雨、雪有关联。若建筑形状不合理会造成构造防水难以处理，导致经常发生渗漏水。若设计得不好，二者就会出现有害共生关系。

10. 建筑形状与风

若建筑迎风面的面积大，受到的风压就大，此时需要更大的剪力来抵抗风压。

风能吹过建筑体的窗缝、洞口等，若建筑体有对应的洞口、窗缝使风能吹进，就能构成内部与外部的空气流通，这与建筑的形状有直接的关系。若迎风面是一面很窄的面，对建筑通风就很不利。

建筑形状与风相互有关联，处理得好对对方有好处，二者为互利共生关系；反之，就很容易转为有害甚至互害共生关系。

11. 建筑形状与温度

若建筑的形状不规整，外围护的表面积就增大，对建筑的保温隔热就不利，在同样的耗能条件下，冬天室内环境温度就偏低、夏天就偏高，降低了人的舒适感。建筑形状与温度若处理得好，就存在有利共生关系。

12. 建筑形状与声音

对于外部的噪声，用特殊的形状可以减轻噪声的干扰。合适的形状对于内部好的声音能使其更丰满、清晰，如影剧院、大会议室等。建筑形状与声音若处理得好就是有利共生关系，设计处理得不好会就存在有害共生关系。

13. 建筑形状与人体尺寸

设计建造建筑体首先需考虑有什么用途。比如是居住用途的，主要是给人居住生活使用，内部每层的空间大小以人体的尺寸及其所需的家具尺寸来确定数值，表现出的外表建筑形状也与该数值相对应，比如阳台、窗户、层高等。给人使用的建筑，若不考虑人的尺寸大小，只顾自己设计确定形状，就会出现不方便使用的情况。

14. 建筑形状与活动尺寸

人的活动尺寸有一定的数值，脚步、转身、伸手伸脚等活动尺寸都有一定的数值范围，建筑形状不能不考虑这些数据。

15. 建筑形状与生理需求

人的视觉是人认识、辨认实物的生理器官。人需要的不但是感受到物体，还需要有美的感受，对于建筑形状，就有获得美感的要求。如果有人说某个建筑很难看，很丑，就是该建筑形状没有让人感受到美感。但这二者关系处理好，就有有利共生关系。

16. 建筑形状与婴儿期、幼儿期、儿童期

当人处于婴儿、幼儿、儿童阶段的时候，对外界是处在刚认知、认识的阶段，建筑形状做得不合理，对他们的成长不利，需要规整、活泼、易辨认的建筑形状。合理的建筑形状与他们是有利共生关系，不合理的建设形状与他们存在着有害共生关系。

17. 建筑形状与少年期、青年期、中年期

少年期、青年期、中年期是有认知力和辨别是非能力的阶段，但建筑形状也需要端庄、稳

重,太过偏激的建筑形状对他们的生活、学习、工作也会造成不利的影响。

18. 建筑形状与老年期

老年时期的人行动缓慢,认知力也有所降低,建筑形状要求稳重、易辨认、方便行动等,这样有利于老年人的身心健康,方便老年人生活。

19. 建筑形状与建筑师

建筑师在思考、分析各种与建筑体有关的因子后,形成概念模型,就有一定的建筑形状产生,然后再绘制出设计图或制作出模型。既有的各建筑体形状对建筑师在新设计建筑时有一定的痕迹留存作用,建筑师若在自身经历中看到的有美感的建筑形状多,设计的建筑形状也会容易有美感;若看到的多是些毫无美感可言的建筑,其新设计的建筑缺乏美感的可能性就大。

20. 建筑形状与思想、信仰

思想、信仰直接左右着建筑的形状。那些基督教教徒在修建教堂时,就要求建筑师设计他们想要的形状,并给予建筑师明确的说明,若建筑师不按照他们的思想、信仰,未经他们认同,建筑施工等也就无法进行。

如图 5-2-36,柬埔寨金边的人们信仰蛇,相信七头蛇是保护神,图中是在建筑的入口护手上雕塑的七头蛇以求保护。

图 5-2-36　建筑形状与信仰 1

图 5-2-37　建筑形状与信仰 2

又如图 5-2-37,在柬埔寨金边一座新建建筑的形状受到当地人们信仰的影响,建筑形状模仿的是蛇头形状。

建筑形状与思想、信仰具体属于哪种共生关系,笔者认为每一种共生关系都有存在的情况。最差的一种为互害共生关系,建筑形状对思想、信仰有害,思想、信仰对建筑形状也有害。比如有些宗祠庙宇,形状模仿古建筑而造,在周围的一片现代建筑中,显得格格不入,特别显眼,对人们的思想不利,对信仰也不利。看到它,思想凝固,精神压抑,也产生不了与时俱进的信仰。反过来,僵化、固执的思想、信仰,会造成对建筑形状的守旧、固化的影响,使人无法接受新形状、新样式。

21. 建筑形状与风俗

地域风俗使建筑有一种约定俗成的形状模式。地域环境特点和当地人的风俗习惯等经过了长期的试错总结形成了一种基本上比较固定的最合理的样式，这种建筑形式被大家默认接受。若新建的建筑偏离了这种形式，会被人不认可，感觉另类，不认为是该有的建筑。在有新材料、新技术出现时，设计的建筑物也要符合风俗习惯，否则会不被认可。

22. 建筑形状与制度

制度是带有强制性的规范行为，与建筑建设有关的各部法规都对建筑形状有直接或间接的影响。比如，在民国时期，北洋政府解散后定都南京，出台的《首都计划》中，其中设有“建筑形式之选择”，规定“要以采用中国固有之形式为最宜，而公署及公共建筑物，尤当尽量采用”。有了这规定后，该时期在南京设计建造的监察院、考试院、铁道部等，都具有中国传统的宫殿形状。

23. 建筑形状与权力

拥有权力的人对建设项目拥有决定权。若该权力对人预计建设的建筑形状持反对意见，该建筑无法建造起来，若赞成该设计，该建筑才能建造起来。在现实中，有许多建筑其形状不是建筑师设计的初始预想，而是后来按照权力意志而修改的。

24. 建筑形状与经济、科技

经济发达，就有钱投资建造，建筑也就会出现一些新奇的形状，样式也会丰富多彩，当然，造价也会提高。比如同样的使用功能，形状不规整的建筑可能比规整的形状需多花很多钱。

25. 建筑形状与文化

建筑是最能反映文化的客观载体，不同时期、不同地域、不同经济体等都有各自特色的建筑形状，从其不同的建筑形状能解读出其独特的文化。

如图 5-2-38 中的建筑形状，是高迪设计的位于西班牙巴塞罗那市区的米拉之家，其建于 1906—1921 年之间，该建筑就代表着该地的一种文化，去该城市旅游的人必定要去看看该建筑，以了解当地的文化。

图 5-2-38　建筑形状与文化

建筑形状与文化是互利共生关系。当然,若处理得不好,也会出现有害、偏害的共生关系。

(二)建筑体量与相关因子的共生关系

1. 建筑体量与高度

建筑体量大小与建筑高矮应该有一定的对应性。若体量小,高度又很高,整个建筑会显得细长,比例不协调(见图5-2-39),不但难看,而且也不稳定,会造成安全问题。在现实中,有些单间独幢的房子,建造了6层,有近20 m高,宽仅3.5 m左右,视觉上就觉得不稳定。若体量很大,一个平面就有数万平方米,长、宽都超过100 m,而只建造了一层或二层,3~6 m或少于10 m的高度,这体量与高度也不搭配,会很难看。建筑体量与高度搭配好,就可以产生互利共生关系。

图5-2-39 建筑体量与高度

2. 建筑体量与色彩

一般来说,建筑体量大,色彩需要设计为浅色系,体量小可以用重的色系。有些建筑,上百米的高楼大厦,外围表皮用红棕色、棕黄色等,使人看上去感觉很别扭。建筑体量与色彩要搭配好,在美感上有互补作用,如此就产生互利共生关系。若搭配不合理,可能会产生互害共生关系。

3. 建筑体量与内空间、外空间

一般来说,建筑体量大,内空间就大且复杂,外部空间也广阔(见图5-2-40);反之,就小、简单。但也有这样一种情况,建筑体量巨大,但内部空间较小,主要是提供人们居住使用的建筑,居住不需要大空间,需分隔为众多的小空间。内部空间的大小主要取决于该建筑是什么用途,根据需要而在竖向或水平上分隔出需要的各个适合的空间。当然,需要大空间的,如大运动馆、大剧院等,就需要大体量的建筑体,否则,体量小,就不可能分隔出大的内空间来。

图 5-2-40　建筑体量与外空间

4. 建筑体量与岩体、土体

建筑体量也关乎地下的岩体、土体，小体量建筑，总重量轻，一般的岩体、土体都能承载得住。对于大体量建筑，若上千米高的巨大建筑体，土体不可能承载得了，松软的岩体或构造复杂的岩体，也会承载不了，需要坚硬、地质稳定的岩体才能承载。高大建筑是以岩体为地基支撑，建筑越高大，对岩体的作用力越大，破碎、不稳固的岩体不能作为高大建筑的地基。过于高大的建筑也会对岩体有改变其构造的作用，若施工等不合理，岩体会位移、破损，建筑就会不稳而倒塌。建筑体量与岩体、土体处置不当，就存在着互害共生关系。

5. 建筑体量与地下管道设施

建筑体量对地下管线有影响作用。体量大的建筑重量大、影响范围广，会造成周围地下部分等发生变动，势必影响埋设在地下的地下管道设施，若处理不恰当，会造成地下管道设施的破坏。这种情况下，该二者就是有害共生关系。

6. 建筑体量与地形地貌

小体量建筑在绝大部分地貌上都可以建造，即使是悬崖陡坡，只要有一点点平地，对于小体量建筑就很容易建造，若没有平整的地方，可以修理平整即可使用。对于大体量建筑，地貌形状就很重要。若不是平整地貌，需弄平整，需开挖、填运大量的土石方，还破坏山体原环境。若不修理平整，需要按照地形而建，设计技术处理也就比较复杂烦琐，但有时可以处理。

由此可见，建筑体量与地形地貌关系需要处理好，若处理不好就会产生互害共生关系，各自对对方都有害。处理得好，就可以产生有利共生关系，甚至能达到互利共生关系。

7. 建筑体量与植物

小体量建筑对植物的影响不是很明显，占地小，周围树木一长大，该建筑就好像是被隐藏在树丛里了，不仔细看，可能都看不到建筑。建筑体量大，就对植物有负面影响，被建筑占用的土地无法种植植物，但可以把对植被的伤害降到最低程度，比如在建筑体的墙体、屋面等处种植植物，来补偿地面损失的植物。若建筑体量与植物设计处理得好，就有偏利共生关系，甚至可以达到互利共生关系。设计处理得不好就会是互害共生关系。

8. 建筑体量与空气、阳光

建筑体量小，需要的空气、阳光就容易处理和解决；建筑体量越大，处理难度也就越大。有的建筑体量巨大，内部根本照射不到阳光，连空气流通也困难，这就要通过设计来解决。若设计得好，充分利用各种措施和手段，如天井、导光、人工采光、人工换气、变化立面等等，也能使二者形成有利共生关系。

9. 建筑体量与云、雨、雪

建筑体量的大小与云、雨、雪也有关联，高大建筑离地面高的上端部分会云雾围绕，设计时就需要考虑这种情况的存在。建筑体量大，屋面面积也大，雨雪的收集面积也大，其可以回收利用。体量大，与外界的接触面就大，直接接触到的云、雨、雪数量也就多，受到其侵蚀的程度也就严重些，需要采取较好的、合适的防护构造来保护建筑体。

二者关系设计处理得好，也可以把有害的损失降到最低程度，甚至转为有利关系，把有害共生关系转为有利共生关系。

10. 建筑体量与雷电

雷电对建筑体有害，为应对雷电，不同大小的建筑体量的要有对应的处理措施。大体量建筑受到雷电袭击的概率比小体量的要高，避雷措施、方式也需要严格、有针对性。当然，当技术发展到可以回收雷电储藏使用时，则有害共生关系就可以转为有利共生关系。

11. 建筑体量与温度、湿度

不同体量的建筑体，其与外界接触的外表面积大小、高度位置也就不一样，传递的热量、水分含量也就不一样，引起建筑体内部的温度、湿度的变化也不一样。体量大的建筑体，上部温度比下部温度低，上部湿度比下部湿度大，如 800 m 高的大建筑体，在顶层的温度比低层温度可能就低好几度。

对于建筑体量与温度、湿度的共生关系，可以通过采取合理设计和技术措施，把温度、湿度对建筑体量不利的因素转为有利因素。比如，需要温度低、湿度大的功能房间放在高层处。

12. 建筑体量与人体尺寸、活动尺寸、行动尺寸

体量小的建筑体，比如独立值班亭、独立公厕、休息亭等都是小体量建筑，基本上都是与人体尺寸、活动尺寸一致，刚好适合人在里面休息。但也会有考虑不周或设计不合理的情况，比如，现在下一代都比上一代人普遍长高了好几厘米，小体量建筑的门或室内净高若还是按原标准设计，厕位也一样，不跟着提高几厘米，就不方便使用。

体量大的建筑体，如大型商业综合体、大厂房、高大酒店写字楼、大机场楼等，从比例上看人在里面就很渺小，有的大到人在里面走路半小时还找不到目标。有的一个房间(相对独立功能)平面有数千平方米、高度有数十米，人就觉得自己太小，空荡荡的，似乎置身在旷野中，有一种无助的感受。体量大的建筑若空间分隔不合理，导向模糊，不根据人体本身的尺寸大小、活动尺寸大小及行动尺寸大小的实际情况来分隔安排，一方面会造成空间的浪费，另一方面也会

有功能使用不方便、不适宜等问题。

建筑体量与人体尺寸、活动尺寸、行动尺寸的关系，如果处理得不好，就会可能出现有害共生关系，如果处理设计得好就会转为互利共生关系。

13. 建筑体量与生理需求

人需要空气、阳光、温度、吃饭、睡眠等生理上的基本需求。建筑体量小，方便安排符合人的生理需求的设施空间，但体量大，就比较困难。若处理得不好，人可能会长期晒不到阳光、呼吸不到新鲜空气等，会影响健康，降低体能素质，加上吃饭不方便、休息睡眠不足，严重降低人的学习、工作、生活质量。

建筑体量与人的生理需求相互关联，需要互利共生。建筑体量要对人的生理需求有利，各种体量大小的建筑都要合理安排以符合人的各种生理需求。人的生理需求对建筑体量也要有利，建筑体量要建立在人的生理需求基础上而设计建造，不能随意设计建造。

14. 建筑体量与各年龄期

人的每个年龄期对建筑体量的认知和需求都不同。婴儿期还没有认知力，对建筑体量没有什么概念，放在大体量或小体量建筑里养育都一样。幼儿期、儿童期对外界已有认知力，还特别有好奇心，放在小体量的建筑里比大体量的建筑里要好，小体量的建筑会使他们有亲切、温馨的感受，大体量的会使他们产生压抑、恐惧的感受。为什么平时我们要把幼儿园独立规划用地单独建设，不与高大建筑一体就有这样的道理。少年期、青年期有了自己的独立判断能力，在大体量建筑中也很有清晰的认知，同时大体量的建筑也提供这个年龄段所需要的各种活动空间。

中年期是比较成熟的年龄段，对建筑的使用需求有明确的目标，如居住、工作、活动、生产等都有目标要求，建筑的体量也是跟随其要求而规划设计建造的。

老年期的需要与其他年龄段都不一样，体量过小不行，过大也不行，过大过小都会给老年人的使用造成不便。老年人使用的建筑体体量要适中，若建筑体量过小，内部空间要分隔大；体量过大，内部空间分隔要小。不管建筑体量的大小，内部分隔的空间大小要符合老年人的活动需要，老年人的活动需要一些辅助器具或服务人员，空间的设计也要考虑这些人的方便使用。

建筑体量与各年龄期需要合理规划、设计处理，偏离实际的规划、设计会造成损失、浪费。所以，若处理得好就会产生互利共生关系，处理得不好会出现有害共生甚至互害共生关系。

15. 建筑体量与各职业

各职业性质不同，一般对建筑体量的要求也有所不同。农民需要的是小体量建筑，便于放置农具、储藏种子、临时堆放粮食等。大体量的需要乘坐电梯的建筑农民使用起来可能就不方便。渔民需要的建筑体量大小要适合放置一些捕捞工具、对鱼的粗加工工具等。渔民一般生活在海边，风大雨多，建筑体体量要小而紧凑，扎实坚固，保证能防台防雨，否则大风一吹，房子就会遭受严重损害。工人需要生产以及居住用的建筑体，生产用的建筑体体量要符合产品生产需要和工人的操作需要等。工人居住需要的建筑体体量符合居住条件即可。医生需要的是看病治病的医院建筑体和居住建筑体。教师需要的是学校建筑体、居住建筑体。律师需要的是办公楼建筑体、居住建筑体。建筑师要对各种建筑体要详细了解,策划、设计出符合所需各功能的建筑,其需要工作的办公楼建筑体和需要生活居住的居住建筑体。商人、职业经理需要的是有办公功能的建筑体和居住建筑体。公务员需要的有办公建筑体和居住建筑体。

当然,建筑体可以是综合性的,提供各个职业所有的使用空间,这就需要大体量的建筑,一座建筑就可以安排各种职业所需要的空间,可以自成体系,构筑成一个浓缩的微型小城市。建筑体与各职业因子若处理得好就会有互利共生的关系存在。

16. 建筑体量与思想

在技术、经济条件许可下,思想左右着建筑体量的大小。比如,某城市准备在某地方规划建造一座 500 m 高的大楼、30 万 m^2 的综合楼等等,都是由人的思想左右着。若比较切合实际,也是人们所需要的,那建好后当然更有价值,但有时可能脱离实际,那就会造成损失和浪费。

17. 建筑体量与权力

权力的作用是巨大的,如吴哥窟的巨大石头建筑体,没有吴哥王朝国王苏耶跋摩二世的权力,就建造不起来。在当时 12 世纪时,其利用国王的权力动员全国之力用 35 年时间来施工建造该建筑。中国的万里长城,建筑体量之大、修建时间之长是世界瞩目的,没有历代皇帝权力的把控也是修建不了的。

18. 建筑体量与经济、科技

从某种程度上讲,经济、科技决定着建筑体量的大小,建筑建造需要耗费大量的材料和人力,这些都需要经济和科学技术为基础。过去,在自给自足的农耕时代,若有哪一户人家要建房子,全村人都会出动来协助。没有雄厚的经济实力,就不能建大体量的高楼大厦,勉强建了,可能会得不偿失,有的甚至会出现企业倒闭、城市衰落的情况。当然,如迪拜,经济条件好,钱多,大体量的高楼大厦就很多。

19. 建筑体量与文化

不同体量大小的建筑,反映着该时期、该地域的各种文化特征。

(三)建筑高度与相关因子的共生关系

1. 建筑高度与色彩

一般来说,建筑越高色彩要越浅、越淡,建筑越低色彩要越深、越浓。建筑高度与色彩搭配关系紧密,若搭配得不好,会很难看,使人看了不舒服。若搭配得好,就会产生互利共生关系,即高度对色彩有利,色彩对高度也有利。

2. 建筑高度与内空间、外空间

建筑高度指的是建筑体距离地面的高度。离地面的距离大小不一样,内部空间受到外部的遮挡就会不一样,受到外部空气流动、噪声影响等也不一样。同时,人在建筑中不同高度空间里看到的外部环境、空间高度感受也不一样。不同高度的内部空间的使用功能布置应该有所不同,若在不同高度位置的空间布置、使用功能都一样,那么使用体验、感觉会不一样。比如,阳台(如有)栏杆,6 m 高的用透明玻璃栏板人尚可接受,在 50 m 高处还用玻璃栏板,人就会觉得有虚空、不安全的感受，有恐高症的人就不敢站在阳台上。

建筑高度不同，外空间也就不同，建筑的外表面是构成限定外空间的内表皮。高度越高，外部空间受其影响也越大，构成的外空间也越宽阔。

3. 建筑高度与岩体、土体、地质构造

建筑在建造前，都需要对拟建位置的地质进行勘探，查明地下各土层包括岩石层的承载力、含水量、压缩性等，重要的还要查明岩石的地质构造。

建筑需要稳固的地基，地基不稳，出现问题就会很严重。特别高大的建筑还必须要建筑在坚硬的岩体上（见图 5-2-41），若岩体也承受不住其重量，只能降低高度。如沙特的王国大厦，设计时要建 1600 m，后经过勘探发现要建造的位置地下岩体承受不了这个高度的建筑重量，最后不得不把高度降低到 1000 m。

图 5-2-41　建筑高度与岩体

土体有不同的种类，有些土体承载力大，如黄土、沙土等，有些土体承载力小，如淤泥土、黏土等。一般低矮的建筑体可以直接建在承载力大的土体上，但要有部分镶嵌在土体里，以增强水平的抗滑和剪力。若土体承载力不够，就需对土体进行改善以增加承载力，或用桩基把建筑的承载力传递给下部的岩体来承担。

越高的建筑，单位面积地基需要的承载力就越大，特别高的，如几百米甚至上千米的特高建筑体，要对地下岩石的地质构造调查清楚，若地质构造不稳定，可能会发生滑动，就不能建造。或者目前是稳定的，但在加大高大建筑的重量后，预估到会有滑动不稳的可能性出现，也应取消建造计划。或者，在处理好岩体或降低建筑高度后，确保有足够的承载力，方可建造。

4. 建筑高度与地下构筑物、地下管道设施

建筑在建设过程中，从开始建造至建好投入使用有比较长的时间，在该时间里，建筑对地基多多少少会有压缩作用，对土基的压缩会很明显。出现明显的压缩沉降会对周围的地下构造物、地下管道造成不同程度的损害影响，建筑越高影响越大。但有一种情况是，建筑用桩基

间接传力至岩基或直接建在岩基上，对周围的地下构造物和管道设施影响就会很小。

5. 建筑高度与地理位置

在现代的建设中，建筑高度都会预先在整个区域的规划中给予限定。限定的高度根据其地理位置的不同而不同，有的是有历史文化环境要求，有的是有航空要求，有的是地标标志要求，有的是地质条件限制，等等。在城乡的统筹规划中也同样要给予明确的设计规定。

另外，在不同的地理位置，其所在的国家、地区、乡村等经济、科技发展有差别，建筑的总体高度也就不一样。

6. 建筑高度与地形地貌

有些地貌形状对建筑的高度有一定的限制，如地形复杂的斜坡，就不适合建造高楼，建一些低矮的建筑比较合适，高大的建筑体需建在平坦的地形处。

7. 建筑高度与空气、阳光、云、雨、雪

高大建筑与低矮建筑接收到的空气、阳光、云、雨、雪就会差别，因为其与外部接触面的面积大小是不同的。另外，离地面高度不同，接收到的阳光、空气等也有所差别。

8. 建筑高度与雷电、风、温度、湿度

建筑越高，受到雷电袭击的概率越大，受到的风力也越大，底部要承受到的剪力会增大很多，与外部交换传递的热量也不同。在同样的条件下，建筑越高，温度也就会越低；湿度也有所不同，越高湿度会越大。当然，在特殊情况下也有所区别，如若顶层屋盖保温隔热工作做得不到位，在夏天顶层就会比其他楼层热很多；若底层防潮做得不到位或周围树木多等，低处的湿度就会比其他层的湿度大。

9. 建筑高度与声音、飞鸟、飞行器

建筑高度不同，对同一个声源接收到的声音大小就有所区别。距离声源越远声音就越低，受到阻挡越多声音也越低。

建筑越高，对低空飞行的飞鸟影响越大，建筑会妨碍阻挡其飞行路线，同时，建筑也会受到飞鸟撞击等的干扰。建筑高度对于高空飞翔的飞鸟没什么影响，除非是极高的建筑。

建筑高度对人工飞行器有影响。在飞机低空飞行时，建筑过高，会影响其飞行，甚至会撞上建筑物。在飞机场附近的建筑就需要有个限定的高度，若超过限定高度，对于飞机下降或起飞等就会有妨碍，严重的会撞上发生事故。

10. 建筑高度与人体尺子、活动尺寸、行动尺寸

建筑体虽然高度不同，但内部空间都需要分层布置，以适应人体尺寸和活动尺寸。建筑越高，离地面的距离越远，人上去越需要花费时间，若不借助于辅助工具如电梯之类的就难以到达。

11. 建筑高度与生理需求

建筑的高低对人的生理需求有影响。越低人感觉越方便，越高则越麻烦，有些人长期生活、工作在高楼里，会患高楼病。

12. 建筑高度与各年龄期

建筑越高，除了生活不方便外，还有在出现意外事故时，对救灾或救助造成一定的困难，外部人员难以及时到达，救灾物资也难以及时送到救灾点，另外，受灾的内部人员难以及时疏散到地面的安全地带。对于行动不便或行动慢的婴儿、幼儿、儿童、老人等就不适合在高层的建筑里养育或生活。少年、青年、中年一般行动快速敏捷，同时也有一定的自救能力，在高楼里遇到事故时，很多能够进行自保逃生。

13. 建筑高度与建筑师

建筑师在策划、设计建筑时，建筑高度是首先考虑的一个重要因素。在符合规划的条件下，不但要考虑其周围的环境高度情况，还要考虑其尺度、比例、形状和应急救灾等情况，另外还需考虑镶嵌在地面下多深才可靠等各种因素。对于已经明确了高度，如对需要修缮的既有建筑和政府或投资商已给很明确的高度数值的新建建筑，那么，在建筑高度不变的情况下，建筑师需考虑将其他各种因素与其相协调。

14. 建筑高度与思想

意识形态对建筑高度有很大的影响。比如，某城市决定，要建一座世界第一高楼，经过策划、投资、设计、建造等一系列的活动，建成后，风光自豪，提高了城市的知名度，象征着富有，代表着技术的先进。但过了不久，另一个城市决定也要造一座世界第一高楼，花费了高昂的金钱，几年后也建成了，令世人瞩目，惊叹不已。这种情况是好还是坏，争议是比较大的。

在有些城市，思想上比较重视历史文化，规定在老城区的一定范围内不能建超过既有的历史建筑高度的建筑，不允许新建筑出风头。同时，也规定，不能建超过财政承受能力的高建筑。

15. 建筑高度与制度

有些制度是专门规定建筑体的高度的，用法规的形式来约束、规范建筑高度。比方某地区，因为用地较少，规定住宅建筑不能建少于40层，一层3 m即120 m高度，低于这个高度就不给审批建造。

再比如，有制度规定，把超过100 m高度的建筑专门归为一类，叫超高层，另外规定对于超高层建筑的内部设施、抗震防灾等技术要求等都有一个高一档的要求。这样，为了有较好的投资性价比，就出现大量的99～100 m高度的建筑，很少有101 m或更高一些的建筑，要么就130 m、150 m以上。

16. 建筑高度与经济、科技

经济、科技与建筑高度密切相关。一般来说，经济好，科技强，建筑就高；经济差，科技落后，建筑就矮。有些城市，为了表现自身的经济实力，每年都有计划要建多少幢高楼大厦。但过高的建筑造价也高，若在使用寿命期内收不回投资成本，其对经济是有损害影响，二者是偏利或偏害共生关系。若在使用期内能收回成本还有盈利，那么二者是互利共生关系。

如图5-2-42的一个建筑，高度有600 m，建筑面积11.5万m^2，花了29.5亿元，每平方米的建设费用为2.6万元，建设时间为2005—2009年，差不多是当时普通建筑物每平方米造价的10倍。因为高度高，经济费用就大，技术要求也高，没有良好的经济和先进的科技，是无法建这么高的。

图 5-2-42 建筑高度与经济、科技

(四)建筑色彩与相关因子的共生关系

1. 建筑色彩与外空间

建筑的外空间是由建筑的外表皮、地面、天顶三者围合而成的三维空间,此三维空间中,竖向的都是由建筑外表面构成。所以,建筑外表皮的色彩对此外空间的影响至关重要,直接影响着人们对空间的感受。比如一条街、一个广场或一个庭院,两侧或四周建筑外皮都是红色等暖色系列,跟都是白色系列等浅色相比,可以想象两种感觉是完全不一样的,一个是热闹、热血沸腾的火热感受,一个是宁静、心平安静的清爽感受。若组成外部空间的建筑,其色彩有一系列的均衡变化,或做些对比色,该外部空间也就会跟着变化。

2. 建筑色彩与环境色

建筑色彩的确定,要考虑的就是该建筑所处位置周围的各既有建筑物、构造物、自然实体等环境色彩,要与其相互调和,符合色彩美学规律。不能随意地确定建筑色彩。

如图 5-2-43,建筑周围为绿色植物,大树的众多叶子和灌木的绿叶丛。该历史在修缮时建筑色彩以绿色为主色调,完成后,其建筑色彩与环境色相互协调搭配,给人一种很舒服的感觉。

图 5-2-43 建筑色彩与环境色

3. 建筑色彩与阳光、温度

不同的色彩对阳光的吸收、反射量是不同的,比如浅色比深色吸收量少,白色比棕色反射量多。外墙色彩对阳光反射多、吸收少，那么墙体被加热的温度就低，热量传递到室内的就少，室内温度也就低些。因为建筑色彩与阳光、温度有这样的互动关系，在夏天炎热的地区，建筑外墙用白色等浅色系就好些。在冬天寒冷、夏天不热的地区，建筑外墙应该用深色等色系。

另外，建筑色彩因为有阳光的照射，加上建筑外表皮的镜面反射作用，能照亮周围环境，这样，人眼看建筑，不同位置或不同时间，感受到的建筑色彩就会有所不同。就是同一座建筑，在阳光照射下，同一时间，人站在不同的位置观看建筑，也会有不同的色彩感受。如图 5-2-44 ~ 图 5-2-46，同一座大楼同一外立面，在阳光照射下，加上周围环境色彩的镜面反射，站在不同的位置看到的色彩感受就不一样，而该建筑原来铝材料的本身灰白色反而感受不到。在设计实践中，建筑色彩的表现需与阳光等一起综合共生考虑，而不能单单考虑材料的本身色彩。

图 5-2-44 颜色变化 1

图 5-2-45 颜色变化 2

图 5-2-46 颜色变化 3

4. 建筑色彩与生理需求

建筑色彩主要是满足人视觉上的需求。对于不同的色彩，人的感受是不一样的，引起的心理反应也就不一样，另一方面，不同色彩的建筑，有利于人对建筑体的辨认。

5. 建筑色彩与幼儿、儿童、少年

幼儿、儿童、少年等对色彩的敏感度特别强，他们使用的建筑需要色彩鲜艳、对比明显的颜色，同时也增加活泼、生动的氛围。

6. 建筑色彩与建筑师

建筑师对建筑色彩的选择、运用都有一定的把控、掌握，依据各方面情况综合考虑，选择最优的色彩搭配解决方案，而不是随意选择搭配。同时，色彩也是建筑师思考的一个重要因子之一。

7. 建筑色彩与信仰

建筑色彩与信仰也有一定的联系，如佛教的寺庙墙体都以黄色为主，若不使用黄色，好像就不是寺庙了。不过，若二者处理得好，就能产生互利共生关系。

如图 5-2-47，柬埔寨金边的皇宫，建筑色彩以黄色为主，因绝大部分缅甸人信仰佛教，国王自然也是信仰佛教，崇仰黄色。该皇宫的建筑色彩与信仰之间就存在着互利共生关系。该建筑还成为一个旅游的著名景点，去柬埔寨的游客基本上都会去参观一下。

图 5-2-47 建筑色彩与信仰

8. 建筑色彩与风俗

有些地方，建筑外墙都会用某一种主要颜色已成为一种风俗习惯，若不用该色彩，就会成为另类，不被人认同。

9. 建筑色彩与制度

建筑色彩经常用制度规范下来。有的城市自行制定制度来规定色彩，比如某城市规定城市建筑统一以暖色为主色调。在执行了多年后，发现新建的房子颜色很像，基本上是相似的外墙色，只是有浓淡之分。

另外，在我国古代，对色彩也有这样的等级制度，皇室建筑用黄色，皇宫寺院用黄、红等色，王府官宦用红、青、蓝等色，民舍用黑、灰、白等色。若有违反就是犯罪。

10. 建筑色彩与权力

在古代，色彩也是一种权力的象征，代表富贵、庄严的黄色，只能是皇室建筑可以使用，其他人的建筑不能使用。

11. 建筑色彩与经济、科技

经济、科技与建筑色彩有一定的关系，在经济、科技落后的地方，建筑色彩多是灰暗、单调的。在经济、科技发达的地方，建筑色彩就鲜艳、多样。

（五）建筑内空间与相关因子的共生关系

1. 建筑内空间与建筑外空间

建筑内、外空间有相互共享的建筑构件，就是围合构件，如外墙体、屋盖等。建筑外围护体的内表面是建筑体中部分内空间的界面，外表面是建筑部分外空间的界面。建筑外围护体的形状、大小、材质等直接决定着与其关联在一起的内空间、外空间。比如，我国古代的四合院建筑，建筑体朝内院的廊道、围护、墙板为其内空间的围合体，同时也是走廊、内院外空间的围合体。

2. 建筑内空间与空气

虽然建筑内空间有外围护围住，但也是需要空气的，空气通过门窗洞口（开启时）或门窗缝隙（关闭时）等进入或排出。有的建筑要通过人工机械装置送风或排风（如图5-2-48）等，将外部新鲜空气送进建筑内空间来，将建筑内空间的混浊空间排到外部去。若建筑体内部空间分隔比较多，有些空间没有临近外墙可以开门窗，这对于空气的流通就不利，因为空气需要有流进和流出。若能自然流通的，有形成对流的内空间是最好的房间，如住宅建筑常说的南北通透，就是把客厅、餐厅等共用一个空间，南、北都有可开启的窗户或阳台门等，空间当中没有隔断，空气就能南北流动，空气南进北出或北进南出。内空间存在空气对流，就能保持与外部新鲜空气的一致性。

图5-2-48　需要机械送排风的建筑内空间

建筑体设计得好，建筑内空间与空气就存在着互利共生关系，设计得不恰当，就会出现有害共生关系，即建筑内空间对空气是不利的。

3. 建筑内空间与阳光

有些建筑内空间能得到阳光的照射，有些得不到阳光照射，只是间接地得到阳光的反射光。一般在建筑设计中，把需要阳光的空间安排在南、东或西临外墙，把不需要阳光的安排在建筑体的北向或中央位置，如楼梯间、卫生间、储藏室等。

建筑内空间与阳光的关系设计安排得好，就存在着互利共生关系。如图5-2-49，从顶部引入阳光至建筑内空间。

图 5-2-49 把阳光引入建筑内空间

4. 建筑内空间与云、雨、雪

建筑内空间不需要云、雨、雪，要避免，但绝对避免是不可能办到的。云、雨、雪会通过建筑体的外围护如屋顶、外墙等与内空间发生关系，通过外门窗洞、缝隙、墙体或屋顶的裂缝侵入内空间，对内空间造成损害。任何建筑要想完全避免这种损害是不可能的，只能把这种损害影响降到最低限度。所以，这两个因子是有害共生关系，即建筑内空间对云、雨、雪无影响，云、雨、雪对内空间有有害影响。

5. 建筑内空间与风

平时人们说得比较多的一句“房间要通风”，就是指建筑内空间要有外界的风能吹进空间内。有风吹进才能有人们生理需要的空气的流通，能通风的房间才能保持空气的清洁、新鲜，特别是人居住生活的空间更需要风。当然，过大的、具有破坏力的风如台风等就需要有防备的措施。

6. 建筑内空间与温度

一般来说，建筑内空间与外部环境的温度是同步变化的。但有外围护的存在，其与外界有一定的实体隔离，建筑内空间与外部环境温度有一定的偏离，有滞后性，热量要通过外围护来传递，从温度高的一侧传递到温度低的一侧需要一定的时间。

人需要有适宜的温度。如果外部环境温度过低或过高，达到了对人体构成伤害的程度，而建筑内空间的围护构造又隔离不了外界温度，也就是外界的过高或过低的温度超过了围护墙和屋盖的调节能力，这时候就需要人工来调节建筑内空间温度，以适应人体所需。

人体觉得舒适的温度，冬天为 18 ~ 25 ℃，夏天为 23 ~ 28 ℃。当然，有些建筑内空间不是为人的生活、工作等所使用，为其他用途，那么温度就要调节到其所需的温度，如冷藏库、恒温仓库等。

7. 建筑内空间与湿度

人体需要有个适宜的湿度环境，当建筑内空间湿度过高或过低时，人会觉得不舒服。湿度过高，会觉得很潮湿，甚至会结露有水珠、水滴出来。在夏天，会抑制人体散热，使人感到十分闷热、烦躁；在冬天，会使人觉得阴冷、抑郁。建筑内空间湿度过低，人在里面，会感觉到很干燥，会口干、舌燥等。

建筑内空间生活的最佳相对湿度为45% ~60%。当然，有些建筑内空间不是为人生活、工作所使用，为其他用途，那么湿度就要调节到其所需的湿度。

8. 建筑内空间与人体尺寸、活动尺寸、行动尺寸

建筑内空间的大小一般都是以人体的物理尺寸大小和其机体各部位的活动大小及移动的尺寸大小等来确定的。比如住宅，室内净高就是依据人体的高度、举手到达的高度及手上拿着一般物件不会碰到顶等来确定高度，过低会感觉压抑，过高会浪费空间。还有些房间的平面大小也是根据人的活动周转尺寸加上需要放置的家具的大小来确定的，过小会觉得拥挤，过大会觉得空旷、不温暖。又如，走道的疏散距离等，就是根据人的行动尺寸来确定的，如距离过大，在发生事故时就来不及疏散到应急出口；距离过小，则会造成空间上的浪费。

当然，有些需要有特殊功能的建筑内空间，除了考虑人的尺寸外，还要考虑其他因素，如剧院、厂房、候机楼等（如图5-2-50）。

图5-2-50 某候机楼建筑内空间

9. 建筑内空间与生理需求

建筑内空间的布置、安排、分隔等都需要适应人体的各种生理需求。人需要光线，内空间就需要有光，若没有自然光，也要有人工光；人需要空气呼吸，就要有空气补充和流通；人需要适宜的温度、湿度，就要设计调节好合适范围内的温度、湿度。

当然，有些建筑内空间不是给人生活、工作等使用的，如仓库、车库、冷库等，其除了能为专门使用而设置的环境外，只需有人可以短暂停留而需要的生理需求环境即可。

10. 建筑内空间与年龄

对于人的各年龄期，都需要有不同的相应建筑内空间使用。

婴儿需要婴儿房，医院产房就有专门设置，有更适宜的温度、湿度、空气、阳光、色彩、装饰件等，家里添了个婴儿，若没有专用婴儿房，也需要改造一下房间环境，以适合婴儿生长。

对于幼儿，其危险认知度低，有幼儿活动、生活的建筑内空间必须有各种安全防护措施，另外，不要让幼儿独处。

对于儿童，就有专门的幼儿园建筑，内部空间的布置、安排、装饰等有活泼、鲜艳的色彩，有柔软、圆滑的墙角等，专门适应儿童的活动、学习、休息、饮食等需要。

少年期主要是在小学读书的阶段，这就有专门的小学学校供其学习、活动等。建筑各内空间都是围绕着这个时期的人的特点而设计或改造的。家里的房间也应有适合这个年龄段的布置。

青年期阶段，主要是有初中、高中学校空间以供其学习、活动等。

中年期的人已是成年人了，很多已经在大学继续深造学习或工作，他们需要的建筑内部空间主要是为了学习、生活、工作、生产、休闲等。

对于老年人，需要的是有方便他们活动、生活的内空间，比如有因老年人活动不便而配置的各种辅助器具，能方便地周转、移动，还有护理人员需要的配套空间，空间内有能及时与外部联系的设施等。

11. 建筑内空间与各职业

职业不同，需要的建筑内空间也有所不同。不同的职业，需要有特定的环境来适应以提高职业工作效益。

农业需要的是有特定要求的农房，如工具房、农机修理房、粮食加工房等；渔民需要符合渔业需求的建筑内空间，如渔业加工厂、冷库、渔具房等；工人需要产品生产的空间，如各种车间、修理间等；医生需要可治病的空间，如医院、诊所、门诊室等；教师需要有教导学生学习的空间，如各种学校教室、培训室等；律师需要方便案件起诉、辩护的空间，如法院、法庭等；建筑师需要有能安静创作和绘制图的空间，如各设计创作室、绘图室、设计工作室等；商人需要有能交流、商业谈判的空间，如谈判室、洽谈室等；职业经理需要的办公室，能思考、指挥的室内空间；公务员是公职人员，需要有为民办事的空间，如服务室、接待室、办公室、登记室、发证室等。

若建筑内空间与职业的关系设计处理得好，有助于提高特定职业的工作效益和内空间的利用率，建筑内空间与各职业之间存在着互利共生关系。

12. 建筑内空间与心理、思想

建筑内空间的布置、大小对心理的影响是比较大的。内空间过小，会使人感觉压抑；内空间过大，会使人感觉孤独，等等。建筑内空间的大小、形状、布置等首先是由人的想法即思想而左右着。建筑体在建造前，首先是人在头脑里有一个内部空间大小、布置的构思，然后绘出或做出模型，确定好后再建造。过去是由工匠师傅结合业主的要求来确定，现代由专业的建筑师思考来确定。

思想具有经验性，比如，建筑师和业主对于相似建筑体的内部空间的体验有一种固有的经验模式，有时左右着他们的思想，难以创新，从而影响着新建建筑内空间的布局。

13. 建筑内空间与信仰

信仰的力量很大，比如基督教，信仰上帝，世上一切的事物都是由上帝来安排的。对于未来的预测需要与上帝对话，获得信息，于是建造活动用的建筑体即教堂，需高尖，直插云霄，尽可能地与上空接近，方便对话。所以在欧洲看到的教堂都是又高又尖，教堂内的上顶特别高，需要尽量仰头才能看到顶棚。

14. 建筑内空间与风俗

风俗习惯对建筑内空间有影响，比如过去的建筑基本上都是合院式，中央有一个院子，供家族人员室外活动和晾晒东西用,正屋中央最大的明间要为开放式,供家族人员议事、会见外人等活动使用,相当于公共的场所,为大家共用。这样的建筑内空间布局,因为风俗的习惯,而形成了一个固定模式。

15. 建筑内空间与制度

古代对建筑的规定有一套制度来规范,且还有等级之分。在现代,国家也有一整套的行业规章制度,规范着建筑体,建筑的内空间布置要在其规定的制度范围内,不能违反规定。比如住宅层高以及办公房层高等都有一定的限度,还有卧室、客厅、厨房卫生间的大小等都有个规定的数值范围。

16. 建筑内空间与权力

建筑内空间也有部分因素由权力决定着,在现实中有这样的案例存在。比如某领导看了某建筑设计方案后,提出房间太小,或高度不合适等,于是建筑师就根据领导的意见修改,否则,方案就通不过,建筑体就建造不起来。

在建筑体的内部办公室的安排布置中,一般都是根据权力的大小、职务的高低由好到差来分配,房间的大小也是根据权力的大小、职务的高低从大到小来分配。

17. 建筑内空间与经济、科技

经济、科技落后,建筑内空间就矮小;经济、科技强、先进,建筑内部空间也就造的高大。比如,20 世纪七八十年代,住房建筑的套内空间都很矮小,现在的套内空间就大得多。

建筑内空间的大小也是一种经济发展程度的反映。对于个人来讲,房子大小也就是拥有的建筑内空间的大小可反映出其家庭的经济情况和生活品位。比如对于经济财力雄厚的人,对建筑内空间的要求就高,内空间面积要大,品味要高。而经济薄弱的贫困的人能拥有一间房可能就觉得非常不错,很满足了。

(六)建筑外空间与相关因子的共生关系

1. 建筑外空间与地形地貌

构成建筑外空间的一个重要的界面之一就是室外地面,地貌形状决定着室外地面形状,也就是说,高低错落或平坦的地貌形状对建筑外空间有着至关重要的影响。建筑外空间地面的界面,有的就以地貌原形状为准不做任何变动,有的稍做修整,有的进行彻底改造。但不管进行哪一种处理,都是考虑对建筑外空间的设计把握,若处理得好对建筑外空间有好处,若处理得不好,不但没有好处,还有坏处。因此,二者存在着有利共生或有害共生的关系。

2. 建筑外空间与植物

在建筑外空间中,地面或墙面植物的位置、数量、品质等影响着外空间,配置恰当,外空间也就能增添不少的生气。有的建筑外空间直接用植物来隔断、分隔等,如用绿篱做分隔墙。同时,建筑外空间也提供给植物生长的空间,能自然地获取阳光、雨露。二者存在着互利共生的关系。

3. 建筑外空间与动物

建筑外空间因为与自然接触比较紧密,动物可以放养,有合适的动物可以增添活泼的气氛,如某广场上有几只白鸽走动,小孩玩耍就兴奋得多,舍不得离开。

动物丰富了外空间的生机,外空间也为动物提供了栖息之地。二者是互利共生关系,但若处理得不好,也可能会存在着互害共生关系。

4. 建筑外空间与地表水

水能生气，有水就有灵气。工程建设中，在室外空间里建水池、水沟、喷泉等，有种无水不成景的意味。由此可以看出，地表水在建筑外空间中的重要性。

水在建筑外空间若处理得好，就有互利共生关系；若处理得不好，也会存在有害共生关系，比如水池长期无人管理，变为臭水，或安全措施不够，导致小孩落水出现事故，等等。

5. 建筑外空间与人工构造物、建筑物

建筑外空间是由各构造物、建筑物的外界面围护而成的，界面的形状、样式、大小、色彩、材质等决定着建筑外空间的样式。同时建筑外空间的存在也左右着周围构造物、建筑物的尺度、美感等。二者存在互利共生的关系。

6. 建筑外空间与空气、阳光、云、雨、雪

外空间具有开放性的性质，空气、阳光、云、雨、雪在外空间里是自然存在着的，但它们与在自然空间中的存在有所不同。建筑外空间由于有人造物体的阻隔、界定，空气流通路径会变化，速度会变快或变慢。阳光受到阻挡，有些地方会有阴影。云、雨、雪也一样，雨雪落在自然地面和人工地面，会有不同的效果。

7. 建筑外空间与雷电、风

在建筑外空间中，有突出的物体、树木等会容易受雷电袭击，风会从外空间的空挡口、狭缝中吹进或吹出，形成走道风、廊风等"窄道"风。

若建筑外空间设计得好，能起到有需要加强风速的位置可以加快风速，不需要的可以减弱风速的作用。对于雷电可以采取防雷避灾的措施。设计处理得好，能将建筑外空间与雷电的有害共生中的有害影响降低到最小，把建筑外空间与风的共生转换为互利共生。

8. 建筑外空间与温度、湿度

温度、湿度在建筑外空间与其在自然空间中会有所差异。建筑外空间属于人造空间，有一定的遮挡物和地面的构造处理，会带来温度和湿度上的差异。比如，在阳光直射下，建筑物遮挡后的背阴部分空间，其温度比太阳直射部分空间要低些，温度低导致湿度增加。另外，地面有硬化构造后的比没有硬化的温度要高点，湿度就小点。

建筑外空间与温度、湿度有关联共生关系，若设计得好，就有互利共生关系。

9. 建筑外空间与声音、飞鸟、飞行器

在建筑外空间中，声音被建筑物、构造物的外界面所遮挡或反射，声音有减弱或加强的变化。飞鸟也因为人工物体的存在，被限制自由飞翔。各人工飞行器中小的如无人机、大的如飞机等，在人工的建筑外空间中飞行，就没有那么容易，不小心就会碰到大楼等。

若设计处理得好，能将建筑外空间与声音、飞鸟、飞行器之间的有害影响降到最低限度，甚至可以转换为有利的共生关系，如噪声，可以通过遮挡而减弱，音乐可以利用反射作用而加强，等等。

10. 建筑外空间与人体尺寸、活动尺寸、行动尺寸

一般来讲，建筑外空间是给人活动、休憩、移动等使用的（如图 5-2-51）。各建筑外空间根据其使用功能要求，都要结合人体尺寸、活动尺寸、行动尺寸来设计，否则会使用不方便或很别扭。如地面铺设、踏步、斜坡、座椅等尺寸大小都要与人体各肢体尺寸大小、各肢体的活动尺寸大小相协调，空间的大小与人的行动尺寸也要协调一致，若不考虑这些因素，把广场做得很宽

大，人从这头走到那头就很费劲，使用起来就不方便；把街道的人行道路延伸得很长，其中没有分段、没有休憩点，也没有遮阳避雨的地方，使用起来就很不方便。

图 5-2-51　建筑外空间与人体活动 1

人体尺寸、活动尺寸、行动尺寸是建筑外空间设计的依据之一。建筑外空间是为人体尺寸、活动尺寸、行动尺寸提供服务的，二者需要协调共生，要达到互利共生关系，否则可能会出现互害共生关系。

如图 5-2-52 中，该木构建筑外墙上部向外叠挑、屋檐、重檐的外挑及外部石材道路构成的外空间，其高度、宽度与人体尺寸、活动尺寸相协调，其道路外空间延伸的长度尺寸也适合人的行动尺寸，很方便人体的停留、驻足、移动等，同时也提供遮阳避雨的空间，该建筑外空间与人体尺寸、活动尺寸、行动尺寸就存在着互利共生的关系。

图 5-2-52　建筑外空间和人体活动 2

11. 建筑外空间与年龄

婴儿需要建筑外空间,如在室外空间中晒太阳、接触自然等。婴儿需要人抱着或坐婴儿车,空间地面要平坦,空气要新鲜,不能过于阴暗潮湿等,要适合婴儿室外活动需求。幼儿刚学会走路时,很不稳,容易摔,对物体的识别能力也差,在建筑外空间活动中,容易碰到硬物、尖角物等而受到伤害,空间中要避免易伤害到幼儿的材料、构造物体等。儿童喜欢玩耍,充满着对未知事物的好奇,建筑外空间设计要有符合儿童活动的场所和物品。同样,少年、青年、中年、老年各阶段的人各有自身的特点,建筑外空间使用功能主要是针对哪部分人群,就要设计、建造符合他们需要的构造物,不能随意设计、建造。

其实,各年龄期人的特点也反过来为建筑外空间提供设计、建造、使用等的依据,体现其使用价值。因此,建筑外空间因子与各年龄因子存在着互利共生关系,但若设计、处理得不好,考虑不周,也会出现有害共生甚至互害共生关系。

12. 建筑外空间与职业

各种职业除了建筑师既是设计者又是使用者和部分工人既是施工者又是使用者等直接紧密参与外,其余的基本上都是以使用者角色为主。

各职业对建筑外空间的使用要求是有区别的,除了与职业特点有关系外,也与使用者的知识结构、对事物的认知度等都有着一定的关联。比如,农民要求的是粗放性的空间,教师要求的是有文化品位的空间,建筑师要求的是精细化的空间等。

建筑外空间与各职业存在着有利共生的关系。当然,也存在着这种情况:对一部分职业有利,对另一部分职业人没有利,甚至有害。因此在设计、建造建筑外空间时,要权衡各方利弊,找到最佳的平衡点。

13. 建筑外空间与心理、思想

从某种角度上说,思想左右着建筑外空间。在新建、改造建筑外空间时,都是首先有设计意图,这设计意图就是人思想的集中反应,有什么思想意识就有什么样的设想。比如,想把某边角地改造为儿童活动场所,有这样的思想想法,于是就进入改造设计、施工等一系列的活动,最后就建造出一个供儿童活动的建筑外空间。

反过来建筑外空间也影响着思想,各种已经存在着的既有建筑外空间,人们在活动、认识过程中,会留下记忆痕迹,影响着人们的思想,后建或改造的建筑外空间多多少少会受到其印记的影响。出现雷同的空间情况就是把印记的给予明显具体化,也就是后造的模仿前造的。

建筑外空间对心理的影响也是不可忽略的,外空间的大小、形状、围合程度等对心理都会造成不同程度的影响。

因此,建筑外空间与心理、思想是密切关联着的,若处理得好就是互利共生关系,反之,就很容易出现互害共生关系。

14. 建筑外空间与信仰

信仰也会影响着建筑外空间,比如柬埔寨信仰蛇神,建造的道路、广场等到处可见到蛇形构造物。在我国的庙宇里,院子内基本上都有香炉摆设,信仰神灵的人们都需要烧香,以表达对神灵的尊敬、感激和祈求、保佑等。

15. 建筑外空间与风俗

风俗就是历史流传下来的特定的习惯,这对于建筑外空间的设计、建造有一定的影响。比如根据我国古代的风俗,房子必须要有个院子的习惯,每座建筑体都有个院子,无院就不成房。

16. 建筑外空间与制度

建筑外空间的大小、形状等也受到制度的影响、制约。比如,某城市政府制定制度,对于在城市开发的地块,若提供建筑外空间即提供公共活动的开放空间,不计入土地出让时开发商的建筑面积指标,那么开发商为了提高档次会努力去多建造一些公共性的开放空间。这样,与没有该制度的情况相比,地块开发建造的建筑外空间就完全不同。

17. 建筑外空间与权力

有些权力用人造空间来反映,以显示其权威。宽大、对称、整齐的广场可反映权力的严肃、庄严。如皇家广场,就是一种权力的象征,其他的一切广场不能比该广场大、宽等。空间的大小、庄严性衬托权力的大小。建筑外空间与权力有着互利的共生关系。

18. 建筑外空间与经济、科技

经济、科技的好坏直接影响着建筑外空间的大小、品质。经济技术落后,外空间的修建就比较差。经济、科技发展得好,空间修建得也会很好。反过来,建筑外空间也影响着经济。比如,某地把广场、道路、房前房后等各室外空间修建得很人性化、生态化、文化浓厚等,吸引大量游客来参观、旅游等,有助于当地经济的发展。二者有互利共生的关系存在。

六、地表下环境与其他因子的共生关系

（一）岩体与相关因子的共生关系

1. 岩体与土体

土体由岩体长期风化形成,土地经过漫长的地质作用也会形成岩体,但这种相互转换的时间非常长,与人类活动的短暂时间相比,可以忽略不计。也就是可认为二者是固定不变的,属于不同的物质形体,但其矿物成分还是密切相关,具有一致性。也就是说,什么样的岩体性质就会有什么样的土体性质,比如富含铁的岩体就会形成富含铁、铝氧化物的酸性红土壤。

土体覆盖在岩体上方,一般岩体都带有土体,对于陡峭的地形,岩体表面风化后的各风化物被雨水、大风等冲走,堆积不了泥土,就直接以岩体暴露在外。岩体因为地质原因,都是呈不规则形状,凹凸不平,几乎没有大面积的水平状的平原,只有上部大面积的覆盖土体,地面才能呈现出水平状的平原。岩体与土体有不可分割的共生关系,一般都呈互利共生关系,在有些条件下,会有偏利、偏害等共生关系。

2. 岩体与地质构造

地质构造与岩体相互依存。地质构造复杂的岩体整体性、稳固性就差,比如岩体裂隙发育、地下水也就丰富,对岩体的可溶性矿物质进行溶解,也促使岩体的整体性越来越差。稳定性、整体性强的岩体,地质构造规整、简单,出现滑坡、塌方等自然灾害的概率就大大降低。

3. 岩体与地下水

地壳的运动，其上部的岩体一般都会受到力的挤压而产生裂隙。若岩体受力过大，导致裂隙错开，岩体就会断裂，形成大裂缝，雨水就渗透到岩体中这些大大小小的裂隙里形成地下水，有些从地表上流出，就成为泉水。

地下水的存在进一步加剧了岩体的风化，对岩体有损害作用，但这种损害是漫长而细微的。岩体能储藏地下水，对地下水有利。这二者是偏利共生关系。

4. 岩体与地下构筑物、地下管道设施

岩体越坚硬，开凿就越费力，在岩体中建设工程难度就越大。地下构筑物、地下管道设施建在岩体开凿后的洞室或隧道里，可受到周围岩体的支撑保护。在岩体中建设地下管道、地下构筑物虽然难度比较大，但建好后稳定性好、寿命长，许多军事工程等就是整体建在岩体中。地下构筑物、地下管道设施埋设在岩体里，需开挖、开凿、破碎岩体，对岩体造成破损影响。

开凿岩体建设地下构筑物、管道设施是对岩体的一种有损破坏，但地下构筑物、管道设施有了建设空间而受到保护，获得了利益。因此，二者是偏利共生或偏害共生关系。

5. 岩体与地理位置、高度标高、地形地貌

不同的岩体分布在不同的地理位置、不同的标高处。不同的岩体也有不同的地貌形状。不同的地理位置、标高高度、地形地貌，往往具有不同的岩体性质。所以，在工程项目建设中，每一个具体的建设地点都需要详细勘探地质，探明岩体性质和形状等。

6. 岩体与植物

植物对岩体有风化侵蚀等有害影响。比如，植物的根会在岩体的节理裂缝中延伸，挤破并扩大裂隙，造成岩体的破损。同时，岩体丰富的裂隙和表面层的风化物为植物提供繁殖生长的场所和物质条件。如图 5-2-53 是植物生长在岩体的裂隙里。

图 5-2-53　岩体与植物

还有一种情况，在有特定矿物质的岩体的位置，会生长特定的草木等植物。比如，有一种铜草，专门生长繁殖在富含铜矿物质的地方，有一种流行的说法，找到了铜草就几乎找到了铜矿。

因此，岩体对植物有好处，植物对岩体有害处，二者是偏利共生或偏害共生关系，到底属于哪一种共生关系，具体看有利和有害的大小，若有利大于有害，即为偏利共生，反之为偏害共生。

7. 岩体与地表水

地表水对岩体有风化作用，流经岩体，会溶解或冲刷侵蚀岩体。例如各种岩石凹处的溪流，有各种各样被侵蚀的岩体地貌，如图 5-2-54 和图 5-2-55 所示。

图 5-2-54　岩体与地表水 1

图 5-2-55　岩体与地表水 2

地表水流入岩体的缝中就会成为地下水。如喀斯特地貌，就是地表水或地表水流入岩体后的地下水对石灰岩的溶蚀、冲蚀、潜蚀等形成的。

岩体能承载地表水，为地表水提供依托和储藏的载体，还能溶解部分矿物质，丰富水体的微量元素，提高水质，这种情况下岩体对地表水有利。但当岩体中带有有毒物质，被融进水体中，对水体有害。

8. 岩体与构造物、建筑物

人们在建造地上各构造物、建筑物活动时，往往会对岩体进行开凿、开挖、爆破等，另外也额外增加了岩体的重量。建设活动对岩体有破损的影响。构造物、建筑物是由岩体来承载、承托，同时也获得建造的地方。地上各构造物、建筑物从岩体上获得利益。因此，二者是偏利或偏害共生关系。

9. 岩体与空气、阳光、云、雨、雪、雷电、风、温度、湿度

空气、阳光、云、雨、雪、雷电、风、温度、湿度等地表上空因子对岩体有侵蚀作用。没有一块裸露在外的岩体是新鲜的，表面都被它们所风化侵蚀，看不到岩体的新鲜面，只有凿开或剥离被风化的表面层，才能看到岩石的原貌。岩体对这些环境因素几乎没有影响，所以二者是有害共生关系。

10. 岩体与生理需求

岩体对于人的生理需求有影响作用。人需要在地球上生活活动，地下就是岩体，岩体的好坏直接影响着人的身心健康，比如有些岩体中含有过高放射性物质，对人体健康造成有害影响。岩体的坚硬性、稳固性也会影响人的活动，不稳定的岩体会发生塌方、沉陷、位移等，会危及人的生命。所以岩体对生理需求有好处的同时，在某些特定情况下也有坏处。

人的生理需求中有对居住空间的需要，为了获得更大、更舒服的居住空间环境，就会有对岩体的破坏等活动。

因此，二者是存在着偏利或偏害、甚至有互害的共生关系。

11. 岩体与信仰

人们有时对某种岩体有执着的崇拜，经过几代人的传承，形成了一种固定的信仰，坚信该岩体会给人带来好运，不能开凿，只能拜祭。这样可以给该岩体带来保护作用，岩体也给信仰提供物质客体。这种情况下，二者是互利共生关系。

12. 岩体与制度、权力

岩体与制度、权力有一定的关系，有些地方的制度就规定不能开凿某地的岩体，该岩体就不会被人为破坏。没有制度保护的岩体或凌驾于制度上的权力下令要在某处开山凿石，该岩体就会被开凿。

岩体是一种矿产资源，含有不同的矿物质，具有不同的价值，这也就刺激并促进制度的制定和权力的产生，比如关于矿产资源开采的各种制度。

13. 岩体与经济、科技

岩体中丰富的矿物质是提供现代经济的基础，如钢材来自含铁矿的岩体，水泥来自含石灰石的岩体，等等。

同时，随着社会经济的发展、科学技术的进步，有更多的资金投资在矿产资源上，能在岩体上发现、开采更多的矿产资源和建设物资资源，这对被开采的岩体有致命性的破损作用，在丰富了社会经济需求的同时，也破坏了岩体。

二者是偏利共生或偏害共生关系。

14. 岩体与文化

岩体中的各种岩石、矿物、构造、形状、地貌等本身就在一种自然文化遗产，有些利用岩体本身人为雕琢出当时的各种人物、物件等，数百年或上千年后还能留存下来，后人通过这些岩

体雕塑能追寻到当时的风土人情、信仰、习俗等，这也是一种历史文化。岩体与文化是互利共生关系，如图 5-2-56 是岩体中的古代雕塑。

图 5-2-56　岩体与文化

（二）土体与相关因子的共生关系

1. 土体与地下水

土体是储藏地下水最大的载体，比如，沿海地区平原的淤泥土体含水量达 80%。有些地方过度地抽取地下水，也影响着土体的结构，过度抽取地下水而导致地面下沉。土体为地下水提供储存载体，地下水使土体保持湿润，让土体更有可利用价值。二者是互利共生关系。

但有些特殊情况下，也会存在着偏害共生关系，比如过于丰富的地下水会造成土体的破坏、冲蚀等。在工程建设中，对受地下水影响形成的橡皮土就无法夯实。

2. 土体与地下构筑物、地下管道设施

地下管道、地下构筑物大多数是埋设在土体中，若土体不稳而移动，直接影响着地下管道、构筑物的安全。但地下构筑物、管道设施需要在土体中开挖出空间来埋设，这种开挖或多或少会对土体造成有损破坏。二者是偏利共生或偏害共生关系。

3. 土体与地理位置、高度标高、地形地貌

地理位置和高度标高不同，土体的性质也不同，相差也很大，如沿海地带与高原地区就有很大的差别。地形地貌的不同，如平地、斜坡、高山陡坡等，土体的厚度、性质都有所不同。土体与地理位置、高度标高、地形地貌都有关联。

4. 土体与植物

植物是直接生长在泥土上的，只要有适合的环境有土就有植物，有植物就要有土，二者相互依存。土体提供植物的生长载体和需要的营养，植物的生长能对土体起到稳固的作用，二者是互利共生关系。

如图 5-2-57 中，公路两侧的土体在修建道路后裸露在外，形成斜坡，在斜坡上种植植物，目的也就是通过植物来稳固土体，防止滑坡或坍塌等。

图 5-2-57　土体与植物

5. 土体与动物

有些动物在土体里挖洞，构筑生存栖息的空间，如野兔、地鼠等；有些动物是直接生活在土体中，如蚯蚓、泥鳅等。

6. 土体与地表水

地表水的流动会冲刷土体的表面层，带走土粒，对土体有有损作用。但在被冲刷带走的同时，会在某凹地沉积形成新的土体，地表水也促进了新的土体的形成。且地表水可以渗入土体内部，被储藏，形成地下水。

7. 土体与构造物、建筑物

土体支撑地面上的各人工构造物、建筑物，只是有些构造物、建筑物太重，土体支撑不了，转而由深层的岩体支撑。构造物、建筑物在受土体的支撑后会对土体施压而压缩土体，若压缩程度过大，会对土体造成破坏，构造物、建筑物也会迅速沉降或倾斜。土体和构筑物、建筑物是有偏利或偏害、互害的共生关系。如图 5-2-58 是在土体中施工的建筑物基础。

图 5-2-58　土体与构造物、建筑物

8. 土体与云、雨、雪、温度

土体在云、雨、雪的作用下，会变软、变松。若温度过低会形成冻土，形成冻土后体积会膨胀，温度一升高，冻土又融化，土体中的冻土层体积又缩小。

土体的深处保持恒温的状态，不随地表上部的温度变化而变化。这样，在土体深处的空间、洞穴等环境中，人们就会觉得冬暖夏凉。

9. 土体与生理需求

土体与人因素中的各因子都有关系。人赖以生存的食物主要是来自在土体中种植农作物。土体的质量直接或间接地影响着人的健康。生活在污染或有毒的土体环境中，人的生病概率就高。据说某村有个厂子做皮革生产，长期以来对土体造成污染，生活在该被污染的土体上，人们的身体健康情况堪忧，生病的人就多。

10. 土体与农民

农民以农业生产为主业，农业依靠土体面层的耕作土种植各种农作物。

11. 土体与建筑师

建筑师策划、设计构造物、建筑物时，需要将其所在的土体一起考虑，如土体有多深、承载力如何、含水量如何、是否干净、是否含有毒物质等，都需要有详细的了解。

12. 土体与制度、经济、科技

经济发展对土体的影响也很深远，大量工程的建设，动土挖地，都会改变土体，工厂排放污水渗入土体中，也会污染土体。但科技的发展，提供了治理污染土体的技术支持，经济的发展提供了治理土体的资金保障。

对泥土的过度使用导致某些制度政策的出台，如禁止使用黏土实心砖，就是为了保护农田，不得用农田土做砖、做瓦等，这一定程度上保护了部分土体。

（三）地质构造与相关因子的共生关系

1. 地质构造与地下水

地质构造影响着地下水的含量和分布。地质构造会造成成分、形状、裂隙等不一样的各种岩体，不同的地质构造造就了不同的地下水。比如，有的形成温泉，含有丰富的微量矿物质。同时，地下水也会改变地质构造。

2. 地质构造与地下构筑物、地下管道设施

地下构筑物、管道设施需要建造在变形比较小、地质稳定的地质构造处。若在有严重的断层、断裂破碎带、褶皱陡坡等地方，建造地下构筑物、管道设施将会很容易出事故。同时地下工程也对地质构造造成影响，若工程过大，容易引起新的地质活动，产生新的地质构造。

3. 地质构造与地形地貌

我们看得见的各种地形地貌都是地质运动后的地质构造在地表面的表现形式，也就是地质运动形成各种地质构造，地质构造呈现出各种各样的地形地貌。如图 5-2-59 是地质构造运动形成的独特地貌。

图 5-2-59　地质构造与地貌形状

4. 地质构造与构造物、建筑物

地质构造对地上历史留存的或新建的各构造物、建筑物都有影响。位于复杂、运动中的地质构造上方的各构筑物、建筑物，都会受到其有损影响，严重的会造成倾斜甚至倒塌。

过于超大的构造物、建筑物，因过重对地下施压过多，会引发地质运动，如地震等，同时也出现新的地质构造。

5. 地质构造与生理需求

活动在地质构造复杂的地方，人的危险性就提高，地震、塌方、沉陷、泥石流等出现的概率就高，特别是断裂破损带地方，出现地质事故的风险系数很高，对人的生理需求就会造成有害影响。稳定的地质构造有益于人的生理需要。

6. 地质构造与建筑师

建筑师需要了解建设项目所在位置的地质构造如何，以保证方案实施的安全性、可靠性，提出对未来可能出现的危险而采取相应的补救措施或方案。

7. 地质构造与经济、科技

经济、科技越发达，对地质的人为改造活动就越多，越会打破原有地质构造的力学平衡。自然界为了达到新的力学平衡，地质就出现移动变化，事故也跟着会发生。比如，某地方建了个大水坝，其周围时不时出现小地震；开山建了条路，被开凿后的陡崖常出现塌方。但随着科技的发展，对地质构造可能发生事故的预测能力会提高，能降低事故发生的概率和损失程度。

（四）地下水与相关因子的共生关系

1. 地下水与地形地貌

有些地貌形状是由于地下水的长期作用而形成的，地下水在土体空隙、岩体裂缝、峡谷断裂带等处储存、流通的过程中，对其进行溶解、侵蚀等作用，之后由于地壳上升等运动，形成一些独特的地形地貌。同时，有些地形地貌能促进地下水收集、储藏等。

2. 地下水与植物

地下水丰富的地方，一般来说植物也茂盛，同时茂盛的植物也对地下水的存储有利。二者是互利共生关系。

3. 地下水与地表水

地表水流入或渗入地表面下，就成为地下水；反之，地下水流出地面，就成为地表水。二者可以相互转换，互利共生。

4. 地下水与地下构筑物、地下管道设施

地下水对地下构筑物、地下管道设施等有侵蚀、渗透作用，对大型的地下构筑物还有很大的浮力，比如，某住宅区内的地下水池，在施工完工后，正准备蓄水，在蓄水的过程中，突然一下子从泥土里浮起来 1 m 高。

地下管道、构筑物对地下水也有不利影响。比如，埋设在地下的污水管、废水管、化粪池、废水池等渗漏会造成地下水的污染。管道的渗漏会影响水质，就有规定在饮用水的水体边一定的距离范围内不能埋设污水管等。

5. 地下水与温度、湿度

埋设深层的地下水有比较高的温度，流到地面还保持温度较高的，俗称温泉，有些是自然流动到地面，有些是人工钻孔抽到地面，流到地面能提高其地面局部的温度。丰富的地下水资源也带来湿度的增加。

6. 地下水与生理需求

地下水与人的生活需求有相当密切的关联。古人择居首要的是寻觅地下水源，无水就谈不上宜居。择水而居，就反映出地下水的重要性。房前房后凿井而取水使用，就是把地下水取上来使用。含有对人身体有利的丰富的矿物质的地下水，能对人起到延年益寿的作用，反之，含有有害物质的地下水，对人身体有害。

7. 地下水与风俗

地下水会左右当地人的风俗。在地下水很缺乏的地方，人们生活的习惯上很少洗澡，生活上对于水的使用是能省就省，绝不浪费，这样就形成一种生活风俗习惯。

8. 地下水与制度、经济、科技

地下水丰富且品质好，会带来经济上的好处。比如有些地方开采地下水做矿泉水销售，另外有些地方地下水温度高，开发温泉产业，可带来经济收入。

但经济发展过程中，若没有好的制度来制约环境污染问题，工厂废水、废渣、生活废水、垃圾等没有经过无害化处理就排放或填埋，就会对地下水造成污染。污染的地下水反过来损害人的身体健康。这种情况下，地下水与经济、科技就存在着互害共生关系。

好的制度能制约对地下水的污染，有效地利用地下水，这种情况下，地下水与制度是有利共生关系。

（五）地下构筑物与相关因子的共生关系

1. 地下构筑物与地下管道设施

地下构筑物与地下管道设施相互依存。

地下构筑物要与外界联系,就需要通过地下管道设施延伸到地面,地下管道设施也需要地下构筑物来连接、安放,维修保养也需要通过地下构筑物的空间。比如地下管廊,廊道就是地下构筑物,在廊道里有地下各管道设施,就是没有廊道直接埋设在泥土里的管道,也需有检查井等构筑物。

地下管线对地下构筑物也有影响。对于已存在着的地下管线,地下构筑物的建设需避开或把管线迁移等,或者要保护好地下管线,不使其破损、位移等。对于新建的地下管线,要绕开地下构筑物,不能被其阻挡。

在建筑物多的城镇地方,地下管线一般都是开挖埋设在道路下,因为道路位置地下构筑物少,而有建筑物的地方基本上都有地下构造物,如建筑的基础是避免不了的,每个建筑物都有埋设在地下的基础构筑物。

该二者一般情况下是互利共生关系。

2. 地下构筑物与地形地貌

在地面下的构筑物,有些是开凿山洞,有的由地面向下开挖、建造等。不管是用哪种方式建造,都需要开挖部分地面,对原始地貌会造成一定的破损、破坏,只是对地貌形状损伤程度不一样,有的严重,有的轻微。

地貌形状对地下构筑物也有影响,有些是对地下构筑物有利,有些是有损,如地貌平坦稳定,对地下构筑物有利;崎岖险峻的地貌,对地下构筑物有损。

因此,该二者存在着偏利、偏害或互害的共生关系。

3. 地下构筑物与构造物、建筑物

历史留存的地下构筑物对建造地面构造物、建筑物有一定的影响,如坟墓洞穴、矿洞等,在其上方地面建造构造物、建筑物就降低稳定性,若不做处理,就可能出现塌陷等事故。

在建造地面构造物、建筑物时为了稳固,一般都有整体延伸到地下,在地面下的工程部分就是地下构筑物,这部分地下构筑物与地面的构造物建筑起到互利作用,如连接上部的地下室、地下基础对其上部的建筑起到稳定、镶嵌的有利作用。

4. 地下构筑物与生理需求

人长期在带有大型空洞的地下构筑物里生活、活动会造成心里不踏实的空幻感、压抑感。比如大型的矿洞,说不定哪天出现塌陷,就会危及人的生命。人若长期在大型或众多的墓穴附近生活、活动,其洞穴里溢出的污浊气体、生存在洞穴里爬出的小动物等对人的心理、身体都会造成伤害。

5. 地下构筑物与建筑师

建筑师在策划、规划、设计各建筑物时,都需要对地下构筑物进行了解、把控,了解地下构筑物也是建筑师工作的一部分。

6. 地下构筑物与思想、信仰、风俗

地下构筑物是人工历史留下来和现建设的各种人工客体,与人的思想、信仰、风俗等都有着一定的关联。

地下构筑物会引起人们的思想、信仰、风俗等的变化。比如,历史上的某些帝王或影响力大的人物的地下墓地,是人们精神上的寄托地,并将其作为神圣的膜拜之地,在现代,有的地方还以此为依托,开发旅游景区。

7. 地下构筑物与经济、科技

在进行任何地上工程建设时,都需要弄清楚地下构筑物,并需对其进行处理,这就关系到经济费用和科学技术的应用。对于复杂的地下构筑物,处理费用是一笔不少的投资。

在获得同样大小的使用空间的情况下,建设地下构筑物比地上的经济成本要高很多,技术也复杂得多。建设地下构筑物需要有较大的投资,只有经济条件较好,资金雄厚,才能建好地下构筑物。

8. 地下构筑物和文化

埋设或被埋设在地下的构筑物不容易被破坏。人类历史发展进程中的历史文明,许多都是在地下构筑物中被挖掘和发现的,这些文明的发现丰富了历史文化。二者是有利共生关系。

如图 5-2-60,被埋设在地下的古水闸遗址被挖掘出来作为历史文化的实物载体进行现状保护,提供给人们观看,以了解该地方的某历史时段的文明。

图 5-2-60　地下构筑物与文化

(六)地下管道设施与相关因子的共生关系

1. 地下管道设施与地形地貌

地下管道设施一般都是在开挖地面后埋设,再覆盖,或在一定的距离开挖大井,然后埋设、安装各管道设施等。不管采取哪种方式,都需要破坏原有的地貌,在埋设完成后恢复,把有损影响降低,但总归也是有损。平坦的地貌对地下管道设施有利,崎岖不平的地貌对地下管道设施不利。所以,二者存在着偏利、偏害或互害共生关系。

2. 地下管道设施与植物

对于地面上的植物,有地下管线埋设的地方,就不能种植根系发达的植物,否则会破坏地下管线,同时管线的存在也影响着上部植物的生长发育。二者是互害共生关系。

3. 地下管道设施与构造物、建筑物

地下管道设施是提供地面构造物、建筑物的能源、给排水、信息等物质运输的载体。地面各构造物、建筑物是地下管道设施存在的前提条件,没有地面的各构造物、建筑物的需要、需求，地下管道设施也就没有存在的必要。

因此，二者是互利共生关系。如果构造物、建筑物的位移或沉降等对地下管道设置造成有损影响，那么二者就存在着偏利或偏害的共生关系。

4. 地下管道设施与生理需求

有些地方的地下管道设施是历史上长期建设积累下来的，特别是在现代，由于城市建设的发展，地下管线特别多，纵横交错，复杂多变。

对于输送有毒、易燃的气体或液体的地下管道，若发生泄漏，会对人造成伤害。地下的电缆漏电事故也有发生，甚至造成人身伤亡。但是，人的生活需求是需要地下管道设施，现代生活离不开地下管道设施，其是给人提供信息、生活给水、排水、电力、煤气等生活需求的必需品，对人的生理需求有利。

人的生理需求上需要使用地下管道设施，在使用过程中，地下管道设施也会慢慢老旧、破损等。

地下管道设施与人的生理需求一般是偏利共生关系。只是在特殊的情况下存在互害共生关系，这种互害的关系要尽量避免发生，若避免不了，也要把发生的概率降到最低。

5. 地下管道设施与建筑师

地下管道设施有助于建筑师向项目的前期策划、方案设计的方向进行引领。比如，地下管道设施的齐全性、承载能力、接入口及埋设位置、深度等情况，对建筑的体量大小、功能作用、位置摆放、出入口等思考都有引领方向的积极作用。建筑师在策划项目时，有助于地下管道设施的布置。二者是互利共生关系。

6. 地下管道设施与心理

地下管道设施中运行的交通工具，比如地下全封闭的地铁等，对人的心理有不利影响。因其比较封闭，使人有一种恐惧、压抑的感觉，在运行使用中都需采取各种措施把这种感受降低到最低限度。

7. 地下管道设施与经济、科技

地下管道影响着经济。管线老旧、破损需经常投入大量的经费来开挖维修，因管线的重要性不得不修缮。如图5-2-61，某个住宅小区内地下污水管已老旧破损，不得不开挖进行重新更换埋设。投入的经费比较大，不只是管道更换，还要把原完好的地面开挖并进行修复。另外，在施工中还会影响居民的日常生活。

图5-2-61 地下污水管维修

经济、科技的发展会促进地下管道的完善、改造、提升，有经济实力以及一定的科技水平时，在地下做综合管廊，把所需的各地下管线统一集中在地下廊道中，这样今后维护、修理就很方便，不需开挖地面来修缮。

8. 地下管道设施与制度

对于地下管道设施的建设、管理等，政府都有出台相应的政策制度，来规范地下管道的建设、维修及要求等。对于地下的军事电缆，部队还有专门人员来管理、维护。

七、地表面环境中的因子与其他因子的共生关系

（一）地理位置与相关因子的共生关系

1. 地理位置与高度标高、地形地貌

一般情况下，地理位置不同，对应的高度标高也不同，如果标高值相同，则同一区域就是平地或水平面。不同的地理位置有不同的地形地貌，位置不同，有的地貌形状差别就很大。比如我国西北地区高山峻岭多，东南平原丘陵多。

2. 地理位置与植物

地理位置的不同，自然气候就不一样，生长的植物就有差别。南方植物和北方植物相差就很大，北方植物需耐寒耐旱，基本上是针叶树木，而南方阔叶比较多。干旱贫瘠的沙漠里，植物的叶子比较细长，呈针状，如仙人掌、仙人球等。

3. 地理位置与动物

动物在不同的地理位置其物种也有所不同，就是同一物种的动物，在不同的地理位置繁殖生长，也会产生不同的习性。

4. 地理位置与地表水

地理位置不同，地表水也不一样。古人选择居住地方，就是在不同的地理位置跋涉寻觅，地表水丰富，水源不枯，长流不断，就依水而居。经常出去旅游的人就会发现，绝大多数的村庄、集镇、城市里都有河流、溪水等穿过或从附近经过。

5. 地理位置与构造物、建筑物

地理位置不同，地面人工构造物、建筑物也会有所不同。地理位置不同，气候条件就有差别，构造物、建筑物需要适应地域气候特征，建造的构造物、建筑物就有所区别。如北方的厚墙小窗，有保温御寒的作用。南方的建筑屋盖轻薄外挑、外墙空透，有遮阳、通风、降暑的作用。

6. 地理位置与环境色

不同的地方有不同的景色。人们对一个地方的感触，首先就是环境色彩，一步一景，就是指所处位置不同，景色就不一样，色彩也不一样。

大的来说，在地球上，可以说每个位置都有不同的景色、不同的色彩，没有一处是一样的。就是人工在某处进行大规模地模仿其他位置的建筑物，也是会出现偏差的环境色，因为周围环境不一样。

7. 地理位置与空气

地理位置不同，相应的空气也不同，空气质量、比重、气压、流动速度等都有所差别。高海拔的地方气压低，空气稀薄，氧气含量低，长期在低海拔生活的人到高海拔地区生活，就会不适应，主要原因就是空气气压不一样。就是同一幢楼，不同的位置，空气也有所差别。

8. 地理位置与阳光

不同的地方有不同强度的阳光。地球绕着太阳呈椭圆形转动，同时自身也不停地在自转。在同一时间，不同的地理位置，太阳光的高度角和方位角也不一样，照射的阳光强度就不一样。经常外出旅游的人，常常会说：这里是夏天，家里现在是冬天；这里是中午的太阳，家里现在是傍晚的阳光；这里是白天，家里现在应该是晚上了。

同一个小区不同位置，阳光也不一样。就是同一幢楼房，不同位置不同楼层，阳光也不一样。

9. 地理位置与云、雨、雪

不同的地方有不同的云、雨、雪。沿海地带雨水多，内陆有的地方年降雨量只有数十毫米，与沿海的数千毫米差别很大。南部地方有的终年见不到雪霜，北方有些地方全年有一半时间是雪霜可见。有些山丘的山顶常年云雾迷蒙，山脚明亮无云。如图 5-2-62 所示，该位置是福建与浙江交界的分水岭位置，这些山丘基本上常年有云雾。

图 5-2-62　高山云雾

10. 地理位置与雷电

有的地方常年没有雷电，有的地方时常有雷声轰鸣。不同的地理位置，雷电发生的次数也就不一样。

11. 地理位置与风

对于风的方向和大小，不同的地方差别很大。每个地方在气候上都会专门绘制出各自地方的风玫瑰图，能直观地看出其全年的风向频率和速度大小。在同一城市的不同位置，风也很不同，就是同一幢楼房，不同位置风向、大小等可能也是不一样的。

12. 地理位置与温度、湿度

地理位置的不同，使温度、湿度等自然环境的不同。有的差别很大，我国国土辽阔，南方和北方、沿海和内陆、平原和高原、低海拔和高海拔以及温度和湿度等都有差别。

13. 地理位置与声音

不同的地理位置声音也会不同。在环境再造过程中，其中着重考虑的一点就是对噪声的考虑，避开噪声或降低噪声等。

14. 地理位置与飞鸟

不同地方飞鸟的种类和数量也有所不同。有的地方到处是飞鸟，有的地方是终日见不到一只。

15. 地理位置与飞行器

人工各飞行器，在不同的地方会有所不同，比如在机场附近，飞机出现次数就多。远离机场或非航线位置，飞机等出现次数就少。

16. 地理位置与生理需求

不同的地理位置对人的生活、身体、心理等会产生不同的影响，高原上人的身体机能与低海拔平原上的人就大有不同，同时，人的性格也有所不同。

17. 地理位置与年龄

地理位置与各年龄看起来没什么关联，但仔细分析还是有关系的。从大的方面讲，不同的地域也就是地理位置不同，人种、习性、寿命等就有区别，各年龄期的区分、生活方式等也有差别，如有的地方人均寿命只有 40 多岁，有的地方有 70 多岁；有的地方 7 岁小孩在接受教育、大人养育着，但在有的地方，7 岁小孩已干活养活自己。从小的方面讲，在一个城镇里，在不同地方规划建设的幼儿园、小学、中学、大学、工厂、办公楼、养老院等都是一定范围年龄的集中地。

18. 地理位置与职业

不同的地方，职业也有所差别。在沿江沿海地区的人们多以渔业为生，在山区农村的多以农业为生，在城镇的多以买卖交易等为生，各种脑力劳动、体力劳动、交易活动等构筑成该地区城镇的社会基础活动。

在同一座城市，职业也有集中地。工业区主要以工人职业为主，高教园区主要是以教师为主，政府办公楼是以公务员为主，医院区就是以医生为主。

19. 地理位置与各意识形态

地理位置不同，人的思想、社会经济、风俗习惯、信仰习俗、社会制度、文化等都有差别。换一种方式说也叫地域文化，地方不同，文化就不同。爱好旅游的人到处游玩，变换地理位置，就是体验、了解不同的地域文化。

（二）高度标高与相关因子的共生关系

1. 高度标高与地形地貌

高度标高不同，对应的地貌形状就不同。地貌形状一般都用标高高度来测绘和描述，二者是一一对应关系。在表达地貌形状的地形图中，不同的等高线就是代表不同的高度，等高线密集代表地貌险峻，等高线疏朗代表地貌平坦。

2. 高度标高与植物、动物

高度标高不同，植物、动物也有所不同。比如一座大山，从山底至山顶，动植物垂直分布很明显。对有高度特征的动植物进行观察，能大致推测出该动植物生活的地方的高度标高。

3. 高度标高与地表水

地表水是从高向低流，在低处汇集。高度越高，地表水就越缺乏；高度越低，地表水越丰富。

4. 高度标高与构造物、建筑物

构造物、建筑物自身就有对应的高度标高，还有对应的所处位置地面的高度标高，二者高度统一在一起。二者的关系主要看如何结合，结合得好就是互利共生关系；结合处理得不好，就会出现偏利或偏害共生关系。

5. 高度标高与环境色

高度标高不同，环境色也不同。就是同一颜色，在不同的高度，人眼感受的也有细微的差别。比如同一座大楼，外立面用相同颜色，站在地面的人看它，竖向的颜色会有差别，有些细心的建筑师对过高的大楼会采取退晕等手法，不同的高度用深浅不同的颜色，使环境色效果达到最佳状态。同样，一座大山，高度不同，表现出的色彩也不同。

6. 高度标高与空气、阳光

高度不同，空气和阳光也有所不同。同一座山或同一座楼，不同的高度，空气不一样，照射到的阳光也不一样。

7. 高度标高与云、雨、雪、雷电、风

同一位置，高度不一样，其云、雨、雪、雷电、风也不一样，有的还差别很大。在高山山顶、大楼顶面风就大，云雾也多，也易接受雷电袭击。

8. 高度标高与温度、湿度

高度不一样，温度、湿度也有不同。比如，就在同一座大楼，在不同的高度，温度、湿度都有细微差别。

9. 高度标高与声音

来自同一位置的声源，在不同高度的地方接收到的声音强度也不一样。在同一座大楼，对于马路上传来的噪声，不同的楼层听到的噪声也会不一样。同一音乐厅，不同的高度，音乐效果也有所区别。

10. 高度标高与行动尺寸、生理需求

人的行动尺寸有一定的限值。高度过高的地方，人就难以攀爬上去，需要借助工具、器材或机械设备才能到达。

人对空气的生理需求是最基本的需求之一，高度越高，空气越稀薄，人生存就越困难，在海拔高度较高的地方，有些人就会出现高原反应。

11. 高度标高与年龄

对于年龄小的如婴儿、幼儿、儿童在高楼上长期待着会影响其生长发育，对健康不利。老年人长期居住在高楼上，可能会更加孤独、无助。

12. 高度标高与职业

高度对各职业有不同程度的影响，过高或过低的地面位置对各职业都有不利的影响。工作、生活在高处或地面下的低处都是不方便的。比如，长期在数十米深的地下工作，工作效率不高，同时也会感觉生活压抑。

13. 高度标高与心理

合适的高度，有助于心理健康。长期在高空或地底下工作或生活。

（三）地形地貌与相关因子的共生关系

1. 地形地貌与植物

地形地貌与植物存在着互利、有利、偏利、偏害和互害的共生关系。若地形地貌有利于植物生长繁殖，植物也有利于地形地貌的保护，这种情况仁者就是互利共生关系。如某土坝、土坡，水土丰富，又向阳，有利于植物的生长繁殖，其根系可以巩固土坝、土坡的牢固度，降低被冲刷的风险，这就有利于土坝、土坡的保护作用。二者共生在一起，双方都有利。若地貌形状对植物的生长没有害也没有利，但植物是对其有利，二者存在着有利共生关系。

有些地形地貌不利于植物生长，如陡峭悬崖、荒漠雪地、裸岩等，对植物的生长繁殖没有好处，特别是经过人工改造硬化的地貌，对植物的生长繁殖存在有害影响。在植物的生长对其有保护作用的情况下，二者存在着偏利或偏害的共生关系。若植物的根系同时对地貌有破损作用时，二者就存在互害共生关系。

2. 地形地貌与动物

地貌险峻陡峭，对动物的生存不利；地貌平坦，水草丰富，对动物的生长、活动等有利。动物一般对地貌形状不会造成影响，只是某些动物对微地貌有些影响，比如老鼠、蚂蚁的挖洞筑巢。

3. 地形地貌与地表水

地形地貌与地表水之间有很紧密的关系。地貌突出险峻不利于地表水的储藏，地貌凹进平坦则有利于地表水的储藏，凹沟水塘就是储积地表水的地方。

地表水的流动、冲刷对地貌形状有损害作用，如河流的转折弯曲是一种对地貌的长期冲刷的结果。

4. 地形地貌与构造物、建筑物

平坦的地面方便建造各构造物、建筑物，凹凸不平的地貌就不利于建设各种构造物、建筑物。各构造物、建筑物的建造对地貌形状都有不同程度的改变。严重情况下，会完全改变地貌形状，比如开山填沟、填海等，原地面被完全改变。

在地貌形状与构造物、建筑物关系处理恰当的情况下，二者存在着偏利共生的关系，如图 5-2-63，道路和建筑顺着山脊建造，将对地貌的破损影响降到最低的限度，基本上还保持着原始地貌，在构造物、建筑物建成后，可以体现出它们的价值，带来一定的效益。

图 5-2-63 地貌形状与构造物、建筑物

5. 地形地貌与空气

地形地貌不同,空气流通的速度、方向就有所不同。有些地貌有助于空气的流动,有些会造成空气流动缓慢。

6. 地形地貌与阳光

阳光照射是周期性的,有固定的角度,地貌形状不同,就存在着向阳面、背阴面,有些局部地方一年四季都没有阳光照射,有些地方是只要有太阳出来,就能照射到阳光。

7. 地形地貌与雷电、风

对于高低起伏不同的地貌形状,高处获得雷电的概率大,迎风面风大,背风面风小。山谷风是地貌起伏而形成的局部区域风。平坦的地貌没有突出物和遮挡物,稍微有突出的物体就易遭到雷电袭击。高出地面的建筑物、树木等易受到雷电袭击,也受到一定程度的风吹。

8. 地形地貌与温度、湿度

地形地貌不同会造成局部的温度、湿度有所差别。同一区域的平坦地貌,位置不同,其温度、湿度变化不大。不平坦的地貌就有所不同,山脊和山沟会有温度差,湿度也有所差异。比如,白天,山谷温度低,山脊(坡)温度高;晚上,山谷温度高,山脊(坡)温度低。

9. 地形地貌与生理需求

平坦的地貌形状为人们的生存带来方便。比如,方便建造居住的房子,交通也方便。崎岖不平的地貌,建造房子就困难得多,交通也不方便,有时走路也觉得很吃力。

10. 地形地貌与年龄

平坦的地貌对于各年龄段都比较适合,而高低不平的地面对于老年人和幼儿、儿童来说就不方便行走。在无障碍设计中就有一项,即需要在高低不平的地貌采取措施以方便老年人移动。

11. 地形地貌与农民

农民种植农作物,在平坦的地面就比较方便,各种农业机械都可以使用。在高低不平的地貌上劳作，就难以用各种农业机械，只得使用相对原始的工具，农业生产的效益就低。

12. 地形地貌与建筑师

地貌形状对于建筑师来说是至关重要的，建筑师在思考策划项目时，首先要分析项目所在位置的地形地貌如何，然后思考，在实施项目时，是准备把地貌形状进行改造还是保持原地貌等，如果改造，怎样改，大改还是微改等。

13. 地形地貌与文化

地形地貌不同，造就的地域文化也有所不同。比如，平原地带和丘陵地带，由于其地貌的巨大反差，文化也就有巨大的区别。

（四）植物与相关因子的共生关系

1. 植物与动物

植物是地面动物直接或间接的食物来源。动植物一词，足以说明二者联系的紧密。二者是互利共生关系。如图 5-2-64 所示，动植物共生在一起。在某些特殊情况下，比如动物过多，吃掉的植物来不及生长，二者就存在着偏害共生关系。

图 5-2-64 植物与动物

2. 植物与地表水

植物能储藏地表水，丰富茂盛的植被对地表水有利，那些光秃的山峦储藏不了地表水，即使下雨，雨水也会很快流走。

地表水对植物的生长有促进作用。没有水，植物无法生长；地表水丰富，植物生长也茂盛。如图 5-2-65 和图 5-2-66，地表水丰富，植物生长就较好。

图 5-2-65　植物与地表水 1

图 5-2-66　植物与地表水 2

3. 植物与构造物、建筑物

构造物、建筑物的存在，阻碍着植物的生长发育，在新建造构造物、建筑物时，对地表面的植物也存在着破坏作用。植物的生长对构造物、建筑物也有损害作用。

植物的生长繁殖对构造物、建筑物的有害作用不可避免，其根系和枝叶都会不同程度地造成附近构造物、建筑物的有害影响。比如，有些墙体就是被植物根系所挤破最后倒塌。

如图 5-2-67，栽种在城市人行道树池里的一棵榕树，长大后其发达的根系对人行道的地砖造成破坏，同时也妨碍着人的行走，破坏了人行道的平整、美观。在道路建设时期就需考虑该植物对构造物造成的有损影响的情况，在选择人行道树种时要斟酌考虑，把这种有损影响降到最低程度。

又如图5-2-68,植物的生长发展到一定的程度,长期没有人对植物进行清理,其发达的根系和树干挤破了建筑物,造成建筑物的倒塌。此时,植物与构造物、建筑物是互害共生关系。但生活中需要植物,但需要把二者的有害程度降到最低的程度。

图5-2-67 植物根系对构造物的破损

图5-2-68 植物根系造成建筑物破坏

4. 植物与环境色

植物的存在丰富了地面上的环境色彩,植物种类繁多,色彩丰富,除了绿色外,红、蓝、黄、紫、白等都有。如图5-2-69,植物的色彩就很丰富,表现出了丰富的环境色彩。

图 5-2-69 植物与环境色

5. 植物与空气

植物能改善环境、净化空气。植物除了提供木材、食物等主要物资外，还能直接关系到人们的身心健康。比如，开发的供人们休闲养生的森林氧吧，就是利用茂盛的植物森林来调节净化空气，达到养生的作用（如图 5-2-70）。没有植被的地方，人要生存、生活、生产就很困难，在寸草不生的地方，几乎是无法生存。人要生存，没有植物也要创造条件种植一些植物来调节空气等，为人的生存创造有利的条件。

图 5-2-70 植物与空气 1

如图 5-2-71，建筑屋顶种植植物的目的之一就是为了改善、提高空气质量。

图 5-2-71　植物与空气 2

6. 植物与阳光

植物通过光合作用吸收阳光，是人类获得能量的主要方式之一。植物需要在阳光的照射下生长，同时吸收太阳的能量。太阳光照射地球，能量被植物吸收储藏，也就是通过植物的光合作用来储藏，然后被食草动物食用吸收，人类食用动植物，获得能量，阳光的能量间接地被人类所吸收利用。

还有一种情况，植物茂盛的枝叶能遮挡太阳光，在夏天炎热的天气里，起到很好的遮挡作用，能降暑遮阳，因此人们经常通过种植植物来调节微环境。

7. 植物与风

防风林就是用植物来减弱风的破坏能力，植物对风有利。如果风太大，植物能被吹倒、吹折，在大风中，有些树木会被连根拔起。二者是偏利共生关系。

8. 植物与温度、湿度、声音

植物能调节温度、湿度、声音。对环境进行人工改造所用的手段之一，就是通过种植植物来改善环境。比如，用来降低夏天的温度，提高干燥空气的湿度，降低不利的声音(噪声)。

9. 植物与飞鸟

多数飞鸟是以植物的果树等为食，还在树上筑巢，在树林里栖息。没有植物的地方飞鸟难以生存。比如，在过去，大量砍伐树木，随着植物的减少，鸟的数量也相应减少。后来大力植树造林，鸟也多起来，生态环境也随着好转。

10. 植物与生理需求

人的衣食住行等各种生理需求都离不开植物。穿衣用的棉花来自棉花植物，过去的交通工具如马车、轿子、轮船等都需要用木材加工制造，吃的食物来自各种农作物，过去居住的房子是采伐木材加工建造，呼吸的新鲜空气离不开植物的吸收二氧化碳释放氧气等。

植物也需要人来保护，不能过度砍伐。二者是互利共生关系，但是也很容易转换为偏利或偏害共生关系。

11. 植物与年龄

植物对人的每个生长年龄时期都有影响,每一个阶段都离不开植物。

12. 植物与职业

职业因子中与植物关系最密切的就是农民。农民种植农作物的过程,就是一方面对植物的破坏,另一方面又培育发展植物的过程。开荒造田的过程中,就需要砍树铲草,破坏植物,改造为农田后,种植农作物,重新培育植物。还有育林员是专门保护和培育森林树木的职业,伐木工是专门砍树的职业。建筑师或园艺师是设计和种植园林景观的职业,是对植物有好处的职业。其他的一些职业与植物虽然看起来没有紧密的关系,但或多或少都有直接或间接的关系。植物对各职业基本上都有益处。但职业对植物就不一定,有的对植物有好处,有的有坏处。

13. 植物与思想、信仰、风俗

植物影响着人们的思想、信仰、风俗。如民间讲的风水树,就是人的一种信仰的象征物,在某特定的时间还举行祭拜仪式,祈求平安、风调雨顺等。例如某村庄还规定全村人不得砍后山上的树,只能栽种树木,长时间下来还形成了一种风俗习惯,目的就是为了保护村庄的环境,也是为了稳固后山的泥土、石块,避免其滚流下来砸到房屋、人等。

14. 植物与制度、经济、科技

茂盛的植被是发展地方经济的资源之一。丰富的森林能提供木材,以木材买卖发展经济。对于植物,不同的国家、地区、地方等都会出台一些制度来管理,如我国国家级的《城市绿化条例》和各种地方级《某某市城市绿化管理制度条例》等。

15. 植物与文化

植物的种类、生长环境、培育、移植等本身就是一种文化。植物的跨地域、跨地区的移植培育也是一种文化的交流。二者是互利共生关系。

(五)动物与相关因子的共生关系

1. 动物与地表水

没有水各种动物就无法生存,地表水是动物的生命之源,水资源丰富的地域,动物也就丰富多样。适量的动物也是清洁净化地表水的生态方式之一。二者是互利共生关系,但若动物过多,就会造成偏利或偏害甚至互害共生关系。

因为动物过多会污染地表水,破坏地表水的生态自净能力。比如,养猪数量过多,对猪的排泄物不加以生态处理就直接进行排放,会污染地表水。某地方建造了一个生活用的大水库后,就规定水库的上游雨水汇集区范围内不准有养猪场,过去已有的一律要拆除,这就是为了避免有过多的动物生活而污染地表水。

2. 动物与构造物、建筑物

过去的马、牛、骡等,是建造构筑物、建筑物时材料的搬运动力之一,是常见的动力来源。现在,某些交通不便的山区,还是用骡、马等运输建筑材料。食用或运输用的各家禽家畜或玩耍用的宠物,都需要人工构造物、建筑物来圈养,同时也可以丰富构造物、建筑物的生活气息。二者是互利共生关系。但在有些情况下,也会是偏利或偏害共生关系。

人工构造物、建筑物建造过多对自然生存的动物有损害作用,因为其赖以生存的部分领地被构造物、建筑物所侵占,领地的减少,造成动物生存上的困难。

3. 动物与空气

动物生存是需要空气,但被污染的空气对动物的生长有害。圈养的动物,在其生存的空间里会弥漫有动物气味,若卫生做不好,就会损害人的身体健康。

4. 动物与声音

动物会有叫声,对圈养的动物,有些发声成为噪声,需要防范,如鸡、猫、狗等,其叫声有时会影响人的生活。但也有发出好听声音的动物,有些鸟晚上不叫,白天叫,声音也悦耳,清脆动听。

5. 动物与生理需求

人吃的食物中许多是来自动物,动物是给人提供食物的主要来源之一。但过度地捕捉动物来满足人的生理需求,会造成动物的减少甚至灭绝。

6. 动物与年龄

人需要与动物和谐共处。人在低年龄段需认识各种动物,各城市基本上都会有人工动物园或野生动物园的建立,就是让人认识动物。特别是儿童和少年,动物园是他们很高兴去的地方。有些孤独的老人,也需要有被驯服的温顺动物陪伴。有些成年人也喜欢养些宠物来陪伴,增添生活乐趣。

7. 动物与职业

社会上各职业的人与动物都有关系。农民种地需要耕牛犁田,养殖猪、羊、鸡、鱼等用来食用;渔民以捞鱼为生,一生与鱼打交道;工人,有的是以加工动物食品为生,天天离不开动物;医生也常常在动物身上做实验;也有教师用动物标本来教学;建筑师设计建筑物、构造物时,也需要考虑各动物的习性。

8. 动物与信仰、风俗

有些动物是人们崇拜、敬仰、祈福等的对象,比如龙、鸟、蛇、老虎、狮子等。有些地方的风俗习惯用是动物来做祭拜的神灵等。

9. 动物与制度、经济、科技、文化

动物的保护和养殖需要制度来规范。经济的发展与动物也有关联,有些地方过度地开发来发展经济,对野生动物来说是无益的,只有害处,因为占据了野生动物的生活栖息地。掠杀动物会对野生动物造成致命的影响,有些物种很快就会灭绝。

动物种类丰富、数量繁多,对经济的发展有利,地域文化也丰富,比如有的区域开辟野生动物园,专门发展观光旅游业。有些动物还被人作为吉祥物、崇拜物等,这本就是人类历史中的一种传统文化。

(六)地表水与相关因子的共生关系

1. 地表水与构造物、建筑物

人工构造物、建筑物在建造、使用过程中都离不开水,所用水的主要来源就是地表水。没有地表水的地方,也要想办法引来水,比如,从外部引入、抽地下水上来、淡化海水等。

但是,过多或有污染的地表水对构造物、建筑物也有害,如洪水泛滥冲击构造物、建筑物、被污染的地表水对构造物、建筑物也会造成有害作用等。构造物、建筑物在使用地表水的过程中对地表水没有益处,除了减少地表水外,还会污染地表水。在现实生活中,就要把这种污染程度降到对人们的身心健康、生态环境几乎无影响的程度。

2. 地表水与环境色

水库、水塘、水池等地表水汇集的地方,平整的水面会映衬出天空、山峦等景物,呈现出天蓝色等颜色。有风时水面会起波浪,在阳光照射下,熠熠发光,丰富多彩。流动的水部分会呈现出白色,干净纯净的水能映出水底石块、水草等的颜色。

如图 5-2-72 ~ 图 5-2-74 中,都是地表水丰富了环境色。

图 5-2-72　地表水与环境色 1

图 5-2-73　地面水与环境色 2

图 5-2-74　地表水与环境色 3

3. 地表水与空气

地表水能净化空气。俗话说“水能生气”，我国古代的“风水”主要核心就是水与气的融合，当然风水中的气同这里讲的空气不是同一个概念，但也有模糊的相同性。地表水对空气有有利影响。

空气对地表水也有影响，干燥高温的空气会提高地表水的蒸发量，潮湿低温的空气对地表水的蒸发影响就少些。

4. 地表水与阳光

阳光照射地表水，地表水会吸收和储存热量，在晚上没阳光时会释放出热量，有调节环境温度的作用。地表水在阳光的照射下，会蒸发水分，同时也带走部分热量。

5. 地表水与云、雨、雪

地表水的主要来源就是雨雪。云、雨、雪是地表水的主要来源之一。同时，由于地表水的蒸发，水汽上升，也就构成了云雾，云雾在一定条件下凝结成水珠，成为雨或雪等落下来，汇集成地表水。地表水与云、雨、雪是可以相互转换的互利共生关系。

6. 地表水与风

地表水储存热量和释放热量的特性改变着空气的温度。因为有温度差，就形成了地域风，这就是水能生风的原因，所以人们夏天乘凉喜欢到河边、水塘边。

7. 地表水与温度、湿度

地表水能调节温度、湿度。夏天降低温度、冬天提高温度；白天降低环境温度，晚上提高环境温度。地表水的水汽蒸发能增加湿度。在干燥的环境里，补充些地表水，就能给空气增加湿度，降低干燥度。但过高的温度会提高地表水的蒸发量，减少地表水。

8. 地表水与声音

合适的水流声能调节环境声音，丰富气氛。许多人在庭院、室内等设计流动水的微景观，其中的汩汩流水声，就可以添加别样的气氛。但过大的流水声就会变成噪声，听起来使人不舒服，影响人的情绪。

9. 地表水与生理需求

人体的含水量均70%,没有水,人就无法生存。俗话说“水是生命之源”。水是人们生理需求中最基本的物质,该水主要就是来自地表水。人类择水而居就说明人们依赖地表水,这也体现出地表水的重要性。

在人的生理需求的活动过程中,对地表水是有损的,使用水的过程就是减少或污染水的过程,如何把这损害降到最低限度也是人类的责任。

这二者是偏利或偏害共生关系。

10. 地表水与年龄

婴儿、幼儿特别喜欢戏水。少年期是溺水概率最大的年龄段,少年好奇、好强,但对安全性认识不足,在玩耍游泳时,最容易溺水。

地表水对每个年龄段都很重要。对地表水的保护或破坏影响较大的是青年期和中年期,在这一年龄段的人工作、生活等活动最广泛、最活跃。

11. 地表水与职业

每种职业的人都离不开地表水,有的需要的多、有的需要的少,农民、渔民需要的就多,教师、律师等需要的就少些。

12. 地表水与心理、思想、信仰、风俗

有水,人心理就会踏实。若没有水,地表水资源缺乏,会人心惶惶,使人心里不踏实,总有危机感。没有或缺乏地表水的地方,若有人活动、居住生活,人们的思想活动就是以找水、引水等为目标。

人们对水都有一种信仰,比如我国称黄河为“母亲河”。有的地方对水资源有种神圣的崇拜,并逐渐形成一种风俗,不准许任何人对水流进行破坏、污染等。

13. 地表水与制度、权力、经济、科技、文化

对于地表水,有专门的管理制度,如河道管理条例等,有些地方还专门成立一个管理机构来管理地表水,如水利局(厅、部)等。

过去,有些地方,有权有势的人把水资源霸占,其他人不能用,若需要用就得花钱买。丰富的水资源对发展经济有利。如引水灌溉,发展农业经济;建水电站,发展工业经济等。

地表水的利用、保护及对水的爱护、崇拜等就是一种文化。

(七)构造物、建筑物与相关因子的共生关系

1. 构造物、建筑物与环境色

每座构造物、建筑物都有自身的色彩,不同的色彩构筑成丰富多彩的环境色,有特色的构筑物、建筑物色彩能给人留下深刻的印象。

人们认识物体时,其色彩信息是最先传递到感觉器官的。认识和辨别不同的构筑物、建筑物,色彩是最快速、最直观的印象。色彩丰富能提高人们对构筑物、建筑物的印象。

2. 构造物、建筑物与空气

构造物、建筑物对空气的流动、流通有阻挡作用。空气对构造物、建筑物有侵蚀作用。二者是互害共生关系。

如图5-2-75,空气和阳光、云雨、温度、湿度等地表上空环境因子对建筑物的侵蚀等有害作

用而引起外墙装饰层脱落和污染。在工程实践中,就要提高材料性能和施工工艺,把这种有害作用降到最低限度,避免引起脱落等。

图 5-2-75　建筑物受到侵蚀

3. 构造物、建筑物与阳光

构造物、建筑物对阳光有遮挡作用,但对阳光本身没什么影响。阳光对构造物、建筑物长期照射有促进其风化、破损的作用。二者是有害共生关系。

4. 构造物、建筑物与云、雨、雪

云、雨、雪对构造物、建筑物有风化侵蚀等损坏作用,构造物、建筑物对其几乎没什么影响,二者是有害共生关系。

5. 构造物、建筑物与雷电

雷电对构造物、建筑物有损害作用,构造物、建筑物因被雷劈而倒塌的案例时有发生。构造物、建筑物对雷电没有什么有利或有害影响,二者是有害共生关系。

6. 构造物、建筑物与风

风对构造物、建筑物有损害作用,需要预防被风吹倒或吹坏。构造物、建筑物能阻挡风,改变风速和风向,但对风本身没有什么影响。二者是有害共生关系。

7. 构造物、建筑物与温度

温度对构造物、建筑物是有损作用,温度的变化如热胀冷缩是风化作用的一个重要因素。地表上过多的构造物、建筑物也会引起温室效应,改变环境温度。二者是互害共生关系。

8. 构造物、建筑物与湿度

湿度的存在对构造物、建筑物有损害作用,地表上过多的构造物、建筑物也会引起湿度的不利变化,二者是互害共生关系。

9. 构造物、建筑物与人体尺寸、活动尺寸、行动尺寸

地面上的构造物、建筑物原本就是根据人体尺寸、活动尺寸和行动尺寸等空间需求来规划、设计、布置和建造的,故其对人体尺寸、活动尺寸、行动尺寸有有利影响,除非个别构造物、建筑物偏离这些尺寸而故意扩大或缩小等。

人体尺寸、活动尺寸、行动尺寸对构造物、建筑物同样是有利的，只因为有这些人体的空间尺寸存在，构造物、建筑物才能体现出使用价值。

二者是互利共生关系。

10. 构造物、建筑物与生理需求

地面上构造物、建筑物主要是提供给人们居住、工作、学习、活动等使用，满足人的日常生理需求。人们生理需求的不断提高、对美好生活的追求向往，会不断地促使人们完善构造物、建筑物。

所以，二者是互利共生关系。

11. 构造物、建筑物与年龄

构造物、建筑物包含着各年龄段的生活、活动空间，有的更有针对性，如幼儿园、养老院等。构造物、建筑物对各年龄段来说是有利的。人生长过程中不同年龄段的特点特征是规划、设计、建造各构造物、建筑物的依据。二者是互利共生的互动关系。

12. 构造物、建筑物与职业

正常情况下，这二者是互利共生关系。

构造物、建筑物提供给从事各种职业工作的人们使用，对每一种职业都有利，还有特定的建筑物给特定的职业者使用。

社会的分工使得有不同的职业存在，给构筑物建筑物的设计、建造、维护等提供保障，如建筑师设计构造物、建筑物，工人建造它们等。

13. 构造物、建筑物与心理、思想

构造物、建筑物对人的心理、思想影响有好有坏。赏心悦目的构造物、建筑物对心理、思想有积极的影响，单调、简陋的构造物、建筑物让人们产生压抑、厌恶的感受。

心理、思想对构造物、建筑物的好坏有决定性的影响。构造物、建筑物是人为设计建造的，其参与者的心理思想活动主宰着构造物、建筑物的命运。积极、客观、高素质的心理、思想会给对其带来积极的影响，低俗、主观、消极的心理、思想会给构筑物建筑带来不利的影响。

二者存在着互利、有利、偏利、偏害、有害、互害等共生关系。在不同的情况下存在着不同的共生关系。在实践中，要努力创造条件使二者能互利共生，要避免出现互害的共生关系。

14. 构造物、建筑物与信仰

有些信仰决定着构造物、建筑物的形状、色彩等。信仰鲜明的地域，可以看到其构造物、建筑物有自身独特的特点，比如佛教信仰区域和基督教信仰区域的建筑就有很明显的不同。

15. 构造物、建筑物与风俗

不同风俗的地域里，构造物、建筑物也会有所不同。比如，贵州的侗寨建筑很有自身特色，与众不同。

16. 构造物、建筑物与制度

建筑活动是社会中很重要的一项活动，每个国家或地方都有一整套的规章制度、法规、规范等，以约束各构造物、建筑物的规划、布置、设计、建造、使用、拆除等活动。

17. 构造物、建筑物与权力

权力是比较抽象的概念，看不见摸不着。有些为了把权力显示出来，能很容易、很直观地体验到，就用巨大的构造物、建筑物来体现，于是花费巨资来建造，如帝王的皇宫、埃及的金字塔等。

18. 构造物、建筑物与经济、科技

这二者是互利共生关系，对对方都是有利的影响。若经济、科技发达，构造物、建筑物就漂亮、牢固；构造物、建筑物独特、美观、地域特征显著，也有助于经济、科技的发展。

19. 构造物、建筑物与文化

各种历史文明在历史遗留下来的构造物、建筑物上留下来的印痕、记录是非常客观的，有可见性、可体验性等，可以说构造物、建筑物是历史文化的一种客观记录。众多的既存构造物、建筑物是文化的一种客观载体。人们对文化的热爱也会使其更加爱护、保护历史遗留的构造物、建筑物。如图 5-2-76 ~ 图 5-2-81 所示，这些构造物、建筑物虽然已破损，有的只剩下残迹，但人们还是把其当作宝贝一样进行保护，游人也喜欢来观看、体验并合影留念，这就是文化在构造物、建筑物中有具体体现的结果。二者是互利共生关系。

图 5-2-76　吴哥巴肯寺建筑遗址与文化 1

图 5-2-77　吴哥巴肯寺建筑遗址与文化 2

图 5-2-78 罗马建筑遗址与文化

图 5-2-79 西班牙马拉加建筑遗址与文化 1

图 5-2-80 西班牙马拉加建筑遗址与文化 2

图 5-2-81 西班牙马拉加建筑遗址与文化 3

（八）环境色与相关因子的共生关系

1. 环境色与空气、阳光、云、雨、雪

空气、阳光、云、雨、雪等构筑成天空色，其也是自然环境色彩中的重要组成部分，二者相互作用影响。

2. 环境色与生理需求

生理中的视觉与色彩之间有着紧密的联系，色彩可使视觉起到能辨认物体、引起各种心境感受的作用，没有环境色视觉就发挥不了作用。生理需求也要求有美感的色彩。二者处理好就有互利共生的关系。

3. 环境色与年龄

低年龄段的人喜欢纯净、鲜艳的色彩，高年龄段的人喜欢古朴、混合色。

4. 环境色与职业

职业不同，对色彩的要求也有所不同。医生因工作环境需要主要以白色为主，不能有红色；教师的教学环境需要以浅灰、灰白色等淡雅色为主，不能以黄色、红色等热闹的暖色为主；餐厅工作人员需要的是以暖色为主，不能以白色、灰色为主；等等。

色彩也影响着职业的工作效益。以脑力劳动为主的需要的是宁静、清凉的色彩；以体力劳动为主的需要的是激情、奔放的色彩。

在处理得好的情况下，二者存在着互利共生关系。

5. 环境色与心理、思想

色彩在感知、感受中会引起人们的心理、思想变化，有积极的，也有消极的。比如，天蓝色可使人们有广阔、遥远、宁静的心理变化；红色，会引起人们狭窄、激情、热闹的心理变化。心理、思想上的需求，在人有能力操作的条件下，可以根据意志来改变色彩。比如，把建筑外墙设定为白色，就可以用白色材料来装饰建筑外表。二者的关系处理好就有互利共生关系。

6. 环境色与信仰

有些信仰会认定某种色彩，建筑物外观都以该色彩为主。比如，藏传佛教宁玛派即红教，其建筑物外观都以红色为主色，四川色达县是该教比较集中的地方，各僧舍、寺庙外观都为红色，当地人称“色达山河一片红”，甚至喇嘛都是穿酱红色僧袍。还有白教、黄教等，都有和信仰对应的色彩。

7. 环境色与风俗

因地域环境的关系，各地方会有长期固定下来的风俗。比如，阿拉伯人都喜欢白色，白长袍、白头巾，一身白色，白袍素净、圣洁、清爽，建筑物外观也是以白色为主。这些风俗习惯与其生活的地域环境色有关系，白色与沙漠的环境色形成鲜明的对比，同时也带来干净、凉快等感受。

8. 环境色与制度、权力

我国古代对建筑色彩有等级之分，并有制度规定，不能僭越。皇家建筑可以用黄色、红色，黄色为皇室特用的色彩，等级最高，红、青、蓝等为王府官宦建筑使用，平民百姓的民舍只能用黑、灰、白等色。用高等级色彩的权力大，用低等级色彩的权力小。

9. 环境色与经济、科技、文化

经济越发展，科技越发达，建筑上使用的色彩也会越丰富、越鲜艳、越有档次。经济、科技差，建筑色彩也就越单调、越暗淡。

各种环境色具有鲜明的地域特色，北方、南方以及高原、平原等具有不同环境色，这也是一种地域文化。

（九）交通工具与相关因子的共生关系

1. 交通工具与色彩

地面交通工具在使用时是移动的，需要有明显的可识别的色彩。据报道，色彩鲜艳的外观，如红色、黄色，发生交通事故的概率比色彩暗淡的如黑色、灰色要小。

2. 交通工具与空气

以燃料为动力的交通工具需要借助空气燃烧，要在空气充足的地方才能开动行驶。汽车行驶的道路不能设置在积水过多的低洼地带，否则就会熄火，无法移动。人在交通工具里也需要空气呼吸。交通工具对空气有依赖性。交通工具中的燃料燃烧后释放的气体对空气有污染作用，为了降低这种污染，许多交通工具改为了采用电动力。二者是偏利共生关系。

3. 交通工具与阳光、云、雨、雪

阳光、云、雨、雪对地面交通工具有侵蚀作用，需要进行防护。二者是有害共生关系。但利用太阳能行驶的交通工具例外，其与阳光是有利共生关系。

4. 交通工具与雷电、风、温度

地面交通工具也需要防雷电，雷电对其有害处。大风能吹动交通工具，有些地方台风一到来，能把在地上行驶的汽车吹动。高温、低温对交通工具都有害。

地面交通工具与雷电、风、温度是有害共生关系，在实践中，需要把有害降到最低限度。

5. 交通工具与人体尺寸、活动尺寸

交通工具内部给人使用的空间原本就是依据人体尺寸和活动尺寸来设计的，但由于科技和经济的差异，再加上成本的考虑，针对不同的使用群体，设计建造的有好有差。有的交通工具内部乘坐起来很舒服，就是与人体尺寸、活动尺寸很符合、很协调。有的就马马虎虎，使用起来就很勉强，这就是与人体尺寸、活动尺寸没有对应安排妥当。

6. 交通工具与生理需求

人有需要移动的生理需要。若走路或跑步，就是依靠自身机能，其移动慢、距离短、耗体力，借助于交通工具则不一样，移动的速度快，且距离长。人们不断追求更好的生理需求愿望，能促进交通工具发展。二者是互利共生关系。

7. 交通工具与年龄

交通工具也是需要考虑不同年龄段的使用，比如幼儿需要的座位就不一样，同样对于行动不便的老人也应不一样。

8. 交通工具与职业

有些职业需要带有工具性能的交通工具，如工具车，就是既可以运人也可以运输物资，有的还可以直接当机械工具操作，如铲土机等。

9. 交通工具与经济、科技、文化

交通工具发达，经济、科技也跟着发展；经济发展、科技进步，交通工具也会随之更新发展。二者相辅相成，是互利共生关系。

各种各样的现代交通工具和其发展史是一种文化，比如，有些地方还专门造了汽车博物馆，丰富了地方文化。

八、地表上空环境中的因子与其他因子的共生关系

（一）空气与相关因子的共生关系

1. 空气与阳光

大气能反射和吸收部分光能，使其达到地表面时光能减少。若没有大气层，达到地球的太阳光会使人们无法生存。太阳光在大气层中传播，会发生折射、反射等，使天空呈现出各种色彩。

太阳光的照射使地表不同位置的空气温度不一样，引起空气的流动，适当的空气流动对人们有好处，过度的流动就不行，如生成的台风、龙卷风等就具有非常大的破坏作用。

2. 空气与云、雨、雪

云、雨、雪都在大气层中形成，大气层为其提供了生成的空间、介质。云、雨、雪为空气提供了丰富多彩的变化。

3. 空气与雷电

雷电都是在空气里形成的，并需要在空气里传播，形成闪电。

4. 空气与风

空气的流动形成风，风是可以被体验感受到的，通过感受到风知道有空气的存在。风使空气流动，能及时带走废气，补充新鲜空气，有利于人们的健康。

5. 空气与温度、湿度

空气也是温度的一种媒介，温度的高低变化在空气中体现出来。空气吸收太阳辐射能和地面辐射能，温度升高；空气辐射释放能量，温度就降低。

空气在一定的温度下，溶解水汽含量的能力有一定限度，空气温度高，溶解的就多，温度低，溶解的就少。湿度就是反映空气的干燥、潮湿程度，空气中含的水汽与饱和溶解时的水汽的比例就是湿度，湿度是1就是饱和状态，只要空气温度一下降，水汽就会凝结出来，人们就感到潮湿。

6. 空气与声音

空气是声音传播的媒介之一。空气中有了声音，就不会觉得死气沉沉。若人长期处在无声的环境里，有可能会出现心理疾病。过大的声音在空气里传播，也会影响人的健康。二者处理好就存在着互利共生关系。

7. 空气与飞鸟

若看不到鸟，说明该地空气质量不好，对人体也没有好处。

8. 空气与飞行器

一般的飞行器都需要依赖空气飞行,乘客也需要空气。但飞行器是需要使用燃料的,燃料燃烧后排出的废气对空气有污染作用。

9. 空气与生理需求

呼吸是人体生理最重要的需求之一,呼吸依赖空气,吸入氧气,呼出二氧化氮。新鲜且含氧量充足的空气是身体健康的保证,否则就容易出现不同程度的缺氧病症。

人体排出的废气废物会污染空气,需要补充新鲜空气,以实现空气的流动。

10. 空气与各年龄段

空气对各年龄段都很重要,但年幼和年老的身体抵抗力差,对新鲜空气的依赖度更强。身体强健的成年人对外界的抵抗力强,能承受住比较恶劣的空气,但也不宜时间过长。

11. 空气与各职业

各工种职业的人都需要空气,依赖空气。工作环境不同,空气质量也有所不同。比如,在矿场里开矿的工人、医院里的医生等所处的工作环境的空气就较差,需要采取人工措施进行改善。

12. 空气与心理、思想

长期处于不新鲜、有污染的空气中,人的心理、思想就可能会出现问题,新鲜空气是心理、思想健康的重要保障。

13. 空气与经济、科技

在工业发展的初期,大力发展工业经济的同时往往忽略了对空气质量的重视,工业废气废水的进度排放往往因处理不当,而导致了空气的污染,有些地方出现雾霾就是空气被污染的一种表现。空气被污染反过来也会阻碍经济的发展。

当经济、科技发展到一定程度,人们也会更重视工业废气废水的排放处理,使之达到生态排放的标准。好的空气也能促进经济、科技继续发展。

二者是相互依赖、相辅相成的,且发展到一定程度就能成为互利共生的关系。

(二)阳光与相关因子的共生关系

1. 阳光与云、雨、雪

云、雨、雪的生成依靠阳光,也需要靠阳光来运动变化。云、雨、雪对阳光有遮挡作用,阴天就是由于阳光被云层遮住而不能直接照射到地面的天空状况。

2. 阳光与风

阳光是风形成的重要因素,地方不同阳光照射就不同,得到的热量也不同,就会产生空气温度的差异,温度不同空气密度就不同,于是空气流动形成了风。在建筑设计中,可以根据这样的关系,设计出人工风,如出堂风、井风等。

风对阳光的影响体现在风会造成云层移动,没有云层的位置阳光就能直射到地面,云层因风而移动,地面的阴影位置也就跟着移动。

3. 阳光与温度

阳光照射的不同是引起温度高低不同的原因之一。阳光照过来越斜,温度就越低。阳光对地面垂直照射时，温度就高。把阳光遮挡住，没照到阳光的地方温度就低，建筑设计中的遮阳构造措施就是利用该原理。

阳光会影响地球的温度，但地球的温度对阳光却没什么影响。

4. 阳光与湿度

同一个地点、同一个位置，有阳光照射的地方比没有阳光照射的地方湿度低。一般在没有人工的调节作用下，房间内湿度就比房间外湿度高。

湿度高，也能减弱阳光对温度的影响。

5. 阳光与飞鸟

飞鸟是动物，需要阳光照射，有的飞鸟是依靠阳光来辨别方向的。

6. 阳光与生理需求

人的身体需要有阳光照射才能健康，长期生活在阴暗的环境中就会影响身体健康，身体会出现毛病。住房要向阳就是这个原因。

7. 阳光与各年龄段

在生长期的婴儿、幼儿、儿童更需要阳光照射，阳光能促进他们健康成长；行动不便的老人也需要多出来晒晒太阳。因此提供给幼儿、老人使用的建筑需要得到更多的阳光照射。

8. 阳光与各职业

有些职业在室外工作，阳光照射的就多，但过多的阳光照射会对健康不利；室内工作的职业得到的阳光照射就少。有些职业在工作时得不到阳光的照射，如地下矿场的工人，他们在地下工作时就照不到阳光。

9. 阳光与信仰

古希腊对太阳十分崇拜，将其人格化，称其为太阳神。

10. 阳光与经济、科技

阳光是清洁能源，太阳源源不断地向地球辐射能量，在可持续发展经济中，人们都在大力发展、利用太阳能，比如光伏发电站、太阳能建筑等。

（三）云、雨、雪与相关因子的共生关系

1. 云、雨、雪与雷电

雷电是由云层形成的，雷电发生时也常常伴随着乌云暴雨。

2. 云、雨、雪与风

风吹动，云、雨、雪就会发生移动，飘云、飘雨、飘雪等就是风吹的结果。云被风吹会到处移动，累积到一定程度再遇冷就成水滴，进而形成雨或雪。雨、雪在风的作用下，能从门窗洞口飘到室内。暴风雨时风大雨大，会对建筑产生较大的破坏力。

3. 云、雨、雪与温度

云、雨、雪能降低温度。夏天时飘来一朵云雾，其阴影下就会凉快一点。下一场雨，温度也能马上降下来。

温度的变化直接影响着云、雨、雪。高温热浪一来，云雨也就少些；低温冷空气一来，雨雪也就多些。

4. 云、雨、雪与湿度

云雾、雨水、雪花多，湿度就大；反之，湿度就小。

5. 云、雨、雪与飞行器

云、雨、雪对人工飞行器的飞行是不利的。过多的云雨会使天空能见度低，导致看不清地面跑道等，云雨生成的雷电对飞行器而言也是很大的威胁。

6. 云、雨、雪与生理需求

云、雨、雪带来人们生理需要的水，同时也带来变化多端的天空景观。但过度的云、雨、雪对人们的生理是有害的，暴雨、暴雪会危害到人们的生活。

7. 云、雨、雪与各年龄段

雨雪天气总是会带来较多不便，但在旱季、缺少雨水的地方，雨雪则是宝贵的资源。云、雨、雪对每个年龄段都公平对待，只是不同年龄段的人对其认知度、需要程度等不一样。比如，小孩与大人相比，其更喜欢下雪，因为可以玩雪。

8. 云、雨、雪和各职业

职业不同，对云、雨、雪的需求也就不同。比如，农民无法接受长时间不下雨，因为农作物缺水将无法生长；渔民出海前会特别关注云、雨、雪的情况，了解是否会出现恶劣天气；建筑师设计项目时，需要了解该项目所在地区的云、雨、雪情况，要思考有针对性地制订措施方案。

9. 云、雨、雪与心理、思想

云、雨、雪会影响人的心理、思想。适当的云、雨、雪有助于心理健康，活跃思想；过度的云、雨、雪会引起心理的不愉快、不健康，思想的不积极。

10. 云、雨、雪与经济、科技

雨水丰富，有助于经济的发展；干旱、少雨雪的地方，无法仅仅依靠农业和工业来发展经济，除非有石油等矿产可开采。科技的进步有助于改变云、雨、雪，比如人工降雨，就是科技应用的结果。

11. 云、雨、雪与文化

云、雨、雪属于自然现象，其独特的地域气候特征也是一种文化，开辟为自然风景旅游区，能吸引大批的游客前来观赏。如图 5-2-82，该地的常年积雪吸引来不少的游客，游客也喜欢与雪景合影留念，该地的雪景就是一种特有的地域文化。

图 5-2-82　云、雨、雪与文化

（四）雷电与相关因子的共生关系

1. 雷电与风

风与雷电经常伴随在一起，二者是相互促进的作用。

2. 雷电与声音

雷电会发出大而响的轰鸣等声音，如通过词语“轰雷掣电”，就可以看出它们的密切关系。

3. 雷电与飞行器

雷电一般对人工飞行器是有害的，飞机因遭遇雷击而出现事故的情况也时有发生。当然，若当科技发展到一定程度，能把雷电的能量吸收，进而使用到飞行器上，那么雷电对于飞行器就是有利的。

4. 雷电与生理需求

雷电会使人受到惊吓，对生理有损。人被雷电劈到也时有发生，若受伤严重会导致无法救治。

5. 雷电与心理、思想

过去人们对雷电的成因认识不够，对雷电有一种恐惧感、神秘感。

（五）风与相关因子的共生关系

1. 风与温度

风能带走热量，降低温度，电风扇就是通过人为制造风来降低温度的。同样的，冬天天气寒冷，有风就会更冷。

温度的高低变化会形成风。比如河边的位置，在白天的时候，河水比岸上温度低，风就从河向岸上吹过来；在夜晚的时候，河水比岸地温度高，风就从岸上向河的方向吹。

2. 风与湿度

有风吹动，湿度会降低。在同样的温度下，湿度的高低也会形成风，湿度高、空气重，就会导致空气下沉；湿度低、空气轻，就会导致空气上升，于是就出现空气的流动形成了风。

3. 风与声音

一般认为有风就有声音，风大声音也大。实际上，风本身没有声音，是其吹动树枝、树叶、薄板等轻薄物体并引起它们的震动而发出声音。

4. 风与飞鸟

飞鸟顺风飞就省力，也飞得快，而逆风飞就吃力。

5. 风与飞行器

顺风飞行，飞行器不仅快，而且节省能源。飞行器在飞行时，会挤压周围的空气等，会产生风，如直升机在起飞时会产生较大的风。

6. 风与生理需求

风对生理需求而言很重要，人体的健康需要有风，有风就有生机、有活力。但过度的风，如台风就会对人造成损害。

7. 风与经济、科技

可以利用风能建造风力发电站来发展经济。在建筑的设计中，有的就设有风力发电机，发出的电供本大楼使用，既经济又环保。经济、科技的发展也推动对风能利用的研究，以便更好地把风利用起来。但过度的风也会破坏经济，如台风、龙卷风等就具有很大的破坏力。

（六）温度与相关因子的共生关系

1. 温度与湿度

温度影响着湿度的高低。在限定的空间里，水汽含量不变，温度高，湿度就低；温度低，湿度就高。人在一个房间里，把温度调高，过一会，就觉得很干燥，就是这个道理。在地下室里，由于无阳光照射，温度较低，有些地方出现结露，也就是该地方温度低使得湿度超过了100%，水汽就结露出来。

湿度也会对温度产生影响。夏天时，在同样的温度下，湿度高，人体散热就更差，就会感觉更加闷热，觉得外界温度变高了一样；冬天时，在同样的温度下，湿度高，人会觉得更冷，觉得温度变低了。

2. 温度与声音

温度低，声音就传得慢；温度高，声音就传得快。所以，在同一个房间内，同样的音响设备，温度的高低也会引起音响效果的不一样。

3. 温度与飞鸟

飞鸟是动物，需要适宜的温度，温度过高、过低都影响其生存。有些鸟类进行季节性的迁移就是为了寻找适合的温度。

4. 温度与飞行器

各种人工飞行器基本上都是由各种精密仪器组成的，需要在一定的温度环境下运行。载人的飞行器内部空间需有适宜人体生存的温度，温度过高或过低，人体都无法承受。

5. 温度与生理需求

人体是恒温，正常温度为36～37 ℃，环境温度过高或过低，人体散热不够或保暖不足，都会造成人体的生存危机，威胁到机体的生命。

在建筑的室内，夏季用空调降温和冬季用暖气或空调取暖等，都是为了调节温度以适应人体生理对温度的需求。

6. 温度与经济、科技

适宜的环境温度有利于经济、科技的发展。但随着经济的发展，过度地排放二氧化碳，会使环境温度升高，引起温室效应。过高的环境温度反过来也不利于经济发展，有损于人居环境。这种情况下，二者是互害共生关系。

另有积极的方面，随着经济实力的增强、科技的发展，得以有财力、有更好的设备来调节室内温度环境，打造适合人体活动的温度，而又不破坏环境，实现二者的互利共生关系。

（七）湿度与相关因子的共生关系

1. 湿度与声音

声音在潮湿空气中的传播速度大于在干燥空气中的传播速度。湿度大，声音的传播速度就快，反之就慢。

2. 湿度与生理需求

人体感觉比较舒适的湿度是45%～60%。当空气中的湿度达到55%时，空气中的病菌较难传播，这时的环境最有利于人的生理需求；若空气湿度超过90%，会使人体呼吸系统和黏膜产生不适；当空气湿度低于40%时，流感病毒等诱发感染的病菌繁殖速度会加快，哮喘等过敏性疾病也更易发生。

3. 湿度与各年龄段

湿度过低或过高，对婴儿、幼儿、儿童和老年人尤其不利，易诱发患上流感、哮喘、支气管炎等疾病。

4. 湿度与各职业

湿度与各职业都有关联，适宜的湿度能提高工作效率。过低或过高，都不利于工作效率，甚至会引起身体不适、生病等。

5. 湿度与心理

适应的湿度有助于心理健康，若湿度过高或过低，会烦躁不安、思维迟钝、记忆力衰退等。

6. 湿度与经济、科技

不适宜的湿度可以通过人工调节，但人工调节需要技术及财力、物力等经济基础。有较好的经济、科技，就可以在人造空间中创造出适宜的湿度；经济、科技较差，就难以调节出适宜的湿度，但也可以通过选址或局部改造等进行微调。

（八）声音与相关因子的共生关系

1. 声音与飞鸟

各种飞鸟都需要有适宜的声音环境，过高、过尖的声音对飞鸟有害。飞鸟对应的天敌发出的声音，会导致飞鸟受惊吓，人们利用这点，可以制作工具发出特定的声音来驱赶不需要飞鸟的地方，如飞机场上空等。有些飞鸟发出很好听的声音，对人居环境有利，能熏陶人的情操。

2. 声音与飞行器

飞行器飞行时，发出的声音过大，是一种噪声。

3. 声音与心理需求

人体的耳朵接收声音，嘴巴发出声音。接收声音的高低、强度等有一个限值，过低会听不到，过高会承受不了，甚至会破坏人的听觉器官。平常讲的噪声，就是有害于人的听觉的声音，超过了人的心理需求。优美动听的声音对人的心理是有好处的，能陶冶情操，故会建造音乐馆、大剧院等专门用来为人们提供对声音的欣赏。

情况不同，二者的关系也就不同，既存在有利共生关系也存在有害共生关系。

4. 声音与各年龄段

各年龄段对声音的感受和承受能力有所不同，需要合适的声音符合不同的年龄段。比如，婴儿对声音的承受能力最差，稍大的声音就会使其受到惊吓；少年、儿童的生活、活动的环境需要有良好的声音环境，要远离噪声源。

5. 声音与各职业

各职业对声音环境的需求不一样。有些职业的工作环境需要安静，声音要小、轻，杜绝各种噪声。过度的噪声对职业的工作效率会有不利作用。比如在超过 80 dB 的声环境里，人们就可能会烦躁，听力也会受到伤害，会降低劳动效益，而在优美的声环境里工作会提高工作效率。

6. 声音与心理

噪声可能会引起人们的心理疾病，美好的声音会有助于心理的健康发展。

7. 声音与经济、科技

随着经济、科技的发展，会有更好的音响设备制造出来，能创造出更好的声音环境。

8. 声音与文化

各种乐器和音乐就是对声音的一种优化和重组，这种乐器文化、音乐文化与声音有共生关系。声音是一种文化，乐器和音乐的发展也是一种文化的发展，文化的发展也促进了古典音乐的发扬。在这种情况下，二者是互利共生关系。

（九）飞鸟与相关因子的共生关系

1. 飞鸟和飞行器

人工飞行器有模仿飞鸟的痕迹存在，飞鸟的特性为人工飞行器的设计、建造提供了模仿示范和启示。但飞行器在高速飞行时，飞鸟对飞行器是有害的，若飞行器遇到飞鸟的撞击，会发生事故。

过多的飞行器对飞鸟也不利，打破了飞鸟的原生态的空间生存环境，威胁飞鸟的生存。二者是偏利共生关系，在相互碰撞发生事故的情况下就是互害关系了。

2. 飞鸟与生理需求

飞鸟是人食物的一种来源，如养殖的鸡、鸭、鹅等都来自飞鸟源种，经过人工长期的驯养而来。但现代，过度地捕杀飞鸟来食用，致使有些飞鸟数量减少，甚至灭绝，这种情况下，人的生理需求对飞鸟而言是有害的。

3. 飞鸟与各年龄段

飞鸟对各年龄段都有好处，它能为人们提供欣赏、学习等，给人们带来乐趣，增加气氛。但各年龄段的人们对飞鸟不一定全都有好处，如掠杀飞鸟来食用等就对飞鸟有害，而保护、饲养、放生等对飞鸟就有好处。

4. 飞鸟与各职业

飞鸟对各职业的影响程度是不同的，对有些职业影响比较大，有些则没有什么影响。比如，对靠养殖飞鸟为生的动物园里的鸟类饲养员影响就比较大；对工人、职业经理等影响就比较小。

5. 飞鸟与心理

飞鸟对人类有利，有些飞鸟能成为人们心理上对美好未来的一种寄托，如丹顶鹤、蝙蝠等。人们为了对未来有更好的精神寄托，博取各鸟的特点，创造出凤凰、鸾等，用来满足心理需求。

6. 飞鸟与经济、科技

经济、科技发展到一定程度，人们的思想意识也提升，对飞鸟的保护意识也随之提高，这对飞鸟有利；而当经济落后、食物不足时，会猎捕飞鸟用来补充食物，这对飞鸟有害。

飞鸟是自然生态中不可缺少的成员，飞鸟的存在、繁荣是生态良好的表现，对经济发展有利，经济、科技的发展对飞鸟也有利。这种情况下，二者是互利共生关系。

（十）飞行器与相关因子的共生关系

1. 飞行器与人体尺寸、活动尺寸

载人飞行器内部的容人空间是依据人体尺寸和活动尺寸来设计、制造的，人体尺寸、活动尺寸是其制造的基本依据。

2. 飞行器与生理需求

载人飞行器需满足人的生理需求，要满足吃、喝、呼吸、光照、声音、温度、湿度、排泄等需求，人体的各项生理需求也是载人飞行器的建造依据，若满足不了，就无法实现载人。

3. 飞行器与各年龄段

飞行器对各年龄段的出行都有好处。

4. 飞行器与各职业

飞行器对各职业都有益。有些职业是各地来回跑，飞行器能帮助其快速到达目的地，减少路途时间，赢得更多的工作时间。农民可以用飞行器喷洒农药，消防员可以用飞行器来灭火，地质工作者可以用飞行器来勘探地质，摄影师可以用飞行器来摄影，等等。

5. 飞行器与经济、科技

飞行器与经济、科技是相辅相成的。飞行器的发展促进经济、科技的发展，经济、科技发展了，也就有更多的财力和更先进的技术投入对飞行器的研究、提升、完善等，促进飞行器的发展。二者是互利共生关系。

6. 飞行器与文化

人工飞行器的发明、发展等的历程和故事，就是一种飞行史文化。

九、人体空间生理中因子与其他因子的共生关系

（一）人体尺寸与相关因子的共生关系

1. 人体尺寸与活动尺寸

人体尺寸是活动尺寸的依据，如脚步的跨度尺寸、踢腿的范围尺寸是由腿的长短来确定的，伸手、举手的范围尺寸是由手臂的长度决定的，不同的人体尺寸也就有不同的人体活动尺寸。有些设计师在为特定的人家设计时，就会考虑这户人家家庭成员的身体尺寸。如房子提供给 2 m 身高的人使用，把门高设计为 2 m 就不合适，至少要有 2.3 m 净高的门；给身高只有 1.5 m 高的家庭主妇设计灶台，不能用标准 82 cm 高的灶台，要矮一些，比如 78 cm 高就比较合适，使用起来就省力方便得多，否则使用起来就很吃力。

人体尺寸与活动尺寸相互依存，不妥善处理，就会出现有害作用。

2. 人体尺寸与行动尺寸

人体尺寸有个确定性的物理数值，加上人体的体能，共同决定着行动尺寸。比如步行

1 min,成年人能移动 60 ~ 100 m;跑步 1 min 能移动 300 ~ 500 m;步行 15 min 能移动 1200 m;2000 m 需要走 25 min;300 m 长的步行街慢步走约需 5 min;走快点,1 h 能走 5000 m。

行动尺寸是由人体尺寸来限定着的。人生活的活动范围有一定的局限性,在过大的城镇里生活就不方便,在过大的建筑体内活动也不方便,在规划城镇、设计建筑体时就需考虑这些行动尺寸问题,当然人也可以借助于机械的交通工具,但人还是需要通过走路来移动的。

3. 人体尺寸与生理需求

不同的个体,人体尺寸也有所差别。尺寸大的各项生理需求也多些,需要消耗的能量更多,需要吃得更多,穿的衣服也需要更大。反过来看,生理需求大的,人体尺寸也会大些。

4. 人体尺寸与各年龄段

不同年龄段的人体尺寸不一样。年龄小尺寸就小,婴儿最小,幼儿稍大,到了青年期尺寸就基本可以固定下来,而到了老年期又会变小一些。

5. 人体尺寸与各职业

一般来说,人体尺寸与职业没有太大关联,但与有些特殊职业还是有联系的。工人中的个别工种会因为工作的操作空间的原因对人体尺寸有所限制。比如排水管井的清理工人,就要求人体尺寸小,大个子工作起来就不方便;又如,篮球运动员就需要身材高大,过于矮小,比赛时就会吃亏。因此,有些职业在招聘时,就会对人体尺寸提出要求,不能低于多少或不能高于多少等。

6. 人体尺寸与经济、科技

经济、科技越发达,人体尺寸就越大。比如,随着经济、科技的发展,我国人体尺寸比过去大了不少。在 20 世纪 60 年代成年男性的平均身高为 1.67 m,现在应该有 1.74 m 左右。一般来讲,在那些贫穷落后的国家或地区,人体尺寸比富裕、发达国家或地区的小一些。

(二)活动尺寸与相关因子的共生关系

1. 活动尺寸与行动尺寸

活动尺寸大的,行动尺寸就大;反之,活动尺寸小的,行动尺寸就小。二者是对应关系。

2. 活动尺寸与生理需求

活动尺寸大的,生理需求就多;反之,活动尺寸小的,生理需求就少。生理需求多的,活动尺寸也大。

3. 活动尺寸与各年龄段

活动尺寸随着年龄的增大而增大,至成年期固定下来,老年期的活动尺寸反而会变小。婴儿、幼儿的活动尺寸很小,也比较固定。

4. 活动尺寸与各职业

不同的职业,要求的活动尺寸有细微的差异。

(三)行动尺寸与相关因子的共生关系

1. 行动尺寸与生理需求

行动尺寸大的,生理需求就多;反之,需求就少些。运动量大,行走多,体能消耗多,就需要更多的水分、食物等来补充能量。生理需求大的,行动尺寸也大些。

2. 行动尺寸与各年龄段

随着年龄增大,行动尺寸也变大,但至老年期时,因为体力的下降,行动尺寸也随着下降。

3. 行动尺寸与各职业

职业不同,行动尺寸也有所不同。比如,职业经理常常待在办公楼里工作、活动,商人需经常出差办事,职业经理外出比商人就少些,在行动上、移动上而言,商人就多些。农民、渔民的行动尺寸也较大,他们常常外出耕种或打鱼。

4. 行动尺寸与经济、科技

经济、科技越发达,城市规模也越大,交通工具多样且速度快,人的活动范围就变大变广,行动尺寸也跟着增大。

(四)生理需求与相关因子的共生关系

1. 生理需求与各年龄段

各年龄段的生理需求有所差别,婴儿、幼儿的需求较少,吃的量比年龄大的少很多,但要求精细多餐。老年人比中年人的生理需求的量少些。

2. 生理需求和各职业

对于生理需求,各职业基本上都差不多,只是个别的有所差异。从事体力劳动的比脑力劳动的体能消耗就大些,吃、喝的量就多些。

3. 生理需求与心理

保持最基本的生理需求,也就是保持人体生命活力的最低物质需求,每个个体有差异,但差异不是很大。每个人都有一种向好的方向追求的动力,也就是心理追求。有了这种心理追求,就有了提高生理需求的要求,要吃得好、住得好、穿得好等。但也有人特意压抑心理对物质的追求,只求心灵上的宁静、精神上的富足,对物质需求保持低水平即可,如深山里修行的道士、印度的苦行僧等。

4. 生理需求和信仰

不同信仰的人对生理需求有所不同。如僧人平时都是吃素,有一些民族不吃猪肉。

5. 生理需求和经济、科技

人追求美好生活的本质,也就是对生理需求的高要求,这种追求能促进经济、科技的发展。经济、科技的发展也带来了生理需求的提高。这二者是互利共生关系。

十、年龄段中因子与其他因子的共生关系

(一)婴儿期与相关因子的共生关系

1. 婴儿期与其他各年龄段

婴儿期是人体的起步时期,婴儿各方面都处在萌芽状态,对外界的抵抗力低,就像刚出土的幼苗,对婴儿的保护、培育影响着其后的各年龄段。

2. 婴儿期与各职业

人体处于婴儿期时，其未来的职业是未知数，但启蒙教育也能有潜移默化的作用。婴儿处在哺乳期时，其母亲的职业态度、情感、体验等会很自然地传递给孩子，所以，培育职业兴趣从婴儿期就可以开始，如出生在音乐家庭里，乐感就强一些，将来从事音乐方面职业的概率就大。

3. 婴儿期与风俗

风俗习惯影响着婴儿的生长发育和未来的职业方向。有些地方的习俗，在婴儿满周岁时会把代表着各职业方向的玩具放在婴儿前，让儿童来抓，即抓周，首先抓到的，会被认为更易从事这方面的工作。

4. 婴儿期与经济、科技

经济越发达，越能为婴儿提供良好的生长环境，就越有利于对婴儿的培育；经济条件差，婴儿的培育环境就差。有些贫困的地方，婴儿的成长率很低，许多婴儿长不到成年。同样，婴儿的健康成长对经济、科技的发展有利。

（二）幼儿期与相关因子的共生关系

1. 幼儿期与其他各年龄段

幼儿期是人体生长的第二个时期，为 1～3 周岁的三年时间。该时期，幼儿开始会爬、会走、会说，对事物有朦胧的认知且依赖性强。幼儿期培育的好坏也会直接影响到其后各年龄段的发展，该时期幼儿的体质、身心健康都非常重要，是为其后各年龄段打下基础。

2. 幼儿期与各职业

幼儿对职业的认识还是非常的模糊，父母的职业对其有一定的影响。幼儿对外界有一定的记忆，这时期父母带有职业性地、无意地言传身教对其以后的职业选择、发展方向有最原始的印记。

3. 幼儿期与心理

幼儿的心理还没健全，独立识别性差，依赖性强。

4. 幼儿期与信仰、风俗

信仰、风俗对幼儿的发育、心理有一定的影响。

5. 幼儿期与制度、经济、科技

有的国家、地区有专门的制度保护幼儿的培育、发展。经济、科技越好，对幼儿的培育、发展也越好，身心发展也越健康。幼儿数量多且健康也能促进经济、科技的发展，幼儿长大后就是创造和发展经济、科技的力量。

（三）儿童期与相关因子的共生关系

1. 儿童期与其他各年龄段

儿童期是人体生长的第三个时期。这一时期主要是在幼儿园里，儿童能有意识地接受一些知识和教育，对未知事物的好奇心强。这一时期父母和幼儿园老师的引导、教育起到重要的作用，对其后各年龄段的发展都会产生影响。

2. 儿童期与各职业

这一时期儿童对未来的职业充满好奇，引导儿童向健康方向认识很重要，虽然不知道将来的职业具体是什么，但在其意识里留下的职业印象对其将来的职业方向选择会有影响。

3. 儿童期与心理

儿童的心理健康很重要，自闭症可发现于这个时期。幼儿园建筑各方面独特的设计也是为了儿童的心理健康着想。

4. 儿童期与经济、科技

儿童的健康发展对经济、科技发展有好处，经济、科技的发展也为儿童的教育、培养提供了更好的环境。

（四）少年期与相关因子的共生关系

1. 少年期与其他各年龄段

少年期是人体生长的第四个时期。该时期主要是在小学里学习，接受教育，吸收知识，认识事物。这个时期的体质、习惯、兴趣爱好、学习能力等对其后各年龄段有决定性的影响。有些家庭为了孩子的未来能有较好的发展，就想把孩子送入好的学校学习，“学区房”应运而生，这种房子的价格一般比其他同档次的房子要高。

2. 少年期与各职业

这个时期对未来的职业方向还没有明确的认识，这时候也不能分辨出孩子的兴趣爱好、智力水平等。这时，家长、老师的教育等对其未来的职业选择会有较大影响。

3. 少年期与其他各因子

心理引导对少年的心理健康发展有影响。积极的引导会产生积极的效果，消极的引导会产生消极的效果，比如，家庭里不健康的因素也会影响着少年的心理。

各种思想的传播对少年有着较大影响。比如，少年能接触到的媒体需要有积极向上的健康思想，那些消极、恶毒、反动的思想必须要经过过滤，不能在媒体上出现。

信仰对少年的影响也不可忽视，那些邪教、歪门邪道的信仰不能流入少年的心里，要让少年树立积极、健康的信仰。

风俗习惯会影响少年日后的生活习惯，不良的、愚昧的风俗习惯要杜绝。

社会、国家的制度对少年的行为有规范、引导作用。

该时期的少年已渐渐有了权力意识，需要对其进行正确的权力观教育。

经济、科技对少年的健康发展起到促进作用。

（五）青年期与相关因子的共生关系

1. 青年期与其他年龄段

青年期是人体生长的第五个时期，主要是在中学里度过，即在初中、高中里学习，接受教育。这一时期是前几个时期的延续，也是关键的过渡期，决定着青年未来的工作、生活。青年期是确定中年期发展方向的前提和准备阶段。

2. 青年期与各职业

该时期能区分出各个体的特点。比如，学习能力的强弱、智力水平的高低、交往交流能力的强弱、创造能力水平的高低等,根据自身的条件结合家庭、社会等因素,基本上可以对未来的职业方向有一个定位。

3. 青年期与心理、思想

青年期已能独立思考问题,有自身的思想、心理活动。如果外部强加给他们与自身有冲突的想法,其往往会进行辩论,若强迫让其接受,就会使其产生叛逆心理。在孩子处于青年期时,对其进行的心理引导、思想教育的方式、方法很重要。

4. 青年期与信仰、风俗

青年期基本已形成了自己的信仰,已有的信仰、风俗习惯影响着青年的精神信仰、生活习惯。

5. 青年期与权力、经济、科技

青年期已明白权力的作用,在青年期形成正确的权力观很重要,影响着其日后的工作和生活。青年是社会经济、科技发展的后备力量,经济、科技的发展也能促进青年接受更好的教育。

(六)中年期与相关因子的共生关系

1. 中年期与其他年龄段

中年期是人体生长的第六个时期,也是十分重要的一个时期,这一时期最长,是人生活的中心时期。之前的各时期都是为该时期打下基础的,该时期用建筑来比喻,就是建筑的使用期,之后就步入老年期,就如同建筑使用期过后的残留期。

2. 中年期与各职业

中年期是选择职业、步入工作前的准备和正式工作的时期。选择职业方向,进入大学、技校等学习技能,学好后参加工作。

中年期是各职业所依赖的年龄期。中年人为各职业提供人力资源,各职业为中年人提供工作岗位。二者是互利共生关系。

3. 中年期与心理、思想

中年期的心理、思想已比较成熟,外部的力量已较难改变其心理、思想。

4. 中年期与信仰、风俗

中年期已形成比较固定的信仰、风俗习惯。外部的信仰、风俗习惯比较难被主动接受,但有时为了与生活环境相一致,为了能有更好的交流和生存,会被动地接受生活所在地的风俗,即入乡随俗。

5. 中年期与制度

中年人会自觉地遵守制度,也会去完善和补充制度。

6. 中年期与权力

中年期的人们是掌握和运用权力的群体,他们在法律、规章制度等下行使权力。权力对中年期的人们有很大影响,能引起其竞争,促使其努力工作、积极创造财富等。

7. 中年期与经济、科技

中年期是经济、科技发展的中坚力量,是创造经济、发展科学技术的人力资源。经济、科技的发展、富足是中年期的各种需求的保障。

（七）老年期与相关因子的共生关系

1. 老年期与各职业

老年期是人体生长的最后时期，基本上已离开工作岗位，过着退休生活。之前的长期工作积累了丰富的实践经历，有的把经验进行总结，传授给同行业的后来者，协助推动该职业的发展。有的职业岗位还继续返聘老年期的人来工作、指导。

2. 老年期与经济、科技

经济、科技越发达，对老年人生活、医疗、护理等越有保障。若经济水平较差，则老年人的生活会得不到应有的照顾和保障。老年期人口过多，也即人口老龄化问题严重，对经济发展有阻碍作用。

十一、职业中因子与其他因子的共生关系

（一）农民与相关因子的共生关系

1. 农民与其他职业

农民耕种田地、种植粮食，出售给其他职业人员食用，农民是其他各职业都需要依赖的职业，农民也需要其他职业的协助。农民与其他各职业是互利共生关系。

2. 农民与思想

过去在农耕时代，农民是在一小块土地上自耕自作，满足自己生活，被认为是思想封闭、不开放的一类人。但现代社会不一样了，土地进行流转，耕作大片土地，综合性地进行经营，农民正式成为一种职业，思想也开放起来。

3. 农民与风俗

农民对风俗比较重视，不会轻易去破除，会尽量维护、传承。风俗也让农民有一种地域的归属感和宗族的认同感。

4. 农民与制度

过去农民都有一套本族的制度来规范约束宗族人员的行为。在现代社会，国家、地方针对农民有专门的制度，加上完善健全的国家法律，过去的宗族制度约束力逐渐减弱。

5. 农民与权力

农民主要集聚生活在农村，农村是实行村长治理制，村长由村民选举产生，拥有一定的权力，一届任期满了，到了新选举期，农民们也会踊跃竞选村长。

6. 农民与经济、科技

农民是推动经济、科技发展的一分子，经济、科技的发展也改善了农民的各方面条件，比如，各种基础设施得到改善，农村人居环境得到提升，村庄变得更美。

（二）渔民与相关因子的共生关系

1. 渔民与其他各职业

渔民以打鱼为生，卖鱼给其他人食用，满足其他各职业人员吃鱼的需求，同时，其他职业也满足渔民的其他需求。渔民与其他各职业是互利共生关系。

2. 渔民与心理、思想、信仰、风俗

渔民常与大海、江河打交道，性格豪放。过去科学落后，人们不知道暴风雨的成因，没有科学的预测，渔民对自然灾难的恐惧，逐渐虚构出一种神秘力量并对其崇拜，寻求保佑。渔民每次出海，都要举行一种仪式，保佑出海平安、满载而归，该仪式也逐渐变成一种风俗习惯。

3. 渔民与制度、权力、经济、科技

除了正常的制度外，针对渔民还有专门的规章制度、法律，如渔业法等。

渔民每次出海，都会选出一位船长，赋予其最大的权力，使其成为该渔船出海时期的头领。

渔业是社会经济组成中的一分子，渔民是国民经济的创造者之一，有些地方、区域的经济就是依赖于渔民。经济、科技的发展反过来也会提升渔民的装备，改善其生活设施，提高其生活水平。

（三）工人与相关因子的共生关系

1. 工人与其他各职业

工人生产、制造各种工业产品，为各职业提供设备、生活用品等。现代社会中的人，无论从事什么职业，都需要工人、依赖工人。同样，工人也需要其他职业的协助。工人与其他各职业是互利共生关系。

2. 工人与心理、思想

工人大多进行体力劳动，消耗体能较多，工作空间固定，活动范围小，多为机械性劳动，往往影响其心理、思想，造成心理上的压抑、思想上的闭塞等消极情况。

工人需要精神上的鼓励、心理上的安慰、思想上的开导，向心理素质健全和思想积极健康的方向进行引导。

3. 工人与经济、科技

工人是创造经济繁荣、推动经济发展的主力军之一，经济的发展依靠工人。发达的经济、科技也给工人带来幸福，各方面条件都得到改善。二者是互利共生关系。

（四）医生与相关因子的共生关系

1. 医生与各职业

医生是看病治病的职业，每个职业人员都会需要有医生服务。

2. 医生与心理

医生长期与病人接触，容易产生消极的心理或情绪。医生需要及时释放心理压力，社会也需要为医生提供有益于心理健康的环境。

3. 医生与制度

针对医生的从业，专门有一套完备的制度来规范。

4. 医生与经济、科技

随着经济、科技的发展，医疗条件也跟着好转，医生的从业环境、医疗设备仪器等会得以完善，也有更多的钱投入到培养医生、医疗科研中来。

（五）教师与相关因子的共生关系

1. 教师与各职业

每种职业人员在入职前都需要具备相关的知识、技能等，教师就是以教学为生的职业，现代社会由于一直在发展，人们需要终身学习，因此，教师和每个职业都息息相关。

2. 教师与心理、思想

教师的工作就是教育他人，自身没有过硬的心理素质、积极健康的思想，就难以教好学生，所以教师的心理素质都比较好，思想也比较积极。

3. 教师与信仰

教师的信仰都比较正面、积极、健康。

4. 教师与制度

对教师有一套完备的制度来规范、约束其职业行为。

5. 教师与经济、科技

教师教育培养的人，投入各行各业中创造价值，推动经济、科技发展。反过来，经济、科技的发展，能更有利于教师的培育和健康发展，能改善其教学环境、生活条件等。二者是互利共生关系。

（六）律师与相关因子的共生关系

1. 律师与各职业

在现代社会，有很多法律对各种现象、行为进行规范，该做什么、能做什么、不能做什么等等，一般人不可能全部弄清楚，这就需要向律师寻求咨询。另外，社会中总会有人侵犯他人或机构的人身、财产、利益等，这就需要聘请律师来搜集证据，并用法律条文支持来提出诉讼。所以，几乎每个职业的人都需要律师的帮助和服务。

2. 律师与信仰

律师信仰的就是法律，坚持公平、公正，用法律来捍卫人们的利益不受侵犯。

3. 律师与制度

律师的存在本就是社会制度完善的结果，律师能推动制度的完善，制度也推动律师职业的发展。

4. 律师与权力

律师根据法律条文来分析事物，若有人用权力违反了法律，律师可以向其宣战，起诉其违反了哪些法律规定。

5. 律师与经济、科技

一些人的经济的公平分配、合法财产不受侵犯都需要律师根据法律来保护其权益。科学技术中发明创造的知识产权保护也需要律师来帮助。

律师是经济、科技发展成果的捍卫者之一。

（七）建筑师与相关因子的共生关系

1. 建筑师与各职业

每个职业都需要有开展工作的环境空间，如学校、工厂、农场、医院、办公楼等。每个职业的人都需要居住、生活空间，如各种住宅、宿舍等。这些建筑物都需要建筑师来策划、设计、建造等，所以每个职业的人都离不开建筑师，都需要建筑师的劳动服务。建筑师对于建筑的规划设计都要有明确的定位。比如，定位为富人使用的，设计、建造就要与富人的需求相一致；定位为平民使用的，那么就要与平民的需求相当。建筑物要与使用对象相一致。建筑师与其他各职业是互利共生关系。

但是，在有些情况下，会出现偏利共生或偏害共生关系。当其他职业的人对建筑师这个职业不熟悉、不了解，也不清楚建筑师的劳动力价值时，就会造成建筑师的工作不被其他职业的人所认可、尊重，导致建筑师的创作思想、工作热情等受到伤害。这种情况下，建筑师与其他各职业就是偏利共生关系。有些职业的人不尊重建筑师的艰辛和付出，甚至骗取建筑师的设计成果等，导致某些建筑师被逼无奈不得不转行。这种情况下，建筑师与其他职业存在着偏害共生关系。

2. 建筑师与心理

建筑师设计、建造与人们关系密切、承担生命保护责任的建筑体的人，涉及面广、工程量大、利益集中，牵制到方方面面，这种特殊性决定了建筑师要有过硬的心理素质，不会随便受到外部不良环境的干扰。建筑师需要有积极的态度和过硬的心理素质，健康向上的心理也有助于建筑师的工作。

3. 建筑师与思想

建筑师的想象力非常丰富，能随时把客观立体的建筑在脑海里呈现出来，也能把预想的建筑在脑海里虚拟形成。建筑师能够经过逻辑性的思考，将其想法与设计理念应用于建筑设计的实践中。建筑师设计的建筑物也可以说是其思想的映射，从某些角度看，建筑反映着建筑师的思想。

4. 建筑师与信仰、风俗

建筑师设计建筑，是在特定的地点为特定的使用人群而设计的。这些就决定着建筑师在设计该建筑前，需要了解该建筑所在地的风俗、信仰，设计的建筑物需体现其使用者的信仰和风俗。信仰和风俗影响着建筑师的职业工作，建筑师自身的信仰和风俗对建筑的影响反而很小。建筑师需知道各种信仰、地方风俗的特点，这也是该职业必须具有的技能，也是其工作的需要。

5. 建筑师与制度

建筑师职业的客观存在，影响着建筑师相关制度的出台，来规范其职业行为。建筑师出现时间比较早，人类需要建造房子居住使用的时候就有了建筑师的工作。当然，早期都是工匠兼为建筑师。随着社会发展，建筑越来越复杂，于是就分离出独立的建筑师职业，同时各国家也出台了各自的与建筑师有关的制度。不同的制度对建筑师的发展、繁荣等的影响有所不同，有好也有坏，有些甚至还会阻碍建筑师这一职业的发展。有些好的制度在促进建筑师行业的繁荣发展的同时，也提高了建筑师的社会地位，使建筑师受到社会的认可和尊重。

6. 建筑师与权力

建筑师是设计建筑的一种技术服务型职业，权力是人的支配力的一种体现，二者看起来没有关联，但在现实中却有着紧密的联系。

权力是一种抽象的东西,需要看得见的物体来体现,最能体现的就是建筑物,而建筑物需要建筑师来设计。如皇权社会的皇宫、帝国的王宫,用最好、最大、最庄严的建筑体来表现皇帝、国王的权力。

权力也影响着建筑师,在个别制度不完善的地方,权力对建筑师的工作有支配力和影响力。设计的建筑需要遵从权力的意志,而不能有建筑师自己的理念、思想。这种权力影响对建筑是比较消极的,对社会不利。但也有积极的,如与项目有关且握有权力的人信任建筑师,尊重建筑师的成果,给建筑师话语权,认可建筑师的工作,建筑师自身的设计构想就能真正得到实现。

7. 建筑师与经济、科技

建筑师能影响经济。比如,某建筑体或建筑群很独特,很具有代表性,吸引来大批的参观者、学习者,这就推动了当地的旅游业发展,促进该地的经济发展。还有建筑师在设计建筑体时,构思方案中选择的材料、形状、样式等都决定着该建筑的建造价格,影响着经济投资。

经济、科技的发展程度也会影响建筑师。经济、科技越发展,有经济实力,有多样的科技建筑材料等,建筑师的作用也就越明显;经济、科技差,钱少、材料少、技术差,那建筑师也就难以发挥作用。

8. 建筑师与文化

文化是过去和现有的一切文明的总和,文明是个抽象的概念,不是具体的物体,是留存在脑海的概念。但其需要具体物来反映、体现,建筑物既大又具体,能反映文明,体现文化。特别是旧建筑物,记录着过去曾发生过的事情。这样,建筑师与文化就有很大关系,建筑师在修缮、设计旧建筑物时,就关系到文化的保护、保存问题;在新设计建筑体时,也需要反映当前时代的文化。

(八)商人与相关因子的共生关系

1. 商人与其他各职业

做买卖的商人与各职业都有关联,生产的东西卖出去,需要的东西买进来,都需要商人来促进交易。

2. 商人与其他各因子

商人游走于各种人之间,与各职业的人打交道,为了交易成功,且有盈利,需要很好的心理素质,思路需清晰、开阔。

对于风俗,商人比较灵活,能入乡随俗,很快融入环境。

制度对商人影响比较大,商人做生意,若不了解制度,违反了制度,就会造成损失。

商人一般是处在公平的交易环境之中,若有权力介入,交易就有失公平,权力对商人的影响比较大。有些地方就规定拥有社会公权力的公务人员不能兼做商人。

商人能促进市场交易的繁荣,对经济发展有利。

(九)职业经理与相关因子的共生关系

1. 职业经理与其他各职业

职业经理是代理投资者专门管理一个企业或团体的职业。职业经理的水平、能力对各职业都有影响。若职业经理水平高、能力强,能管好企业,企业发展了,社会财富增加,政府税收就多。政府有钱了,投入公共设施建设的资金就多,提供的公共服务就更好。公共环境好了,对每个职业就都有好处。

2. 职业经理与其他各因子

职业经理对于自身管理的企业需要建立规章制度,思路准确、制度好就有利于企业的发展。

职业经理在其管理的企业里拥有某些支配权和影响力,即拥有一定范围的权力,运用权力管理好企业是职业经理人应该具备的本领。

职业经理的繁荣是市场经济发展比较成熟的标志之一,职业经理没有或很少的地方经济也可能不会有健康的发展。

(十)公务员与相关因子的共生关系

1. 公务员与其他各职业

公务员是政府招聘的从事于公共服务的职业,这与每个职业都有关联,公务员服务好,各职业也就好,对各职业有有利作用。若公务员服务意识差,有的把理应服务的事情变为强制管理,这对于被管理的职业的人来说是有伤害作用的。

2. 公务员与其他各因子

公务员的行为代表一个政府的形象,其各方面的行为就需恰当,心理要健康,思想要积极向上,依法服务,以公平、公正、正义为原则。要正确使用权力,不能滥用、错用、私用。经济上要明白工资、报酬是来自服务对象的税收,那就需为其做好服务。

十二、思想等因子与其他因子的共生关系

(一)心理与相关因子的共生关系

1. 心理与思想

心理是客观的各种事物在被感觉器官感知后,人体表现出来的一种情感,如喜、怒、哀、乐、惊等。个体不同,思想就不同,不同的思想引起的思维方式也有所区别,对同样的事物所表现的心理活动就不同。比如,看到同样的一座玻璃幕墙大楼,有的人就会认为现代、时尚、高雅,表现出来很高兴,心情很好;但有些人看了后,认为不生态、低俗,是一种光污染,表现出郁闷、担忧,心情很不好。所以,思想会影响着心理活动。

心理也影响着思想的变化。在高兴、愉悦的情况下,人的思想也积极、正面;在悲哀、愤怒的情况下,思维就迟钝,思想也就向消极的方向转变。

2. 心理与信仰

信仰会影响心理变化。如信仰佛教的人,一旦到了佛堂、寺院,就表现出来兴奋的感受,没有该信仰的人就不会有这种心理反应。

心理也影响着信仰。比如,有些人心理长期郁闷、不高兴,会想到去出家,皈依佛门,研究佛经,以求得心灵上的安宁。

3. 心理与风俗

风俗影响着心理。比如,有些地方端午节有划龙舟的风俗,某一年突然给禁止了,该地方的人心情就不舒服,心理活动会表现出愤怒、低落的情绪。

心理也影响着风俗。比如,随着社会发展,心理上对有些陈旧、过时的风俗会反感,不愿遵守,导致该风俗慢慢地被忘记,逐渐消失。

4. 心理与制度

人的心理活动与制度也有关联。比如,有些新出台的规章制度,涉及自身利益问题的大小不同,引起的心理反应也就有所不同。

5. 心理与权力

心理和权力运用有关联。比如,心理比较扭曲的人,在获得权力后,会不正确地使用权力,若对金钱欲望强,就会出现权钱交易的情况,曾经受过压迫欺负的也会压迫欺负人。

权力也影响着心理,权力越大,心理越平衡,越有优越感。权力越小,越容易有自卑感。

6. 心理与经济、科技

心理素质的好坏也影响着经济、科技。若人民心理素质好,意志坚定,永不服输,越战越勇,经济、科技也会越来越好。

7. 心理与文化

文化会影响着心理,文化气息浓厚,底蕴深厚,心理也会舒畅。比如,一个人进入一座历史性建筑,看到、感受到过去发生的事,引起共鸣,会感觉似乎有一股电流流过全身,心理会惊叹,让人流连忘返。

(二)思想与相关因子的共生关系

1. 思想与信仰

思想与信仰几乎同步发生,紧密地联系在一起。有什么样的思想,就有什么样的信仰;有什么样的信仰,也就有什么样的思想。

信仰科学的,行事作风思想一切以科学为依据,不会主观臆想。信仰宗教的,思想上就以宗教思维来指导自己的行动。

2. 思想与风俗

风俗影响着思想行动,风俗是大众认同了的习惯,故思想活动、行为就有风俗的印记。比如,过去建造房子必须请风水先生来选择日期和时辰来举行开槽挖土仪式,即开工仪式,上梁即结顶仪式等。

反过来,思想同样也影响着风俗,思想上进步,接受了新事物,想开放思想,对风俗也会进行梳理,那些过时的、带来危险的、对人的身心健康不利、对发展不利等的习俗进行改进、废除等。

3. 思想与制度

制度是人制定的,有什么样的思想就会对制度的制定产生什么样的影响。比如,国家认为人的生命财产是不可侵犯的,那么在制定人身保护和财产保护等制度时就会受到这种思想的影响。又如,国家认为每个家庭都应该拥有居住权,那么在制定住房居住方面的制度时就会考虑到这种情况。

制度也影响着思想。比如,有鼓励全社会的人创业、创新的制度,有条件的人就会产生创业、创新的思想或想法。

4. 思想与权力

思想影响着权力。有些人思想上就有一种拥有权力的渴望,于是就会想尽办法争取权力,在拥有权力后,也是用该思想使用权力。

权力也影响着思想,拥有和不拥有权力,思想上是有区别的。比如,有些人在没有拥有某权力时,思想上单纯,想法也少,但在拥有权力后,思想就容易变复杂,想法也多起来。

5. 思想与经济、科技

一般,思想开放、能容纳外来思想,经济、科技也就发展越快;思想封闭、拒绝外部思想,经济、科技也就越难以发展。比如,国家思想落后,不开放,闭关自守,经济、科技也就不好。

6. 思想与文化

思想越开放,文化也就越多样、丰富;思想闭塞,文化也就落后、贫乏。文化底蕴越深厚、越丰富,思想也就越丰满、越开放、越能接纳外来思想。

(三)信仰与相关因子的共生关系

1. 信仰与风俗

信仰与风俗有关联,有什么样的信仰就会有什么样的风俗习惯。比如,信仰基督教,就有每天睡前和饭前做祷告、每周日做礼拜的习惯。信仰土地神的,有每年的正月十五都要到土地庙里祭拜的风俗。

风俗也影响着人们的信仰,无意中长期地耳闻目睹一种风俗,其信仰可能也会受到影响,如生活、工作中长期接触的都是佛教徒,或许也会对佛教有信仰的倾向。

2. 信仰与制度

信仰影响着制度,有些信仰会造成社会的混乱、不稳定,就会制定制度来约束这种信仰,如邪教等。制度能引导人们走向正确的信仰,对社会稳定、繁荣、发展都有利。

3. 信仰与权力

信仰影响着权力,比如有些人只信仰金钱,认为金钱是万能的,在拥有权力后,就会有权钱交易的行为出现。有些人信仰为人民服务的理念,在拥有权力后,会运用权力多为人们做贡献、做服务,而不会把权力用在权钱交易上。

权力也影响着信仰,有些邪教组织就是利用权力的诱惑游说拉拢人们信仰其组织。比如,承诺若你加入,会得到想要的东西、拥有一定的权力等,引诱你加入邪教。

4. 信仰与经济、科技

信仰会影响着经济、科技。比如,我们坚信社会主义制度的优越性、坚信改革开放是发展的动力等,这些积极正确的信仰能推动着经济、科技的发展,实践证明,至今取得的经济、科技成就是有目共睹的。

经济、科技也影响着信仰,经济落后、贫穷,信神信鬼的就多,各种迷信也就会深入人心。

5. 信仰与文化

信仰影响着文化，比如信仰科学，信仰文明的持续性和发展性，对文化的发掘、保护和传承有益。文化的丰富、深厚也会促进信仰的健康发展。

（四）风俗与相关因子的共生关系

1. 风俗与制度

有的风俗习惯会带来制度化的保护、留存。比如，传统的春节、清明节、端午节等就有制度规定放假，是国家法定节假日，使人们有时间举行各种传统活动。

制度也影响着风俗。比如，禁止大办婚宴，用制度来明确办理婚宴的规模、费用等，避免造成铺张浪费、盲目攀比等。这样，原有的大办婚宴的风俗就慢慢消失。

2. 风俗与权力

风俗影响着权力。比如，民间有一种对德高望重的宗族中的老人尊重、信任的风俗，宗族就会赋予该老年人最终裁定的权力，宗族中发生的一些纠纷事项最后交由该老人做最终的裁定。

权力也影响着风俗。比如，某国家、地区拥有最大权力的开国首领，决定把某日作为全国或全地区的庆祝日，长此以往，就固定下来形成了一种风俗。

3. 风俗与经济、科技

风俗影响着经济、科技的发展和进步。好的风俗对经济、科技发展有利，差的风俗会对经济、科技发展有害。经济、科技的发展也会影响着风俗的改变。

4. 风俗与文化

风俗的多样性、地域性对文化的发展、传承是有利的。文化的繁荣对风俗的保护也是积极、有利的。

（五）制度与相关因子的共生关系

1. 制度与权力

制度决定和影响着权力的获得、范围限定和运用等，按章办事，即是说依据宪法、法律、规章制度来办。权力也是一样。

权力也是制度的制定者和执行的推动者，比如全国人民代表大会和地方人民代表大会是国家和地方最大的权力机关，有制定和修改国家法律和地方法规的权力。

2. 制度与经济、科技

制度影响着经济、科技，好的制度有推动经济、科技发展的作用，差的制度有阻碍经济、科技发展的作用。比如，知识产权制度，对经济的发展就很有利，其能激励创新，保护人们的智力劳动成果，从而推动经济发展、科技进步。

经济的发展也影响着制度，经济在发展的过程中，会反映出制度与其不适应的情况，这样就促使对旧有的制度进行修改、完善或废除等。新经济现象的出现，会推动新制度的制定和产生。

3. 制度与文化

好的制度能推动文化的繁荣发展，比如关于历史文化名城、历史文化街、历史文化建筑等的核定标准、保护方式等的制度，就有效地推动了历史文化的保护和发展。文化的繁荣发展也推动制度的不断完善和更新。

（六）权力与相关因子的共生关系

1. 权力与经济、科技

权力的运用是把双刃剑，运用得好，就能推动经济、科技的发展，对经济、科技有利；运用得不好，甚至把其用在私利上，就会阻碍经济、科技的发展，对经济、科技有害。

经济的发展、繁荣能促进权力的完善，对权力的使用范围、越权制约、约束行为等起到规范作用。

2. 权力与文化

权力能影响文化。比如，某地方长官下令拆除一条老街，决定重新改造街区，老街的老建筑就荡然无存，见证历史故事、历史材料、历史技艺等的实物就没有了，历史文化也就被破坏，代替的是现代文化，造成历史的断层，破坏文化的底蕴、文脉。反之，城市开发商想拆除老街建筑，而地方长官利用权力的手段阻止这种拆除的行为，就保存了老街，对历史文化的保护就有利，对发展地方文化起到推动作用。

文化对权力也有影响。比如，传统文化中的“学而优则仕”的文化对权力就有积极的影响，把修已治人之事学好了，才可以去做官，做官才能“为政以德”，为人民服务，“仁义”的文化约束着为官的权力不能为私滥用，要“兼济天下”“为生民立命”。

所以，权力与文化有互利共生关系，也存在着偏害共生关系。

（七）经济、科技与其他相关因子的共生关系

前面把经济、科技与其他相关因子的共生关系都已描述过，这里描述其与文化因子的共生关系。

经济、科技的发展有利于文化的发展。经济、科技越发达、越繁荣，对文化就越重视，就有更多的金钱、更先进的科技投入对历史文化的发掘、保护中，保护和发扬文化也就能做得更好。那些经济条件差、科技落后，还为人民的温饱问题而奋斗的国家、地区，对历史文物、历史古迹等就没有经济能力投入保护，对文化的发展就不利。文化的繁荣发展对经济、科技也很有利，能促进经济、科技的发展。

（八）文化与其他相关因子的共生关系

如图 5-2-83，这是笔者拍摄的北京故宫的一张照片，故宫是中华传统文化的一个典型实物缩影之一，其瓦、砖、石、铁、土、木、漆等建筑中的各组成材料和建筑的形状、体量、色彩、内空间、外空间等及所处的位置、地貌等环境，都已经是一种文化的代表，文化与它们共生共存着，这些历史实物与文化存在互利共生关系。

图 5-2-83　文化与相关因子共生

但环境中的一些因子如空气、阳光、云、雨、雪、温度、湿度等和人体的心理、生理等需求对文化的留存是有损影响,会侵蚀、风化文化的载体物,这些对其有损的各因子与文化存在着有害共生关系。

还有些与文化共生的因子如思想、制度、经济在某些条件下对文化有利。如图 5-2-84 ~ 图 5-2-86,是对一座文化载体的历史建筑进行迁移、修缮、保护等,使其文化保留下来。对待文化,思想上要重视、制度上要有保障、经济上舍得投入、科技上可行等,才能使其文化实物保留下来。

图 5-2-84　对历史建筑进行迁移

图 5-2-85　迁移过来的历史建筑

图 5-2-86　对迁移过来的历史建筑进行修缮

第六章

建筑共生学的应用领域

建筑共生学是在实践中总结出来而创立的一个理论，可以在项目前期策划、城乡规划和建筑设计、施工、使用、运营管理、修缮、拆除及建设项目咨询、评价、制造建筑设计机器人等中进行应用。应用该理论能使项目投资获取最佳的效益，使资源利用率最大化，使项目最生态化、最人性化、最合理化，杜绝虚伪的东西，避免多余和浪费，等等。特别是在大数据时代，能开发智能设计软件，制造建筑设计机器人，能把项目交给机器人进行自动设计建筑体，使人们更好地达到所要求的目的。

第一节　建筑共生学在项目前期策划中的应用

对于每一个项目，都需要进行前期策划。前期策划是项目启动前必须要有的步骤。在每一个项目实施前，都要弄清楚实施什么、在哪实施、如何实施、实施目的是什么、能否实施、用什么实施等，这种针对项目的决策和实施进行组织、管理、经济和技术等方面的科学分析和论证，就是项目的前期策划。

但现实中，经常出现有些项目半途而废，或完成后毫无用处，或收益不理想，或收益与投入相比有巨大的差距，后悔不已，但为时已晚，造成的损失已经无法弥补。出现这种情况，就是项目的前期策划的失误，没有做好、做足，对项目考虑不周。只想到一方面，而没想到另外一些方面，没有把项目的各个有关联的因子全盘联系考虑，并进行客观研究，权衡得失。

在前期策划时，对各方因子的关系要有客观充分的分析，不能把人的作用过度放大而减弱其他因子的作用，如经济、思想、制度及人的职业因子等，项目实施前还需弄清需要投资多少，完成后有多少收益，为哪些职业的人使用，这些人到底是否有实际需求。实施该项目时，建筑体各因子的量和大小，环境各因子中关系如何，需要多少人力、物力，能否有效益，项目拆除后场地做何用，拆除的各建筑材料如何处理，等等，这些都要仔细考虑，然后判断该项目是否要实施、何时实施等。这样就不必盲目地继续下去，避免造成经济损失。

因此，项目在实施前做好前期策划非常重要。前期策划所花的费用在项目中所占的比例非常低，但起到的效果很显著。比较大的项目，在实施前都有项目建议书和可行性研究报告，是行政审批中规定的必须要有的步骤，也就是说，行政管理部门要求项目实施前必须有项目前期策划的内容，审查项目的可行性，是否给予审批同意实施。但是，在实践中，有些项目先有结果,再补论证材料,也就是已经先把项目明确好是要实施,为了审批通过,再反过来做项目建议书和可行性研究报告,仅仅走个程序,这样做后期可能会暴露出各种各样的问题。

所以,对项目的前期策划应尽量避开主观因素,用大量的与该项目有关的各种客观因素来分析、推演、推导项目的各种利弊因素,最后权衡项目的可行性,判断是否可以实施,或何时实施,或不能实施等结论。把建筑共生学理论应用在项目的前期策划中,能有效地进行客观的分析,避免主观性。

在项目前期策划中,把项目当作一个建筑共生体来看待。第一步,理出该具体项目的第一层级因子即项目客观本体、人、环境因子之间的共生关系,即互利、有利、偏利、偏害、有害、互害都进行分析,同时分析有利、有害的程度如何;第二步,理出该项目的第二层级因子的共生关系,如项目的形体形状、所需材料、机械设备与该项目所处位置的地上、地面、地下环境及人的生理需求、职业等相互之间的共生关系如何;第三步,进一步细化分析,理出与项目有关的第三层级因子和部分第四、第五层级各相关因子之间的共生关系。也就是说,罗列出与该项目有关的各种因子并进行共生关系的分析,客观立体地来评价该项目各方面的有利、有害情况和程度。

第二节　建筑共生学在城乡规划中的应用

现实中,不管是城镇规划还是乡村规划,实施过程中或完成后通常会有很多问题,比如交通问题、住房问题、办公问题、生产问题、建筑问题、卫生问题、教育问题、休闲娱乐问题、绿化问题、公共设施问题等。

交通问题:道路不流畅,到处堵车,没地方停车,导致出门在路途上花费过多的时间,大大降低了人们的幸福感。

住房问题:住房不平衡,许多人是把过多的精力、时间、金钱耗费在住房上,有的人住房买的很多,空置没人住,而有的人没有住房,甚至一生都在为基本的住房而奔波。而对于外来人员来说,难以找到合适的住宿,要么租金过高,要么条件过差。

办公问题:办公楼或场所分布不平衡,员工住的地方与上班的地方距离较远,这样更造成道路交通的压力。

生产问题:企业很难找到合适的生产地,生产地成本过高,降低了产品的市场竞争优势。

建筑问题:建筑质量差,不美观,不实用,隔热、隔声效果差,屋面墙面渗漏水。

卫生问题:卫生条件差,到处有垃圾,公共厕所少。

教育问题:小孩就近找不到学校读书,有些学校人满为患,而有的学校学生寥寥无几,有的学校甚至废弃空置。

休闲娱乐问题:休闲娱乐的地方较少,就近公共活动场地少,房子密集,缺乏公共交流、娱乐、休闲的空间,人们的生活很压抑。

绿化问题:绿化差,灰尘多,空气质量差,有时出门一趟,车子、鞋子、衣服、头发上都是灰尘。

公共设施问题:公共设施缺乏,排水不流畅,体育活动场地很少或分布不均,展览馆、博物

馆等文化设施少等。

以上这些问题可以说是规划不到位，没有把一座城市、一个集镇、一个村庄等作为一个整体来研究规划。建筑共生学则把建筑、人、环境作为一个整体来看待，也就是说，与建筑这个客体有关的各种因素都纳入其中，将相关各因子分别罗列出来（见图 6-2-1），作为一个整体来研究，并看作一座巨构建筑体，用建筑共生学理论来研究、分析，这样做规划就比较清晰、明了。

城市、乡镇、村庄中的人群、环境等各层级因子类同于建筑共生学中的各层级因子。把所有的建筑物作为一个巨大的建筑体来看待，街道、广场等作为该巨构建筑的内空间，各建筑的外墙为该内空间的外围合墙，天空为该内空间的顶棚，城市、乡镇、村庄的外边界为该巨构建筑的外空间的外边界，与周边的山体、城市、乡镇、村庄等的外边界围合构成外空间。该巨构建筑的形状、体量、高度、色彩等因子都可以量化表达出来，只是比单个建筑的形状、体量、高度、色彩更加复杂、多样。这样把该巨构建筑的各种有关联的因子清晰地整理出来，然后进行各因子之间的共生关系分析，把不利的共生关系向有利的共生关系转变，降低危害程度。最后，综合权衡，找到最佳的平衡点，最终做出尽可能合理的规划，避免实施后出现过多的问题。

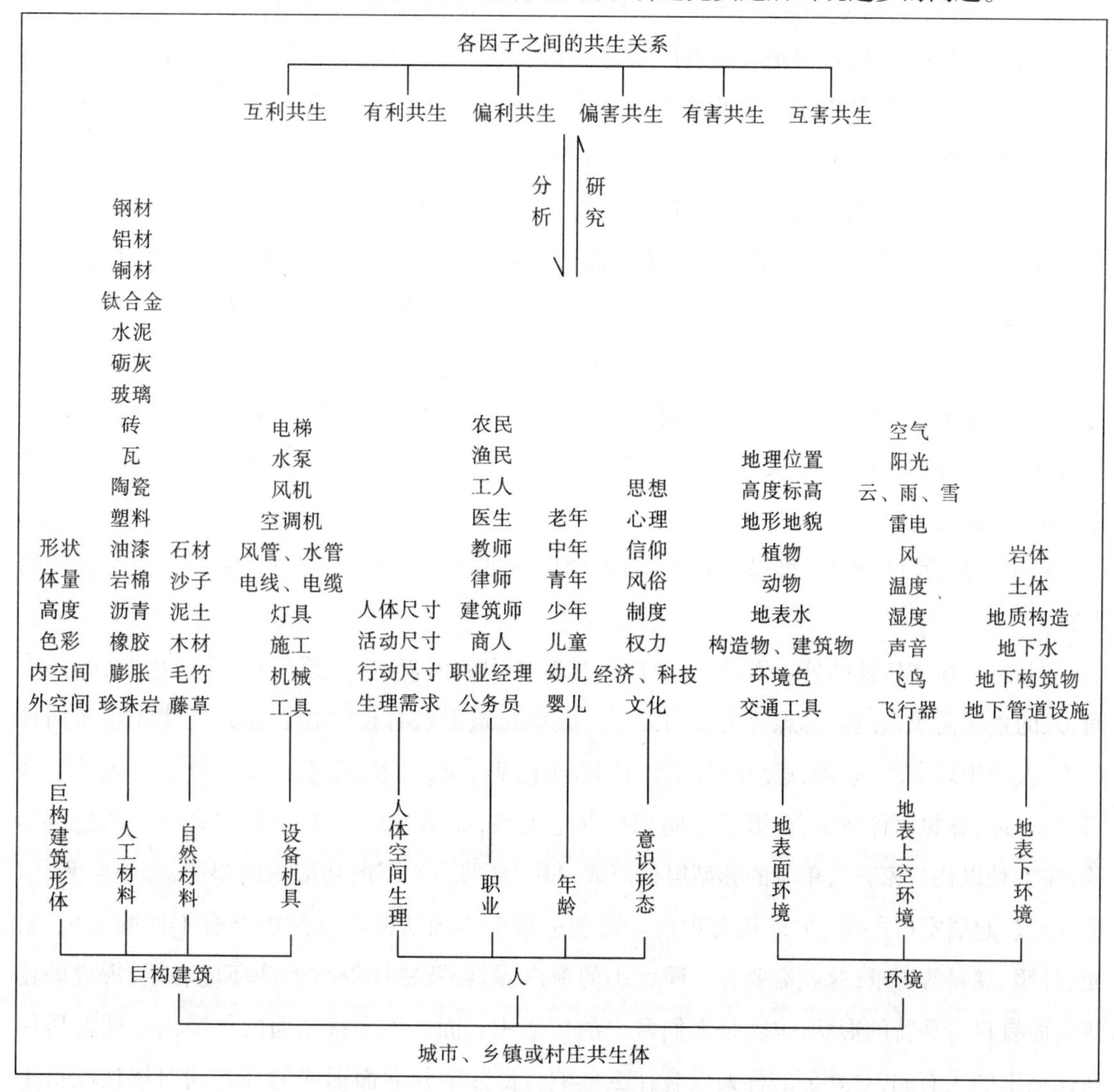

图 6-2-1 城乡规划中的各因子共生关系分析

第三节　建筑共生学在建筑设计中的应用

现在很多建筑设计不合理，比如有些建筑内部空间高大空旷，但未合理利用，几乎一半的建筑面积被荒废。比如有些企业的办公室，一排玻璃幕墙，光线很好，但可开启的窗极少，几乎全封闭。也没有送风装置，室外空气只能从办公楼的内部走廊吹进，走廊很长，到头才有一扇小窗户。人在这样的房间里工作，时间一长，就很容易生病，因人要有新鲜空气才能健康生活。长期生活在污浊空气里面，会出现不适。

再比如医院的建筑，有的门诊部特别热，由于其房间朝南一面全是玻璃，太阳光的强烈照射使得大量的热量传到房间内，即使空调开足，还有内窗帘布，但都阻挡不了太阳光从玻璃处照进来。虽然空调、遮阳都有，但还是热气腾腾，使人汗流浃背。出现这种情况，就是规划设计时考虑不全，顾此失彼，没有把人的各因子、建筑体的各因子及环境的各因子综合考虑。没有将人的生理因子与其他因子之间的关系处理妥当，人体生理上需要适宜的温度、新鲜足量的空气，否则就会感到不舒服。

要达到合适的温度、有新鲜的空气等，就需要根据建筑体中各因子的特点来设计处理，至于建筑的外观是否美观，需根据审美来考虑设计，不能顾此失彼。至于建筑是否实用，就应弄清楚该建筑是给哪类人用，需分析其年龄、职业等因子与其他因子之间的关系等。

设计一座建筑时，应把其作为建筑共生体来设计，即包括建筑、环境、人。把该建筑共生体的有关人、建筑、环境的各层级因子整理出来，对其中的共生关系进行分析研究，创造条件把不利的共生关系向有利的共生关系转变，也就是运用建筑共生学理论来分析设计，这样有助于设计出美观、实用的建筑。

对于建筑设计的项目，可以用如图 6-3-1 的思路进行共生关系的分析，有助于做出合理的方案。

例如，对住宅建筑的外立面设计，设计建筑时考虑的因素有：建筑形状，建筑内空间、外空间，人的生理需求、心理、思想等主要的因子。其中建筑形状有住宅式立面和公建式立面两种形式，人的生理需求、心理、思想有住宅内住户的生理需求、心理、思想和住宅外部行人的生理需求、心理、思想两种情况，各因子之间都有共生关系，如图 6-3-2。对于住宅式立面的建筑形状，住宅是以住户家庭为单位的套型组合而成，每一套型由不同的功能房间组成，如卫生间、厨房、卧室、起居室（厅）等，另外还有阳台。套型中每个不同功能的空间需要有不同的通风、采光、日照、观景等要求，这就需要有不同大小的窗户、阳台及栏杆等与外部环境联系，形成的建筑立面有自身独特的形状，也就是人们常说的住宅式立面。该形状立面的住宅内空间对居住在住宅里的人有利，对外部的行人没有什么影响。由住宅外立面形成的外空间对居住在房子里面的人无影响，对住宅外部的行人有利，为行人提供外部活动空间。独特的住宅式外立面提供给住户需要的阳光、空气、观景等生理需求，对住户的心理需求有利，对行人没有影响。住宅外立面有不同大小的窗户、突出的阳台、晾晒的衣服和被子等对外部行人造成视觉上的不适感、精神思想上的不愉快，即对行人的心理、思想有害。

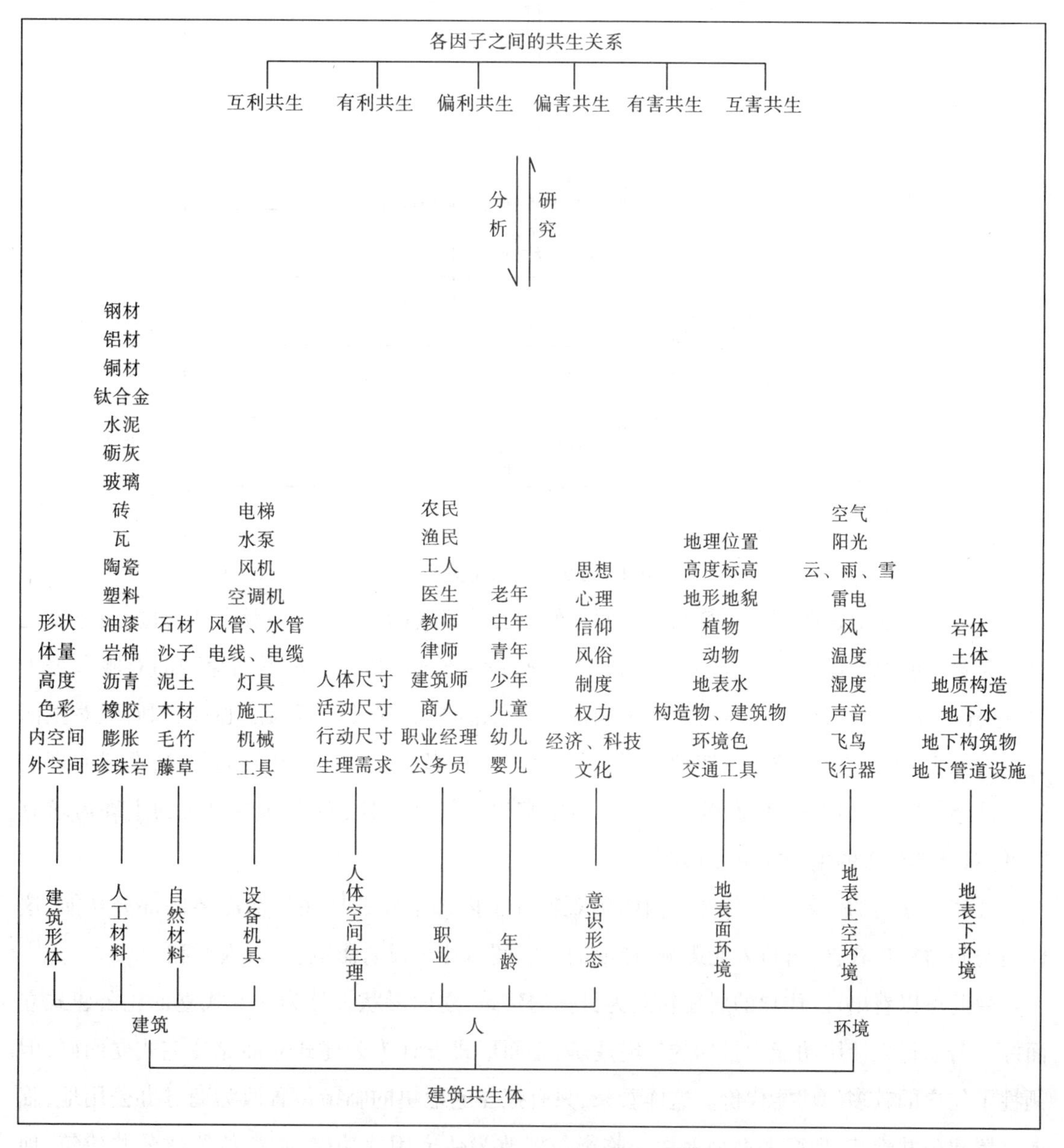

图 6-3-1　建筑设计中的各因子共生关系

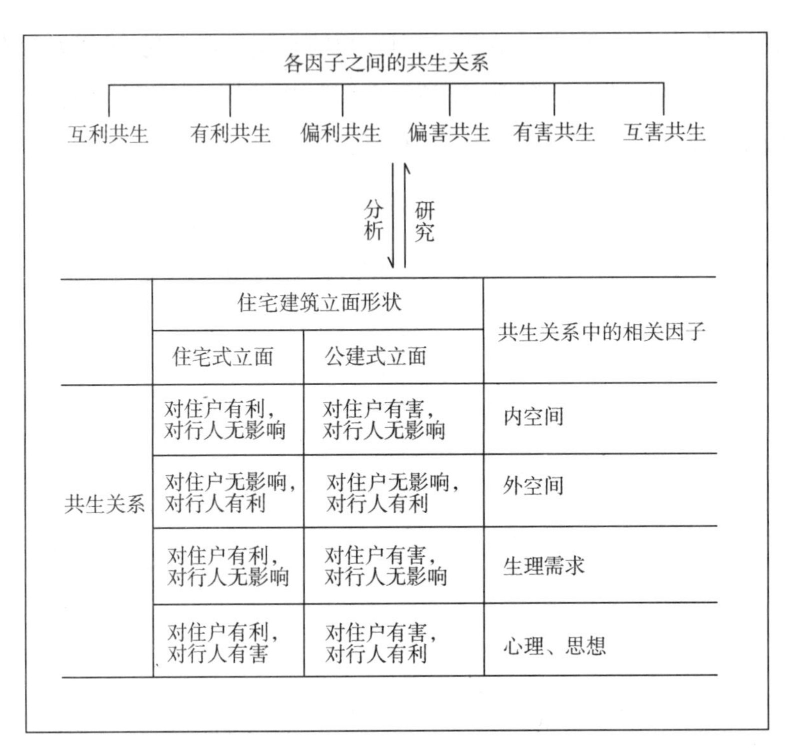

	住宅建筑立面形状		共生关系中的相关因子
	住宅式立面	公建式立面	
共生关系	对住户有利，对行人无影响	对住户有害，对行人无影响	内空间
	对住户无影响，对行人有利	对住户无影响，对行人有利	外空间
	对住户有利，对行人无影响	对住户有害，对行人无影响	生理需求
	对住户有利，对行人有害	对住户有害，对行人有利	心理、思想

图 6-3-2　各因子间共生关系分析

公建式立面就是把住宅建筑的外立面类似成公共建筑的外立面，一般指办公楼、商务楼之类公共建筑的规整形状，整齐且大小一致的窗户、没有外凸的阳台、看不到晾晒的衣服和被子等，这样的立面形状，整齐、美观，没有影响视觉的杂乱物品，对外部行人的心理有利，但对里面的住户有害，比如衣服、被子长期晒不到太阳，没有与外部环境交流的开放的阳台，造成心理上的压抑感、精神思想上的不适感。对住户的居家生活带来不便，对内部住户人的生理需求有害，但对外部行人的生理需求无影响。

公建式立面的住宅为了外部立面的美观牺牲了内部空间的居住生活需要的部分功能，这样内空间对住户有害，对行人无影响，形成的外空间对住户没有影响，对行人有利。

由此可以看出，以住户的居住功能为目标的建筑，立面形状设计为住宅式立面比公建式立面好。若以行人使用功能为目标的住宅建筑，立面形式设计为公建式立面比住宅式立面好，但牺牲了住户的较多的功能代价。这样看来，只有把住宅地块的临街位置改为商务办公用地，临街位置建公共建筑，把商务办公地块非临街位置改为住宅用地功能，临街位置建公共建筑，地块内部建住宅，才能使住户、行人都有好处。

第四节　建筑共生学在建筑施工中的应用

建筑物在施工建造时，是借助各种机械工具因子和人因子把建筑体所需的各种材料因子和设备因子进行组合和拼装的，是各种因子进行共生组合和重新组合的过程，存在互利共生、偏利共生、偏害共生等关系。在偏害共生的情况下，要尽可能地把一个因子对另一个因子的有害程度降到最低，如基础施工包括桩基施工中，钢筋和水泥、沙石因子构成的钢筋混凝土桩基和基础，对环境中的附近地下构筑物、地上建筑物等造成有害的影响，对所处的岩体、土体、地质构造、地下水等因子也造成有害影响，设计人员若能明白和理解这种偏害共生的关系，就应去寻找和研究有效的措施和方法，把这种有害情况降到最低。

又如在施工过程中，机械设备产生的噪声和材料组合过程中产生的尘埃对周围人们的生理等会产生有害影响，这也是一种偏害共生，采取用低噪声设备、隔音围栏、用半成品建筑材料、喷雾除尘等方式，可以降低有害程度。

各种材料的共生组合也一样，对互利共生的要努力使其趋向于更加互利，偏利共生的要想办法创造条件使其转向有利的共生关系。如建筑物的坡屋面施工中，屋盖的结构层与上部的防水层、保温层是一种互利共生关系，防水层、保温层对结构层有保护作用，其对结构层有利，下部的结构层对上部的防水层、保温层虽没有起到保护作用，但起到承载作用，也是有利的。在施工过程时，如果结构层(包括找平层)平整但不够光滑，且干燥无水分蒸发，对防水层、保温层就更有利，能加强避免防水层、保温层的滑动，也避免其水分的蒸发造成防水层的破损和降低保温层的保温效果，这种创造条件的方式能使互利共生更加有利。

建筑施工过程中的各因子之间的共生关系可参考图6-4-1。比如，针对地下室施工确保不渗水漏水的问题，与该问题有关的因子有钢材、水泥、石材(石子)、沙子、橡胶沥青等防水材料、施工机械工具、水泵、工人、建筑师、职业经理(现场管理人)、经济、科技、温度、湿度、地下水、地表水、土体等，然后对各因子的情况和它们相互之间的共生关系进行分析。再比如，与建筑师有关的有:防渗水设计是否合理，选用的防水材料和构造是否合理，是否有失误或不合理的地方;与现场管理人有关系的有:采购的材料质量是否合格，管理是否严格，是否到位;与工人有关的施工技术是否熟练，熟练程度如何，是否严格遵守技术规程;施工机械工具是否合理，是否简陋;地下水、地表水情况如何等。分析出对防渗水不利的情况，进行补救和创造条件弥补，使之趋向于有利或向有利方向发展和转变。

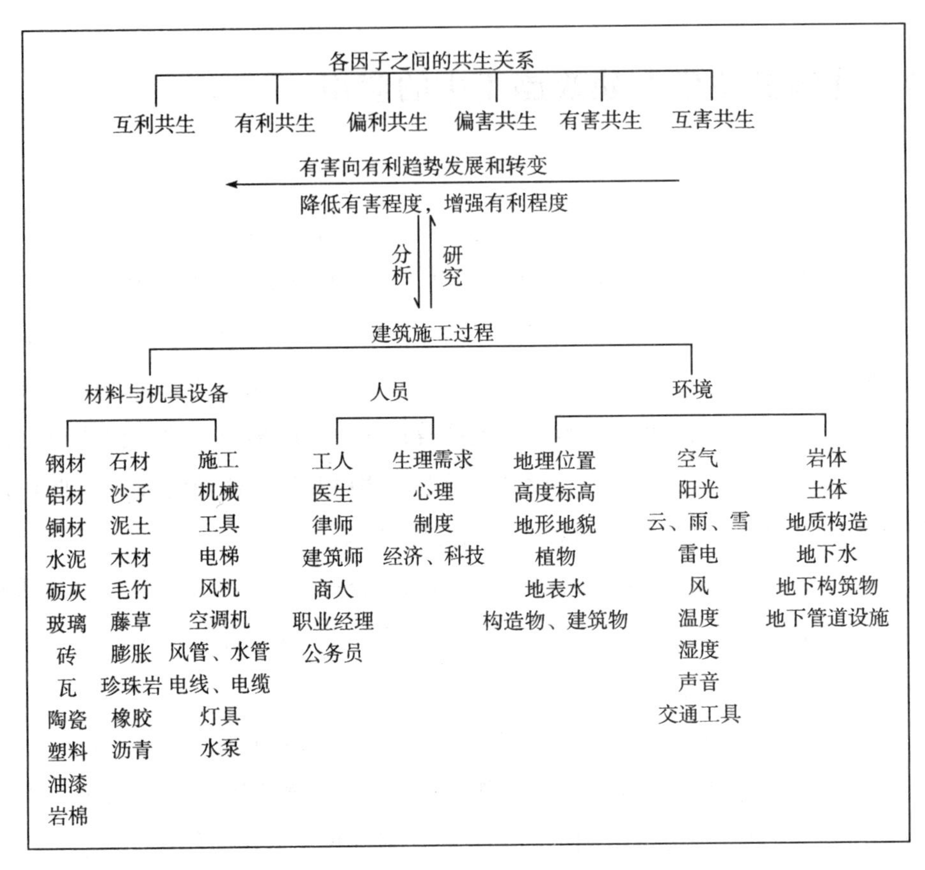

图 6-4-1 建筑施工中的各因子共生关系

第五节 建筑共生学在建筑使用和运营管理中的应用

一、在建筑使用中的应用

建筑物在建造完成后，有数十年甚至上百年的使用期。在使用过程中，应用建筑共生学理论可减少对建筑过多的破坏，能更好地为使用者服务，同时还可以保护、维护和改善需要的部位，发挥建筑的使用价值，延长使用寿命。

建筑在使用时，因为建筑本身设计、建造就存在缺陷，或原特定使用功能有变更，或者使用者的变更，会出现不适合使用者的地方。比如，使用者不一样，原是教师使用的，变成商人使用；原是中年人使用的变成老年人或儿童使用，等等。不同的使用者，对建筑空间的要求不一样。又如建筑功能的变更，建筑原使用功能是办公楼或厂房，现要变更为居住使用，居住功能要求有阳台、厨卫等家庭居家需要的功能空间，但商务用的办公楼和生产用的厂房一般没有为居住生活考虑的阳台、卫生间、厨房等。再如，某住宅楼造好了，住户搬入后发现卫生间没有自然通风采光、客厅采光不足、房间不方正、内部空间柱梁凸出墙体楼板过多、起居室中竖立一个柱子、冬天照不到阳光等，这些都是建筑本身的缺陷。

如何用建筑共生学来分析解决上述的各种各样的问题呢？首先要把需要解决的问题拎出来，并参考图6-5-1，把与该问题有关联的相关因子罗列出来，分析其共生关系，然后对其进行提升或改造。

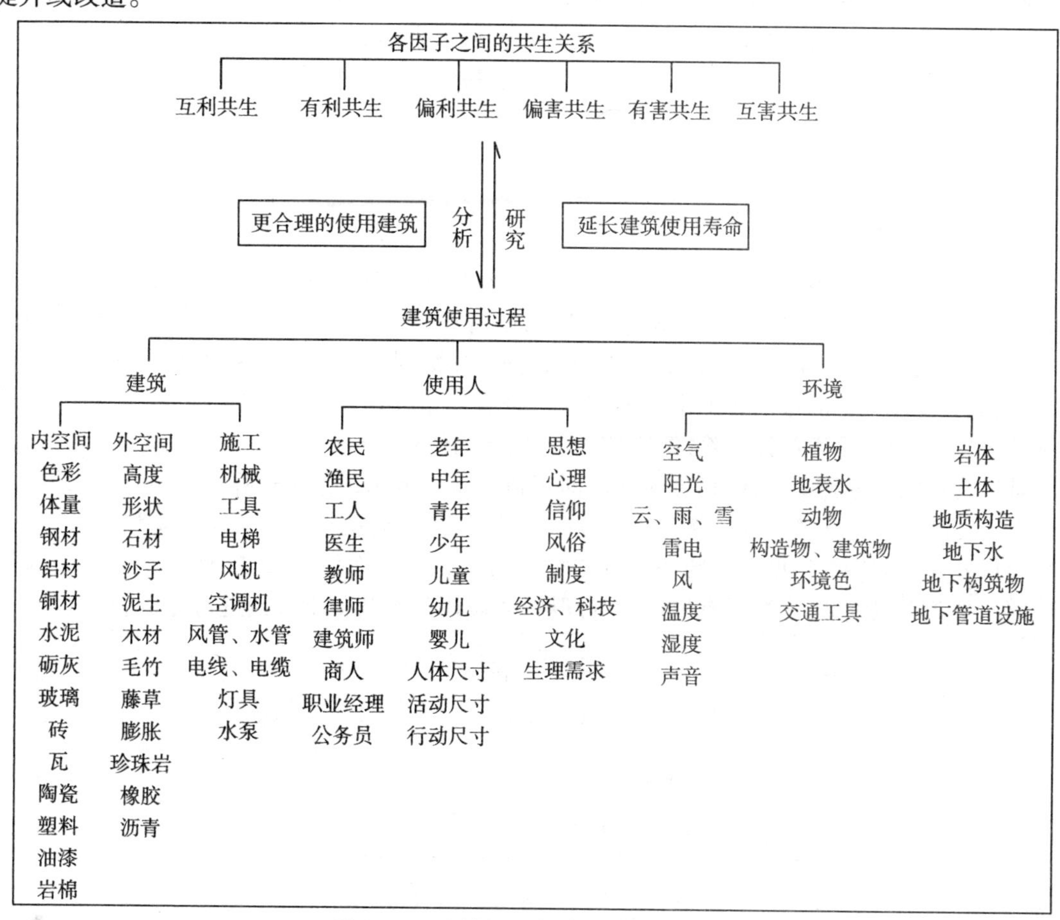

图6-5-1 建筑使用中的各因子共生关系

例如，对于内部空间即房间内的梁柱凸出墙面顶棚，其造成墙面、顶棚不平整，影响家具的安放，也造成人体活动的障碍、视觉上的不舒适、心理上的压抑等问题，与该问题有关联的有使用者、内空间、人体活动尺寸、钢筋、水泥、沙石、经济、科技、生理需求、心理、思想、文化等因子。梁柱是由钢筋、水泥、沙石构成的，其与经济、科技是互利共生关系，有经济、科学、技术的支撑，使钢筋、水泥、沙石发挥作用，组合为梁柱，构成建筑内空间。梁柱是房子的受力结构，支撑构筑成建筑内部空间，其安放位置、大小都是依据科学计算而来，不能随便位移和凿敲，否则建筑内空间会被破坏。但该凸出墙面顶棚部分的梁柱与使用者的人体活动空间、生理需求、心理、思想存在着有害的共生关系，要消除这种影响，需要敲凿或移动凸出的梁柱，如果敲凿或移动梁柱，那么可能会导致建筑内空间毁坏。因为一座建筑把受力的钢筋、混凝土、柱梁、墙等损坏后，就会降低建筑物的牢固度，在大风、地震、大雨等恶劣的自然条件下，坍塌的风险就会增加。所以不能位移和凿敲凸出墙面顶棚的梁柱，该有害共生关系只能是保持，那么如何做才能改善提升内部空间的使用价值呢？应该对内空间的表皮采取合理的装饰，比如采取弱化凸出墙面顶棚的梁柱的视觉效果等，创造条件把其有害作用降到最低程度，来改善使用空间。

使用的建筑是由各种材料因子组合而成，在使用过程中，人体的移动、触碰等，以及环境中风、雨、空气、温度等因子对建筑会有磨损和风化等有害作用，在长期的有害作用下，各种材料会慢慢失去功能价值。为了使建筑能有更长的服务年限,就需要将这些因子的有害作用降到最低,比如不能大动作地对材料砸、敲等,应及时改善保温隔热的不足,特别是对木材料、钢材料等要及时修补有漏水渗水的部位,对木材料还要做好防腐、防虫、防火等。如果在建筑物外表添加如装饰砖、构件、钉上花架、晒衣架、空调机架、广告牌等,对建筑材料都是有害的,要特别慎重,同时处理不恰当就存在着安全隐患,比如会掉下来砸到人。又如,在使用的建筑中增添如电梯、空调机、风管、水管、电线、电缆等,也可用共生关系来分析,把其有害的共生关系降到最低的限度,使建筑能更好地为自身服务。

二、在建筑物运营管理中的应用

对于建筑,除了使用者外,还有管理机构在管理,如物业公司、执法机构。另外,建筑有公共的属性,建筑的外观、公众使用的空间、共用的设备设施等也都需要物业、执法等机构的管理。建筑在临近使用寿命期的时候更需要特别关照,比如对其结构安全性做必要的检测和评估,长期无人使用空置的也需要不定时地查看是否有安全问题,是否能使用起来,是否能变更功能进行改造使用,是否可以拆除,等等,以保证建筑的使用价值。

对建筑物的运营管理,遇到某具体问题时可以参考图6-5-2进行分析。比如,针对某住宅楼外窗安装防盗铁格栅的问题。住户为了预防盗贼,防止小偷从外窗爬入室内盗取财物,在外墙的窗户外安装防盗铁格栅。安装防盗铁格栅是对建筑外立面做了改变,属于公共和公众性的管理。是否可以安装、安装后有何影响等问题,可以用建筑共生学理论进行分析。

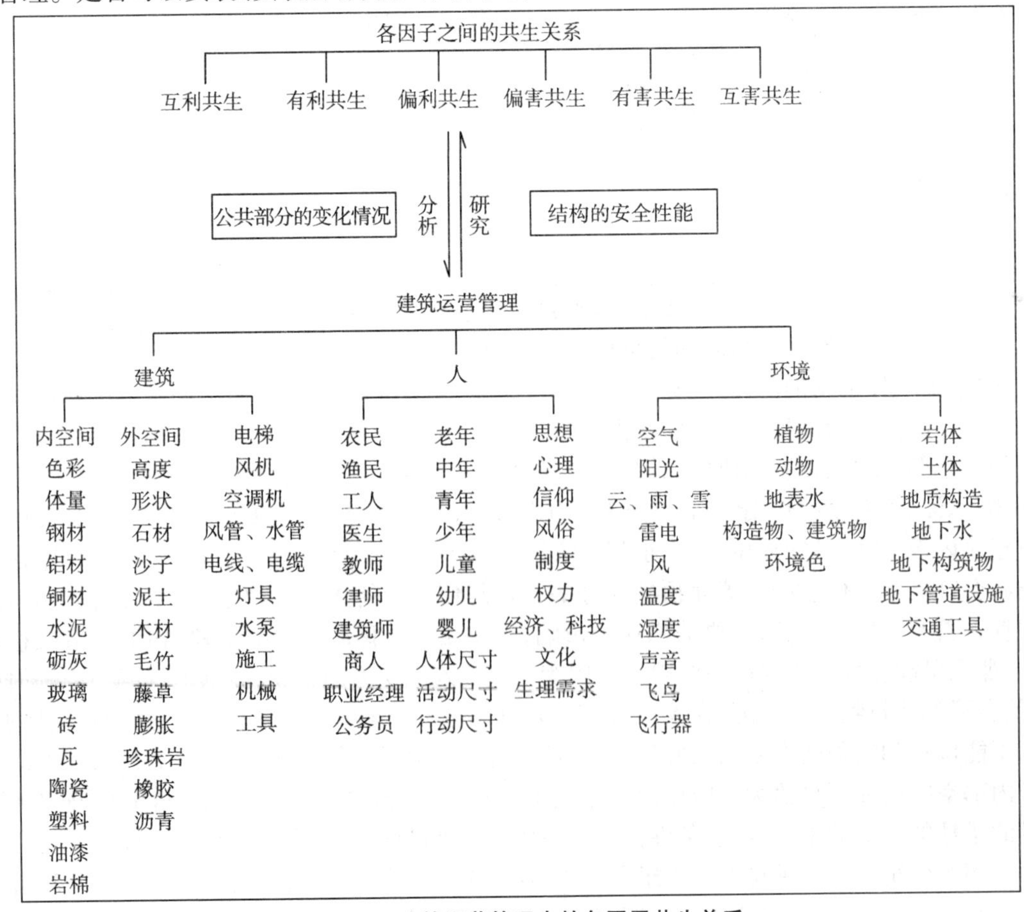

图6-5-2 建筑运营管理中的各因子共生关系

窗户外安装防盗铁格栅，与建筑内空间、外空间、色彩、形状、生理、心理、幼儿等主要因子有关联。安装后，对建筑内空间起到有害作用，对建筑外空间也是起到有害作用，改变了建筑外立面的色彩和建筑形状，防盗铁格栅若没有经过专业的建筑师来设计基本上是对建筑色彩、形状起到有害作用。而对住户保护物质财产起到的是有利作用，对保护私人财产有利，降低了被盗的风险，也能有效防止住户幼儿从窗户爬出去摔下来的事情发生，对住户幼儿的安全有利，但对住户的其他个别需求有害，如空气流通受到不利影响，视觉景观受到阻碍影响，获得阳光减少，室内发生事故时对保障生存而需逃生有害，阻碍了逃生和营救的一条通道。对住户的安全起到有利作用，安装了防盗铁格栅后，住户觉得安全了许多，踏实了许多。对室外行人的生理、心理是有害的，防盗铁格栅有掉下来砸到人的风险，减弱了建筑外观的美观，引起行人视觉上的不适，降低心理上的舒适感。

第六节　建筑共生学在建筑修缮中的应用

建筑共生体在寿命年限中，有损坏、破损、被侵蚀减弱等情况存在，在使用过程中，需要修缮。

建筑中的各种自然材料如石材、泥土、木材、毛竹、藤草等，人工材料如水泥、砺灰、砖、瓦、塑料、油漆、沥青、橡胶等，设备机具如电梯、水泵、风机、空调机、风管、水管、电线、电缆、灯具等，在使用过程中都有不同程度的人为磨损或自然风化、老化等，当破损到影响使用时，就需要修缮。但修缮是个长期动态的过程，如电梯坏了，修好了，还会再坏，还需再修缮。

在建筑的修缮过程中，几乎涉及建筑体的所有因子及它之间的共生关系（见图 6-6-1），应用建筑共生学理论来分析、研究，能理清思路，有的放矢，起到事半功倍的效果，同时也减少纠纷和误解。比如建筑使用了 20 年，发现屋面漏水了，针对该问题进行有关的共生关系分析，能避免纠纷，有助于问题的解决。

建筑屋面防水层材料因子与环境中的空气、温度等存在着有害共生关系。空气、温度等会使防水层老化以致失去防水的功能，也就是使用年限已经到了。对于有历史文化价值的旧建筑，虽然已经过了其使用年限，有的还远远超过使用年限，甚至有的还有倒塌的危险，这种情况下，需要将其包含的文化因子与其他的各有关因子的共生关系进行分析。与文化有共生关系的因子有石材、木材、水泥、砺灰、钢材、玻璃、砖、瓦、建筑内空间、外空间、人体尺寸、活动尺寸、思想、心理、风俗、制度、经济、科技、生理需求、空气、云、雨、雪、地理位置、地形地貌、植物、地表水、地下水等，分析后可以得出该旧建筑值不值得修缮、应不应该修缮，若值得修缮、应该修缮，再分析得出如何进行修缮，最后做出可行的、合理的修缮方案。

对于有文化价值的历史建筑，修缮能让其寿命延长，保存其文化价值，而不是没有经过分析研究就拆除,分析后的确需要拆除才可以拆除。

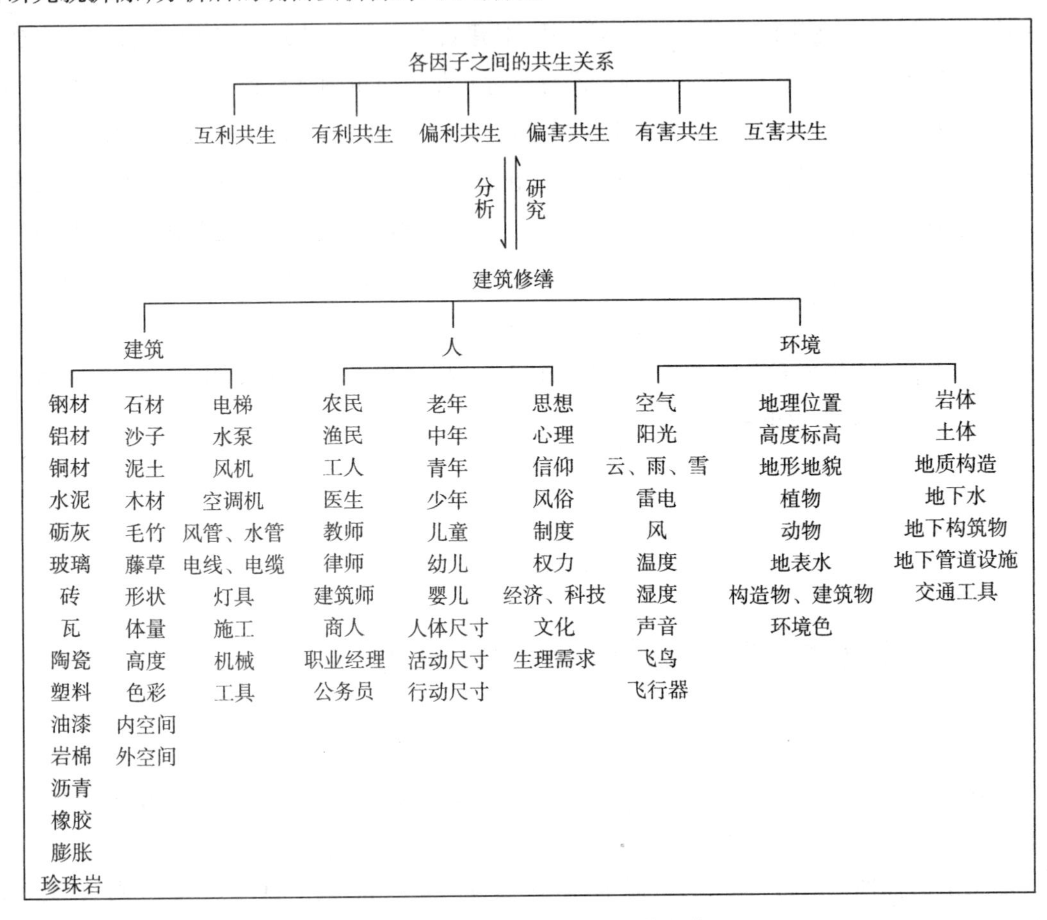

图 6-6-1　建筑修缮中的各因子共生关系

第七节　建筑共生学在建筑拆除中的应用

在建筑物需要拆除时,也可以用建筑共生学理论进行分析研究(见图 6-7-1),使拆除能达到最大的效益。

已经确定好要拆除某一建筑后,在拆除前的准备工作中,分析有关的各因子之间的关系,做出最佳的拆除方案。拆除后的各材料因子如何利用,拆除后的地形地貌场地如何改造,建筑形体拆除后如何重新打造,新建建筑如何安排,等等,几乎涉及建筑共生体中所有的因子。分析研究各因子及它们之间的关系,在共生关系中,挖掘出更多有利共生的价值,减少或降低有害的共生关系。将拆除出来的材料重新更好地利用起来,拆除出来的地面环境能更好地挖掘其潜力,发挥出更好更优的作用。

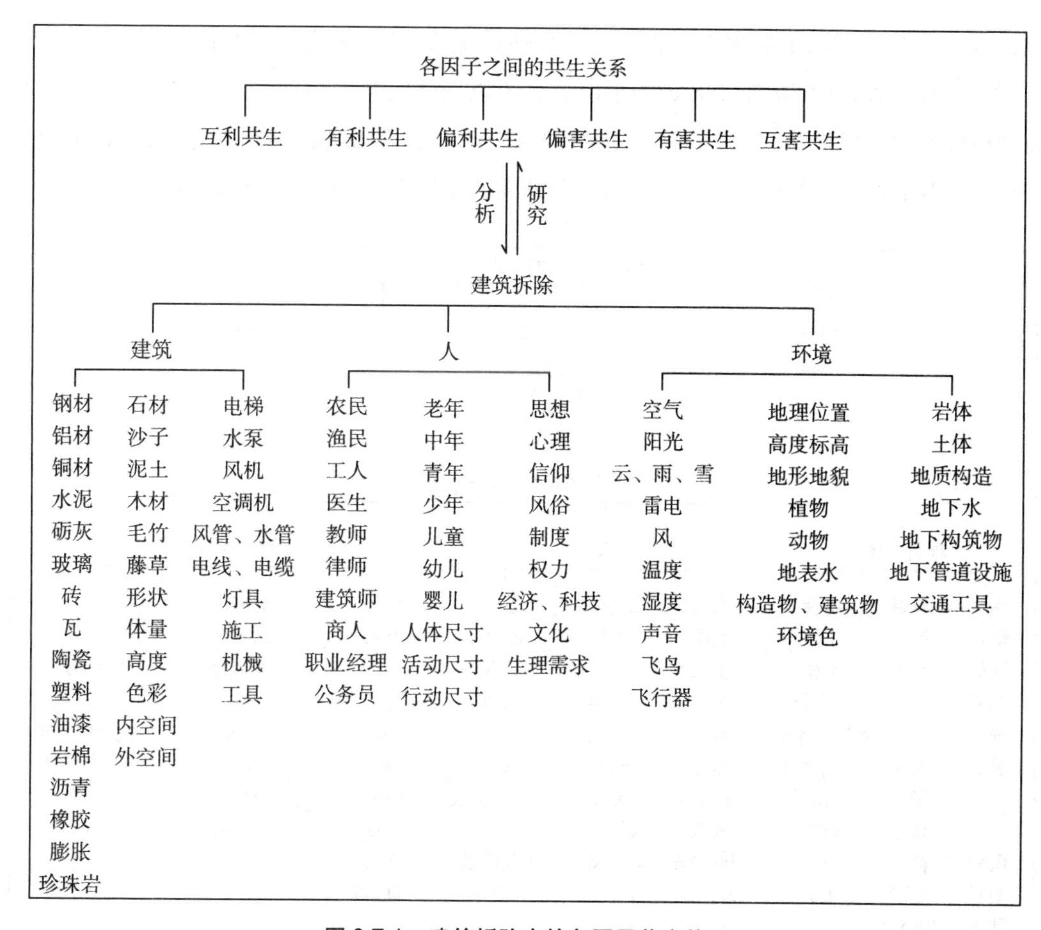

图 6-7-1　建筑拆除中的各因子共生关系

第八节　建筑共生学在建设项目咨询和评价中的应用

对已经设计好的项目，在实施前，可以用建筑共生学理论进行分析（见图 6-8-1），分析研究该建筑共生体各因子及其共生关系，对发现有不合理、不适当、不经济、不科学等的问题进行指出，妥善修改完善，避免投入大量资金建造后发现问题而造成损失。

对于已经完工投入使用的项目，也可以用建筑共生学理论进行评价、评估，为后续类似项目的实施提供参考，推动建筑行业的良性发展。

每个工程建设项目都是由客体本身的各种材料、空间形体、各种机械设备和人的各种因素及各种环境条件等因子所组合而成，对照图 6-8-1 中分析研究该项目的各因子之间的共生关系，对于有害共生的，创造条件降低有害程度，有条件的把其转变为有利共生；对于有利共生的，也创造条件使其更有利，理出该项目哪些有缺陷需要完善，怎样完善，需要创造哪些条件，采取怎样的措施，等等，最后提出完善项目的具体措施或方案，提交项目组修改完善。

对于已经开发建设的项目，在交付使用后，也可以用建筑共生学理论进行评价、评估，为后续开发建设同类项目做借鉴，好的方面继续保持和提升，差的方面进行调整和完善，错误的进行改正，避免再犯同样的错误，使后开发的项目比前开发的更加完善、优良，更有效果，更有效益。

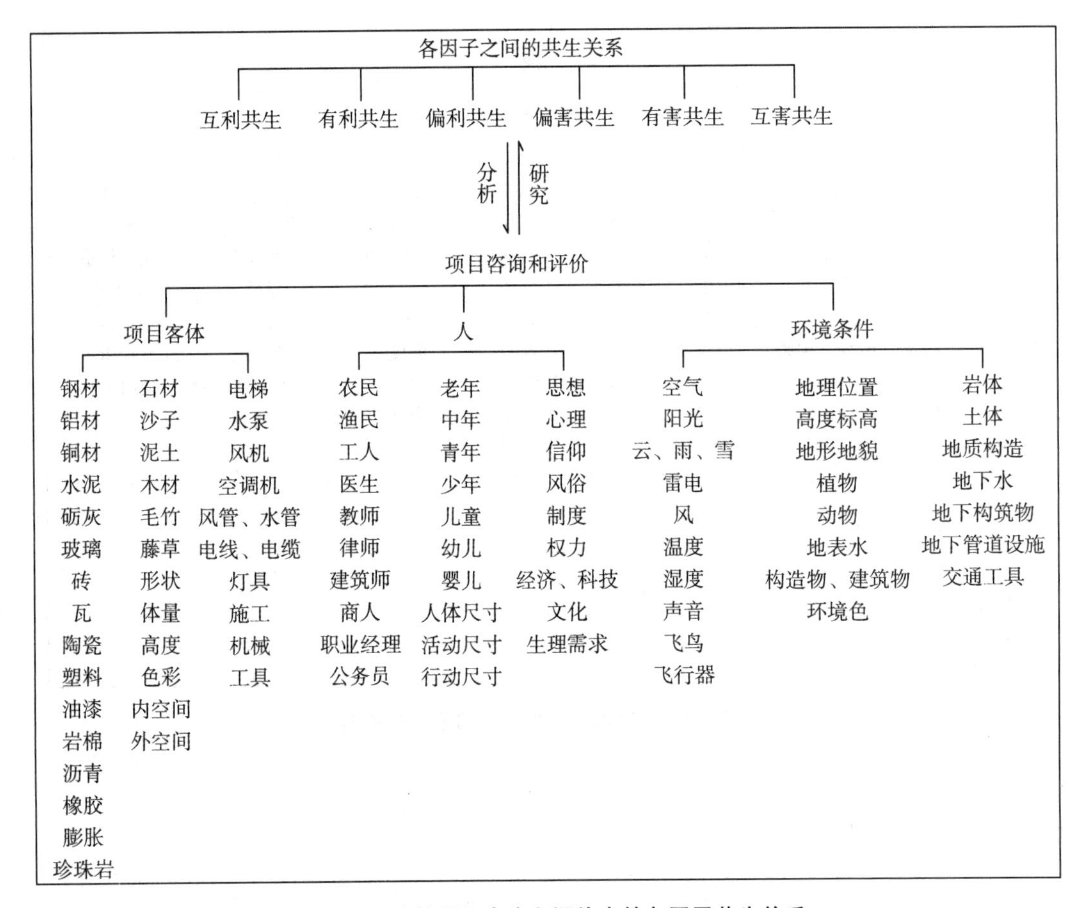

图 6-8-1 建筑项目咨询和评价中的各因子共生关系

第九节 建筑共生学在制造建筑设计机器人中的应用

在大数据的时代，可借助建筑共生学理论开发建筑自动设计软件，将建筑共生体中各因子的特点及其之间的共生关系等编程制作建筑设计软件。在设计某建筑物时，只要把各有关因子的条件数值和要求输入，就能自动生成该建筑设计模型、平面图、立面图、剖面图、节点详图等，以及输出各需要的设计成果，这样可以大大节约建筑师绘制图纸的时间，建筑师只要学会应用该自动设计软件就行。这样，建筑师就可以腾出更多的时间学习和研究建筑学的有关知识和理论，设计出更好的作品，提升人居环境，建设美丽家园。

在有自动建筑设计软件的基础上，可以制造建筑设计机器人，一个建筑设计机构，只需购买一个建筑设计机器人即可，不需要投入大量的人力绘制图纸，一切运算和绘图都由智能建筑设计机器人来完成。

在做自动设计软件编程中，还需要把建筑共生体中的第三层级因子再细分到第四、第五层级，有些因子若有必要还可以再分至第六、第七层级，层级分得越多，自动设计就越精细、准确，但工作量也越大（见图 6-9-1）。制造建筑设计机器人需要投入大量的科技人力资源来做该软件的编程工作，包括建筑专家、环境专家、社会专家、IT 专家等。

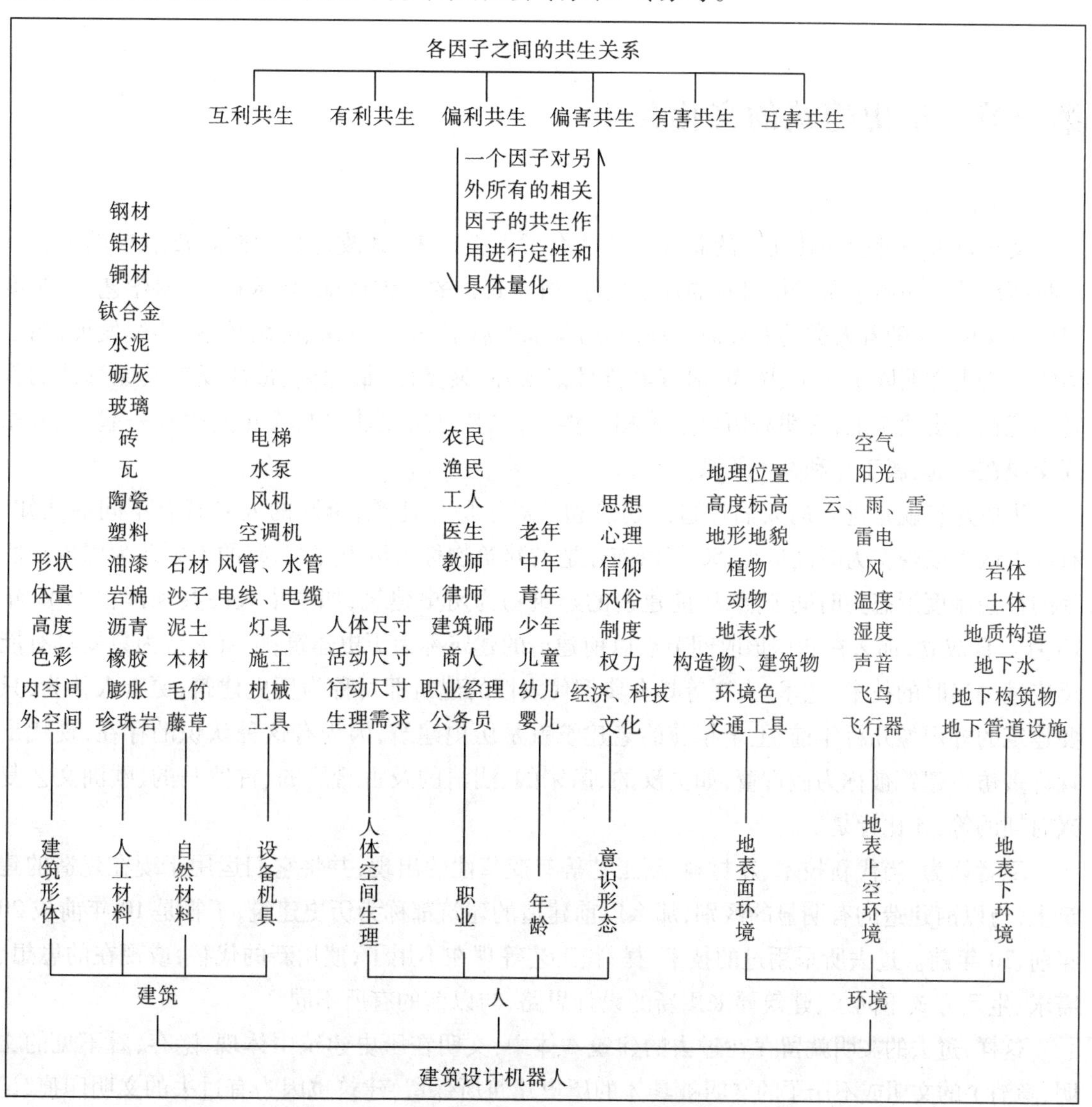

图 6-9-1　制造建筑设计机器人中的各因子共生关系

第七章

建筑共生学的应用案例

第一节　历史建筑的文化共生

文化是人类社会一切文明的总和。自从有了人类以来，其改造自然或直接从自然中获取自身所需的一切需求及维持自身的社会秩序，所需具备的认识认知、技术技能、科学艺术、制度习俗等文明，伴随着人类的发展而发展，其历程承上启下、继往开来、脉络传承，连续发展，明了清晰。人类文明除了文字、图表、语言等符号记录外，最具体、最深刻、最能反映其原真性的就是印记在历史建筑上，文明和历史建筑相互伴生，也就是历史建筑与文化共生在一起，二者相互交织在一起，属于互利共生关系。

历史建筑就是过去的人们建造的建筑物。对于历史建筑，不同的人对其有不同的认知。有的人认为以现在为时间节点，50 年以前建造的建筑物称为历史建筑；有的人则认为以现在所处的社会制度形态为时间节点，以前建造的建筑物为历史建筑，如中华人民共和国在 1949 年 10 月 1 日成立，那么在我国该时间节点以前建造的建筑称为历史建筑；也有人认为只要具有能反应过去当时的技术、艺术、人文等具有典型代表性的建筑即可称为历史建筑；更有人认为，只要建筑的外观像几百年前、上千年前的老建筑就是历史建筑，因为有这种认识的存在，现代出现许多仿古建筑被称为假古董，如秦汉的、唐宋的、明清的及古希腊的、古罗马的、欧洲文艺复兴时期的等，比比皆是。

笔者认为，当代新技术、新材料、新工艺等有变革性的出现，并将它们运用于现在建造的建筑上，与以前建造的有明显的区别，那么以前建造的建筑都称为历史建筑，不管是 10 年前或 20 年前、30 年前。过去所采用过的技术、材料、工艺等现在不用了，使用新的代替，或现在的思想、需求、生活方式不同了，建筑要采用新的设计思路，与以前的有所不同。

这样，过去的文明就留存在过去的建筑本体中，文明在历史建筑中体现、隐存，看不见的文明、隐消了的文明或不用了的文明被具体的历史建筑所保留，建筑也因为有过去的文明印痕、记录，有了存在的价值，文化也因为有建筑的依托而没有消失，文明与建筑就如生物学上的共生关系，各得其所，各有益处，都能从对方身上得到利益好处，故把这种情况称为历史建筑的文化共生。

以下就六处建于不同历史时期的建筑，如建于明清时期、清末民初、民国时期、中华人民共和国成立之后等分别做一下介绍，简述下它们特有的布局、结构、构造特点和历史特征及文化共生情况。

一、建于明清时期的周宅

周宅,又名周芳德宅(见图 7-1-1),位于乐清市旧城区北大街太平巷 4 号,建于清朝道光年间(1821—1851 年),距今约 180 年。据现居住于该宅的周家后人介绍,曾经有周家五世同堂同时居住在该宅院,传到该介绍人时已是周家在该宅院居住的第六代。一座住宅建筑留存那么长时间,还是同一家人连续居住,不管是什么结构,修缮过多少次,还保存着原布局、结构、构造,这是不简单的事,人们对宅院爱惜、留念的思想精神本身就是一种活文化,不管外界发生了什么翻天覆地的变化,依然坚守着宅院,这种思想、习俗、习惯与建筑共生共存,并定格在了历史中。老宅因人而旧,人因老宅而淳朴,虽生活在现代,还流淌着传统的习俗、习惯,新旧融合,新中带古,迎新不弃旧,这就是建筑文化共生的魅力。

图 7-1-1　周宅正屋

周宅建筑形式是纯中式木构建筑,没有掺杂西方文化思想。1840 年(道光二十年)鸦片战争后,中国被迫打开国门,西方思想陆续传入中国,在开放的沿海城市乡村,许多建筑形式也掺杂了一些西式风格。但该周宅建筑却没有掺杂一丁点儿西式建筑形式,说明建造该建筑物时,当时参与该建筑建设的各方人员都没有受到西方思想的影响,是单纯依照传统中华民族文化思想来建造的。说明西方思想还没进入我们的日常思维中,即使有个别人传播而引入,但没有被当时的人们所普遍接受。这也说明了建筑的建造形式、技术、艺术与人的思想是同步的,相辅相成的,建筑与思想思维是共生融合的。

周宅虽然有局部地方被后人人为改造,有些构件已被虫蛀或霉烂,但其建筑布局和结构基本还保持原格局不变(见图 7-1-2),其坐北朝南(偏东),平面呈长方形,有门台、前院(天井)、前东西厢房、正屋、后东西厢房、后院(天井)、围墙和东西狭长天井。门台、前东西厢房与正屋合构成前三合院(天井),后围墙、后东西厢房与正屋围合成后三合院(天井)。正屋、前后厢房后墙与东西围墙分别构成狭窄的东西天井,最后面还有一个花园。整个宅院建筑为一座由四周围墙围合成封闭的院落式宅院,内合院式,两进前后院加后花园,总长 38.2 m,总宽 23.2 m。占地面积为 1310 m^2,建筑面积约 800 m^2。这样的占地尺度和建筑面积及其空间布局刚好符合当时一大家庭人员的居住生活。

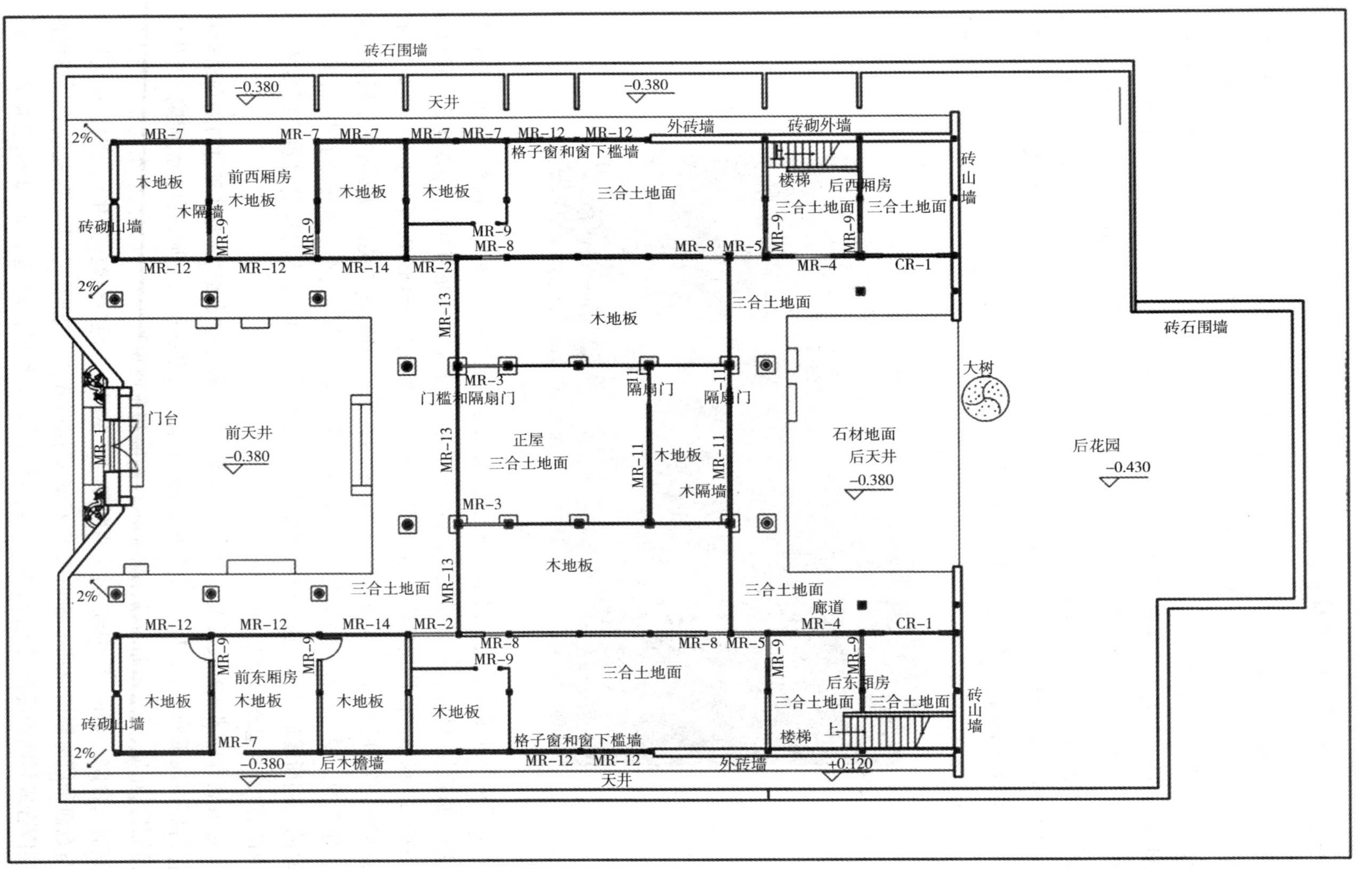

砖石围墙
天井
-0.380
外砖墙
砖砌外墙
格子窗和窗下槛墙
砖山墙
木地板
前西厢房
木隔墙
砖砌山墙
三合土地面
楼梯
后西厢房
前天井
门台
门槛和隔扇门
正屋
隔扇门
木隔墙
石材地面
后天井
大树
后花园
-0.430
廊道
前东厢房
后东厢房
后木檐墙
+0.120
2%
CR-1
MR-1
MR-2
MR-3
MR-4
MR-5
MR-7
MR-8
MR-9
MR-11
MR-12
MR-13
MR-14

图7-1-2 周宅平面图

周宅正屋和前厢房为单层，后厢房为二层，门台单层。各屋脊高度：门台 4.04 m，前厢房 4.7 m，后厢房 5.55 m，正屋 6.5 m。正屋最高，体量也最大，起到统帅、总领作用，重点突出，地位最高。门台、前厢房、后厢房依次增高，依次显示重要性，在组合式的建筑体中，用高度来反应建筑各功能空间的重要性也是一种传统文化。四周围墙高 3.4 m，是人体高度的两倍左右，这高度足以起到围护、保护宅院的作用，又低于各建筑体的高度，没有阻隔各建筑体与自然之间的空气流通、阳光照射；同时，外部人员能看到宅院内的建筑，但看不到内部人员的活动，保障私密性。（见图 7-1-3）

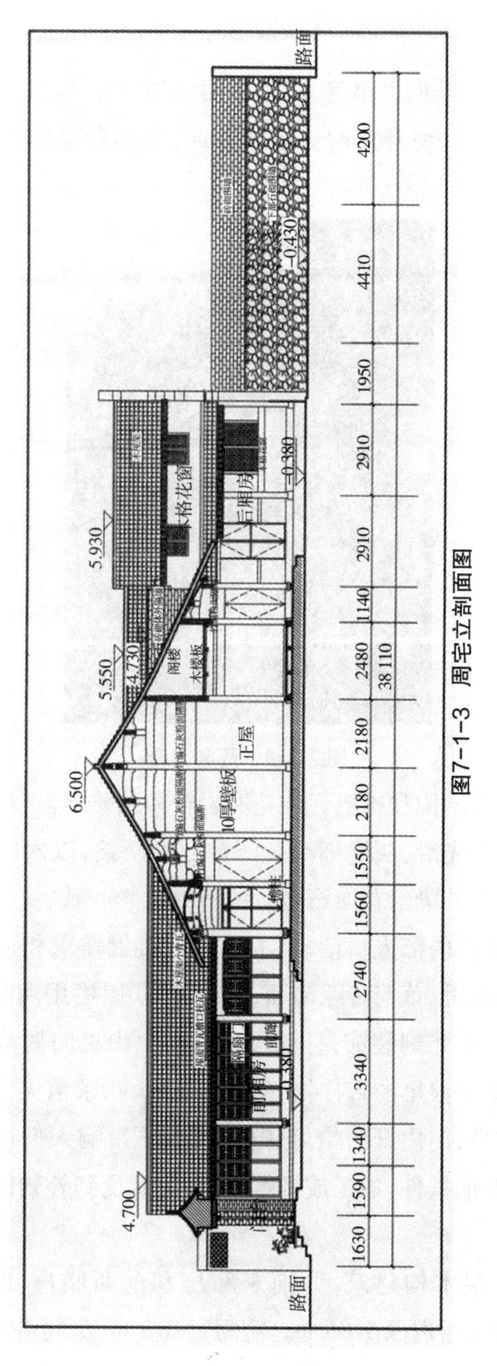

图7-1-3　周宅立剖面图

门台、正屋、厢房和各房间、各构造物的高度、长宽及其空间大小尺度与人体的活动尺寸、生活习性相适应，物与人协调恰当，融合共生。建造房子的各材料自然原始，生态环保，如木、石、土、砖、瓦陶（土烧制）、砺灰（砺壳煅烧而成）等，其中砺灰是我国东南沿海地区特有的一种重要的传统建筑材料，该建筑中用该材料，符合建筑处在沿海地带的地域特点。建筑中有各种雕刻、饰件等，虽不豪华、不烦琐，但也面面俱到，且都有寓意，体现人们祈求愿望的心理，符合中华民族的传统文化特点。

其门台、厢房、正屋等具体情况如下。

1. 门台

宅院入口门台位于南面，开向太平巷，门台平面呈“八”字形，门台为砖砌柱、石梁，筒瓦，方形滴水瓦（瓦当），砖仿木斗拱，屋脊向两头微微翘起，端部卷起饰浪卷、凤头，石台阶，双开木门。（见图 7-1-4）

图 7-1-4 周宅门台

门台为典型的传统中式结构和构造。外花岗岩台阶踏步，经久耐用，至今保存良好。砖砌门台柱，做工讲究，砖面磨平光滑，灰缝细小。门台石梁两条，以木门为界分内外两个石梁，内为青石梁，外为花岗岩石梁，外梁与花岗石台阶的石材色彩一致，统一协调，内青石梁表面打磨得细腻光滑平整舒服，与宅院内部人员活动、人体就近接触需求相适应。屋盖仿木砖斗拱，二出挑，斗拱做工精细，表面光滑，草花砖雕饰面，传统美观，屋檐用陶制泥灰仿木制作，屋脊也是用陶砖烧筑而加工砌筑，配有雕刻装饰，且同屋顶一样由中央向两端微微上翘，形成柔和优美的曲线，屋脊端部还饰有鸟头浪尾的吉祥物，寓意带来水，祈求消灾（如火灾）。门台木门内开，内两侧砖砌体有凹进的构造，门内开后恰好镶嵌门扇，不影响人们通行，且美观。木门上安装有铁门环，门环底座为半圆的铁件，加工成螺蚌外壳，寓意受到外物侵入将紧闭以求平安。

2. 前厢房

前厢房东西对称，一层木构建筑，为前东厢房和前西厢房，面宽 3 间，通面宽（柱间）8.91 m，进深方向屋架四柱，通进深 5.05 m。明间宽 3.3 m，房间进深 3.7 m，面积为 12.2 m^2；次间宽 2.8 m，进深 3.7 m，面积为 10.4 m^2，适合人体睡眠、休息的尺寸。

前厢房前设廊道,廊柱三根落地,圆形杉木,直径 18 cm,柱础为圆形鼓墩青石。在北次间边屋架廊柱未落地,为垂莲柱,廊枋和廊檩北端榫在垂莲柱上。廊枋呈月梁状,廊间设月梁,顶面梁轩做法。明间屋架为月梁状拼帮做法,其余为直梁式独木做法。

廊地面为三合土地面,室内为木地板。厢房各房间朝廊为竖向木隔扇门,上半部为漏空回行格子扇,下半部为木板。后檐墙为木隔板墙。内隔断下部为木隔板,上部梁枋间填档为粉面竹编。屋顶为单檐双坡小青瓦,内置木望板。

3. 正屋

正房单层木构建筑,面宽五间,通面宽 19.54 m,进深方向屋架七柱,通进深 11.30 m。明间宽 5.1 m,为最宽间,半开放式,是家庭公共活动空间。

正屋前后设廊道与前后厢房廊相互连通,构成两个"U"字形廊道,与内院、房间构成过渡的灰空间。廊柱为圆形杉木木柱,明间前廊柱直径 25 cm,是所有廊柱中最大的。前廊柱柱础为瓜瓣式圆形鼓墩青石,柱础也是所有廊柱础中最大、最精致的,廊枋呈月梁状,廊间设月梁,顶面船篷轩做法。后廊柱柱础为圆形鼓墩青石。明间屋架为月梁状拼帮做法,其余屋架为直梁式独木做法。(见图 7-1-5)

图 7-1-5 周宅正屋廊顶

前后廊地面为三合土地面。明间前面部分为三合土地面,后面部分为木地板。室内为木地板,明间后面部分和次间设有阁楼。隔断都以木板为主,上部梁枋填档为粉面竹编。屋顶为单檐双坡小青瓦,檐口有方形瓦当,有木望板。

4. 后厢房

后厢房有东西厢房,对称设置,为两间二层木构建筑,重檐硬山青瓦屋顶,北山墙外墙为砖砌防火墙,高出屋面 50 cm。通面宽 5.82 m,进深方向屋架四柱,通进深为 4.62 m。一层设廊,南间前檐檩南端榫卯在正屋后廊廊枋上,一层跳檐在正房挑檐下方,二楼屋顶檐口在正屋檐口上方,这样穿插设置,方便排水、防漏、通风,保护木构件,可保持干燥,避免受潮霉烂。屋顶下有木望板,二楼设木格花窗。

廊地面为三合土地面,室内为三合土地面,木楼盖。

5. 天井

主要有两个天井(院),分前后两个方形天井(院)。前天井接近正方形,面积为 64 m^2,三合土地面,花岗岩台阶和垂带石,花岗岩条石坎,低于廊道地面 38 cm,设三个踏步。后天井(院)用矮墙与后花园分隔,呈长方形,面积为 43 m^2,后天井作为生活庭院使用,三合土地面。后天井北为后花园。

东西围墙与房屋主体之间构成两个狭长侧院天井,侧天井设有排水明沟,接纳雨水,使排水流畅,同时与前后天井共同构成室外公共活动空间。西侧天井比东侧天井宽,达到 2.1 m 宽,分隔成众多小院落,各小院既有联系又相对独立。

6. 围墙

前围墙为砖砌,后围墙和东西围墙下面部分为石砌,上面部分为砖砌。

二、建于清末民初的徐可楼

徐可楼宅(见图 7-1-6)位于乐清市中和巷 13 号,建于清末民初时期,至今约有 100 年的历史,是典型的中西合璧建筑,木结构、西式外观。今存的徐可楼有一定的历史渊源,也有独特的历史特征。

图 7-1-6 徐可楼宅正屋厢房门廊

历史因有实物存在而更显真实性、可信性,实物因有历史故事、历史特征而更有价值。旧建筑虽然陈旧破损,不适合现代生活需要,但磨灭不了历史与建筑的共生,历史建筑的文化共生客观存在着。

清末民初,有一位姓徐名可楼的士绅,乐成人,出生于大户人家。在当时,工商业出现过不少徐姓人才,徐可楼即为其中之一,其在现乐清市中和巷 13 号建造私宅,也许其名字后带有楼字,后人就以其名字命名其私宅为徐可楼。

该私宅在新中国成立后政府将其征收为国有,为乐清市粮食局办公使用,在 20 世纪 60 年代该局将其分配给职工当临时宿舍居住使用，因长期没有维护，房子破损严重，2004 年被有关部门鉴定为危房，后一直空置。在 2016 年，启动做好勘查、测绘并拟定修缮方案，于 2017 年经过修缮，现作为文化活动场所重启使用，该楼经过风风雨雨，没有倒塌或拆除消失掉，还保存至今，且能旧物利用，难能可贵。

该宅的中西合璧样式很特别，非常有趣，比较典型，很有代表性，具有较高的历史、文化、技术、艺术价值。其外部初看是砖木结构，在测绘的地形图上标注的也是砖混结构建筑，实际上是木构架为支撑体系的木结构建筑，其外形的逼真模仿骗过了测绘者的眼睛。内房间隔断和外墙用砖砌体包裹结构受力木柱，外加抹灰，外表看不出是木构建筑，就像是砖砌体竖向受力支撑楼盖和屋盖一样，真实情况是木柱梁支撑房子。同样，廊顶、檐底、一层廊柱、二楼檐柱等都是用木料为龙骨钉细木板条做仿西式结构造型，再外做水泥花饰和抹灰装饰表面，外形酷似西式的砖木建筑，外西内中及布局的中式合院式很独特，具有显著的时代特征。

徐可楼前面设门廊，与正屋厢房前廊构成一圈回廊，设计很有意思，不独立设门台、门屋等。门廊共五间单层，正屋和厢房皆两层，朝天井一侧为回廊。正屋七间，有前廊，后为外檐墙无廊。厢房五间，前后均有外廊。木构梁架，砖砌外包隔断。公共部位（廊道）顶棚为细木板条抹灰天花吊顶。正屋和厢房均为歇山顶屋面，铺小青瓦。东、西厢房与东、西围墙分别围合为东西两院（天井）。（见图 7-1-7 和图 7-1-8）

图 7-1-7　徐可楼门廊外立面

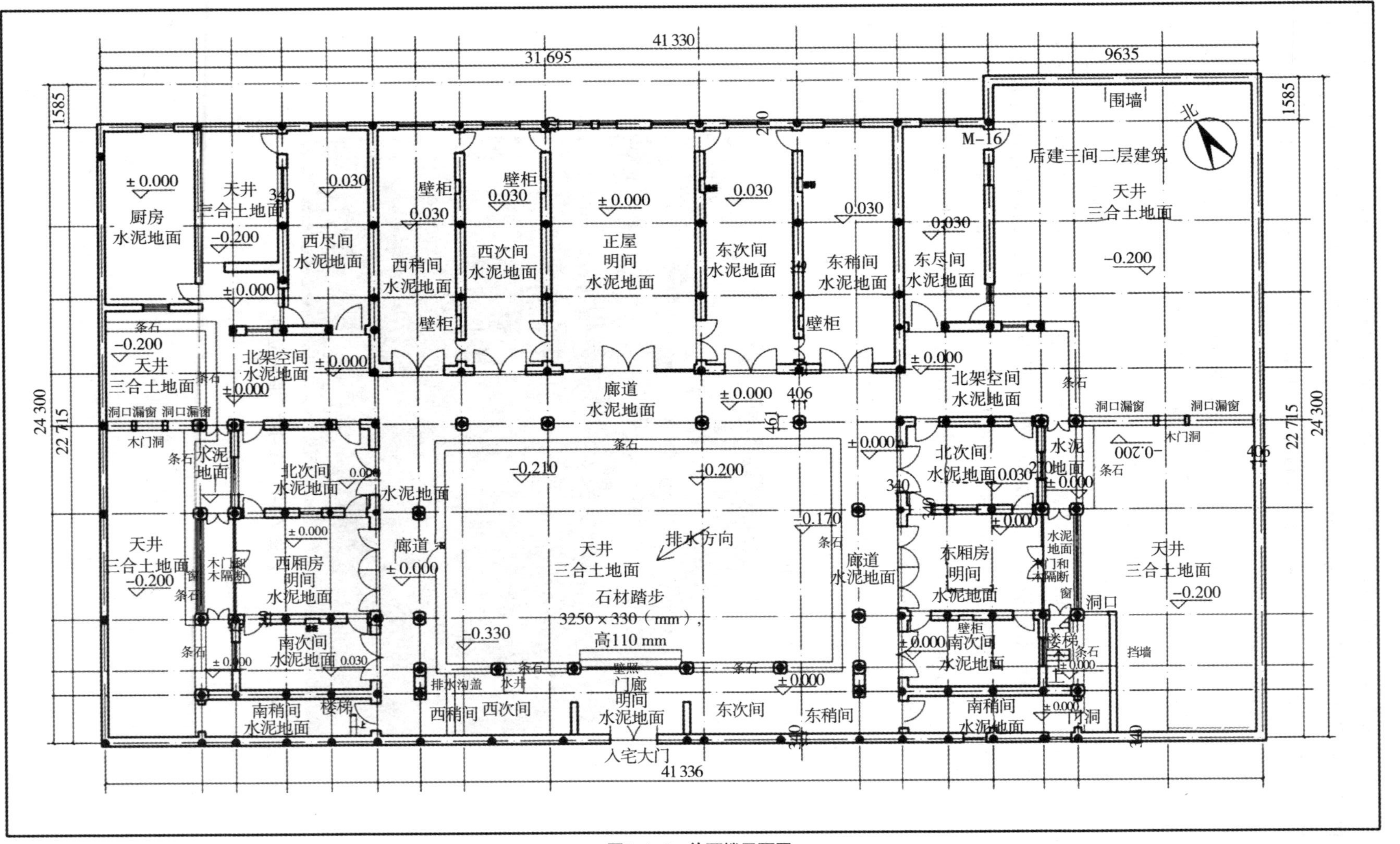
41 330
31 695
9635
1585
24 300
22 715
围墙
后建三间二层建筑
M-16
天井
三合土地面
-0.200
厨房
水泥地面
±0.000
西尽间
西稍间
西次间
正屋
明间
东次间
东稍间
东尽间
壁柜
0.030
北架空间
水泥地面
廊道
北次间
西厢房
东厢房
南次间
南稍间
楼梯
排水方向
石材踏步
3250 × 330（mm），
高110 mm
-0.210
-0.170
-0.330
门廊
壁照
排水沟盖
水井
西稍间
西次间
东次间
东稍间
入宅大门
41 336
洞口漏窗
木门洞
条石
木门和木隔断
洞口
挡墙
门洞

图7-1-8 徐可楼平面图

徐可楼院落占地约 970 m^2，建筑面积约 1167 m^2，围墙约 400 m^2。宅院场地总长 41.37 m，东总宽 24.54 m，西总宽 22.96 m。东首有一段 1.62 m 长、3.5 m 高的残留石墙，宅院北檐墙后有可能原有一狭窄后天井（后院），但有待考证。

徐可楼整个宅院不成严格的对称，西院宽度 3.4 m，而东院宽度有 6.5 m，东院差不多是西院的两倍。上二楼的楼梯有两部，一部在西厢房的南稍间内，一部在东厢房的南次间的后廊，楼梯分布不对称，部分内开门也成不对称状，这表明建造该宅时，思想是比较开阔的，根据实际使用是否方便而设计。该宅另一布局特点是内门特别多，几乎每个内隔墙都有门，多数一堵内墙有前后两扇内门。建造材料除了传统的木、石、砖、瓦外，还大量用到水泥，当时应该称为洋灰，我国最早的水泥厂于 1906 年在唐山开办，至 1949 年，全国的水泥厂还只有 14 家，在当时，建房能用水泥是件很不容易的事，特别是民宅。具体的门廊、厢房、正屋等文化特征情况如下。

1. 门廊

门廊共 5 间，通面宽 15.78 m，进深 2.64 m。南墙兼作宅院的南外墙，中央明间开设宅院的主大门，进门前应该是壁照（已破损没有留存，只留下镶嵌的遗痕，根据传统文化思想习俗，入口大门不能正对主屋主房间正中），壁照镶嵌在门廊的弧形大门洞框内，具体样式有待考证。中央明间（起到传统建筑的门屋作用）向两侧次间为弧形门洞，稍间通向厢房的前廊也是弧形门洞，但宽度小些，次间和稍间通向内院分别是弧形门洞。门廊屋顶为木屋架小青瓦，单坡，坡向内院方向，以利于排放收纳雨水。

门廊为木结构，木柱、木枋包砌在砖砌体内，砌体在木柱处留气孔便于空气流通，避免木构件过于潮湿而腐烂。门洞上弧形拱用木龙骨在木枋外做造型，在外表做水泥花饰和抹面。同样，木柱外用薄砖外砌造型，留气孔，外水泥粉刷。

门廊地面为水泥地面。门廊前屋檐在檐口用砖做镂空砌高装饰，高出屋檐，雨水有组织地向两侧排放，再入竖向雨水立管，排向内院。门廊西次间地面开挖有一口水井，方便宅内自用，西稍间地面排水沟上铺混凝土盖板，该排水沟连通内院和外道路，把宅内雨水排放至宅外。

大门两侧有石门柱，上有石门梁、砖灰门楣、砖灰三角山花，门廊外门楣有花鸟水泥花饰，上方做成西式柱式，承托三角山花。大门为内开双木板门，门扇朝外一面用铁皮贴包，起到防火作用，其中一扇大门中央开一小门，便于通行，相当于现代的子母门结构。

2. 正屋和厢房

正屋和厢房均为两层木构建筑，木柱、木梁、木枋、木檩、木椽、木楼梯、木搁栅木楼板、小青瓦，单檐歇山顶屋面。砖砌隔墙，薄砖、木龙骨、细板条做廊柱、廊顶、屋檐等西式造型，外水泥花饰和抹灰饰面。

（1）正屋。

正屋面向天井五间，两侧各还有一尽间，共七间。通面宽 25.22 m，通进深 11.10 m，进深方向屋架有五柱，明间宽 5.5 m，为最宽房间，其余都约为 3 m 宽。一层、二层设前廊，无后廊，后为砖砌檐墙。内房间隔墙砖砌包木柱外抹灰，隔墙厚 34 cm，墙上木柱处留气孔。

明间前为木隔断和木门，东西两隔墙南、北分别向次间开门。次间隔墙南、北也分别向稍间开门,门旁墙体设有壁柜;尽间朝廊位置为架空开敞式,与东西厢房互相连通并通向侧天井,方便人员走动。门框上为弧形拱,明间内南门有门框柱,做水泥花饰。

一层廊柱外用砖砌做西式八边形造型,外抹灰留通气孔;二层廊柱外用木龙骨做西式八边形造型,外竖向细木板条再抹灰,留通气孔。一层廊顶棚用细板条外抹灰;前檐口将木枋表面凿小斜线槽,外水泥花饰;二层明间在两廊柱之间还做了四根仿西式的科林斯柱式的小柱,两根在中央位置,两根紧贴着廊柱,在明间和次间、稍间廊道前上方做七个弧形造型的拱券廊外表(其中明间3个弧形),外水泥花饰和抹灰。屋檐底和廊顶用细木板条做顶棚外抹灰,二层栏杆为木扶手木竖条栏杆。

廊道吊顶细木条宽为3 cm、厚为0.5 cm,抹灰厚度为0.8 cm,木格栅直径为15 cm。一层、二层房间顶棚都用木板吊顶,板厚1 cm。一层次间和稍间设置木门槛,一层地面都为水泥地面,二层为木格栅木楼板,木格栅直径大小为15 cm,木楼板厚为2 cm。一、二层都为玻璃木门窗。(见图7-1-9)

图7-1-9 徐可楼廊道

(2)厢房。

厢房主要的三间正朝着内院,南稍间正对着门廊,北稍间为通透的架空间,与正屋相衔接互相连通并通向侧天井。厢房共有五开间,有前后廊。厢房通面宽15.14 m,通进深7.80 m,进深方向屋架六柱。

明间将后廊道融入一个室内的过渡空间内,然后分别向两侧房间和廊道开门。北墙体中有窗户开向北次间;北次间隔墙东、西分别向北稍间开门。门框上为弧形拱,外表水泥花饰。

厢房一层、二层前后都设有廊道,前廊比后廊稍宽。廊柱、廊顶、隔墙、楼盖、顶棚、门窗、二层廊栏杆做法、造型同正屋。

西厢房南稍间置上二楼单跑木楼梯,东厢房在南次间后廊置上二楼单跑木楼梯。

3. 天井(院)

天井(院)主要有三个,中央一个即为内院,东西各一个。

西天井(院)北首建有单建筑为厨房使用,北次间北墙处建有一院内隔墙,隔墙内开有门和漏窗,把天井分为南北两个天井;厨房与主屋之间又有一小天井。各小天井既独立又相连,共同构成西院。

东天井(院)北部在20世纪60年代被建为三间二层砖混建筑,该处原来是否有建筑物或构造物存在还需进一步考证。东天井(院)在围墙处开有小门(后被封)。

天井地面为三合土地面。

4. 围墙

宅院南门廊南墙和主屋后墙兼做围墙,分别与独立的围墙连接,构成统一的封闭式的宅院外围护。围墙为砖砌为主,局部石砌,高为4.80~6.03 m。

南围墙做工讲究,朝外立面有水泥花饰装饰的壁柱、腰檐和顶檐,8根壁柱中有6根通长,最西侧两根只伸到腰檐,没到地面,这是因为在建造该宅院时,西段有原围墙在,围墙西段下部有长9.4 m、高1.7 m的块石砌筑(围墙其余部分均为砖砌外抹灰),这石砌部分在建造该宅院前就已存在,新建时就不拆除,新增的就在原有围墙的基础上加建,在原石砌围墙上方的这两根壁柱就断在腰线位置,这也表明过去建房也讲究历史的连续性,以前能留的尽量留。

东围墙朝内中央部位墙面有一块2 m左右见方的装饰图案,外框为竹杖型双框,框内有花瓶和花草等水泥花饰,在水泥抹平的平面上有一图腾水泥花饰,现只留下图腾极少的一点残迹,大部分已被人为破坏凿掉,留下内底的砖砌墙面。

北围墙在房间窗户外窗框做仿西式拱顶造型窗套,窗套为水泥花饰。一层窗套为方壁柱花瓣式弧形拱顶,石条平过梁;二层窗套为仿西方古典的爱奥尼克式和科林斯式的混合柱头的圆壁柱,多层单弧形拱顶。

三、建于民国时期的国民党党部

国民党乐清县党部办公楼旧址(见图7-1-10)位于乐清旧城北端的一个大院子内,建于民国时期,新中国成立后由乐清人武部使用,由于建筑物墙体开裂破损严重,已停止使用10多年,现空置,需加固修缮后方可再次使用。

图7-1-10　国民党乐清县党部办公楼旧址

该建筑为二层砖木结构，清水墙，木玻璃门窗，砖砌平过梁，木楼板，木屋架，典型的民国时期建筑，现代风格掺和着中式和西式。

民国时期，正值西方现代建筑的发展时期，国内第一代现代建筑师留学归来，登上行业历史舞台，当时国家提倡大力发扬民族文化，建筑也要求继承和发扬我国固有的传统建筑文化精神，这一时期的政府项目中，建筑形式为现代建筑形态掺和着中式、西式的混合型。该党部建筑有鲜明的时代特征，是典型的现代建筑形式、传统中式、西方古典式三者的混合体。空间功能布局和门窗现代式，楼盖屋盖为传统中式，立面外观为现代中西结合，建筑材料以传统的石、砖、木、瓦为主，以西方引进的玻璃、钢筋、水泥为辅助材料，施工技术工艺以中式传统为主。国民党乐清县党部建筑有明显的时代文化与建筑共生特征。

该建筑坐西北朝东南，二层砖木结构建筑，木屋架，两端四坡屋顶和中段双坡屋顶，共七间，内廊式，中三间南突出 1.48 m，北凹进 2.6 m，建筑总体为前凸后凹。建筑总长 29.44 m，总宽 16.23 m，建筑檐高 7.31 m，最高屋脊高 9.94 m，屋面坡度比为 1∶2.5。室内外高差为 48 cm。建筑占地面积为 365 m^2，建筑面积为 730 m^2。

建筑一层布局（见图 7-1-11）如下面所述：

南中间为大门主入口，设架空门台，门台长 2.88 m，宽 1.3 m，门台平台低室内 15 cm，设置台阶由平台进入建筑室内。门台其余三面都设踏步，共三阶，由室外上门台平台。门台柱共四根，前立两根门台柱，紧靠墙体设置两根（有一半埋入砖墙中），柱直径为 27 cm，钢筋混凝土结构，外表面为水泥石子抹面打光，呈花斑灰白色。柱下做模仿木柱圆石础的柱础，上做南瓜状柱头。门台上方为二层露台，钢筋混凝土透空栏杆。

一层中央为走廊，廊宽 1.9 m，廊长 20.9 m，廊南侧设五间，中央一间为开放式大厅，长 6.8 m、宽 5.3 m，两侧第一间宽 3.96 m、长 6.8 m，第二间长 5.35 m、宽 3.86 m。廊东西两端南各设房间一个，宽 4 m、长 6.51 m；廊东西两侧北向各设套间一个，第一间长 4 m、宽 2.12 m，北开门入内北房间（北房间长 4.77 m、宽 4 m），向外开门出入室内外。

走廊北中央为一长条形大房间，长 15.9 m、宽 3.3 m，正中为一木板隔断墙，一分为二。大房间两侧为开敞式楼梯间上二楼，楼梯间宽 2.5 m，后有一小房间长 2.5 m、宽 2.4 m，能进出室内外，同时向楼梯间和东、西房间开门。西楼梯间西侧和东楼梯间东侧各为一房间，长 4.77 m、宽 4 m。

一层建筑非常注重室内外交通进出，前大门有双扇门一个，东西山墙各有两个单扇门，北有两个单扇门，共有七个外门。各房间尺寸大小、布局适合人体办公及活动需求，是以使用为主的现代建筑的功能布局风格。

建筑二层布局（见图 7-1-12）如下面所述：

走廊和楼梯间与一层对应。走廊南侧中央房间对应于一楼大厅，靠走廊为木隔墙，因下部无墙体竖向支撑，为减少重量选择用木板隔墙。中央大房间南外墙开门与二楼外露台相连接；东侧为三个房间与一楼对应布局；西侧西首两房间合并为一个大房间，中间墙体无砌筑，该墙体停止在一层，房间长 7.86 m、宽 6.51 m，可能是做会议室用，符合功能设计规则，大房间在上层，由屋架承载屋盖。

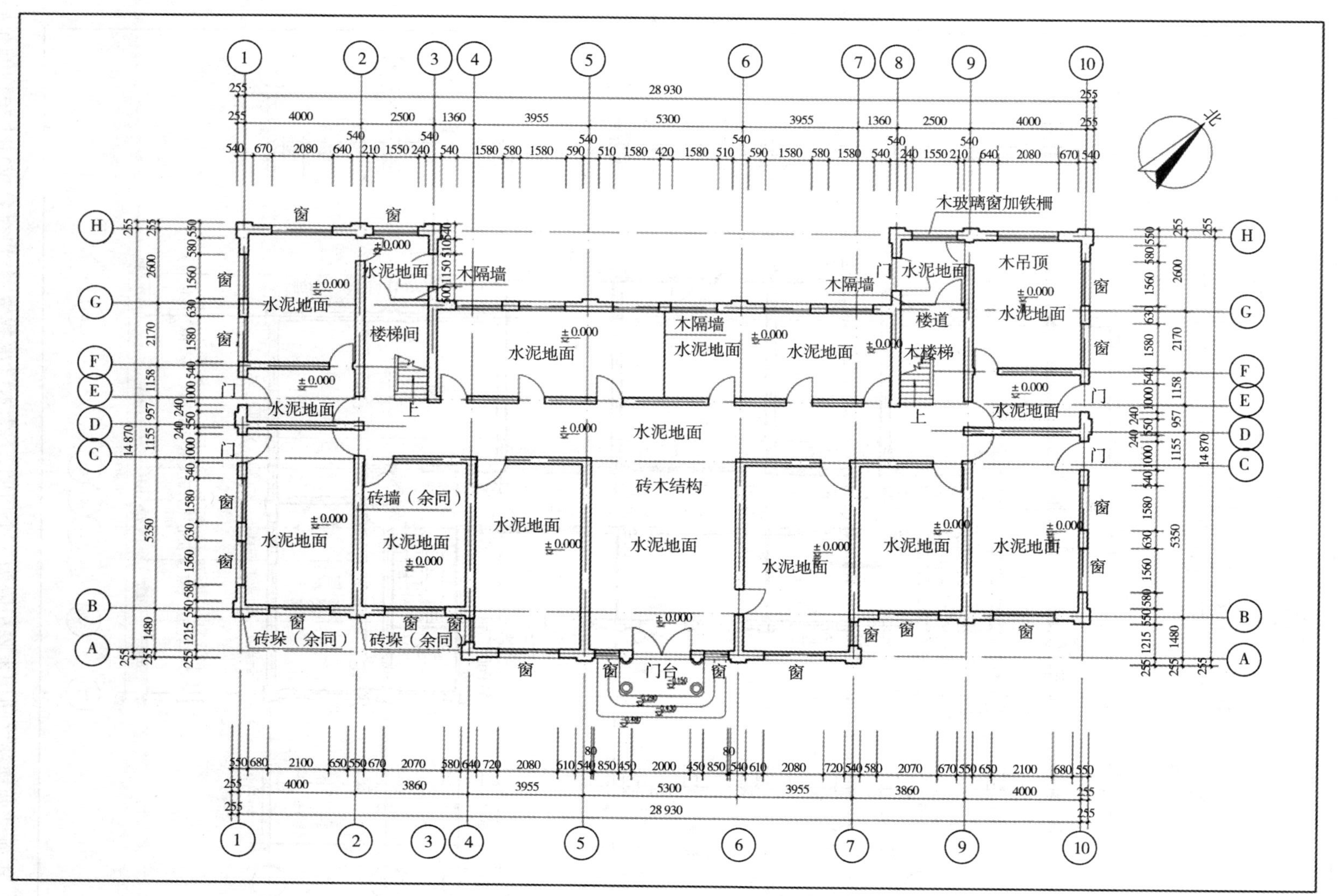

图7-1-11　国民党乐清党部办公楼旧址一层平面图

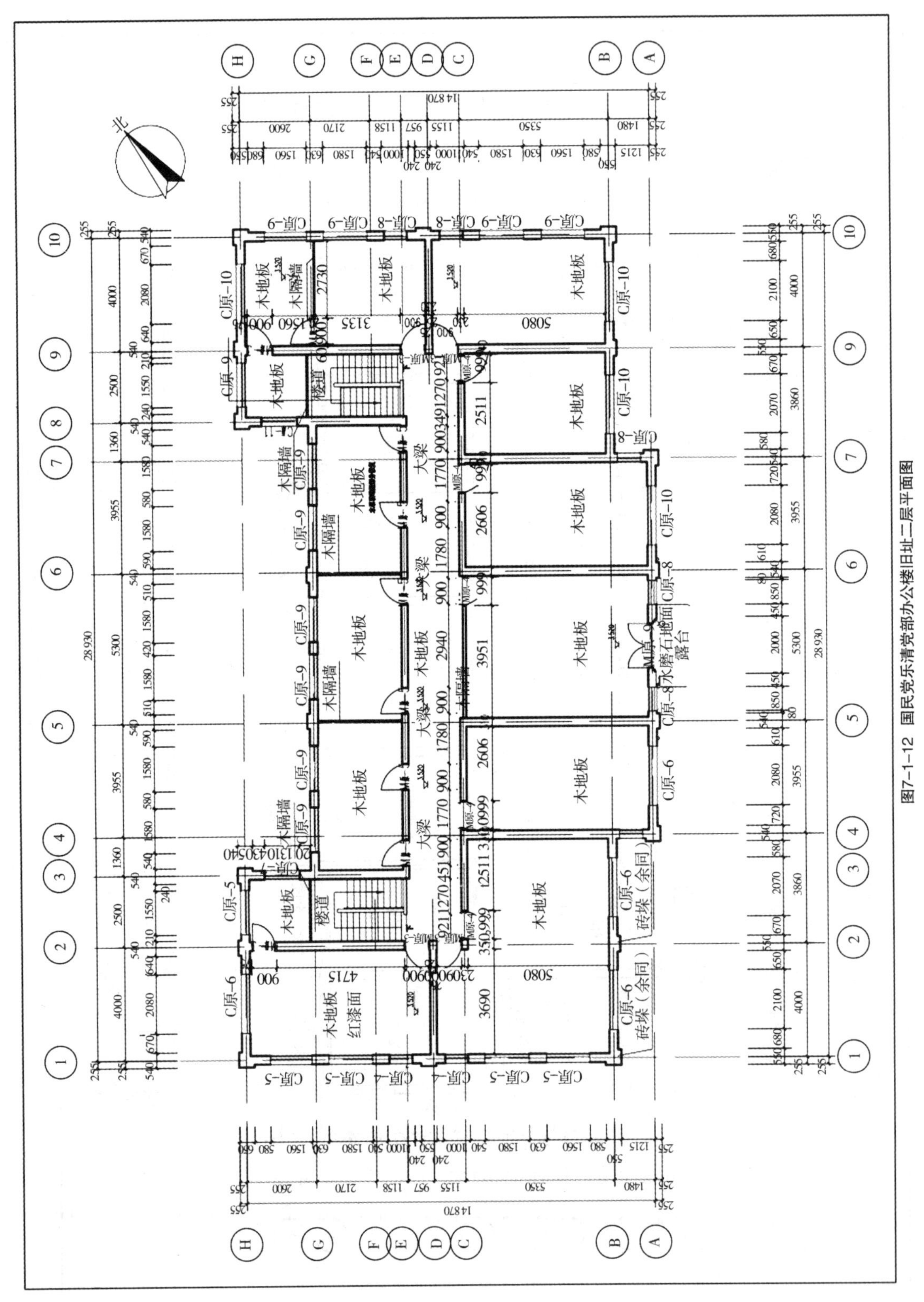

图7-1-12 国民党乐清党部办公楼旧址二层平面图

走廊北两楼梯之间用木隔板隔为三个房间，下为木梁承载楼盖，也符合设计上结构的布局规则。西楼梯间西和东楼梯间东分别设置一个房间，取消一层的对应小房间。楼梯间后方为一个小房间，为储物使用。

该建筑玻璃木窗设计多而高大，各房间采光充足，功能性强。

建筑基础为块石基础，墙体外墙勒脚高48 cm，突出上部砖墙体3.5 cm，块石砌筑，水泥沙浆勾凸缝。

建筑外墙砖墙体和内横墙砖墙体厚31 cm，内纵向砖墙体厚23 cm，都为青砖实砌，青砖规格为长230 mm、宽70 mm、厚40 mm。外墙在纵横墙体交接处砌壁柱，壁柱凸出外墙10～11 cm，壁柱宽度54～55 cm。

墙体中门窗过梁为斜砌砖平过梁，这种过梁设计虽外观平直，但结构受力不合理，砌体出现的不少裂缝就是因为受力不合理而引起的。

建筑屋盖为“木”字结构，共六榀屋架，上为木檩、木椽和青瓦。楼盖为木格栅和木楼板，木格栅直径15 cm，横向布置，间距60 cm左右，上铺厚1.8 cm的木楼板，木板长2 m，宽为12～18 cm，纵向布置。楼盖木格栅搁置在砖墙体上，走廊和北大房间没纵向砖砌体的放置在木梁上。木梁共有四根，直径20 cm，搁置在砌体上，有两根长2.1 m，在走廊处；另两根长5.5 m，在走廊和房间处。木梁下方和两侧外封1 cm厚的木板。

楼梯为木梯梁和木踏步板，面漆红棕色漆。门都是木板门，房间木门上方设玻璃亮子，朝走廊一面刷红棕色漆，朝房间一面刷淡黄色漆。

窗都是木玻璃窗，一层窗内侧安装防盗用的圆钢筋竖格栅。各窗木框朝房间内面刷淡黄色漆，朝室外面刷红棕色漆。

外墙面为清水墙白灰勾凹缝装饰，在一、二层之间做双皮砖砌凸出墙体的水平装饰带。南门台上方墙体砌马头墙，高出屋檐，正面有四条水平凸出墙体的砖砌装饰带。内墙面为12 mm厚的混合沙浆粉刷，白色墙面漆。

一层走廊和大厅及楼梯间墙体底部为17.5 cm高、1.5 cm厚的水泥踢脚线，红棕色漆，上为101.5 cm高的绿色漆墙裙，再上为4 cm宽的红棕色油漆带。

二楼走廊墙体底部为14.5 cm高、1.8 cm宽的木踢脚线，红棕色漆，上为88.5 cm高的黄色漆墙裙，再上为4 cm宽的红棕色油漆带。

一层、二层房间内墙体底部为13.5 cm高、2 cm厚的木踢脚线，红棕色漆。

一层地面为水泥沙浆地面，顶棚为1 cm厚的木板吊顶面，面白色漆，木龙骨。

二层地面为木楼板面红棕色漆，顶棚为木板吊顶面，面白色漆，木龙骨。

该建筑外部、公共空间部位的风格、表皮用色等与内部办公空间（房间）都有明显的不同。如同样一扇门窗，朝内和朝外的油漆色彩不一样，朝外的用暖色，代表公共性，热闹；朝内的用浅色，细腻，安静。墙体外墙面不粉刷，保持粗犷的灰色清水墙面，稳重、严肃、庄严；内墙面都粉刷，外面刷白色漆，光滑，感觉干净、亲切。外立面砖柱直接突出外立面，内墙平整，这样处理既能保持结构上的合理性，又能丰富立面造型，且不影响室内空间的使用。水平用砖突出外墙面构筑墙面水平腰线，不但丰富立面立体效果，且能阻挡雨水流淌到墙面，有保护墙面的作用。建筑设计中每个细节的考虑，能起到多方面的作用，用最小的成本达到最大的作用效果，这就是成功的设计，也就是建筑设计中各有关因素能互利或偏利共生，达到最佳的资源共赏。

四、建于中华人民共和国时期的人民银行旧址

中国人民银行乐清支行旧址位于乐清市北大街北段220号,该建筑为钢筋混凝土和砖混合结构,单开间三层,开敞式双跑楼梯一部,平屋顶。钢筋混凝土结构柱、梁、预制楼板和预制楼梯板,砖墙,水刷石外墙装饰面,水磨石地面,木门、木玻璃窗,现代建筑风格,建于20世纪六七十年代上半叶之间,地域时代特征显著。

现代建筑起步和发展于欧洲,在第一次和第二次世界大战之间。19世纪初,钢铁工业的发展、钢筋混凝土的发明及结构力学理论的发展解决了建筑随着使用功能需求而空间自由变化的技术问题,加上社会对建筑复古的厌倦,于是产生了现代主义建筑思想,建筑要同工业相适应,要注重使用功能、形式与内部功能相统一、灵活均衡的非对称构图,外形简洁纯净,摒弃多余的装饰。

欧洲德国的纳粹上台后,解散了现代建筑思想教学和宣传的包豪斯学校,这一批老师被赶到了美国,德国在希特勒的主张下恢复古典建筑形式的建设,杜绝现代建筑的设计。在美国,那批来自欧洲的现代建筑主义思想的建筑师传播和发展了现代建筑形式,在二战后,被战争破坏的各国需要快速建设大量的建筑,于是现代建筑成为国际性的建筑形式。当时,我国的建筑发展虽然慢一拍,但也同样接受了现代主义思想的传播,这座人民银行旧址就是在这种时代背景下设计建造的,符合国际主义建筑的风格。

该建筑原为中国人民银行乐清支行总部地址,朝北大街一侧墙面竖向镶贴着黑色的"中国人民银行"几个牌标大字依然清晰可见。随着城市建设的发展、人口的增多,原址已不能适应新的办公要求,搬迁后留下这座历史建筑。现一楼临街被改为杂货店,二层、三层为居住宿舍,修缮后会恢复使用,该建筑是特定时代的一种历史印痕实物记忆,具有不可替代的历史文化意义。(见图7-1-13)

图7-1-13　中国人民银行乐清支行旧址外观

该建筑坐西朝东,面临北大街。内大空间,三层,开间长5.78 m,楼梯宽1.87 m,房间进深5.89 m,总进深7.76 m。室内外高差0.35 m,一层层高3.07 m,二层层高3.18 m,三层层高3.8 m,女儿墙高0.85 m,总高度11.25 m(包括女儿墙高)。建筑占地约48 m^2,建筑面积约为144 m^2。(见图7-1-14)

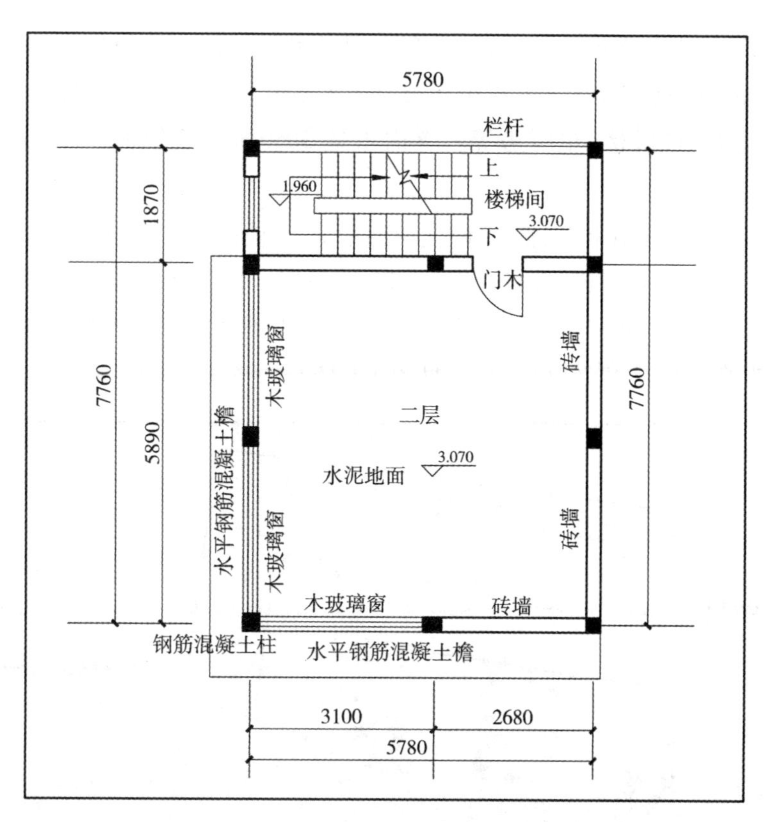

图 7-1-14　中国人民银行乐清支行旧址平面

建筑外墙立面简洁、大方，设计结合地域特点和使用功能，南向是为了获得更多日照，南墙除了梁柱外整墙开窗；东向临街一楼全开门，二、三楼靠南开大窗，靠北为全封闭墙体，这样布局既能保证房间内阳光和采光充足，又能保证有一大块实墙体挂写楼牌名，也能使墙面有虚实对比，美观性强；北面墙全墙实体不开窗洞，西面为整部开敞式楼梯，这能降低西北冷风的强度，避免房间内的西晒；另外一至三层门窗上部外挑混凝土薄横板，且窗框内置，具有遮阳和防雨功能，也能丰富立面，凹凸、大小、厚薄、虚实等形成明显的对比，均衡稳定。

建筑各层除了楼梯间外就是一个大开间（房间），使用时能自由分隔使用，房间内楼板下设置一根钢筋混凝土结构大梁，房间东南为窗、西北为墙，宽大光亮，实用方便。

该建筑的时代性、地域性、文化性、实用性、美观性的共生特点明显。

五、历史上多次毁和建的栖真寺

栖真寺，又名棲真寺、栖真禅寺，是浙南名山古刹，是文化遗产。其位于文成县黄坦镇西 1 km 处，“凤凰山”尾，四面环山，两溪围绕，山清水秀，鸟语花香，区域自然风景优美，是佛教文化圣地，也是旅游避暑胜地。

该寺始建于唐元和七年（812 年），距今有 1200 余年。唐会昌二年（842 年）扩建一次，经残唐、五代百年战火后颓毁荒废。后在宋天圣九年（1031 年），严朗公迁居黄坦于该寺址建房，因“佛地居家不利”，于宋治平二年（1065 年）将房屋又重新改建为寺院。明正统年间（1436—1450 年）寺院又毁于寇乱，明正德九年（1515 年）由罗、张氏等重新建设启用，明、清历代进行修葺使用，至“文革”时期主要建筑又拆毁，仅存大门台和张尧仁公建的僧房三间及四周围墙。1993 年，当地人张仲品等二十多人共议组会集资再次复建栖真寺，建成金刚殿、大雄宝殿、观音殿、地藏殿、三圣殿、右僧楼、左厨房等。寺内占地 3050 m^2，建筑面积 1012 m^2，寺周占地 3200 m^2。

栖真寺现存院落比较清晰、完整，呈南北稍偏东走向，前门台，门台进来依次为左右两个水池、天王殿、院子、院子两侧配殿、大雄宝殿、小院、三圣殿。门台两侧、水池和天王殿东西两侧为砖石砌筑围墙。经过调查考证现存门台、石围墙留存比较久远，大约在清朝末年民国初期，其余建筑物都改建于 1993 年及其后期。（见图 7-1-15）

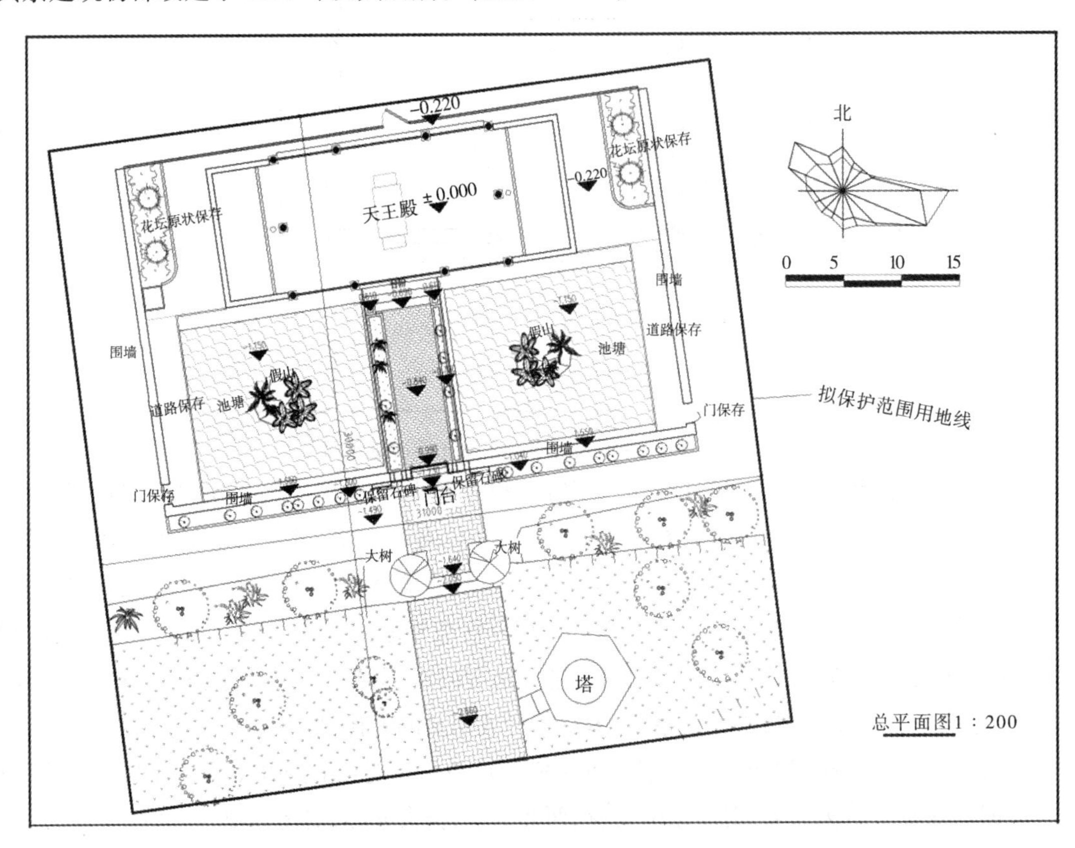

图 7-1-15 栖真寺保护总平面图

栖真寺门台为砖石结构，高 4.86 m，青石柱础、青石门柱、青石门梁、青石门槛。下部为方正石料砌筑，高 1.93 m，宽 73.5 cm，厚 40.3 cm，无外粉，其余为粗块石砌筑，与围墙连为一体。上部为砖砌外粉，高 85 cm，厚 40.3 cm。双重歇山顶，屋盖砖材仿木跳拱，砖和泥灰垒砌，小青瓦，屋脊向两头微微翘起，端部卷起饰龙尾凤头，双开木门，檐下饰彩画。门台前（外）门面，石柱刻写对联“古寺初基开大宋，山门依旧镇飞桥”，意为寺院初建于大宋朝（据记载这次应该是重新恢复建设）。当时，门前依然还有溪流和桥梁。青石门梁上连体有两门对，各刻写有“引”和“胜”，还连体有一匾额，刻写有“棲真寺”三字，为该寺名，在门梁上方屋檐下方挂有一灰制匾额，白底黑字，写有“醒发招提”，意为该寺为民间自发捐钱私造的规模比较大的寺院。门台后（内）门面，在门梁上方屋檐下方挂有一灰制匾额，白底黑字，写有“天宫兜率”四字，兜率是菩萨的住处，是净土，意为这里是弥勒菩萨信仰者的归依处。（见图 7-1-16）

图 7-1-16　栖真寺门台

栖真寺围墙为块石砌筑,石砌体高 2.38 m,厚 40.3 cm,无外粉,上部高 85 cm,为后加砌砖墙,有外粉。石墙外正立面上写有“南无阿弥陀佛”六字,黄底黑字,左右各三字。

石砌围墙,整体上块石不方正、棱角明显,大小不一,表面粗糙,表皮风化比较显著,砌筑方式为干砌。从其石块特征和砌筑方式看,建造年代比较久,比现存的门台会早,应该建于清朝或更早时期,局部有塌损后补砌的痕迹。上部砖砌的一段应该是 20 世纪 90 年代加高砌筑的。

门台为砖石结构,枋木屋盖,建造工艺不是很精致,反映出当时在重建该门台时山区经济条件有限,民风淳朴,地域特色明显,当时该地木材可能较为缺乏,石材丰富,开采石料比采伐木料成本低,也可能是由于历史上早期用木材建造的门台多次被烧或被毁,而特意用石材建造,以保永久。另屋盖用烧制的泥陶仿木挑斗,泥陶挑斗结构受力不及木材,挑斗本是木材的专属结构构造特征,这说明当时对材料的结构受力技术掌握还不够,工匠头脑中还是传统木结构斗拱的建造思路、意识,虽没木材,硬要造出木材的功能、形式来。但门台上的文字真实地记录着历史文化信息,含义深刻,符合我国传统建筑所讲究的特有的隐喻、意境。

现栖真寺再次扩建,总用地面积达 73 767 m^2,总建筑面积达 50 650 m^2。为了能在扩建中保留历史信息,传承文化,连续文脉,使历史与现代共生融合,以具有整体性,对门台、天王殿、围墙、水池、铁塔、石狮子、大树等进行保护,范围呈方形,长 30 m、宽 31 m,占地 930 m^2。其他有历史纪念价值的石碑、石像、石柱础和在扩建中能收集到的与该寺有关的各纪念物等都需进行保护和保存,重点要保护门台和石砌围墙实体实物,其中对建于 1993 年的天王殿上部建筑因质量低劣已成危房的进行拆除复建。其余后建于 20 世纪 90 年代的建筑如配殿、大雄宝殿、三圣殿等仿古拙劣、历史短且质量差,经综合评估,其上部建筑无历史文化价值,原物保留无意义,在这次扩改建中给予拆除,保留基础位置格局。

水池是佛教的放生池,有特有的意义,是信徒放养水生生物的地方,体现佛教的慈悲为怀、体念众生。看到放生池,能激起人们内心纯净的灵魂,涌发善意。另外水池又有调节环境气候、应急消防使用等功能,所以这水池不管建于何年代,都有保护保存的价值。

塔也是佛教中特有的建筑物,最初是供奉舍利子、经卷、法物的地方,后演变为作为纪念的建筑物,上面刻有各种佛门的历史故事、放置佛像等,因此,有寺必有塔。该栖真寺前的这座铁塔虽是后来铸造,但也能反映出佛教的一种文化,保留有一定意义。对于道路、花坛等,为了该老寺院场地的完整性,同样值得保留和修缮。

该寺院从建寺至今历史悠久,虽然历经变化,建筑屡毁屡建,足见其文化生命力顽强,后人还想尽办法努力将其发扬光大,传承历史文化,这也反映出佛教和建筑共生的文化魅力。

六、起建于19世纪下半叶西方浪漫主义时期的圣家堂

圣家堂又名圣家族大教堂,位于欧洲西班牙巴塞罗那市中心位置,开建于1882年,至今还在续建中,预计21世纪30年代完成。该建筑很特别,从建设时间来讲,既是历史建筑,又是现代建筑,也是未来建筑,集历史、现在、未来于一身。从建筑风格来讲,设计于19世纪80年代,在当时流行的复古运动下,又兴起反对刻板、机械的“新艺术”运动,即浪漫主义时期,各方面都在寻找新的突破。该建筑在这样的时代背景下设计而成,而主要设计者高迪又是一位比较激进的建筑师,所以该教堂在设计修改中大胆融入各种新思想,但其只做了模型,没有绘制出正式图纸。后来模型被毁,到高迪去世前教堂还只完成了少部分,后来担任该建设任务的建筑师又融入自身所处时代的思想。随着时代的变迁和新材料、新技术的出现,教堂后续建设部分与前面的在风格、材料、工艺等就有所不同,其建设周期穿越三个世纪的教堂,汇集三个世纪的文化于一身。

该圣家堂所处的城市巴塞罗那市于19世纪中期开始蓬勃发展,原有城区无法满足城市人口的膨胀,政府不得不考虑将城市拓展扩建,于是请来城市规划师萨尔达(1815—1876年)做城市扩建规划。其规划做得很方正,棋盘式格局,每块街区120 m左右见方,每个地块四周为纵横城市道路,道路走向不是正常的南北向和东西向规划布置,而是与城市临地中海的海岸线(西南—东北走向)一致,各规划道路就呈西南—东北和东南—西北走向。建于新规划改建区的圣家堂朝向沿街布置,主立面面朝东南方向。(见图7-1-17)

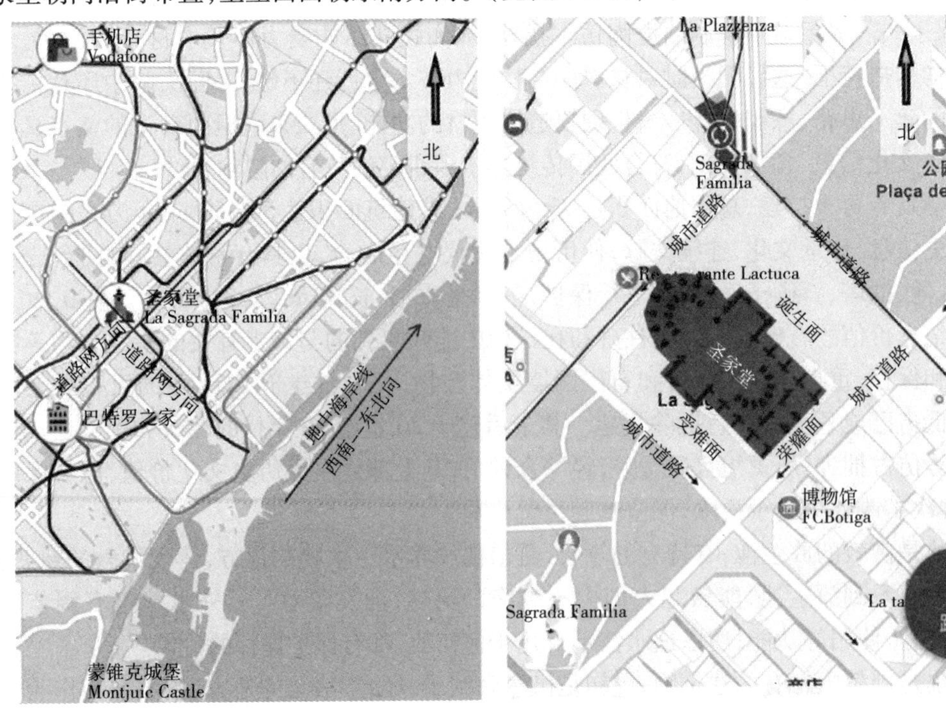

图7-1-17 圣家堂位置

圣家堂的开建背后有个有意思的故事。在巴塞罗那的书商伯卡贝亚(1815—1892年),是位成功的出版商,文化素养很高,也是一位虔诚的天主教信徒,非常崇拜耶稣的养父圣约瑟。1866年,他特意成立了圣约瑟信徒协会,在1875年前往罗马赠送给教皇一个银制的神圣家族图像,回程中经过意大利的洛雷托,去参拜圣母玛利亚、圣约瑟、耶稣居住过的房子即圣家,当即被这圣堂建筑的象征意义和艺术所震撼,回来后,一直琢磨着自己能否也建一座。后来,决定在自己生活的城市巴塞罗那市建一座与洛雷托的圣家一模一样的建筑,方便巴塞罗那的天主教信徒参拜和活动。于是伯卡贝亚就开始行动,发起募捐,在1881年,购买下位于巴塞罗那的新规划区的Marina街旁的一块土地准备建圣家。买下后,他立马委托建筑师维亚(1828—1901年)进行设计。伯卡贝亚要求维亚模仿意大利洛雷托的圣母之家做方案设计。但维亚是一位很有个性的建筑师,不愿意做完全模仿的建筑,便全力说服伯卡贝亚,设计了一座新哥特式风格的教堂,即复古哥特式。这是一种当时主流的建筑风格,伯卡贝亚同意了该方案,该方案布置是:"十"字形平面、三座中殿、一个有七座小礼拜堂的半圆形后殿、一个圣坛地下室及一座位于门廊高85 m的尖形钟塔。设计完成后,伯卡贝亚请来建筑师马尔托雷尔做该圣堂的主技术顾问。并选定在1882年3月19日圣约瑟节这一天,举行奠基大典,正式开工建造,大家热情高涨,建设速度很快,施工一年后,祭坛地下室基本上完成,并准备地下室墩柱的施工。但这时候工作中出现了分歧,对于柱墩,建筑师维亚坚持应该使用坚固的石块材料切割成块料进行筑造,而出资者伯卡贝亚和主要技术顾问马尔托雷尔建筑师认为墩柱外层用坚石块砌,内部用一般砖石就可以,这样更省钱,资金不会白白浪费。维亚建筑师费尽心思,说服伯卡贝亚,但这次却一直说服不了他,最后没办法,维亚不愿承担质量责任,只得辞去工作,施工也就停了下来。后来,马尔托雷尔推荐其学生高迪建筑师担任圣家堂的主持建筑师,替代维亚建筑师的工作。当时高迪接受该工作时还只有31岁(1852年生)。历史就是这么有趣,若伯卡贝亚没去意大利的洛雷托看圣家,或维亚开始接受伯卡贝亚的要求模仿圣家做设计,或后来维亚不辞职,高迪也接不上这圣家堂的工作,现在巴塞罗那的这个大教堂就不会有或只不过是一座早已完工的普通教堂,不会有特色,不会有被称为世界上独一无二的著名建筑——圣家族大教堂。

高迪于1883年接手圣家堂的建设工作后,很认真,很投入,对原维亚的设计方案进行了深入的研究,发现圣家堂的总平布置不理想。原总平设计教堂边线平行于地块边线即道路线,由于地块所处的规划道路网方向是与东西南北正方位呈约45°,这样,教堂的四个面就呈偏离正方位方向约45°。高迪设想将教堂平面以地块的对角线布置,这能使教堂的诞生面(正面)正朝东,有旭日东升的含义;受难面朝向夕阳西下的西方向,荣耀面即主立面朝南,享受最多的阳光。同时,也能充分高效地利用土地面积获得更多的建筑面积,使建筑的方位布局能体现与自然现象的融合。但是,在高迪接受任务时,祭坛地下室已完成,柱墩也已开始架设施工,若想总平面重新修改,经济代价很大,基础和立柱都要重做,地下室需重新开挖。权衡再三,高迪放弃了自己的想法,遵循原维亚设计的总平布置,教堂坐向不变,仍为东南—西北坐向。高迪虽然对总平布置放弃了自己的想法,但对上部结构、构造及形态等却进行了大胆的修改设计。虽还保留原高耸提拔的哥特式风格,但外观和内部装饰等几乎都颠覆了原设计方案。在设计中,他把洞穴、植物、动物等自然形态运用到了炉火纯青的地步。在他的设计中,找不到一根直线,的确,在自然界中很难找出直线来,自然的山体、石头、树木、动物身体等都是以弧线存在。不过,这样的设计修改,花费的时间、精力非常大,但高迪愿意为之付出。同时,施工建造也很费时间、金钱,巴塞罗那任由高迪慢慢研究,边研究边做模型,边设计边施工。高迪接手后 9 年(1892 年),牵头的项目主要召集人和出资者伯卡贝亚都去世了,建筑地上部分才建了一点。

直到 1914 年,高迪已 62 岁了,对该工程已负责了 31 年,项目只完成了离高迪设计的规模不到五分之一,于是高迪决意全身心投入该项目加快进程。1925 年,高迪索性搬到圣家堂内自己的工作室内居住,方便工作,但第二年却不幸离世。人们为了纪念他,把他安葬于该建筑的地下墓室。这时教堂也还只是完成了不到四分之一,耶稣的诞生一面的施工还没完全完成。

在高迪死后,圣家堂接着由第三任首席建筑师苏格拉内主持,继续设计建造。至 1936 年,西班牙爆发内战,施工被打断。1939 年西班牙内战结束,圣家堂重新启动施工,接着第四任首席建筑师弗朗塞斯科 · 金塔纳、第五任首席建筑师普伊格、第六任首席建筑师路易斯 · 博奈特和第七任首席建筑师弗朗塞斯科 · 卡多内依次先后接手了该教堂的设计建造工作,但进度也还是较慢。至 1984 年第八任首席建筑师乔迪 · 博奈特(其父曾经担任过高迪的助手)接任工作后,在建造和设计过程中引入了计算机技术,计算机的辅助设计(CAD)加速了教堂的建设进程。博奈特建筑师主持工作 28 年,至 2012 年,80 岁高龄的博奈特建筑师把任务交给下一任即第九任首席建筑师乔迪 · 法利(是博奈特的学生)。乔迪 · 法利接手工作后,至今也已过去了 5 年,项目完成了约 70% 的工程量。想必直到教堂完成可能还会有几任建筑师接手主持工作。

圣家堂的建造技术从原始手工、简陋机械到现代的高端机械使用、高科技应用,贯穿了整座建筑,这也是个奇迹,技术文化与建筑共生同存。开始时,设计图形都需手工绘制、做模型,结构力学同样是手工操作实验,高迪还特意采集动物的骨架、植物的枝干来做力学分析、研究、实验,石头的开采、加工打磨、运输等主要依靠的也是人力,只使用简单的机械来辅助。至后来计算机科技的应用,绘制图纸、制作模型用计算机来辅助完成,速度才提高了很多,石料也可以由计算机控制来切割打磨成型。垂直运输使用现代的塔吊非常方便,通过钢筋混凝土设计建造柱子,以及外贴石板或石材雕刻机械运作也都不再是技术难题。甚至,在 2010 年 3 月开始修建的一条高速铁路穿过圣家堂的地下,隧道内铁轨嵌入弹性材料的工艺可抑制震动,来保证教堂的稳定性。2013 年铁路开始运行,据观察,几乎对教堂没什么影响。

现代的建造速度是开始建设时期的几倍甚至几十倍,圣家堂剩下的工程估计会很快完成,但他们计划将高塔和教堂的大部分结构于 2026 年即高迪逝世的 100 周年时完工,装饰工作将于 2030 年或 2032 年完工。也许是资金问题,目前建造资金主要靠游客门票收入,以支撑每年 2500 万欧元的建设预算;也许是为了旅游业,边使用边开放给游客,边施工作业,还边修缮(先建好的部分因时间久需修缮),这样的工程项目是世界上独一无二的。出于好奇心,大家都想去看看,于是游客络绎不绝,城市的旅游业也繁荣起来,但也不排除受当地地域文化的影响,做事情慢慢来,精益求精最重要。

圣家堂的艺术内容丰富多彩,特别是象征、隐喻等使用不逊于中国的传统建筑。用高塔来象征人物,最高的塔即主塔高 170 m,在中央位置,象征耶稣。在西北方向处的次高塔高140 m,象征圣母玛利亚(耶稣的母亲),围绕主塔的四周塔高 130 m,有 4 座,分别代表 4 位福音传教士。其余三面东南方向(荣耀面)、东北方向(耶稣诞生面)、西南方向(耶稣受难面)各顶端分别建有4座高塔,高110 m,共12座,代表耶稣的12个门徒。另外还有众多的小塔尖,代表众多的信徒。许多塔尖上用各色花砖做成各种水果、农作物、素菜等食品,象征丰盛的餐食。塔外表到处有白飞鸽和绿色橄榄枝的雕塑,象征着和平。

圣家堂诞生面(见图7-1-18)各种人物、动物、植物的雕刻,每个都有含义,表达了耶稣诞生时的各种场景。比如,该立面特意设计了三个门,分别代表神学三德即有信、有望、有爱,门廊的两根立柱下分别有一只海龟和陆龟,代表海洋和陆地,等等。这立面各种雕塑特别多,密密麻麻,但都很具体逼真,据说当时高迪为了使各人物更加逼真,都找来对应的模特来仿做。该面远看就像山洞、蜂巢一样,凹凹凸凸,没有一个地方是平直的,都奇形怪状,但近看,每个细节都有故事、含义,内涵非常丰富。

图7-1-18 圣家堂诞生面

图7-1-19 圣家堂受难面

圣家堂受难面(见图7-1-19)与诞生面风格完全不同,表面光滑平整,耶稣被钉在十字架上受难的雕塑也是抽象的块体状,带有建筑现代主义风格。据查,该立面于1954年开建,1976年完成,历经22年。据说,也是根据高迪留下的图纸和思路建造的,但值得怀疑,因为高迪没有对该建筑绘制完整的图纸,只做了模型,边研究边设计边指导建造,且模型在西班牙内战中被摧毁了,只找到一些零星的碎片。因此,该立面的风格偏离了高迪的原意,有植入后来主持建筑师的思想,在建该立面的时代,刚好是现代建筑风格风靡全球的时候,该时代的建筑师自然有这种现代建筑思想。

圣家堂荣耀面(见图7-1-20)据说是2002年开建,2017年6月时还只是毛坯,临街几个钢筋混凝土大柱子很显眼,总共有8根。后紧挨着墙面的有许多小的钢筋混凝土柱子,在各柱子顶端伸出的钢筋都已生锈。这立面是该建筑的主立面,即朝东南方向的教堂的主入口正立面,目前还看不出将来造好是什么样子。但可以推测,离高迪的设计肯定是偏离比较大,如使用材料上就明显不同,结构上现在是以钢筋混凝土为主,原应该是以石头为主;位置上也很不同,现在最前面的立柱是紧挨着街道,上教堂室内大厅,还有许多的台阶需做,这样台阶得延伸到街道上,要施工完成这教堂的主立面的台阶,街道需要位移,对面房子需要拆迁。在当时高迪设计时，肯定是在规划地块内，不可能超出购买的地块将公共的道路占用，因此这立面的设计形状风格与原高迪的设计偏差比较大。从历史的角度讲，这也正常，时代变了，建筑师的思想也不一样，人们对建筑的要求也不同，现在设计的当然与130多年前的肯定不一样，这就是文化。不同的历史时期有不同的文化，不同的文化都能在该时代建筑上有所体现，即建筑与文化共生。

图7-1-20　圣家堂荣耀面

圣家族大教堂建筑，从书商伯卡贝亚1875年提出想法至今，已约150年，其承载着这期间的人类的部分历史文化，信息丰富多样，把这期间的许多历史人物、故事、科学、技术、艺术等都共生汇集在一座建筑上，这的确是个特例。

第二节　废旧建筑改造修缮

一、项目概况

该废弃建筑位于永嘉县一个小山村，该村人口约2000人，海拔600余米，距温丽高速桥下出口26 km，耕地约1000亩，山林约1100亩，产水稻、番薯、马铃薯、田鱼等。环境优美，土地肥沃，该村山区梯田独特典型，是一个能自给自足的富裕农村。改革开放后，村民外出创业，近年来部分村民还乡，利用独特的自然风光和人文景观发展生态农业和旅游产业。

该旧房位于村北小溪边，原为村碾米厂，后废弃，现已破旧，部分倒塌，计划对其进行改造修缮后再利用，用于游客的山村休闲体验和旅居，具体如图7-2-1所示。

图 7-2-1　旧房建筑与其周围环境和内部现状

该建筑改造修缮后，能使其环境、建筑、人三者完美结合，融合为一体，另外还对其环境、空间、文化、材料、结构、人进行了共生设计。

二、环境共生设计

（一）旧房建筑所在村落环境特点

村落所在区域为浙东南褶皱带温州的临海拗陷区，晚侏罗纪及早白垩纪生成火山—沉积岩系，地质稳定。村落所在位置没有峡谷断裂带，没有裸石断崖陡坡，土体丰厚，稳定永恒，几乎无地质风险，村落建筑能与地质环境共生共存。

村落建筑位于丘陵山坡东侧半山坳偏上位置，地势较平缓，山坡顶海拔在 720 m 左右，村落位置海拔在 520 m 左右，山底海拔在 250 m 左右，村落选址在坡度 13°左右的山体东坡面，能起到阻挡西风的作用。

气候特征为中亚热带季风气候，温暖湿润，四季分明，无霜期长，年温差较小，雨水充沛，热量丰富。年平均气温 18.2 ℃，年平均降水量 1702.2 mm，夏季多偏南风，冬季多偏北风，春季以东南风或南风为主，秋季以东北风或西北风为主，年主导风向为东南风，全年静风频率较高。

村落西、南、北山坡地都已开辟为大片连绵不断的梯田，种植各农作物，能满足村民生活。村落东面比较陡峭的坡地保留着生态树木，满足村民生产生活所需的木材和环境的微气候改善条件。

梯田不同高度的山坳里分别建有蓄水池（水库），雨季蓄水，旱季灌溉梯田，加上土层厚和局部的天然泉水，基本可满足各田地的灌溉用水和生活用水。

村落南、北道路分别通向外部，已建有车行混凝土路面。

（二）建筑与环境共生设计

建筑物坐落位置周围各土体不予开挖和填筑，保留原状态。在建筑的前方道路侧溪流块石驳坎局部已坍塌，在该塌方下方溪流将原塌下来的石块捡回来进行修复，修复时将块石缝用黄泥和小石块填实，外裸面石缝用黄泥填饱满，用以种植杜鹃等灌木、野草。

建筑物周围田地保留不变，入口道路位置的田地种植各时令蔬菜，作为各季节食用菜，同时也可作为道路两旁的绿色景观。建筑后背山梯田耕种水稻，养殖田鱼、田螺、泥鳅。稻谷加工为大米作为主食食用，田鱼、田螺、泥鳅等作为菜肴食用。建筑北部梯田耕种番薯、马铃薯等农作物作为副食食用，再远点位置的山地里圈养鸡、鸭、鹅等，作为肉类食物食用。在建筑的下方溪流两侧和建筑四周各田埂种植梨树、梅花、桃树、石榴等果树，作为时令水果采摘食用。

从混凝土汽车道步行进入建筑的道路，在原路基上进行修缮，修缮时不用水泥等再生工业材料，用石块、黄泥等原始矿物材料。在田埂处的一段道路路基石块有些已破旧脱落，用石块加宽至 1.2 m。沿着房子北面等高线即田埂位置线、东山坡向上方向、南向下山坡方向分别用石块、黄泥材料铺设 60 cm 宽的单人行小道至每个通达点，小道每隔 15 m 位置由 60 cm 拓宽至 1.2 m，每拓宽段长为 1.8 m。小道拓宽部分用于行人停留观景等功能使用。

建筑南侧跨溪流上方搭建一观景平台，观景平台柱、梁、板、栏杆用木材，原有的树木不砍掉，给予原生态保留，有穿过平台的，后建平台给予留孔穿过。

在建筑上方的混凝土道路上方接近上一道混凝土道路位置溪流旁，安置玻璃钢成品蓄水池，供应该建筑用水。同时在下方安置一个小型水利发电机，供应该建筑用电。

在建筑东北适当位置的田地里安置一成品玻璃钢化粪池，建筑内使用后污水全汇集入化粪池，其中厨房废水需经过隔油池后再流入化粪池。各废污水经化粪池沉淀发酵处理后，流入生态处理过滤道，再流入田地生态自净消化。（见图 7-2-2）

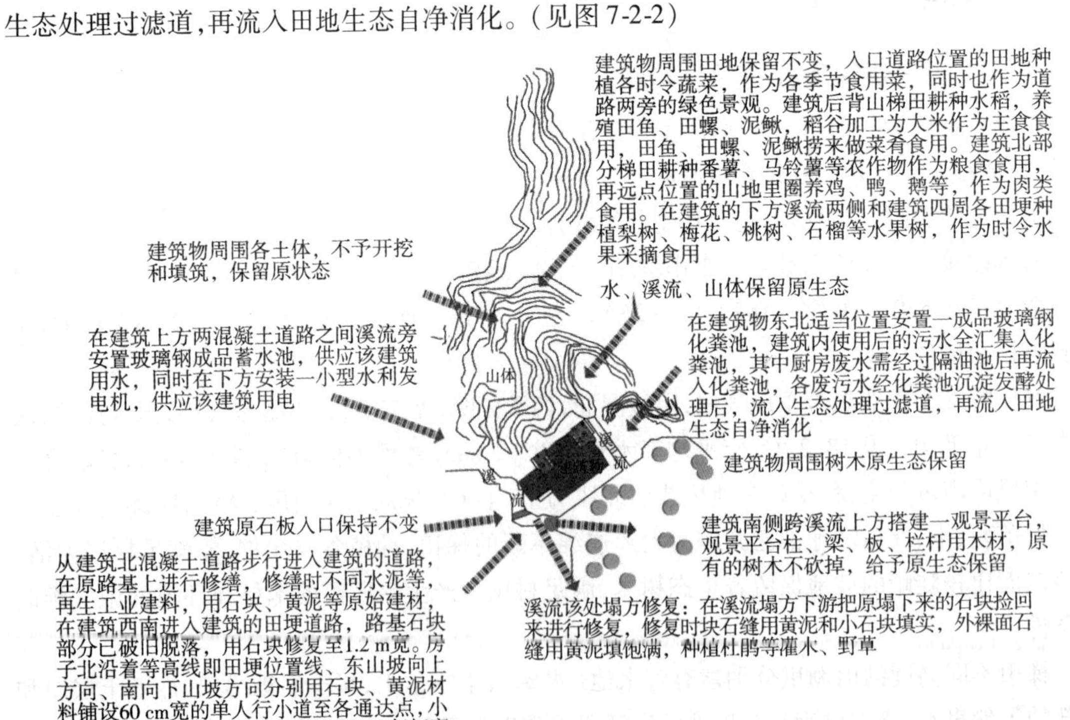

图 7-2-2 建筑与环境共生说明图

三、空间共生设计

人活动需要空间。将各不同性质的空间融合一体，相互浸透，共享共用，更有效地利用空间，更好地为人提供活动场所。

空间可分为建筑物外部空间和内部空间。内部空间是指将在限定土地平面上空(割空)或下空(挖地)围合，上下左右被限定，形成一个有实体介质包围的空间，该被围合的空间具有封闭性、私密性。外部空间为四周和上空没有围合的空间，具有开放性、通透性、共享性，若地面被人为改造限定与周围有明显不同的边界，则空间也具有一定半开放性；若四周有围栏等介质限定，就具有半封闭、半私密性的空间性质。

(一)外部空间设计

该建筑外部为该建筑物的开放通透的共享空间。该共享空间从近到远逐渐弱化，分为四个空间层次，以该建筑为中心点，以建筑高度 6 m 为参照基数，向外距离建筑高度的 5 倍距离即 30 m 范围内为强外部共享空间；向外距离建筑高度的 10 倍距离即 60 m 范围内为较强外部共享空间；向外距离建筑高度的 20 倍距离即 120 m 范围内为弱外部共享空间；再远为建筑物的较弱外部共享空间。(见图 7-2-3)

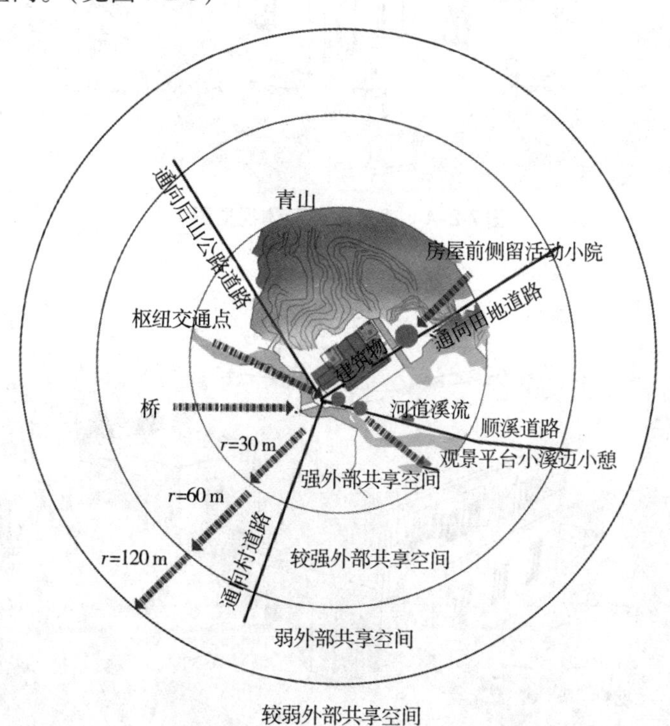

图 7-2-3　外部空间共生关系图

在强外部共享空间范围内，设置地面限定上部开放的小院和观景平台。在建筑的入口近旁设计活动前小院，大小 50 m² 左右。根据现状地形而确定形状，遵从自然形态，同时该院也作为交通枢纽点。从该交通枢纽点向外放射四条道路，一条通向村庄，一条通向后山上公路，一条顺着溪流而下，一条沿着建筑外墙向东北通向田地。在建筑物前方溪流上空设计架空观景平台，为面积 30 m² 左右的长方形，周围用栏杆限定；在建筑的东北及另一侧建筑出入口位置设计室外活动小院，面积为 40 m² 左右。在各道路口节点处设置路牌路标。

在强外部共享空间范围内的道路两侧、建筑物周围加强补植树木花草。

在其他外部共享空间里，以道路为限定空间线，在道路沿线视野范围内寻找自然、人文景观，在独特的观景位置点设置 3～5 m^2 左右的观景驻足点，在观景驻足点和道路两侧加强补植树木花草，补植时顺着空间由强向弱，植物从密向疏。

建筑物内部与外部的介质是确定体型形状的外墙门窗和屋盖，对该建筑改造时，保留原有的建筑形体（方形）。二层添加后，屋顶仍然采用原建筑坡屋顶形体，在原建筑后两凹陷处添加两现代建筑，为方形、平屋顶形态。（见图 7-2-4 和图 7-2-5）

图 7-2-4　建筑体型形体视觉图 1

图 7-2-5　建筑体型形体视觉图 2

（二）内部空间设计

内部空间分实空间和灰空间两部分。实空间为四周有围合、地上有盖；灰空间为上下有盖，四周空透或部分空透。建筑一层都为实空间，二层部分实空间、部分灰空间。（见图 7-2-6 和图 7-2-7）

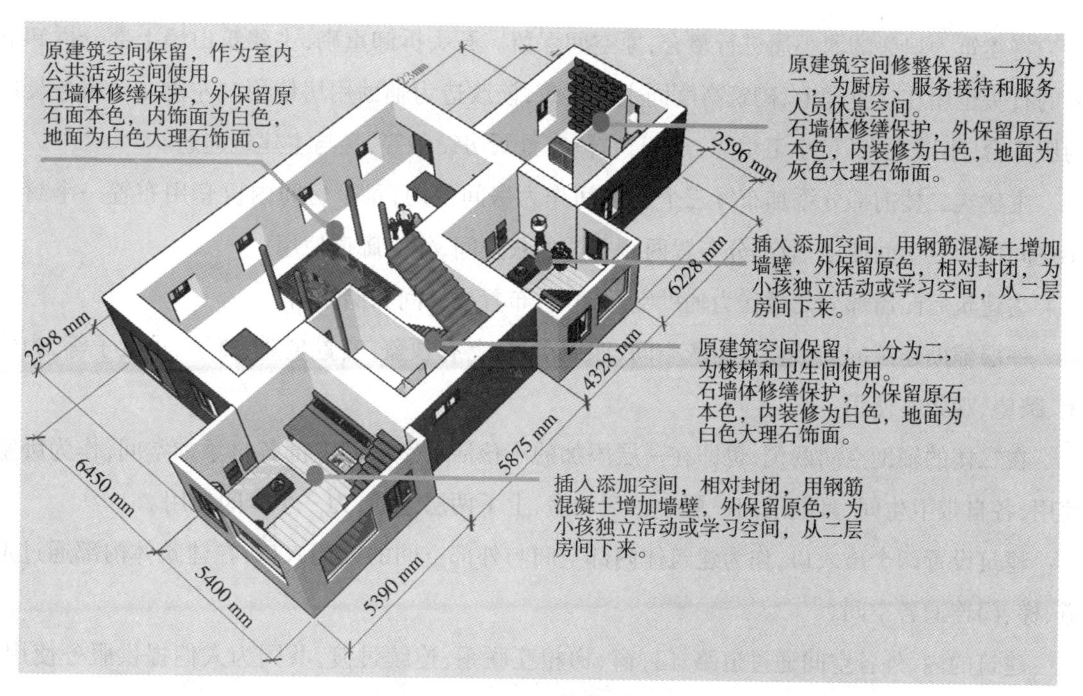

图 7-2-6 一层空间设计图

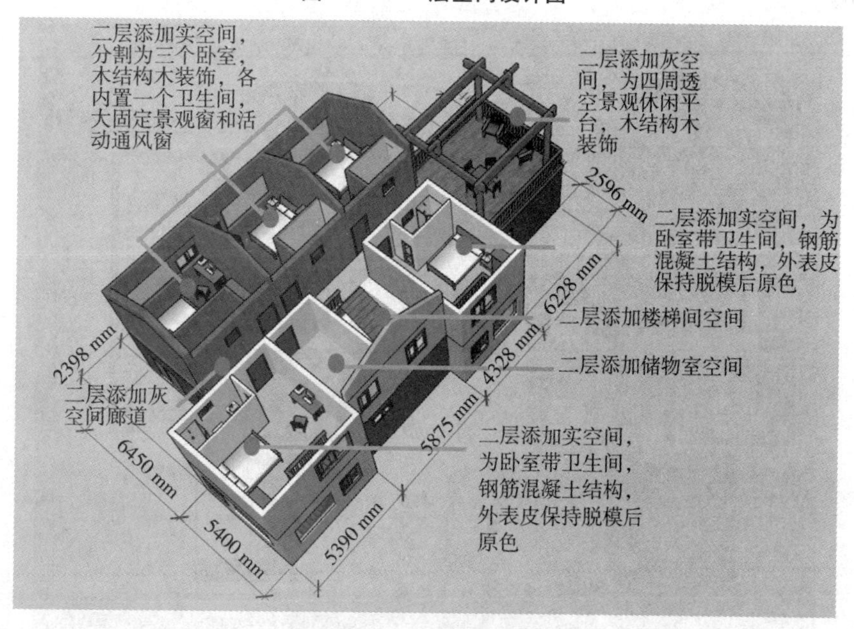

图 7-2-7 二层空间设计图

主体建筑一层为原石头墙体，四周限定空间不变，主部分内用木柱再次分隔为三个空间，添加内部空间层次，避免因只有一个大空间而略显单调，同时木柱也作为二层的支撑结构。主建筑后凸出部分(原为动力机房)作为辅助空间使用，一分为二，设置上二楼的楼梯和公共使用的卫生间。

在主建筑的后凹处左右两位置分别添加空间，这两处空间各自具有相对的封闭性，可为儿童提供独立的室内活动场所或安静的室内学习环境。

将建筑入口旁的原小屋进行整合,原空间保留。石头拆卸重砌,主建筑山墙上部分拆卸下来的石头也用在这重砌上,砌筑高度同主体建筑,该改造为辅助用房使用。左侧布置服务员用的服务台、小单人床(带小卫生间)房间,右侧布置厨房设备等,且与主建筑连通。

主建筑二楼前部分添加布置三个实空间作为房间使用,每个房间内再套用布置一个封闭小空间作为卫生间使用;后部分布置两侧空透的灰空间,作为廊道使用。

主建筑后凸出部分二楼作为辅助空间使用,布置楼梯间和储物间。

一层辅助建筑的二楼设计为灰空间,四周空透,上有顶盖,安置坐凳、椅子、小桌子等,为休闲、瞭望、观景等使用。

在二楼的辅助空间两侧,也即在一层添加的小孩活动室空间上部各自添加空间,作为卧室使用,各自带卫生间,且能通向一层小孩活动室,上下两层连通,为一个套间使用。

建筑设置两个出入口,作为建筑体内部空间与外部空间的人流入口,在建筑体内部通过走道、梯、门连通各空间。

建筑的内、外各空间通过道路、门、窗、梯相互联系,连续过渡,共同为人们提供服务使用。(见图 7-2-8)

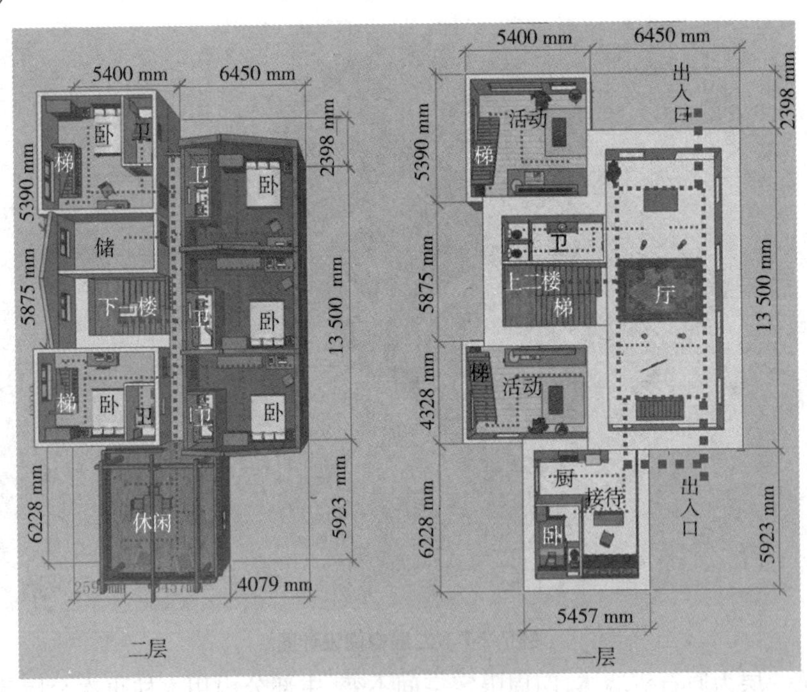

图 7-2-8　建筑各空间交通流线图

(三)建筑体设计图

具体的建筑体设计图如图 7-2-9 ~ 图 7-2-17 所示。

图 7-2-9 建筑设计模型图

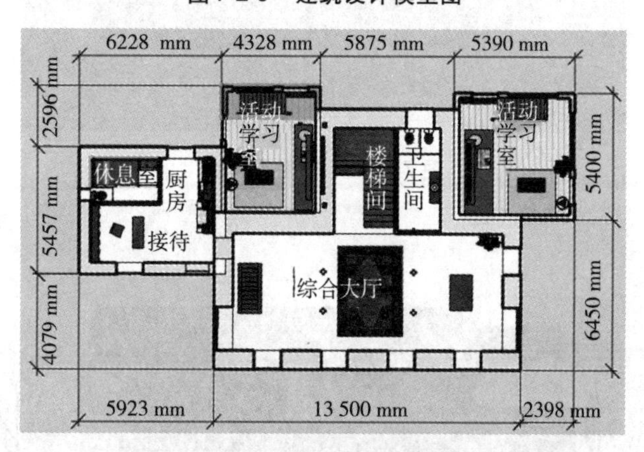

图 7-2-10 一层平面图

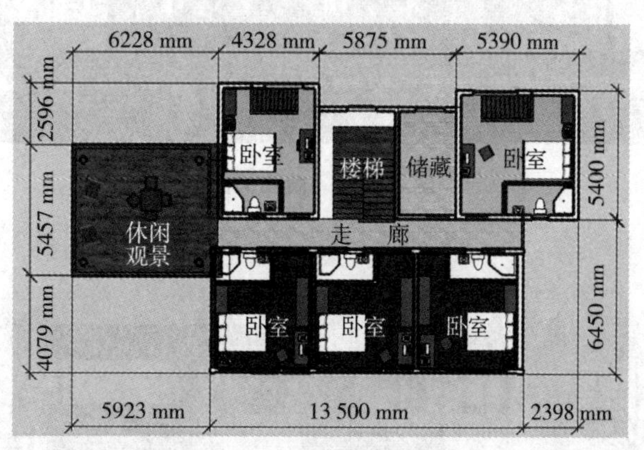

图 7-2-11 二层平面图

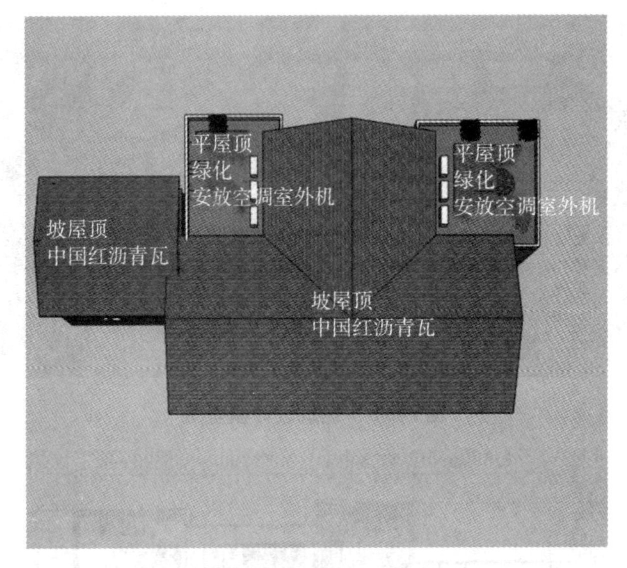

图 7-2-12　屋面平面图

图 7-2-13　前立面图

图 7-2-14　后立面图

图 7-2-15　左立面图

图 7-2-16　右立面图

图 7-2-17　剖面图

四、文化共生设计

文化是比较抽象的概念，它是人类发展过程中一切文明活动的总和。设计改造修缮该建筑空间时，将各时期文明活动中与该建筑有关的实物进行表露，以丰富文化内涵，使之更加饱满。文化表现关系图如图 7-2-18 所示。

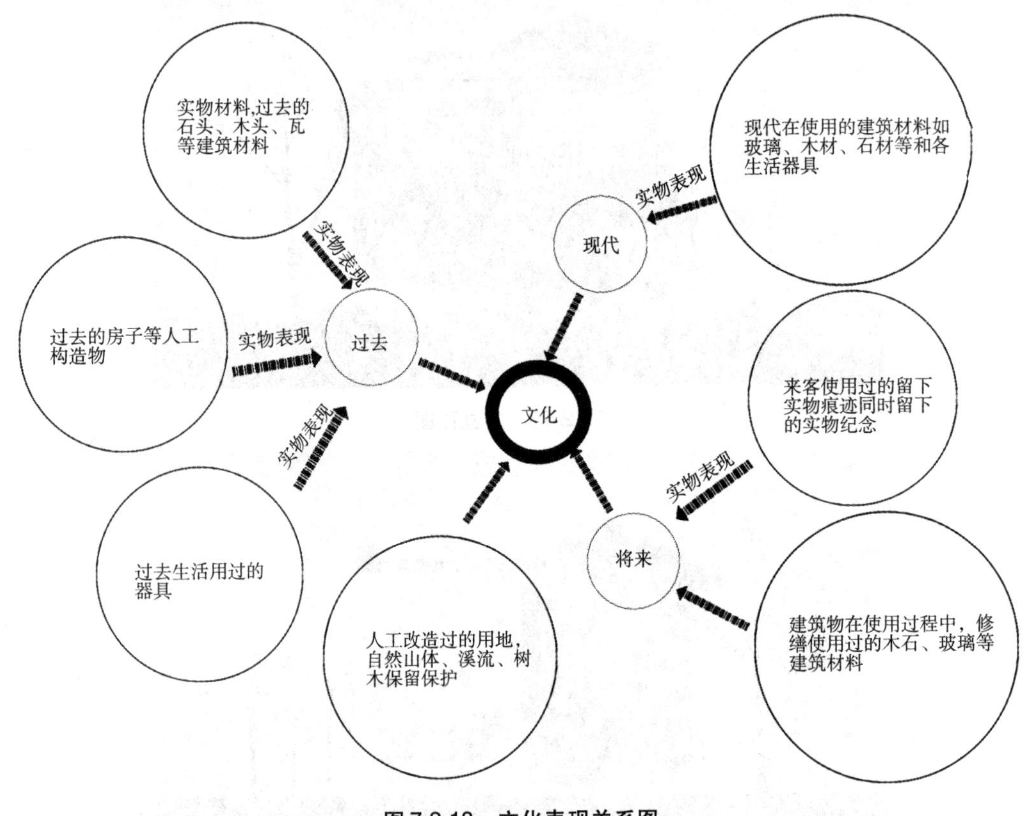

图 7-2-18　文化表现关系图

（一）过去的人文文明实物

1. 建筑材料

将主体建筑的原砌石墙保留,除了破损的部分进行修复和二层部分重整外,重新整合建筑时,拆下的原石块重新砌回去。建筑的柱、梁、檩、椽用附近旧房拆下的废弃木材进行再次利用。

2. 生活工具

将建筑内原碾米使用的废弃机械残迹保留,安放至室外小院内,用铭牌标明这工具的名称及用途。将村中留存的与该碾米有关的具有代表性的生活用具都收集过来,安放在小院或挂在石墙内外。

（二）现代的人文文明实物

门窗用新木材、玻璃制作安装。一层地面主空间用新的白色大理石,辅助空间地面用新的灰色大理石。一层地面层下方从上到下为:水泥沙浆黏结层、聚合物水泥防水(潮)涂料、水泥沙浆找平层、混凝土垫层;一层石头墙面原石材料面朝外表面外露不变,朝室内石墙各空隙用白水泥沙浆填塞密实;顶棚用石膏板吊顶,白色涂料面。一层添加的空间(儿童活动室)用钢筋混凝土浇筑外墙、楼板及屋顶,外墙面表面用定型钢模,拆模后保留原状。

二层楼板、墙面、顶棚用新木材板,卫生间地面、墙面用白色地砖、墙面砖,卫生间地面、墙面做防水处理,卫生间顶棚用白色金属成品吊顶。屋面为坡屋面,椽上方铺木望板,望板上铺防水层，再上铺挤塑聚苯保温隔热板，再上铺木顺水条、挂瓦条，屋面用红色沥青瓦。卫生器具、家具等用现代成品购买布置。二层添加的两空间（卧室）外墙为同一层，屋盖用平屋顶，安置各房间的空调室外机，并种植绿化，同时用种植土对室内进行隔热。

（三）将来的人文文明实物

保留每个将要来使用的人留下的实物痕迹，比如在室内设置一个签字活动屏风，每位客人都可留下签字手迹，留下一句话、一首诗或自己的签名等。小屋内放置小件特色纪念品，如碾米工具等农村生活用具的小模型等，每位来客都可带走一份。

建筑修缮后正常使用寿命预估 10 年，在使用过程中布置有变化或局部修缮等都需留下痕迹或记录。待使用 10 年后需再次进行大修缮时，要用木、石、玻璃等相同性质的材料进行修缮后再使用。

在多年后，确认该建筑完成使用服务使命后，不需要再次使用时，原石墙等石材不拆除，作为历史遗址继续永久保留，任其自然风化，玻璃回收二次使用，木材等任其自行腐烂回归自然。在其遗址旁立一永久铭字牌，注明其历史，供后人留念。

（四）自然人文文明

将人工改造、建造起来的周围田地、自然山体、溪流、树木等完整地保留保护，不做破坏改造。

五、结构构造的共生设计

地基不变动，利用原有的地基，主建筑石墙保留，开裂部分拆卸重砌，更换断裂石过梁，辅助建筑石墙拆卸，在原地基基础上重砌。二层外围护木柱支撑在一层外围护石墙上。一层主建筑内设置两排直径为 26 cm 的木柱共六根，与一层外石墙共同承载二层的重量。

楼梯共设六根木梯柱，楼梯用木结构、木梯板。一层木柱底为 36 cm 大小的方石础，石础下地基为长、宽、深各为 50 cm 的片石基础，片石基础下为原地基夯实。

二层木楼板厚 2.5 cm，安置在木格栅上，木格栅断面大小为高 30 cm、宽 15 cm，木格栅间距 40 cm，木格栅安置在木梁上，木梁断面大小为高皆 20 cm、宽 10 cm，木梁与柱榫卯连接。二楼房间木地板上满铺 2 cm 厚的挤塑聚苯板，上面再安置木龙骨、硬木地板，保证楼板的隔声、隔震、保温及美观。

二楼卫生间处楼板用钢筋混凝土预制薄板，长宽皆为 40 cm，厚度 4 cm，铺设在木格栅上，卫生间四周墙体用砖砌 20 cm 高，上再为木龙骨和木墙板，卫生间内地面做水泥沙浆找平层、防水层、保护层、地砖，卫生间墙做防水层后再做装饰面层。

屋面结构用木檩条、木椽、木望板，上再铺防水层、保温隔热层、木顺水条、木挂瓦条、屋面瓦。

二层房间外围护墙用木柱、木枋、木支撑龙骨，内外用 2 cm 厚的木板，墙厚 20 cm，内用碎麦秆黄泥干浆填充，夯实，提高房间围护墙的保温、隔热、隔声性能。

二层房间开设大扇安全钢化玻璃固定窗作为观景使用,与外界视觉上通透,另再开设可开启的双开玻璃窗,做通风使用。卫生间朝走廊位置开设内开高窗,自然通风采光使用。

后添加的建筑整体用钢筋混凝土墙、板,且与石墙结构共生融合在一起。

六、人群的共生设计

与该建筑有关的主要有三类人群,一是投资经营者、建筑师、施工建造者、运营管理者;二是建筑使用者、参观者;三是有意识或无意识地实际看到或间接知道该建筑的民众。每类内部人员之间或与另一类人群之间都存在着相互关联、融合共生的关系。

建筑项目的诞生、存在、保留由第一类人群决定。项目的价值由第二类人群体现,第一类人群的目的是为第二类人群提供有价值的建筑物品(服务),第二类人群的消费反过来为第一类人群服务。建筑最基本的属性之一就是公共性,其外观、历史、文化等不是隐藏的、独占的,而是大众的、公共的,第三类人群是这建筑的公共属性即社会资源的享受者。

建筑的首要决定者为投资经营者,其思路、想法等需要找这方面的专业人士咨询,该专业人士就是建筑师。建筑师能提供这方面的全过程的咨询服务,建筑师接受咨询委托后,首先了解委托者的意图、建筑所在的环境、现状等,然后根据其自身的专业知识、经验阅历等做出设计,设计后由施工建造者施工,并进行指导,实现设计意图。施工完毕,建筑运营管理者接手,建筑使用者、参观者进入,同时展示在民众面前。

这其中,建筑师是关键之一,其需考虑各类人群与建筑的共生关系并进行合理的安排和设计,并需要把这三类人群进行综合考虑,投其所需,权衡各方利益。

(1)与投资者交流,了解其意图,设计时能体现和实现投资者的意图。

(2)到现场进行实地考察,了解地质、地形、地貌、水文、气候及周围的人文文化等,并勘查旧建筑的质量、材料,丈量尺寸,了解其文化,这是设计建筑与人有关的基础材料之一。

(3)建筑所在的地域关系,要考虑为方便施工,应尽量少采用湿作业施工,同时考虑建筑的体型小、空间小、人与实体结构易于接触等问题,多考虑木结构,少采用钢筋混凝土或钢材做结构。

(4)建筑位于村庄边缘,独立在山坡田园间,周围空旷,背景是草绿、草灰的原野色。因当地自然人文风景较独特,摄影爱好者比较多,建筑修缮完成后也是摄影者的一个人文景观的摄影对象,建筑屋面表面层选用中国红色,可以丰富照片的内涵,这样拍摄出来也好看。同时红色也是该区域的视觉焦点,便于游客寻找。另外,建筑体量小,运用红色能凸显建筑,起到放大、拉近建筑的视觉效果。再者,中国红也是我国传统色、喜庆色,在幽静的山间,可以给人增添喜悦感。

(5)游客来农村是来体验农村文化、感触农村原生态气息,设计需体现这种农村文化和生态。建筑外空间原田野、树木保留,田地进行耕种利用,游玩时自带食物,保护溪水、道路。建筑原可利用的一层石墙体原样保留,把建筑的历史文脉延续下来。建筑内原做功能使用的碾米设备遗迹保留,人们看到后,能追忆起这原是一个乡村粮食加工中心,会感慨追念,激起感情上的涟漪,这就是文化实物化的魅力。

(6)建筑一层是给游客使用的室内公共活动场所,其原始石墙面保留,风格粗犷、暗淡。室内空间小,地面、顶棚采用光滑细腻的浅色,地面用白色大理石、顶棚用白色涂料,加上原木柱色及设施的原木色,有白色与青灰的对比,有现代和传统的对比,能使人感受到仿佛置身于历史时光之中。二层空间给游客提供休息、睡眠的私密空间,特别要考虑墙体、楼板、屋盖的隔音、保温、隔热的设计。房间前方是视野开阔的山体、田野风光景色,每个房间设计大视觉风景玻璃,让室内、室外空间相互浸透,游客在私密房间中也能领略和欣赏自然风景。具体分析图如图 7-2-19 ~ 图 7-2-22 所示。

(7)建筑各空间考虑人需要的自然空气、光线及窗外风景。

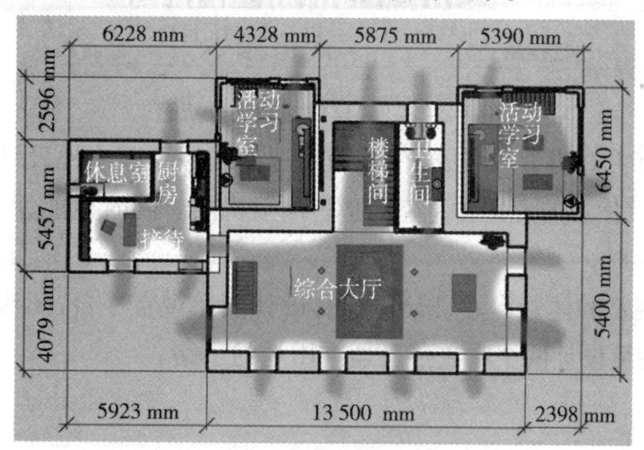

图 7-2-19 一层自然通风分析图

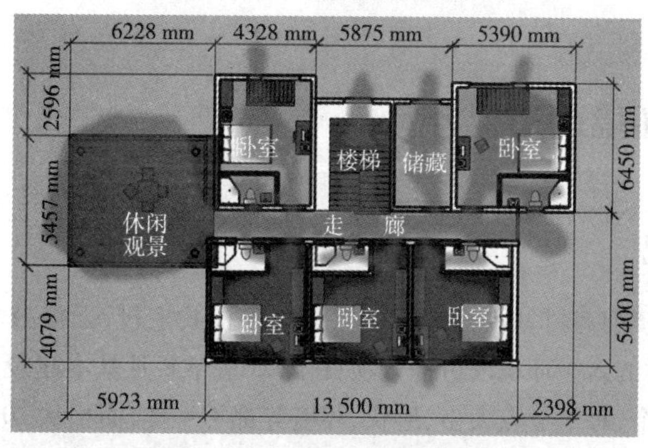

图 7-2-20 二层自然通风分析图

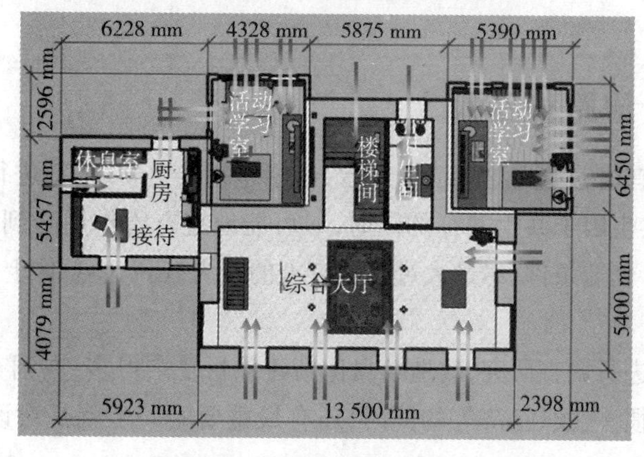

图 7-2-21 一层自然采光分析图

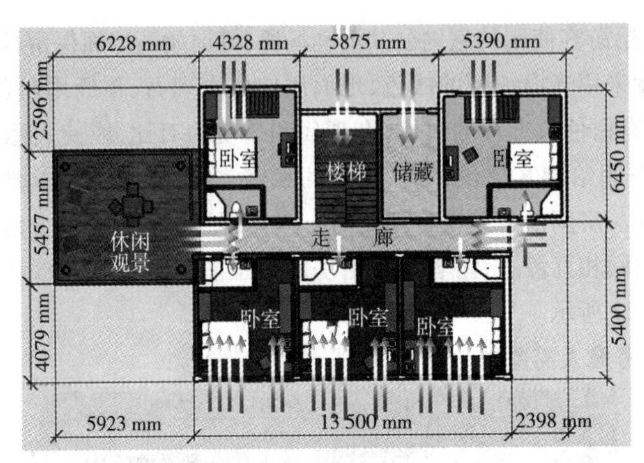

图 7-2-22 二层自然采光分析图

(8)为让建筑能有更好的管理服务，在辅助用房的一层可紧凑地设计管理服务的服务台、厨房餐柜和专供服务员使用的专用休息室(卧室)、卫生间。同时也能为游客提供自我烹饪的需求设施。

(9)为使游客能观赏和体验自然、田野风光，设计两个观赏平台，溪流上方一个，辅助用房建筑上部一个，同时还可设计两个小院落及通向田地的小路。

第三节 人居环境改造提升

一、项目概况

位于文成县黄坦镇前巷村、后巷村、新楼村、严本村、共宅村、云峰村、二源镇二源村、谈阳村、山头村等共 9 个村的人居环境改造提升项目于 2019 年 8 月基本建设完成。人居环境改造提升设计节点共 190 个，每个节点大小、形状、环境等都不一样，面积从 20 ~ 10 000 m^2 等，合计总面积 97 708 m^2。

二、总体设计思路和步骤

以体现乡村生态宜居宜游文化环境为宗旨，运用建筑共生学理论，进行人、建筑、环境的共生设计，使项目中各共生因子共生共存的同时，尽可能地把有害作用降到最低限度，使有利作用更加有利，通过设计创造条件，尽最大可能把有害的转为有利，使总体上发挥出最大的效益。

1. 现状调查研究

首先对项目现状进行调查研究，改造项目比新建项目复杂得多，在调查了解当地的风土人情、历史故事、风俗习惯、气候、经济等的同时，还有最重要的一步就是对设计范围内的现状进行调整。

在各方的配合下，现场确定好需改造提升的设计位置，对每个位置在地形图上标注上编号，以一个位置的连续范围为一个节点。标注好后，每一个设计节点就相当于一个独立的设计项目。针对每一个独立的设计节点，分别进行现状调查并做好记录。每个节点调查记录分为图线标记、文字记录、拍摄照片视频等。

图线标记是在地形图上对应的位置用线条标绘出节点的设计范围线，相当于新建建筑的用地红线。节点设计就是在此范围线内，这样有一个定量的数字范围，范围内的地形地貌、面积大小、形状等都有确定值。

文字记录就是在笔记本上记录地形图上没有反映出来或实际与地形图不一致的各种信息，比如有些地物大小的尺寸、高度等。同时也记录现场调查时对该节点的概念性思路、想法等。

对节点拍摄照片、视频很重要，因为可以真实地记录现状情况，每个节点都需要在不同的位置、不同的角度拍摄，全方位地把节点的真实情况反映出来，节点范围内及与节点有关的周围情况也需要反映出来。这些照片和视频是后续对项目设计思考很重要的第一手资料。

2. 共生因子分析

根据现场调查材料进行逻辑分析，对相关的环境、建筑、人等因子中具体有哪些下一层级因子及其各因子的特征进行分析。

地面上的现状环境主要有民房、小屋、道路、土堆、泥土、石块、地表水、垃圾、蔬菜、毛竹、果树、树木、交通工具及地貌形状、海拔高度等，地面上空间有空气、阳光、温度、湿度、风、云、雨等，地面下环境中主要有岩体、土体、地下水、地下管线等。环境中的各因子情况有好有差。各民房质量、建造历史、美观程度等参差不齐，小屋破旧不堪，垃圾成堆，长期无人清理，角落空气污浊、地表污水横流，车多无地方停放。但泥土、石块、蔬菜、果树丰富，温湿度合适，雨水充沛，外部空气新鲜。

建筑因子主要是需新建的公共休闲亭、廊、公厕，还有大概念上也属于建筑范围的如栏杆、挡墙、篱笆、道路、广场、座凳、小桥、管道、菜地、园地等，还有需要修缮修整的建筑外立面、道路等。人工材料有水泥、钢材、铝材、砖、瓦、油漆、沥青等，自然材料有石材、沙子、泥土、木材、毛竹等，建筑形体形状简单、体量小、高度低，建筑空间是以外空间为主等。

人因子主要是还居住生活在乡村里的人群，年龄段以老少居多，中青年较少。职业以农民为主，部分是商人、公务员等，还有部分游客等。生活居住在该地的人群，其意识形态中还有明显的小农思想，乡村自给自足的乡土风俗气息还依然浓厚，但对美好生活的需求依然很强烈，对地方经济发展的向往有很大的愿望。

3. 各因子的共生关系分析

该现状环境中，垃圾、杂物、脏水多，散发出各种臭气，污染空气，损害了人的身心健康。地面破烂，墙面粗糙，视觉景观差，有损人的感官感受。农村小农思想的存在使得人们对公共场所、部位不闻不问，还搭建小建筑等占为私人使用等。这些垃圾、杂物、污水、破旧的地面外墙面等与人体生理需求、思想等都存在着互害的共生关系。但也有有利的共生关系存在，如蔬菜、果树与人体的生活需求，石材、砖、瓦与风俗、文化等等，都是有利的共生关系。

各节点的改造提升就是把不利的共生关系改造为有利的共生关系，比如，垃圾与空气是有害的共生关系，把垃圾清除干净种植蔬菜，这蔬菜与空气就是有利的共生关系。

对二源镇二源村的改造提升进行的总体共生分析如下：

该村背街小巷角落，部分居民乱搭建，人居环境脏、乱、差，影响居民身心健康。根据现状调查对背街小巷共 18 处节点进行整治改造提升，以改善人居环境，美化环境。

这 18 处节点的地块、大小、形状各异，大的有 1500 余平方米，小的只有 20 多平方米，合计总面积为 6172 m^2。

该村为二源镇政府所在地，其位于海拔 600 m 的文成山区丘陵地带，周围环境是典型的山居乡村气息，自然农耕文化留存意识浓厚，自然生态环境良好。这次改造提升以自然共生思路为主线，用自然材料、本土植物、农耕文化留存物件及人的生理需求、心理思想、活动空间等各元素进行共生融合设计。

材料用石头、泥土及其烧结的砖、瓦、木材、毛竹等自然生态材料为主，除了平台架空大板外基本上不用水泥、混凝土等非生态的工业材料。园林植物用桂花、枇杷、石榴、柚子、杜鹃、黄杨、茶梅、麦冬、马尼拉等喜荫、耐酸、喜潮的植物，还有可以食用的蔬菜等，适合在山区房前房后的边角地种植，除了石榴外都是常绿植物，用常绿乔木、灌木、草本等搭配种植。用本村农耕生活中留存的石槽、石臼、铁锄、铁犁及木工具、竹工具等代表农耕文化的实物作为小品点缀，来满足人们对历史的回忆和留念。

人群居需要公共空间进行交流，特别是农耕时代，在农业活动的空闲时间人们喜欢相聚一起谈天说地，在交流的同时也释放紧张的农业体力活动，在当地有“道坛下讲闲谈”的习俗。将合适的地块尽可能地打造为休闲、交流、休憩的公共活动场地，作为公共客厅供大家使用。

4. 对每个节点分别进行具体的共生设计

每个设计节点范围内的地形地貌、环境、形状及周围的环境各因子等都有所不同。对每一个因子都需独立研究分析，用建筑共生学理论进行方案思考、设计，勾绘草图，整理出最佳的共生方案。然后，选取最能反映该节点全貌特征的一张或多张照片，有些节点形状比较复杂，需要多张照片才能反映出全貌特征。

把该节点改造后的方案思路效果，将选取的照片用 Photoshop 软件绘制效果图，如果在 Photoshop 素材中没有找到方案设计中的要求图例，就需要用 SketchUp 或 3DMAX 等软件绘制出模型，再导出融合在照片中，在导出模型时要注意与照片的拍摄位置、角度保持一致。这样绘制出来的方案设计效果图更真实，可以作为施工期的参考。

效果图只是展现表面效果，对看不到的内部做法、尺寸、材料、施工工序等无法表现出来，这需要文字说明和绘制 CAD 图来表达。

各节点的方案设计通过各方的认可后，分别绘制出每一个节点的施工图，为各现场施工和做预算等使用。

三、摘录部分节点的共生设计

这里在 9 个村共 190 个节点共生设计中摘录出 20 个节点，就各节点的共生设计情况分别做简要说明。

1. 二源村节点4

该节点面积为152 m^2。现场垃圾、杂物、杂树、杂草清理干净。南、西两侧的简陋空心砖矮墙拆除，砌筑矮墙虚隔断。矮墙用30 cm宽、60 cm高的块石干砌筑，块石大小为15～30 cm，外表面平整，石缝填塞黄泥，种植太阳花、多肉植物、苔藓。矮墙上部用青砖砌筑30 cm高、30 cm宽的清水墙，中央留凹槽，内填种植土，种植龙血树、茉莉花。南面矮墙留人员出入口，内净宽80 cm。北部块石挡土墙破损部分进行修缮，石缝填塞黄泥，种植太阳花、多肉植物、苔藓，上部用青砖砌筑凹凸矮墙，清水墙体。该节点改造前后情况如图7-3-1～图7-3-7所示。

图7-3-1　二源村节点4改造前1

图7-3-2　二源村节点4改造前2

图7-3-3　二源村节点4改造前3

图7-3-4　二源村节点4改造完成后1

图7-3-5　二源村节点4改造完成后2

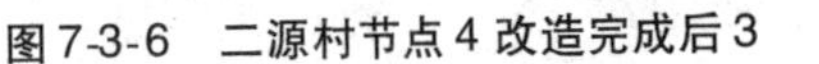
图7-3-6 二源村节点4改造完成后3

图7-3-7 二源村节点4改造完成后4

节点内部铺设1.2 m宽的步行小道，用大小、厚度均为10 cm的芝麻花样花岗岩小石块铺设路面。铺设时，原地面控制好标高，适当挖除部分泥土，夯实，再铺设沙石土混合物，夯实，小石块直接铺设在夯实的沙石土上，有利于生态渗漏雨水。

节点地块内西部做3 m高、2.2 m宽、3.9 m长的木廊架，全部木材做防腐处理，地块内外原有的葡萄树藤引领到木廊架上部。木廊架下部设坐凳，木廊架地面的铺设同小道地面。

原地块北部堆放的废弃小青瓦进行废物利用，竖立铺设在地块小道和廊架地面中央。

地块内除了砍掉路边的野桃树外，其余的柚子果树、棕树等保留。因为这棵野桃树树枝过多，影响了阳光的照射，不利于其余植物的生长和人们休闲需要的阳光照射等。地块内空余部分挖除30～60 cm厚的地表坚硬土，再填铺种植土，内种植龙血树、发财树、茉莉花和草皮。

将该节点的石、土、沙等自然材料和砖、瓦等人工材料及植物、阳光等重新整合，把原不利的有害、互害的共生关系改造为有利的共生关系。

2. 共宅村节点12

该节点地处村东北主道路下台阶位置，图7-3-8、图7-3-9为部分被拆后遗留的二层两间木构老旧建筑物，左右两侧为现代多层砖混农房。该建筑物破旧不堪，已无人居住，为杂物堆放使用，外观处在主要的公共场所视线范围，对人的视觉造成很不利的影响，影响人们的心情，即该地上建筑物与人的生理、心理处在有害共生关系中。因此需要使其转换为有利共生关系。

图7-3-8 共宅村节点12改造前

图7-3-9 共宅村节点12改造中部分完成图

经过现场调查，该建筑木构支撑结构还比较良好，没有严重的腐烂和虫蛀，屋面小青瓦基本完好，无发现漏水。改造方法主要针对公共视野范围内的外表皮。

将木构建筑外表皮的破网及无用杂物、垃圾清理干净。山墙屋架一层、二层和后墙一层主要空透部分用1.5 cm厚的杉木板填补覆盖，杉木板表面做碳化处理，梁枋间小格留空便于建筑内部通风。后墙二层透空部分做 1.1 m 高的杉木栏杆。室外地面铺设生态块石地面。该建筑修整后,看上去就会使人舒服很多,感官视觉上明显好转,人的心情也很舒畅。

3. 共宅村节点 13

该节点位于村东北方向的村口位置,七棵大树集中在一块,生长茂盛,保留良好,但树底地貌欠佳,黑褐色土体裸露,石块挡土墙破损坍塌,对人体活动、生理、心理有不良的影响。构造物、地貌与人处在有害共生关系中,需要进行改造修整,保留原标高高度和地形大小,修整材料和植物选用石材、泥土和小草。该节点改造前后情况如图 7-3-10、图 7-3-11 所示。

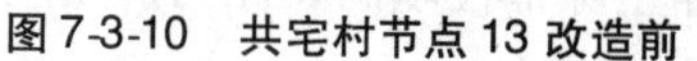

图 7-3-10　共宅村节点 13 改造前

图 7-3-11　共宅村节点 13 改造完成后

对其破损坍塌的挡土墙进行修整,用块石砌筑。块石墙砌筑时,首选原有旧块石,与原保留的旧墙体块石有近似性,墙体厚度下底为 40 cm、上顶为 30 cm,外表面和顶平整。

上部树底露土部分铺设块石地面。地面石块铺设时,块石要有一面基本平整,块石厚度为 10 ~ 15 cm,块石大小为 10 ~ 30 cm,铺设时平整面朝上。对现有场地泥土地坪稍做开挖整理至合适标高,夯实,直接铺设在夯实地基上,用 3 cm 厚的沙石垫层铺设和调整高度,上表面平整。各块石之间留缝 5 ~ 10 cm,缝隙填满黄泥,满植细叶沿阶草。

该节点改造提升后,把原来有害的共生关系转换为了有利的共生关系。原破损的块石墙已保护不了土体,使土体继续流失,而土体的雨水受潮膨胀更加加剧挡土墙的破坏,构造物块石墙与土体处于互害共生关系中。改造后挡土墙保护了土地,土体对稳固的挡土墙有害影响较小,改造后二者为偏利共生关系。

改造后裸露的土体表面铺设块石和种植小草植物,把雨水对其冲刷的有害影响降到最低程度,把土体与雨水的偏害共生关系转换为偏利共生关系,即土体储藏雨水对雨水有利,而雨水对土体有损,但这有损程度已经小于土地对雨水的有利程度。

原地貌泥土裸露且高低、凹凸不平,不利于人的停留和活动,改造后,上部地面人们可以方便停留、移动、活动,把地貌与人体活动的有害的共生关系转为有利的共生关系。改造后对人的视觉、心理等影响也由不利转为有利。

4. 共宅村节点 30

该节点(图 7-3-12、图 7-3-13)位于共宅村北主要道路北侧,设计地块面积为 360 m^2。场地泥土裸露,杂物凌乱散布,破旧不堪,影响人的休憩、活动、视觉感受。

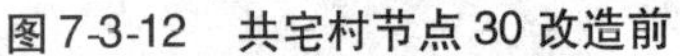

图7-3-12　共宅村节点30改造前

图7-3-13　共宅村节点30改造部分完成后

改造时，将场地内各杂物清理干净，保留地形、高度标高和水泥小道及树木。将场地南侧混凝土道路边排水沟清理干净，场地南露土的平缓斜坡保留现有坡度，上铺设植草块石地面。用块石铺设斜坡地面时，选择的块石需有一面基本平整，块石厚度为10～15 cm，大小为10～30 cm，大致方正，铺设时平整面朝上，对现有场地地坪稍做开挖整理至合适标高，夯实，直接铺设在夯实的地基上，用3 cm厚的沙石垫层铺设和调整高度，上表面平整。石缝为2～5 cm，黄泥填塞，石缝植马尼拉草。

场地东和北边缘已有的挡土墙保留现有高度，后靠空隙部位填满黄泥与后山坡平滑过渡。在填塞的黄泥土上满植杜鹃，后泥土坡露土部分满植狗牙根草。

场地内在保留的水泥小道外开辟为菜园，菜园与小道之间用红砖砌筑清水面半砖厚的挡土，菜园内种植时令蔬菜。在菜园西南和东南处分别种植一棵桂花和一棵枇杷。

该节点改造选用材料为石材、泥土、沙、砖和果树、杜鹃、草、蔬菜等。改造提升后把不利的共生关系转为有利的共生关系。

5. 云峰村节点3

该节点（图7-3-14、图6-3-15）位于云峰村西北位置，面积为736 m^2。场地内树木、毛竹生长良好，但鸡鸭放养，垃圾成堆，污水横流，土体裸露、肮脏不堪。

图7-3-14　云峰村节点3改造前

图7-3-15　云峰村节点3改造完成后

改造时，将场地垃圾、杂物、杂草、污水等清理干净，包括简陋的围栏、棚屋。保留毛竹、树木，部分空地开辟为菜园种植时令蔬菜，部分空地开辟为花园。污水源用排污管道接至村排污主管。

将处于泥土面的小道用块石铺设，宽60 cm。块石道路铺设时，选择块石需有一面基本平整，块石厚度需10～15 cm，大小为10～30 cm，基本方正，铺设时平整面朝上，对现有场地地坪稍做开挖整理至合适标高，夯实，直接铺设在夯实地基上，用3 cm厚的沙石垫层铺设和调整高度，上表面平整。石缝为1～3 cm，填塞粗沙。高低场地砌筑块石挡土墙矮墙，墙厚从下至上为40～30 cm，块石大小为15～30 cm，砌筑时外露面即外立面和上表面要平整，原则上为干砌，可以用少量的1∶2水泥沙浆点状黏接。

菜园、花园与块石小道之间用整齐美观的防腐木围栏，围栏高90 cm。在适当位置开70 cm宽的活动木围栏门。菜地和花园表面坚硬土挖除，回填种植土。花园种植柑橘、桂花、枇杷和杜鹃、栀子、月季、金银花、牵牛花、马樱丹等。

改造后，地块美观、整洁、生态优美。

6. 云峰村节点5

该节点（图7-3-16、图7-3-17）位于云峰村中央主要道路交叉口位置，为一座一层砖混结构公共建筑，外观灰黑破旧，墙面抹灰风化脱落，人看了后很不舒服，影响心情。其建筑物与人的感官、心理处在有害共生关系中，要进行改造提升，使各因子处在有利共生关系中。

图7-3-16　云峰村节点5建筑外观改造前

图7-3-17　云峰村节点5建筑外观改造完成后

改造时，将建筑外立面的剥落抹灰铲除清理干净，各附着物也清理干净，不锈钢防盗窗栏和简陋雨棚拆除。各窗户外做中式木隔扇窗，外门做中式木隔扇门，墙体面重新粉刷平整，外涂白色防水涂料，上檐口20 cm处涂深灰色防水涂料。施工完成后基本上达到了设计效果。

7. 后巷村节点5

该节点（图7-3-18、图7-3-19）位于后巷村东北一座祠堂前的一片公共空地，面积为650 m^2。现场调查时，据说原是简易棚，现已经拆除。设计该节点时，主要考虑改造为公共建筑外空间，提供村民休闲、休息等使用，这样就需要一个遮风避雨的地方，且还要能坐下来休息闲谈，使人与建筑外空间能形成互利共生关系。

图7-3-18　后巷村节点5改造前空地

图7-3-19　后巷村节点5添加亭廊完成后

改造时,除了在该节点祠堂前和原留存树木位置及外沿设计花树池、安全栏杆外,主要添加了一座亭廊。木亭子的长、宽均为3.6 m,木廊宽度为2.4 m,内净高为2.4 m,中式,小青瓦。木亭子与木廊相连接,木亭、廊道都带木坐凳。木亭、廊道地面用青砖面铺设,室内外高差为15 cm,亭廊外地面生态铺设块石地面。施工后至现场查看,亭廊、花树池、安全栏杆基本上达到设计要求,地面施工效果欠缺,排水坡度没有控制好,存在积水现象。

8. 后巷村节点14

该节点(图7-3-20、图7-3-21)位于后巷村南穿村溪流东岸与农房之间,面积为618 m^2。现状主要为蔬菜种植,但场地凌乱,杂物垃圾多,杂草丛生,种植不规整,种植地与道路、房子界面不清。影响人的行动、视觉和心情。

图7-3-20　后巷村节点14改造前

图7-3-21　后巷村节点14改造完成后

改造时,对场地进行了彻底的清理。在菜地与道路、房子之间做80 cm高的防腐木格栅分隔,菜地内规整种植时令蔬菜。改造修整后,卫生、感观明显提高,看后人的心情也舒畅,精神也好很多,达到了将不利的共生关系转换为有利的共生关系的设计初衷。

9. 后巷村节点16

该节点(图7-3-22、图7-3-23)位于后巷村南部中央位置,呈不规则的"7"字形,面积为934 m^2。场地脏、乱、差,垃圾、废水、乱石堆等到处都是,结合现状情况进行针对性的改造提升设计。

图7-3-22　后巷村节点16改造前

图7-3-23　后巷村节点16改造完成后

改造时,场地大小、形状、尺寸、标高以现状为准,保持不变。主要设计:(1)在地块道路中央三角垃圾地清理干净后改造为菜园,与道路交接处用木围栏隔开,木格栅高0.8 m;(2)将乱石堆的松散石块进行整理,不稳固的石墩进行拆除,以消除安全隐患,将整理出来和拆卸下的石块重新砌筑稳固,竹棚拆除清理干净,植物保留,植物周围的蔬菜继续种植;(3)边侧房子一层无门、无围护墙的用木板围护,每间上部适当留空,高空直流的水口用水管接至地面排水井,高空中有安全隐患的花盘取下放置在安全位置;(4)混凝土台阶凿除改用条石板铺设台阶,台阶每踏步面宽、高保留原尺寸，台阶宽度保留原宽；条石可以用尺寸符合的旧条石，若没有需用花岗岩加工，条石厚度同踏步厚度，宽度同踏步面宽。长度可以分块，但需长短错开铺设，铺设时直接铺设在混凝土凿除后的基层上，用 3 cm 厚的粗沙泥做垫层铺设和调整平整度。

施工完成后，垃圾地的菜园达到了设计要求。

10. 后巷村节点 18

该节点（图 7-3-24～图 7-3-28）位于后巷村南部中央主道路交叉口位置，现状为一座二层砖木结构建筑。该建筑现为废弃的公共建筑，该道路交叉口周围建筑物密集，无一处开放的公共活动场所，即缺少建筑外部空间。计划将该建筑拆除后改造为公共活动空间，建一小书亭和公厕。

二层的砖木建筑拆除后场地呈长方形，长 14 m，宽 8.6～8.7 m，场地面积约为 121 m^2。场地比较小，安排公厕与书亭合在一起建，尽可能多地预留室外活动空地。在场地中心偏后位置建造一座现代中式风格的小书亭兼休息亭和两人位小公厕，小建筑长 7.5 m、宽 3.6 m，层高 3 m，双坡屋面，屋面用旧房拆下来的小青瓦铺设面层。考虑到该小建筑的永久性，采取用钢筋混凝土结构做支撑构架。木栏杆，砖砌墙体，木板和白色涂料面饰，地面铺设方形青砖磨光，木凳木书架。

场地室外地面用旧房子拆下来的青砖铺设。青砖铺设为侧立铺，旧房拆除后和新小建筑及地下各管线完成后再铺设，铺设时地基修平整，直接用 3 cm 厚的石灰泥沙搅拌做垫层铺设，石灰泥沙搅拌物材料比例为石灰∶泥∶沙为1∶2∶4（体积比）。室外小建筑后挡土墙上的安全栏杆用铁木栏杆。

施工完成后，基本上达到设计要求。把不利共生关系经过改造转换为有利的共生关系。附近没有公厕，改造后有了公厕；没有休息亭，改造后有了公共休闲的场所，同时也可以看书；也有了公共的室外驻足的场所。

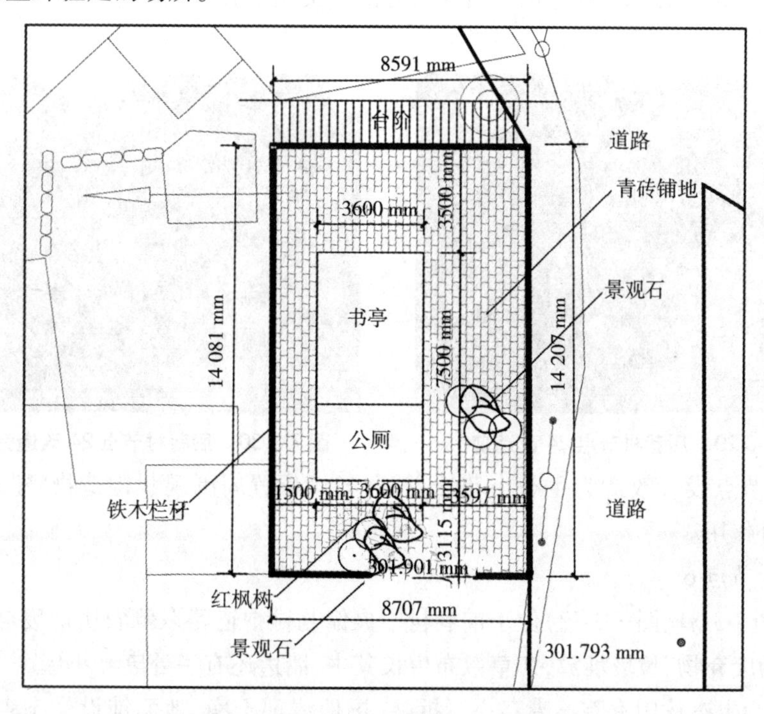

图 7-3-24　后巷村节点 18 总平面图

图 7-3-25 后巷村节点 18 准备拆除的二层砖木建筑

图 7-3-26 后巷村节点 18 砖木建筑拆除后建造书亭、公厕施工过程中

图 7-3-27 后巷村节点 18 书亭、公厕施工完成后前侧图

图 7-3-28 后巷村节点 18 书亭、公厕施工完成后后侧图

11. 后巷村节点 24

该节点(图 7-3-29、图 7-3-30)位于后巷村北部镇文化中心南外墙边,面积比较小,为 20 m^2 的长条形带状。

图 7-3-29 后巷村节点 24 改造前

图 7-3-30 后巷村节点 24 改造完成后

该小面积节点设计改造为生态小花坛,符合与该位置周围现状构造物、建筑物的协调共生,起到了互补作用。

12. 前巷村节点 6

该节点(图 7-3-31、图 7-3-32)位于前巷村中央偏北村中道路东侧农房前废弃空地,面积为 46 m^2。现状为废弃物、垃圾堆放,杂草散布生长其中,墙边还有一处废弃小屋。

改造提升为生态休闲庭院。废弃小屋拆除,场地清理干净,地面铺设生态青砖,沿道路边做青砖清水墙砌筑矮墙,上植花草,庭院内放置木桩桌凳。

改造后基本达到设计要求,把原各因子之间的不利共生关系改造转换为有利的共生关系。

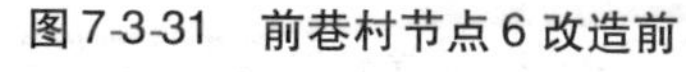

图 7-3-31　前巷村节点 6 改造前

图 7-3-32　前巷村节点 6 改造完成后

13. 前巷村节点 15

该节点(图 7-3-33)位于前巷村中部溪流西岸农房之间的废弃空地,面积为 318 m^2,设计改造为生态庭院。在垃圾、杂物、杂草清理干净后,做生态块石道路、生态铺砖地面和果树池。

图 7-3-33　前巷村节点 15 生态块石道路施工中图

设计生态道路宽为 1.2 m,选用块石铺设。选择块石需有一面基本平整,块石大小为 15 ~ 30 cm,块石厚度为 10 ~ 15 cm,铺设时平整面朝上。对现有场地地坪稍做开挖整理至合适标高,夯实,直接铺设在夯实的地基上,用 3 cm 厚的沙石垫层铺设和调整高度,上表面平整。石缝填塞泥沙,自然生长小草。至现场查看时,该生态道路正在施工中,基本符合设计要求。

道路这样设计,能使道路与雨水、道路与石材、道路与植物、植物与雨水、植物与泥土、石材与泥土、道路与温度、人体尺寸与道路、生理需求与道路、心理与道路等各种因子之间处于有利的共生关系中。

14. 新楼村节点 2

该节点位于新楼村的北部老旧房片区,为一长条形泥土路及两侧废弃地,长为 254 m,面积为 1270 m^2。

图 7-3-34 ~ 图 7-3-38 为该地块的两处位置改造前、改造施工中及改造后的情况。改造后基本达到原共生设计的要求。但在实施过程中,其中的原设计为平整的生态块石步道,施工时改为混凝土路基加沥青路面,这偏离了原生态设计的共生理念。

图 7-3-34　新楼村节点 2 改造前 1

图 7-3-35　新楼村节点 2 改造前 2

图 7-3-36　新楼村节点 2 改造施工中

图 7-3-37　新楼村节点 2 改造完成后 1

图 7-3-38　新楼村节点 2 改造完成后 2

15. 新楼村节点 15

该节点(图 7-3-39 ~ 图 7-3-42)位于新楼村西南处,面积为 333 m^2。现状为杂物堆放,零星种植蔬菜,但场地方正。该位置附近农民车多,但周围都没有地方停车,综合考虑后把该场地改造为公共停车使用。

图 7-3-39　新楼村节点 15 改造前 1

图 7-3-40　新楼村节点 15 改造前 2

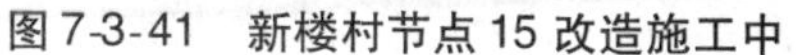

图 7-3-41 新楼村节点 15 改造施工中

图 7-3-42 新楼村节点 15 改造完成后

根据地形形状、大小,设计 9 个停车位,竖向 6 个、横向 3 个,停车位大小为 2.8 m 宽、5.8 m 长,车道为 6 m 宽。

停车位为生态式设计。施工生态停车位时,在停车位位置把原硬化地面凿除,若是泥土,需把疏散浮土清理到合适标高,地基理平夯实。用 18 cm 厚的沙石垫层(配比为中粗沙 10%、粒径为 20~40 mm 的碎石 60%、黏土 30%)摊平碾压至密实,再铺 10 cm 厚的稳定层兼做养植层(配比为粒径为 10~30 mm 的碎石 25%、中等粗细河沙 15%、耕作土 60%、掺入适量有机肥),拌和均匀摊铺在沙石垫层上,碾压密实。再铺设停车专用的 8 cm 厚的草坪砖,草坪砖凹内填充种植土种植草。草坪砖选用绿色,车位线砖选用黄色。停车地面 1% 的坡度方向设排水井。

车道位置,基地挖至合适标高,夯实,回填 35 cm 厚的统渣夯实做垫层,上浇筑 18 cm 厚的 C20 混凝土做中间层,4 cm 厚的沥青路面直接铺设在浇筑的混凝土中间层上,车道面层 1% 坡度方向设雨水口。

16. 严本村节点 2

该节点(图 7-3-43~图 7-3-48)位于其村中央位置,面积为 4473 m^2,是比较大的一个节点,现状为抛荒的稻田、山坡地等,改造提升为村游览观景园。

图 7-3-43 严本村节点 2 改造前 1

图 7-3-44 严本村节点 2 改造前 2

图 7-3-45　严本村节点 2 改造完成后 1

图 7-3-46　严本村节点 2 改造完成后 2

图 7-3-47　严本村节点 2 改造完成后 3

图 7-3-48　严本村节点 2 改造完成后 4

在村庄现有的混凝土道路边山坡地种植常绿桂花乔木，树间距为 5 m。桂花树下满植具有地域特色的常绿栀子灌木。抛荒稻田清理干净，开辟为莲花池，满种莲花。混凝土道路至莲花池建造石铺踏步道路，路宽 1.2 m。荷花池周围原泥土道路改造为块石铺设小路，路宽 60 cm。地块至溪流对面的小山包树林建造一座 1.5 m 宽的木栈道桥。混凝土主道路至木桥做 1.2 m 宽的块石游步道。现有的混凝土道路路边沿地块陡坎边安装 1.2 m 高的仿木钢栏杆。

改造提升完成后，符合设计要求。采用的材料以石材、木材、泥土为主，少量水泥、钢材、油漆，植物以桂花、荷花、栀子为主。基本保持原地形地貌、高度标高、土体、地表水、构造物等不变。通过各因子的重新共生组合，对室外空间进行改造提升，达到各因子之间最优、最合适的良性共生关系。

17. 严本村节点 6

该节点（图 7-3-49、图 7-3-50）位于严本村北部两座建筑物之间的废弃地，面积为 265 m^2，中央有条泥石小道，设计改造提升为生态小院。

图 7-3-49　严本村节点 6 改造前

图 7-3-50　严本村节点 6 改造完成后

泥石小道位置、宽度、标高保持不变,泥石路面改造为沙石路面。挖掘表面的泥石土 15 cm,填筑级配良好的沙石,夯实至原路面标高。

整理场地内原堆放的石块,在小道两侧和原块石堆放的路边原位置砌筑块石矮墙 40 cm 高,砌筑时不足部分用块石进行补充,块石缝填塞小石子和黄泥,石块相互镶嵌咬合稳固,外露部分基本平整。在块石矮墙内,将坚硬表层土挖除清理干净,回填种植土至矮墙上表面同高度,内种植柚子、朱蕉、吊兰、绿萝、酢浆草。

18. 严本村节点 16

该节点(图 7-3-51、图 7-3-52)位于严本村南部东端,面积为 565 m^2。现状为破旧小屋、茅厕、垃圾、杂物、泥土路等,局部零星种植有蔬菜、树木。该场地比较复杂,需因地制宜,逐点设计。

图 7-3-51　严本村节点 16 改造前局部

图 7-3-52　严本村节点 16 改造完成后局部图

在拆除破旧小屋、茅厕和清理垃圾、杂物干净后,泥土路位置不变,泥土路改造为块石小道。块石小道宽 70 cm,选择厚度为 10 ~ 15 cm 的块石,大小为 10 ~ 30 cm,铺设时平整面朝上,对现有场地地坪稍做开挖整理,挖掉约 12 cm 的表面层,夯实,块石直接铺设在夯实的泥土地基上,用 3 cm 厚的沙石垫层铺设和调整高度,上表面平整。石缝为 1 ~ 3 cm,泥沙填塞。

场地原乔木树保留,另补种枇杷、柚子,各树间距为 5 ~ 6 m。各树树干下做青砖方形树池,树池高离地 2 cm,树池内长、宽均为 1 m,池内裸露泥土处种植细叶沿阶草、酢浆草、吊兰。其余部分泥土地面用青砖铺设。青砖地面青砖为侧立铺 12 cm 厚,地表面开挖至 10 cm 然后夯实,用 3 cm 厚的沙石垫层铺设青砖和调整高度,铺设上表面排水坡度为 1.5%。

房子边的菜地保留,松散石挡土重新砌筑块石挡土墙,高于地面 40 cm,宽 30 cm。块石墙修砌时,块石要大小穿插咬合牢固,砌筑时外露面即外立面和上表面要平整,原则上为干砌,可以用少量的 1∶2水泥沙浆点状黏接。

该节点施工完成后,基本上符合设计要求,达到各因子之间良好的共生关系。

19. 谈阳村段 4 节点 3

谈阳村村貌为长条状,民房沿中央一条街道、排水沟两侧布置。改造提升分为四段设计,设计节点共 25 个,这里介绍一个节点即段 4 节点 3。

该节点(图 7-3-53、图 7-3-54)主要有一个很脏的水塘。首先是建设一条污水管,把排入水塘的污水、废水引流排入道路污水干管中。然后挖掉水塘的脏泥,清理掉垃圾、杂物,水塘重新铺填干净、卫生的泥土,引入干净水 20 cm 深,池中种植荷花,池边房子处种植美人蕉,池中再放养红鲤鱼、田螺、泥鳅。池边破损的木草屋进行修缮使其美观。改造后能达到各因子之间良好的共生关系。

图 7-3-53　谈阳村段 4 节点 3 改造前

图 7-3-54　谈阳村段 4 节点 3 改造完成后

20. 山头村节点 1

山头村共设计了 12 个改造提升节点，图 7-3-55 和图 7-3-56 分别为节点 1 的设计场地完成前和完成后的情况图。

图 7-3-55　山头村节点 1 改造前

图 7-3-56　山头村节点 1 改造完成后

该场地为泥土填筑的坡地，上表面在道路处已处理平整，但泥土是裸露的。土地裸露的上表面改造为生态植物景观园，采用其本地特色的乔木、灌木、地被等植物搭配造景种植。坡面种植地被和灌木，考虑坡面比较陡，在坡面和上平面之间安装安全钢木栏杆。

该节点提升后，土体得到保护，视觉上能得到美的享受，安全得到保障。

第四节　项目前期策划

该项目于 2018 年 9 月至 2019 年 10 月完成项目前期策划文案。

委托方只提供该项目所在位置区域比较早的 1∶2000 的地形图和道路网土地利用规划图，然后在现场指认一块土地约 45 亩，计划种植各种花卉，称该项目为花海农旅项目，要求做具体设计。项目在没有规划设计审批文件、没有规划控制线图及各种规划指标和要求下，只能是先期的项目前期策划，为后续的项目控制性规划提供参考，待规划审批后，再根据规划做具体的项目工程设计。建议做该农旅项目的前期策划时，经委托方同意后，再着手开始做调查、分析研究、项目定位、产业方向、经济测算等。

在该项目策划中，用建筑共生学理论进行实践应用。首先调查组成该项目的各因子，如环境因子中地理位置，交通，高度标高，地形地貌，地质构造，空气，阳光，云，雨，温度，声音，土体，岩体，水体（地表水，地下水），植物，构造物，建筑物，地下管线等，人因子中的生理需求、心理思想、风俗、制度、经济、科技、文化等，建筑因子中的自然材料、人工材料、设备机具、建筑形体等。然后分析各因子之间的共生关系，寻找总体上最佳、最有效益的共生关系，确定项目产业定位，再分区分块进行产业布局等。

一、调查情况

（一）地域环境

1. 地理位置

项目位置在永嘉县行政区域南端，靠近温州市区，中央瓯江分隔，如图 7-4-1 所示的项目位置。

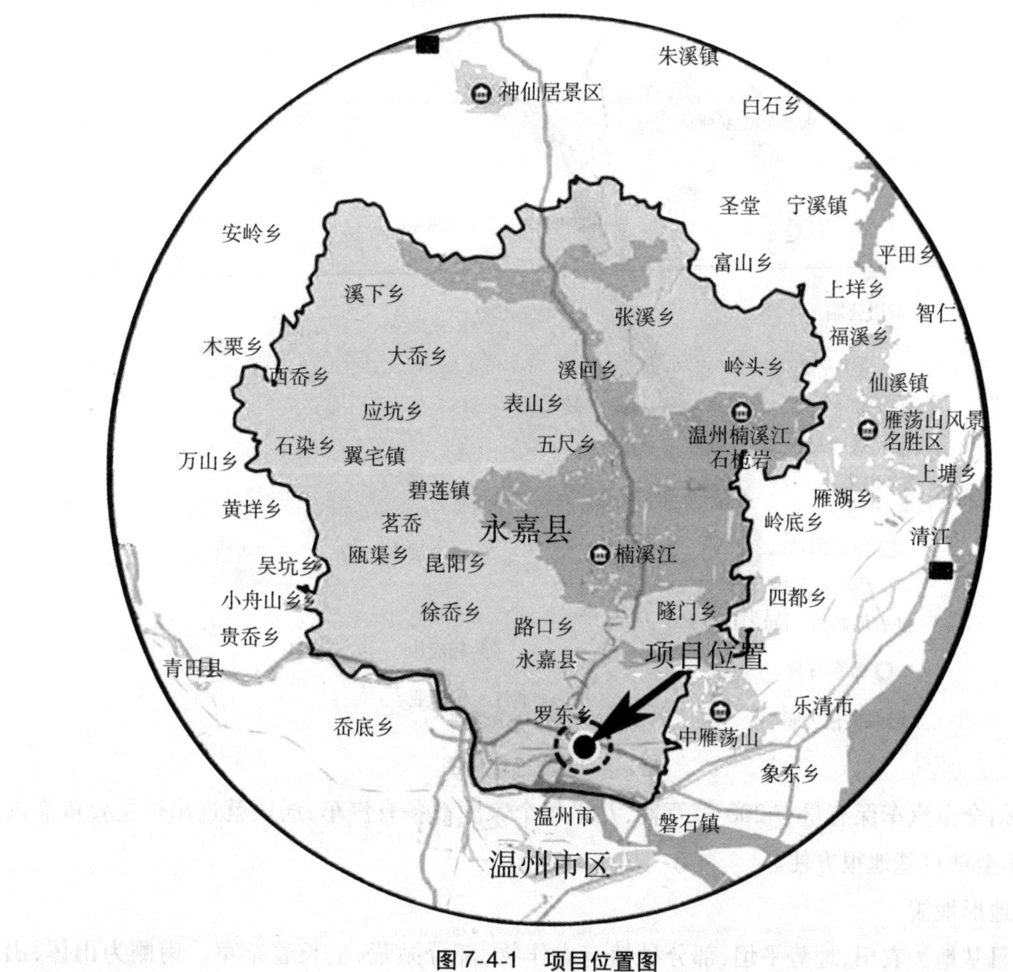

图 7-4-1 项目位置图

2. 交通环境

项目交通情况如图 7-4-2 所示。在诸永高速公路与温州绕城高速公路交叉处的东南角，诸永高速温州北出入口西侧罗东出口约 1 km 处，同时也在永嘉三江街道瓯窑小镇西首，距离温州市区 8 km 路程，市区开车从瓯越大桥上高速行车至温州北高速口从左出口出来后即到该项目区域。永嘉或乐清从国道公路也能方便到达该项目位置。项目基地北侧为一条已建的 10 m 宽的公路。

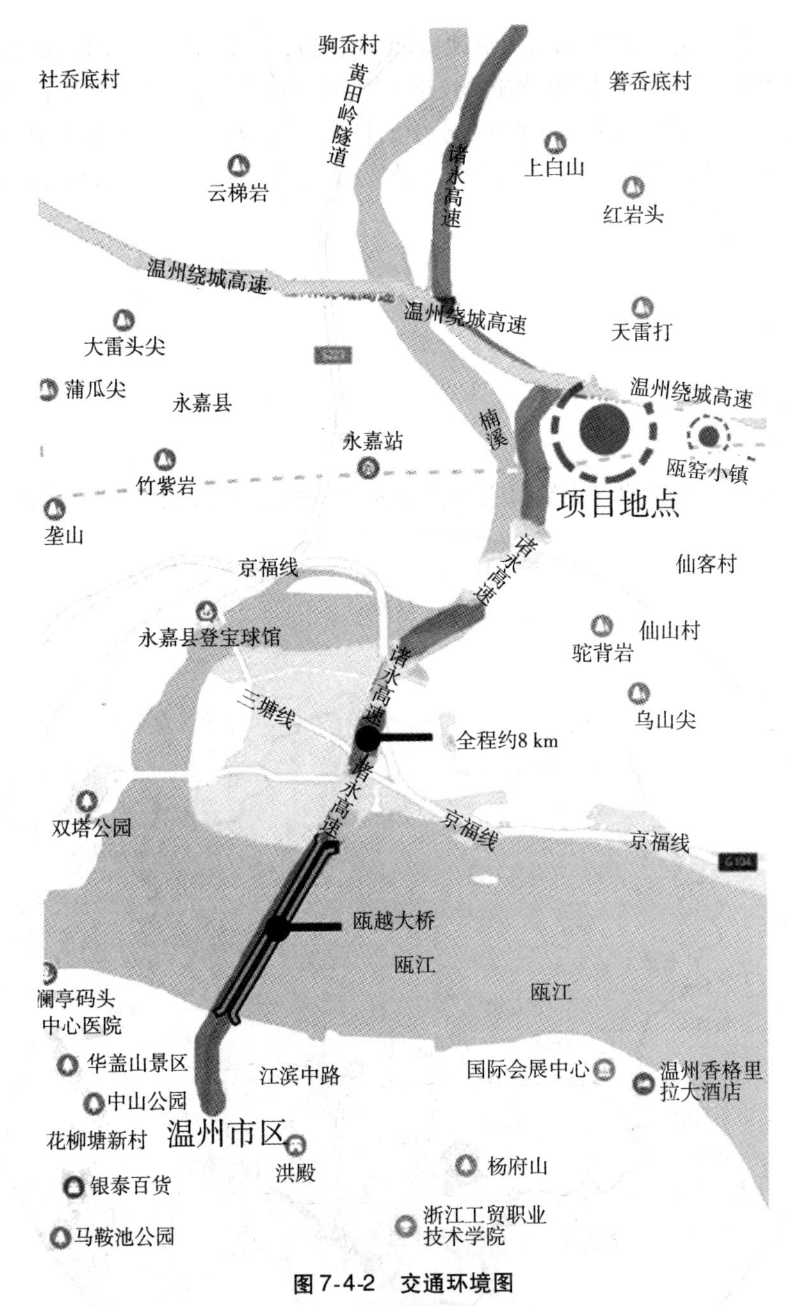

图 7-4-2 交通环境图

温州全市汽车保有量有200多万辆，几乎每个家庭都备有汽车，居民就近出行主要依靠汽车，开车至项目基地很方便。

3. 地形地貌

项目基地为农田，地势平坦，部分种植有农作物，部分抛荒、生长着杂草。南侧为山体，山体西首位置为自然陡崖，山体从西到东坡度逐渐减少。陡坡石块裸露，缓坡位置植被茂盛。山体北山脚处为荒地，地势平坦，现状为杂草丛长。在农田和荒地之间贯穿小河，小河蜿蜒曲折，河坎为自然土坡。（见图7-4-3 ~ 图7-4-5）

图7-4-3 地形地貌

图7-4-4 农田

图7-4-5 山体

4. 高度标高

农田海拔为3.6～4.3 m，北侧混凝土道路标高为4.7 m。山体山脚荒地标高为3.8 m。山体坡度为37°～90°，90°的位置为西段的陡崖，陡坡位置高约80 m，长约200 m。山顶最高处标高为178 m，山脚落差高度约174 m。农田和荒地之间有小河，河宽约10 m，河水面比农田低约1.5 m。

5. 地质构造

山体为花岗岩岩体，没有破损断裂或被开采开挖的痕迹，没有滚石孤石，整体性强，坚硬稳固。没有塌方、滑坡的安全隐患诱发因素。山体除了悬崖外，都有风化物覆盖，表面为植被遮盖。

农田位置土体为瓯江支流楠溪江下游冲积沉积而成，形成历史已比较久远，土体稳固，上表皮为人类活动改造的种植土覆盖。山脚荒地为坡积土，平坦稳固。（见图7-4-6）

图7-4-6 山脚荒地

6. 气候环境

基地位置地处亚欧大陆东南沿海的浙江省南部，属亚热带东亚季风湿润气候区。年平均降水量为1818 mm，年平均降雨日175天。全年降水量分布不均匀，8月份最多，平均降水量为270 mm，冬季12月至2月降水量较少，春夏之交进入梅雨期，出现阴雨天多、气温高、雨势强、湿度大的梅雨天气，雨量为400～600 mm；夏秋季节的台风期，降雨十分集中，多暴雨、水位猛涨，会出现洪涝灾害。造成洪涝灾害的暴雨绝大部分是由连续性暴雨和台风引起的，主要集中在3—6月份的春雨、梅雨季和8—10月份的台汛期雨季。

基地年平均日照1621 h，全年多数日有阳光照耀，少数日为阴雨天。基地年平均温度为17.3～19.4 ℃，最冷月1月份平均温度为4.9～9.9 ℃，最热月7月份平均温度为26.7～29.6 ℃。年平均相对湿度为78%，日湿度为50%～80%的适宜湿度有179天。基地空气质量优良，无污染源排放，负离子浓度高。除了附近公路行驶汽车有少量噪声外，其他无噪声源，比较宁静，山体处鸟语花香。

7. 土体

山坡处土体不厚，主要为陈年累积的岩石风化而沉积在山凹和缓坡处，坚硬，含水量低。田地处的土体为河流冲积沉积而成，表面为人工耕植土，比较厚、软，含水量高。

8. 岩体

岩体为火成岩，主要是花岗岩，目估约有三分之一的岩体裸露，裸露的岩石节理缝隙里长有小灌木和草丛，其余岩体被植被所覆盖，特别是中央山坳位置植物郁郁葱葱，枝繁叶茂。（见图7-4-7）

图7-4-7　岩体

9. 水体

水体主要有地下水和地表水。山体南坡和山体西坡半山腰位置有山泉水，田地处地下水丰富，含在土体中。

场地中央地表水河流活水流动，枯水期短，基本长年有水，水流从东向西流，水面宽，约有10 m，水质比较好。（见图7-4-8）

图7-4-8　地表水体

10. 植物

山体植物为自然生长的松树、枫树、樟树等和其他灌木,西侧山麓有农民人工种植的茶树、杨梅树、桃树等。(见图7-4-9、图7-4-10)

农田种植有水稻、番薯、柑橘等,荒地为自然杂草、灌木等,河流岸上依稀种植有樟树、榕树、水杉、美人蕉等。

图7-4-9 植被1

图7-4-10 植被2

11. 构造物、建筑物

山体西半山腰建有一座道教建筑玉皇殿。西侧山脚公路边建有一座祭祀建筑南岩庙和一座观音亭。其他地表构造物就是在路边的一座电力变压箱混凝土基座和道路混凝土构造物及两座简易桥外,基本上没有其他人工构造物、建筑物。(见图7-4-11)

图7-4-11 构造物(变电箱与其基座)

12. 地下管道设施

北混凝土道路下建有电力管线、排污管等地下管线。

(二)人各因子情况

1. 文化环境

文化是人类社会生命力最强的东西,没有文化就像无源之水、荒芜之地。该项目基地及其区域的自然文化、人文文化、生活文化等都有自身的地域特色。

在自然文化方面,基地西侧垂直山岩险峻陡峭,如刀切的笔直平整,像一堵岩墙,令人惊叹。山岩脚处倒锥形的小岩石,当地人称为稻秆塘岩,形象生动,形状确如农耕的稻秆堆积锥。山体像一头卧着的狮子,当地人称该山为五狮山,也很形象。

在宗教文化方面,项目基地区域内人们有宗教信仰传统,基地处建有从事道教佛教活动和信仰的建筑物，比如基地西首山脚的南崖庙、稻秆塘岩顶的观音亭，在山体西侧半山腰建有从事道教活动的场所——玉皇殿，同时也有对山体的崇拜、敬仰的意识形态存在。

在传统文化中，有继承和发扬光大的文化活动体现。基地东首村庄有经过大规模地改造提升，在建筑物外立面、室外道路等植入传统建筑特征元素，有古色古香的韵味。对空置的建筑物原农民居住的功能改造为各传统工艺、艺术等的展馆、工作室功能等。该区域历史上人类活动时间久，历史上有瓯瓷瓷器制作烧制的记载，至今还有发掘出的瓯窑遗址，在唐宋时期达到鼎盛。当地人把改造提升后的村庄命名为“瓯窑小镇”，说明对传统文化的爱恋和爱惜。

2. 生理需求

吃是人最基本的生理需求。项目基地所处的区域城市，人们的特点除了勤劳、实在、自强外，还特别爱吃，也有好奇心。一发现某处有特色的小吃，都要去尝试品味下，且有羊群意识，若有人去，都想跟随而去，人们对有新鲜特色、与众不同的地方都想去看一下、体验一把。

3. 心理思想、风俗、信仰

该区域人们有讨彩头、讨吉利、讨好运气等的风俗习惯。都喜欢去能祈福、求平安的风水福地。人对未来发展有不确定性，故需要有祈福、祈祷的地方场所要求，增强心理意识，加强未来的行动动力。

生活富裕的人们，对精神上的满足有强烈的需求，外出旅游看看不同的东西，品尝一下没吃过的东西，体验一下不同的景色。现代人们工作、生活压力大，许多人精神压抑重，都需要有放松减压的休闲地方。

人们对下一代的教育特别重视，把小孩带出来活动、认识大自然等的也特别多。

4. 市场经济

据2017年人口统计数据显示，温州市户籍人口为818.2万人，常住人口为921.5万人，中心城区人口为270万人。

据统计我国2015年出去旅游的有40亿人次，且呈逐年上升趋势，2018年预测有50亿人次，总人口以13亿人计算，相当于每人每年有3.8人次走出家门旅游。全国平均每天有1370万人出去旅游。

以全国的平均指标计算，温州市每年有3502万人次出去旅游，平均每天有9.6万人出去旅游。市区有1026万人次出去旅游，平均每天有2.8万人出去旅游。且温州人更希望出去旅游，实际上可能还不止这个数。温州人还特别喜欢特色小吃，外地的朋友来温州，好客的温州人首先想到的就是领他们去品尝本地的特色小吃，比如温州市区天一角，其把温州市的各小吃都集中在一块，当有外地朋友来时一般都会带其来品尝。目前对于农宿、农家吃、乡村旅游等每年有上升的趋势。

5. 行动行为

人一般喜欢就近活动，喜欢就近休闲娱乐、放松，特别是城市近旁的郊区，也方便来回。舍近求远的毕竟少，若近的没有那只有去远的，若近的就有，自然到近的地方。

6. 政策

国家当前鼓励发展乡村旅游，改变乡村面貌，建设美丽乡村，出台了不少的政策支持。各地都在推进乡村振兴，提升乡村环境，鼓励建设“田园综合体”，发展乡村旅游业。

（三）建筑各因子情况

1. 建筑材料

当地乡村传统建筑基本上是用石材、木材、毛竹、砖、瓦、藤草等打造，传统建筑材料生态环保，且带有亲切怀念的含义。现代建筑是以水泥、钢材、铝材、玻璃等为主，但不生态环保，且耗能大。现代人大部分是生活在钢筋、水泥等人工材料为主建造的构造物、建筑物环境里。

2. 设备机具

现代的电梯、水泵、电力电缆等各种设备应有尽有，也趋向成熟。施工用凿山洞和提升、运输材料等机械工具都应有尽有。

3. 形态空间

项目基地地处永嘉行政区域，永嘉传统建筑地域文化特色显著，从汉族中原文化传播继承过来，进行本土化的改变较明显，适合了本地气候、耕作需求。传统建筑物以木构、砖石墙为主，青瓦坡屋盖，出檐深远，通透飘逸，轻巧玲珑，屋后设排水沟，屋前设院落，矮围墙，公共活动空间根据地形地势或大或小自然变化，室内空间大小合适。

传统建筑注重室外空间的打造，内院、外院、天井等都根据地形地貌和需要而千变万化，各具特色，没有具体的固定模式。

二、各因子关系分析和产业定位

该项目地理位置虽然在永嘉县区域内，但靠近温州市区，加上交通的便利，相当于是市区的北郊，很方便人员到达，也就是地理位置与人体的行动处在有利的共生关系中，这也与人的就近活动的心理思想相符合。

委托方只提出是45亩农地的农旅开发利用，在开发利用过程中，这农地不能变更为建设用地，只能种植农作物或农植物花卉等，资本投资的趋利性，只投资在这45亩农地上种植花卉或农作物供人们欣赏、旅游，根据当地的以往案例，要盈利非常难，也就是该农地投资与经济效益是有害的共生关系。如何将有害的共生关系转换为有利的共生关系，通过对该场地的调查，北侧山体很有利用价值，我们提出把该山体的一部分纳入该项目中，扩大项目用地范围，农地和山体加上山脚的荒地和农地处的一条河流，合计面积有700余亩，这样的规模用地，把荒地和山体的局部地方改为建设用地，这样开发农旅项目就有盈利的可能性。充分利用现有基地各因子的有利特点，能出现基地与经济的互利共生关系，投资开发基地，投资经营后有盈利，同时基地也得到改造提升，变得更美丽，基地与经济得到了互利共赢。

在这700余亩的山体、荒地、农地、河流的土地上改造建设，作为总体宏观考虑，就相当于建造一个农旅建筑共生体（见图7-4-12），由环境各因子、建筑各因子、人体各因子综合共生在一起组成一个整体，以发挥最大的效益。

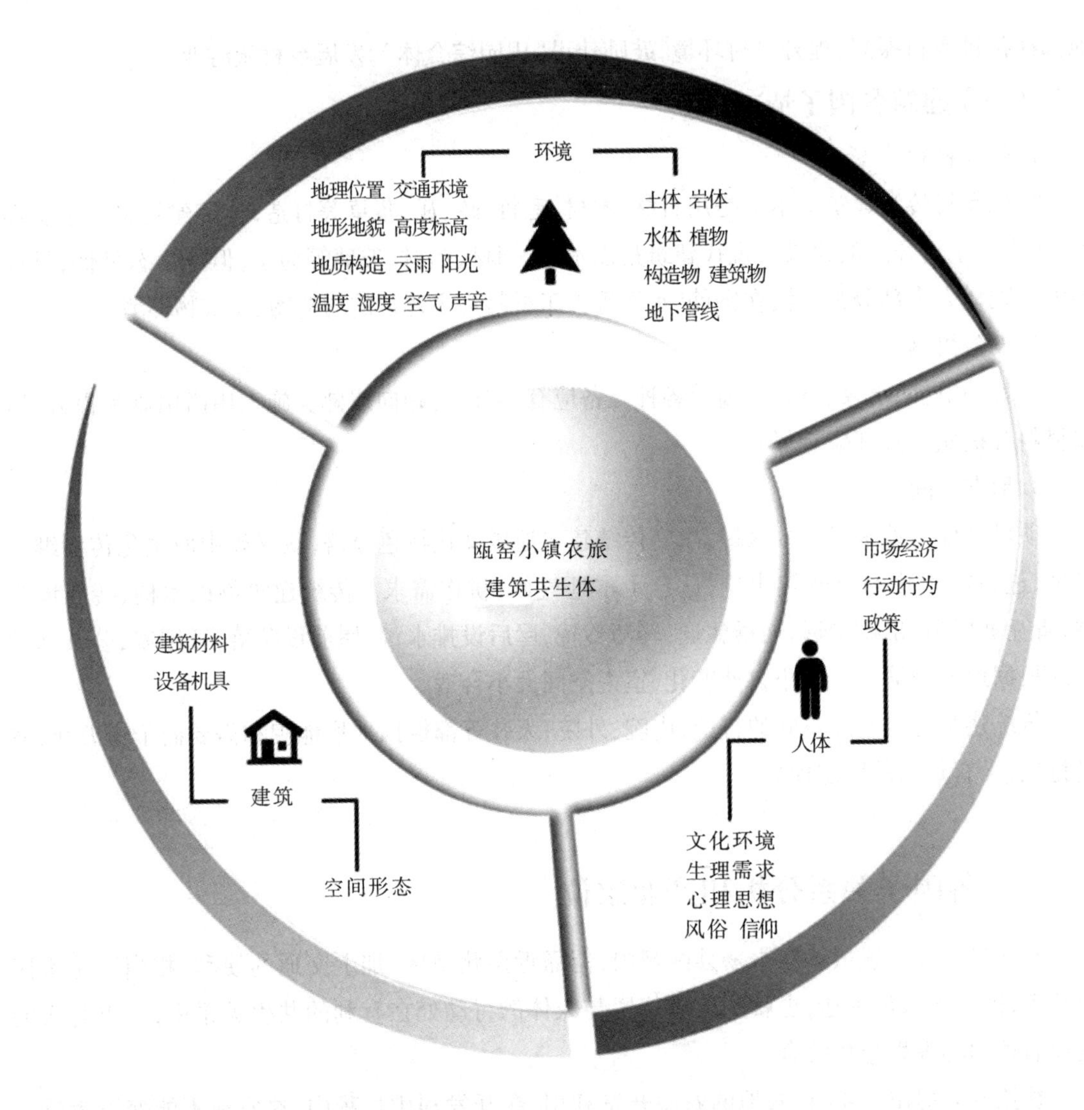

图 7-4-12 农旅建筑共生体各因子图

吃是人体生理最基本的需求之一，该基地所在区域吃文化很有特色，结合地形地貌、交通、政策等各因子特点，把山脚荒地变更为建设用地，打造楠溪小吃集中地，这是一个投资经济盈利点，可以让荒地发挥最大效益。

人们带小孩到户外游玩是培养下一代和休闲的不可或缺的一项活动。山体山脚缓坡地带可以打造为各种游乐园地。利用现代设备机具，开凿水平和垂直的山洞，安装电梯至山顶，可以在山体上打造一处山林探险活动区。利用山体的稳固悬崖，打造一条悬架栈道，如玻璃栈道等，是一个比较可行的游乐观光刺激项目，用电梯和游步道至栈道。这些游乐项目也是一个投资的盈利点。

在山地打造几处民宿，在山体树木茂盛的位置打造适当数量的林宿点，这也是一个可行的项目。通过电梯直接上山顶，至民宿点，通过山林游步道通达至各林宿点。

农地还保持农地性质不变，种植农植物花卉、农果、农作物等，各种花卉提供人们欣赏、摄影等，但这不是盈利点，重要的是提升环境景观和欣赏效果，是作为其他项目盈利点的辅助项目。基地中的河道也可以利用，可以做水上游乐项目。

人们过来基地，自驾开车的，就需要停车场所，在基地附近需开辟停车场所；跟随旅游团

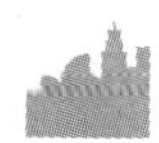

的,需要大客车停放地;乘坐公交的,还需要开设公交线路和公交停靠站。

项目基地需新建建筑物或构造物主要有特色小吃建筑、民宿建筑、林舍建筑、亭、廊、游步道、栈道、山洞、游乐设施基础、管理房、围栏、排水给水设施、电力设施等。各建筑物需继承永嘉传统建筑文化元素,用现代材料进行设计建造,体现永嘉传统文化特色,设计带有自己地域特色的现代中式地域建筑,各建筑空间形态适合人体的空间尺寸。不开挖过多的土石方,在山体上建造的,部分采取架空方式,将对环境的破坏降到最低限度。

项目基地部分构造物如围栏、游步道、小道、小景观等以砖、瓦、石、木、竹、草、藤等传统材料为主,尽量少用水泥,采集永嘉传统风俗元素进行设计。

山体以整体原生态保护为主,除了不得不需要占用土地的建筑和开凿山洞外,其余的保留原始现状。

基地北混凝土道路地下已建有污水管,基地污水、废水即可就近接入已建的污水干管。

基地北道路东首有电力变压器,可从该处引来电力或扩容容量接入,或高压电缆引入基地内部再在基地内部建减压变压器。

基地附近已建有给水管,基地内用水从已建的给水管引入。山体上用水充分利用已有的泉水源,直接用泉水引入使用,山体中用水点的附近建造雨水收集池,作为应急消防用水和卫生用水,不足部分用水泵从山脚提升引上。雨水用管线和沟槽就近排入河流。

将基地的环境、人、建筑中各因子的特点充分发挥作用,使各因子之间达到互利、有利或偏利共生,对基地进行改造提升,使基地发挥出最大效益。尽量避免有害共生和互害共生的情况,确实避免不了的,也要把有害部分降到最低限度,使项目总体到达最优的组合共生。

根据以上的分析,把基地产业定位为:吃、玩、游。项目暂命名为五狮山花海,因为山名为五狮山,在区域规划中,农田处为花海。

三、功能业态分布

依据项目产业定位,将基地划分为:花海欣赏摄影功能区、楠溪特色小吃功能区、山崖森林放松减压功能区、水上乐园游玩功能轴,即一轴三区。基地总面积划定为709.6亩,其中农田45.5亩、荒地17.1亩、河流15.1亩、山体(水平投影)631.9亩。(见图7-4-13)

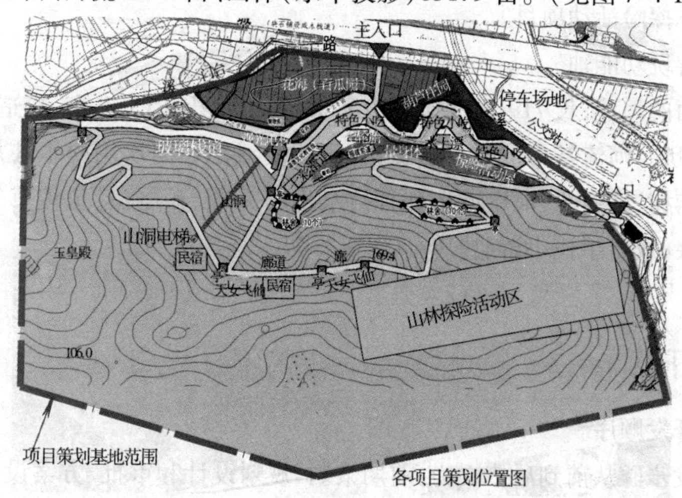

图7-4-13　项目策划各功能布置图

1. 花海欣赏摄影功能区

农田面积约 45.5 亩，种植瓜果、农作物和少量各类花卉，园区中设置 1.2 m 宽的架空木栈道或生态块石铺设游步道。园中布置小景观，定位为花卉瓜果欣赏摄影功能，发挥农田最大的游玩、欣赏效益。

该基地主要种植不同季节的瓜果，适当地方穿插种植不同季节开花的花卉，保持每个时期都有花欣赏，如郁金香（花期 3—4 月）、翠菊（花期 5—10 月）、美人蕉（花期 4—11 月）、美女樱（花期 9—10 月）、四季海棠（适温 10 ~ 30℃、生育期 7—1 月播，10—5 月开花；2—4 月播，6—7 月开花）、腊梅（12—3 月开花）、牵牛花（花期 7 月）等。

在百瓜园中穿插布置各特色艺术小景点，丰富视觉感受，达到欣赏和摄影取景等功能，如风车、耕牛、农夫、中国龙、小孩滑梯、秋千等。

在基地西南河边建该功能区管理房 300 m^2，在基地西北处道路建设一处标志门台。

2. 楠溪特色小吃功能区

荒地约 17.1 亩，规划为建设用地，建一至二层院落式、小街坊式的现代楠溪特色建筑物，规划建筑面积 6000 m^2，把荒地打造为楠溪特色小吃汇集地，把该县区域的各种农产品特色小吃食品集中汇集在这里，相当于有永嘉传统的“物资交流”习俗的韵味。传统“物资交流”是在某些日把该区域的所有可以交易的农资产品在某集中地点进行自由交易，这里是把全地域吃的物资进行集中交易。

3. 山崖森林放松减压功能区

山体（水平投影）631.9 亩，打造为山崖森林放松减压功能区。山体原则上为保持原生态，适当添加一点构造物。在西侧垂直山崖建造 300 m 长的玻璃栈道，在茂密树林中搭建林舍 20 个，每个 25 m^2。建设游步道 3000 m，观景（休闲）亭（台）6 座，每座 16 m^2，廊为 210 m，廊宽 2.4 m。

山脚至玻璃栈道建观光电梯，开凿山洞至山顶民宿，山顶建民宿两座，每座 1200 m^2，在观光电梯入口的东侧山脚位置建设道德文化教育馆 800 m^2。山体顶设置两处天女飞仙体验项目。

在山体北麓南设置七彩滑道、爬轮胎、摇摆索道、量身体、水上漂、惊险活动等游乐项目，在山体东南建设山林探险活动项目。

4. 水上乐园游玩功能轴

贯穿基地东西的河流，长 719 m，宽 10 ~ 15 m，河面面积约 15.1 亩，打造自然河流水上乐园，也可以垂钓游玩。河流基本上原生态保留，不改变线路。河坎用松木柱加固，防止泥土塌落。河岸再补植榕树、樟树等，河岸近水处种植水生美人蕉、狐尾藻、鱼梭草等水生植物，河流建设 3 处块石码头，放置手伐小游船。

四、建设开发

1. 项目建设开发顺序

项目建设开发步骤从前到后依次为：前期策划、规划设计和审批、方案设计和审批、方案深化、施工图绘制和施工、竣工、投入使用、运营管理。

2. 项目工程投资预估(不包括土地使用费用)

基地建设主要项目为:瓜果和花卉等种植 30 311 m^2,花卉小景观一项,入口 3 个,围栏 2500 m,特色小吃建筑物 6000 m^2,游步道 3000 m,景观亭(台)廊 600 m^2,玻璃栈道 300 m,林舍 20 个,基础设施给水、电力、排水、污废水管(沟)一项,河流(岸)改造提升为水上乐园和两岸种植榕树等 719 m,场地整理一项,观光电梯一部,开凿山洞 360 m(其中水平 190 m,垂直 170 m),山洞电梯一部,山顶民宿建筑面积 2400 m^2,道德文化教育馆 800 m^2,花果园游步道 500 m,管理房 300 m^2,公交站一座,门台一座,滑草、爬轮胎、摇摆索道、量身体、水上漂、天女飞仙、惊险活动等游乐项目一项,山林探险活动一项等。各项目的工程建设费用加上项目前期费用、不可预见费等预估投资共 10 058 万元人民币。

3. 创新设计和营销要点

主入口、围栏、建筑物、亭、廊、林舍等进行创新设计,有独特的一面,与众不同。

项目要从以下两个主题角度展开营销宣传:

(1)楠溪传统特色吃的汇集集中地:是把所有的永嘉楠溪江民间特色的、传统的、正宗的吃汇集在一起,人只要到此,即可品味到各种正宗的永嘉楠溪小吃,体验地域吃文化。

(2)五狮山花海的寓意:瓜果和花卉是美好的象征,狮是保护的象征,五狮山也是原村民对该山的称呼,该五狮山花海是祈福求安的福地。

4. 经营创收回报

只要有主题把人吸引过来,人需要消费,有消费就有回报,主要是吸引人。温州市人口有 900 多万,以及本省乃至全国人口众多,做好营销,在全国进行全方位的宣传,哪怕只有很少比例的人来体验,人数量上也非常可观。只要把人吸引过来消费、体验,效益就会体现出来。重要的是如何吸引人,紧紧抓住人的祈福美好的向往心理特点和好奇心的要点,宣传营销好主题。

5. 社会效益

五狮山花海项目打造完成后,能带来如下的效益:只要经营得当,投资商会有一定的经济回报;能改善提升该地方的环境档次;提升瓯窑小镇的人气,到五狮山花海体验的人,部分人会顺便到瓯窑小镇里逛一下,为附近区域人们增添了一个体验休闲祈福的地方,有助于带动区域经济发展。

第五节 历史建筑修缮

在历史建筑修缮设计中,应用建筑共生学理论进行分析,做修缮方案时能起到总体上的控制性把握,避免走偏,向错误的方向发展,能有效地引导走上正确的方向。

历史建筑修缮设计,首先是调查,然后在调查的材料基础上做出修缮设计方案,在确定好修缮设计方案后,再绘制具体的修缮施工图,作为预算和施工使用。

乐清洪宅在 2015 年 11 月接受委托做修缮设计咨询,于 2016 年 9 月完成修缮设计方案,2016 年 12 月完成修缮设计施工图,2019 年 9 月基本完成修缮施工。

下面就乐清洪宅的调查情况和修缮中共生设计效果为例进行描述。如图 7-5-1 ~ 图 7-5-6 分别为洪宅的总平面、立面、剖面图。

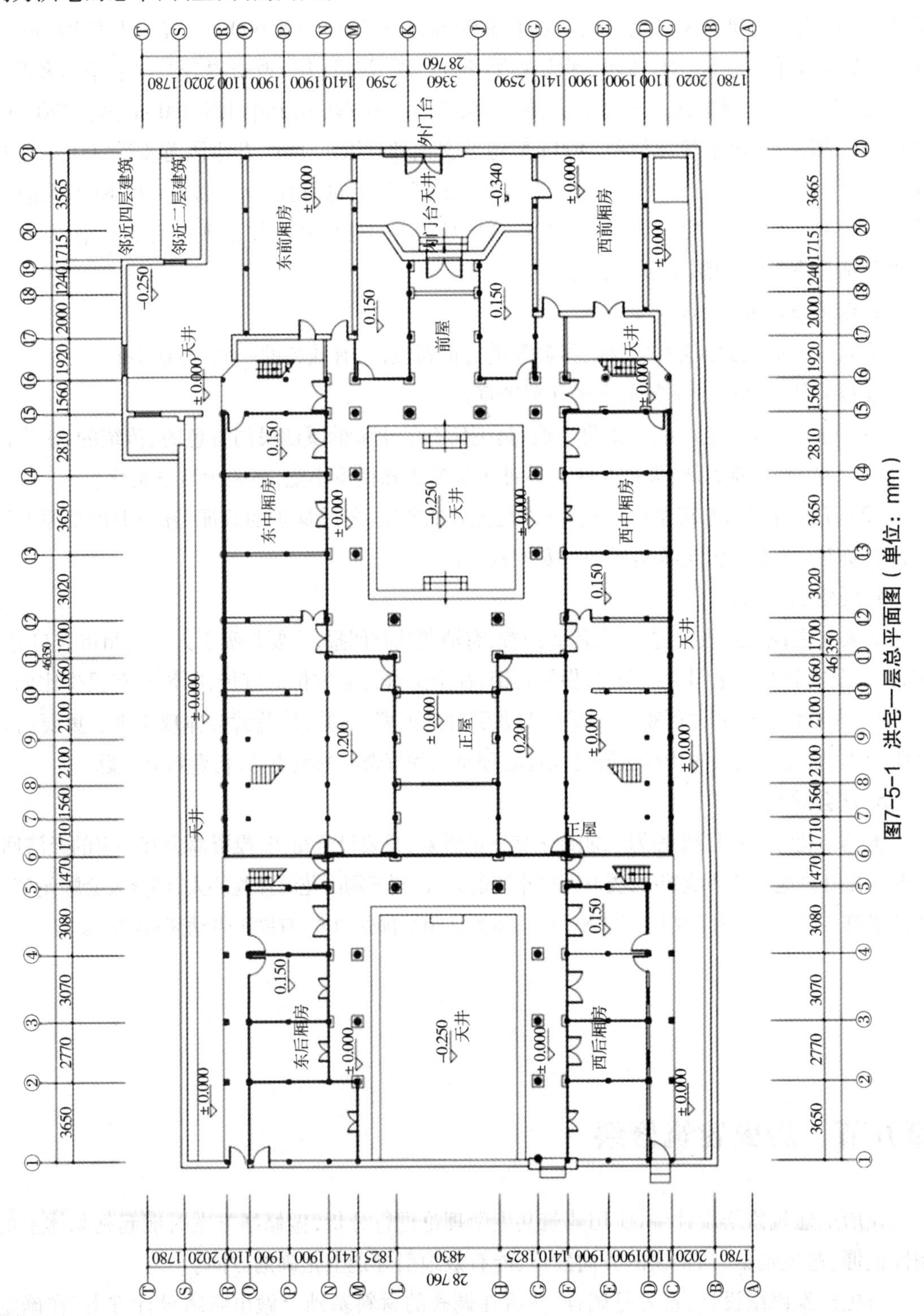

图7-5-1 洪宅一层总平面图（单位：mm）

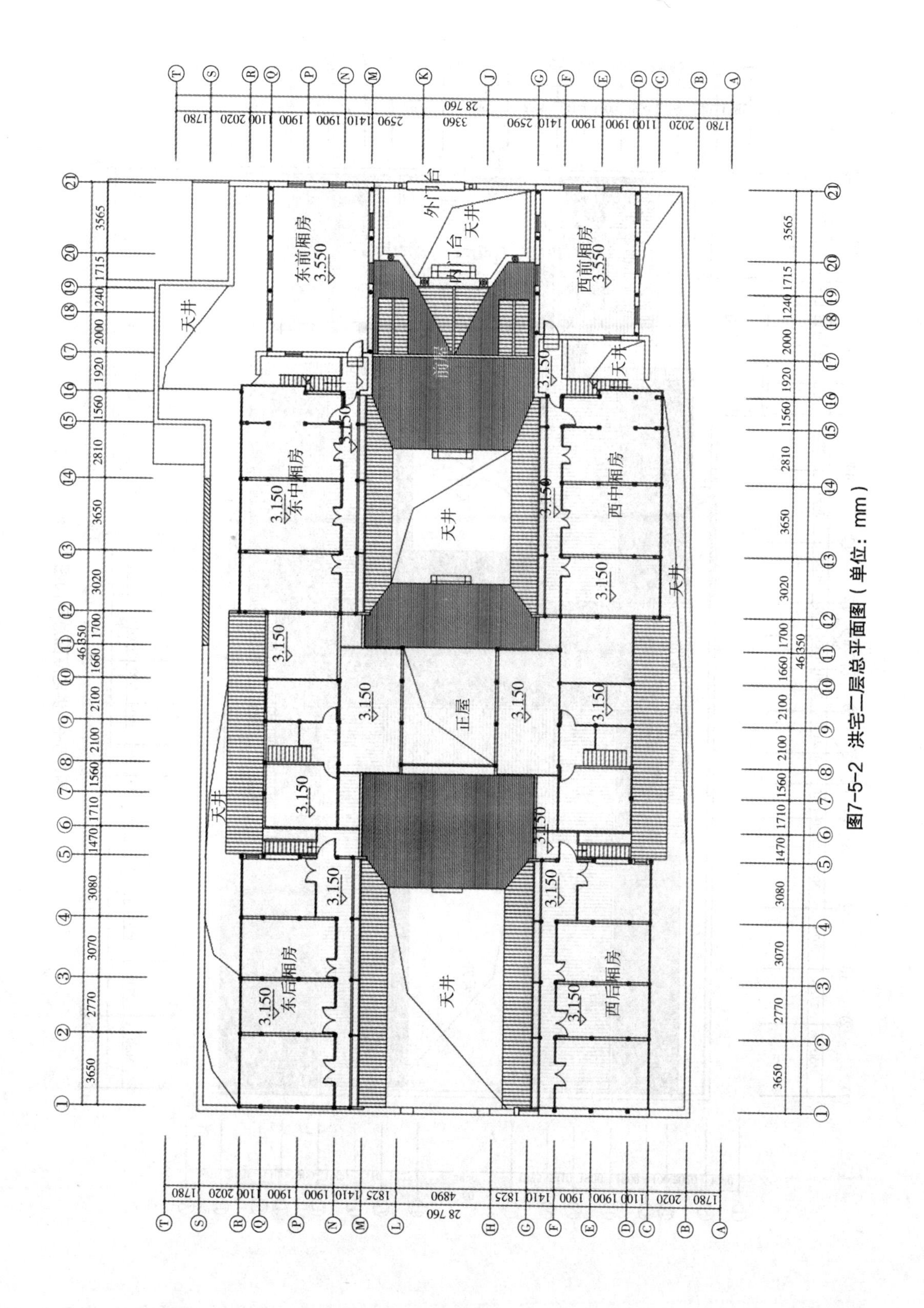

图7-5-2 洪宅二层总平面图（单位：mm）

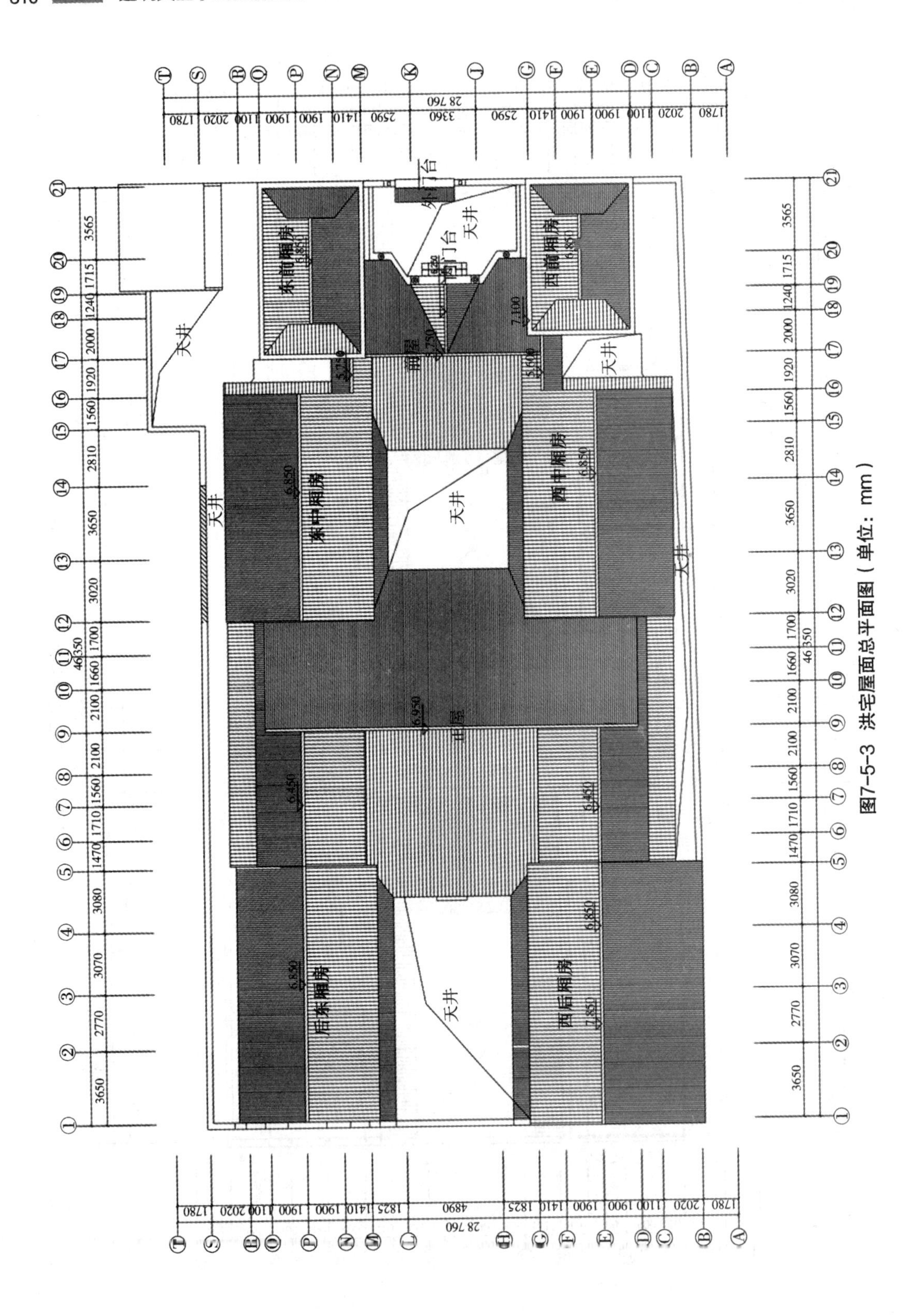

图7-5-3 洪宅屋面总平面图（单位：mm）

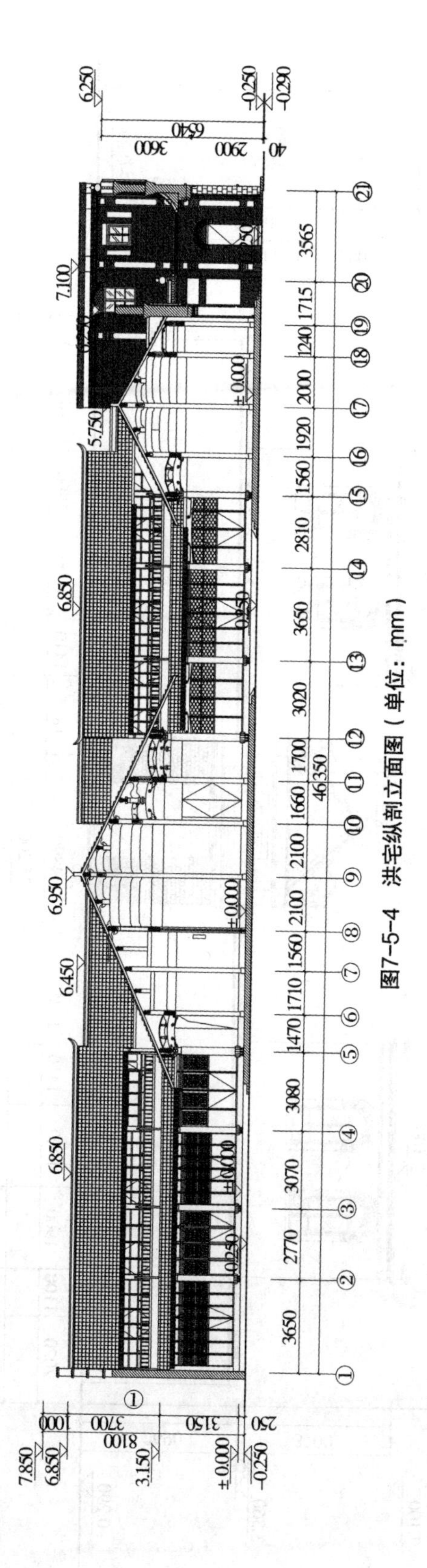

图7-5-4　洪宅纵剖立面图（单位：mm）

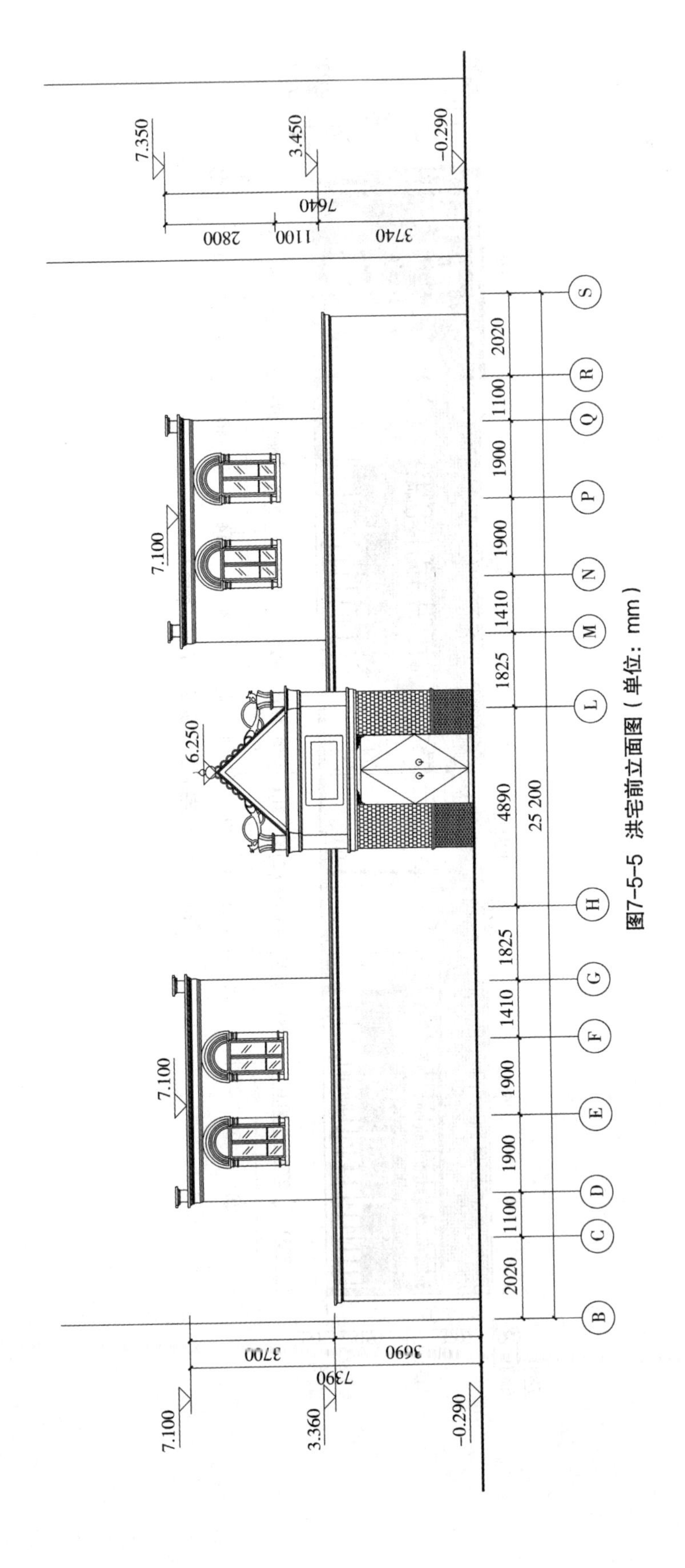

图7-5-5 洪宅前立面图（单位：mm）

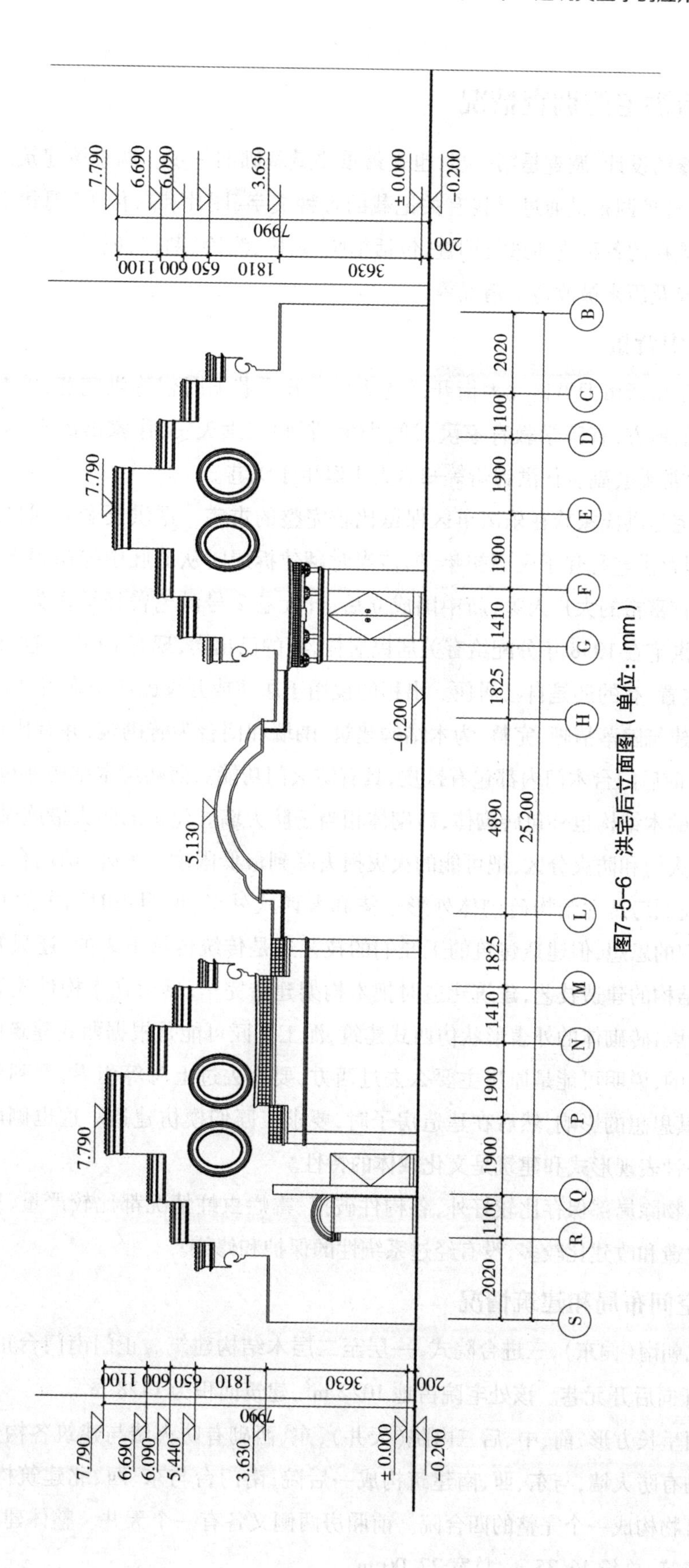

图7-5-6　洪宅后立面图（单位：mm）

一、乐清洪宅的调查情况

历史建筑修缮设计，调查是第一步，也是最重要最基础的一步。调查该建筑的历史背景和现状实物，历史背景调查是通过寻找有关记载的各种文字、图片和口传等，现状实物调查就是在现场对建筑既存的各种物体进行调查，包括拍照、录像、测绘、勘查、记录等，绘制测绘图和勘查记录破损情况及历来被改造的情况等。

（一）历史背景

该洪宅位于乐清市旧城区北大街开元巷2号。开元巷旧时俗称洪宅巷，该巷是乐清洪氏家族集中居住的地方，有医学教育家洪式闾先生、版画家洪天民、作家洪禹平、党史专家洪水平、江苏省人大常委会副主任洪锦炘等知名人士诞生于该巷。

现存的洪宅是洪氏家族在乐清市区保留比较完整的古宅。据洪氏老人回忆，该洪宅发生过一次火灾，现存洪宅翻建于民国初年，据传当时翻建拆屋时从墙肚中挖出很多银子，说明洪宅原主人是比较富裕的大户人家，新中国成立后，开元巷2号洪宅曾经被作为人民银行、税务所办公用房。洪宅在1958年分配给有关居民居住，有的已出卖，现有19户。这19户人家有的已出租，有的空置，有的还是自己居住。出租的被用于居住或开设民族服饰店、摄影店等。

该处历史建筑院落清晰、完整，为木结构建筑，围墙和门台为砖砌筑，并有比较典型的马头墙（防火墙）。前后门台木门内都包有铁皮，具有防火门功能。前厢房木结构外包砖砌体，后厢房与正屋之间的木结构也外包砖砌体，砖砌体相当于防火墙。建筑的防火措施做得很到位，当时就考虑到防火门和防火分区，把可能的火灾损失降到最低限度。另外，前门台砖石结构掺和着西式外形，前厢房砖木结构砖砌体外形也掺和着西式外形，说明当时西方思想已传播至当地，并渗透人们的思想，但建造建筑的工匠们的技艺还是传统传承下来的，还只知木结构的建造，不知砖木结构的建造技艺，建筑建造时把木构架建造完毕，然后在木构件位置再用砖砌筑来代替木板隔墙，砖砌体的外表形状仿西式建筑，泥工工匠可能是根据西式建筑的图片或草图进行模仿砌筑的，说明可能是原房主要么去过西方，要么去过上海等租界，看到外国人建造的西式建筑，受其思想的影响，然后在建造房子时，要求工匠们模仿建造。这也侧面反映了建筑是人的思想一种表现形式和建筑是文化载体的特性。

洪宅建筑物除局部保存比较好外，各构件破损、霉烂虫蛀情况都比较严重，后期在长期的使用过程中改造和改建比较多，没有经过系统性的保护和修缮。

（二）空间布局和建筑情况

洪宅坐北朝南（偏东），三进合院式，一层至二层木结构建筑。正门南门台正开向开元巷，后门（北门）开向后开元巷。该处宅院占地1022 m^2，建筑面积为1428 m^2。

洪宅平面呈长方形，前、中、后三内院（天井），东、西砌有防火墙与建筑各构成狭窄的边天井。后院北砌有防火墙，与东、西、南建筑构成一后院；南门台与东、西、北建筑构成一前院，中院由四周建筑物构成一个完整的四合院。前厢房两侧又各有一个天井。整体建筑形成一座封闭的院落式建筑，总长46.35 m，总宽27.00 m。

1. 门台

建筑有双门台，前院临巷一外门台，前院进入前屋一内门台。外门台砖砌，石梁，三角形顶，西式做法，中式装饰，石台阶，内双开门，木门板外包铁皮，具有防火门功能。三角顶上有葫芦装饰，两侧有花瓶装饰，边有花草图案镂空饰边。朝内位置门台顶有单坡屋顶，筒瓦，方形瓦当，仿木陶土质屋椽。三角顶和横额内外两侧都有花草和图案装饰。

内门台外形为“八”字形，青石台阶，青石垂带石，石青石柱，青石石梁，砖砌横额，砖砌三角顶，中西合璧。三角形顶两侧有石榴陶质雕塑。内台门两侧石刻有两竖“巷处开元旧”和“宅更爽垲新”字清晰可见，门台上部的装饰图案已被磨平破坏。内门台与前屋明间紧添在一起，内双开木门，右门扇上开有小门方便出入。内门台石柱、石梁、石雀替都有讲究的花草、图案石雕。

2. 前厢房

前院西厢房二层单间，长 7. 495 m，宽 5. 210 m。木构架，木架青瓦屋顶，木楼盖，砖砌外墙，平缝清水外墙。木柱包裹在砖墙内，墙体内表面在木柱处留气孔，避免木柱过于潮湿而过快霉烂。屋盖歇山顶，坡度平缓，外墙高于屋檐，但人视觉上看不到屋檐，能看到一点屋脊，屋面有组织排水，在西外墙安装有排水管，排向西天井。二楼从西侧天井处楼梯上楼。

外立面构造丰富，砖雕突出，西式造型。在木柱对应处的外墙面用砖做装饰壁柱，门窗外用砖砌做西式柱拱或拱装饰。

前院东侧厢房因火灾而烧毁被改造重建过，一层北外墙段和西外墙段还有原墙残留，现为二层两间现代的砖混结构建筑。

3. 前屋

前屋为三间一层木结构建筑，中间南部呈凹进状，内门台镶嵌在前屋中间凹进部分，通面宽为 8. 275 m，通进深为 6. 980 m。两侧次间南突出外墙用砖砌筑，砌体与前厢房外墙衔接在一块，砖墙外立面有丰富的砖雕图案。

前屋朝内院有廊，与中厢房、正屋前廊构成一圈封闭廊道。明间为入内通道，三合土地面，次间为木板地面。前屋东西两侧各安置有楼梯，通至中厢房和前厢房二楼。青瓦坡屋面，朝内天井屋檐口有瓦当，朝外天井屋面因内门台关系，屋檐顶在门台和外砖墙处，在明间中线位置做水平屋脊，向两侧放坡，屋顶呈三坡，有利于排水。

柱础为青石，明间廊柱为硬木圆柱，次间廊柱为松木圆柱，都有圆石柱础，其余柱为方松木柱和方石柱础。明间屋架为月梁状拼帮做法，隔断上部枋梁间用粉面竹编，下部与地栿间用木板做分隔墙。

廊柱顶出跳栱承托跳檐桁，廊间设月梁，月梁上设两坐斗，斗上置细桁，桁上木置望板，顶为廊轩做法，明间的入口处顶也是廊轩做法，屋顶盖下部都置有木望板。

4. 中厢房

中厢房有东、西厢房，两厢房对称。厢房为三间二层木构建筑，通面宽为 9. 485 m，进深方向五柱，通进深为 6. 425 m，重檐屋顶，屋面正脊两端微升起，端部饰有龙尾。一层、二层前皆设有廊，二层廊设有美人靠和坐凳。二楼后侧向外悬挑 40 cm。一层北次间北屋架无廊柱，檐枋和檐檩榫在正房的垂莲柱上。

中厢房的北次间一层北墙为砖砌，外抹灰，木柱枋梁镶砌在砖体内，朝室内木柱有部分外露。

一层檐柱采用出跳斗拱来承托跳檐桁，廊间设有月梁，顶面廊轩做法，正间月梁式，其余直梁式屋架。二层檐柱也采用出跳斗拱来承托跳檐桁，廊间设有月梁，直梁式独木做法。室内隔断多用木板，梁枋填挡为粉面竹编。廊柱为方形和圆形木柱，柱础为青石雕花。

5. 正屋

正屋为五间一层木构建筑，通面宽为21.100 m，通进深为12.300 m，单檐坡屋面，青瓦，屋脊平坦。前后设廊，廊间设有月梁，廊柱顶出跳栱承托跳檐桁，南廊廊顶面为船篷轩做法，北廊廊顶为廊轩做法。前后廊次间各有垂莲柱。明间廊柱为硬木圆柱，次间廊柱为松木圆柱，其余为松木方柱，青石柱础。

明间屋架为月梁状拼帮做法，其余为直梁式屋架，隔断上部枋梁间用粉面竹编填档，下部与地栿间用木板填档做分隔墙。

正屋稍间开间比较大，把尽间纳入稍间中。在稍间南段做有南、北砖砌隔墙的隔间，正屋明间有前后分隔的隔扇门。

6. 后厢房

后厢房为东西对称，有后西厢房和后东厢房。厢房为四间二层木构建筑，通面宽为12.560 m，通进深为7.060 m，重檐坡屋面，青瓦，一层、二层设有前廊，二层廊设有美人靠和坐凳。廊间设有月梁，顶面廊轩做法。梁架为直梁式屋架。南侧有单跑木楼梯上至二层。

7. 天井

共有七个天井，前、中、后三个方形天井，后天井比较大，中间次之，前天井比较小。东、西侧围墙与各房屋外墙之间构成两个狭窄的长天井，前厢房与前房及围墙各构成东西两个小天井，即东侧天井和西侧天井。

8. 围墙

围墙有前围墙和后围墙及侧围墙。

前围墙砖砌，高3.77 m，外表抹灰，上有装饰压顶。东、西部分与前厢房外墙共用墙体，共用墙体部分上顶做腰线与围墙顶协调一致。前外门台镶嵌在围墙中央。

后围墙砖砌，高3.80 m，外表面抹灰，上有马头墙造型。东与西部分与后厢房山墙共用墙体。后厢房山墙为马头墙顶，上中部有两圆形窗户，东侧靠近边缘下开有小门。围墙东段有一突出围墙约40 cm的照壁，照壁上有突出檐口。围墙西段中有一后门台，门台砖砌柱，陶质横额、斗拱、屋檐，石质台阶，门台门为防火门（木门两侧都包铁皮）。

西侧围墙砖砌，砖平压顶，内表面用石灰做槅门扇状竖向装饰。东侧围墙下部石砌，上部砖砌，内外表面抹灰面，顶平砖压顶。

（三）现状残损情况和被人为改造情况

1. 门台

外门台外立面被各线缆和配电箱的安装所破损。砖砌体外表粉面已剥落，在砖面上留下白灰痕迹，门台下部临地面砖块酥碱严重，粉化脱落，表面呈松散酥化状态。

三角山花装饰件部分已脱落残缺,内外表面雕饰还保留得比较完整。门已破损,外包铁皮已生锈,下部分锈斑严重,部分已脱落残缺。屋檐顶杂草丛长,筒瓦破损缺失40%。

内门台整体保留得还比较完整,上部的横额和三角顶砖雕被人为破坏铲平,只能看到残留痕迹。横额处还有一个三角铁固定在上面未清除。门台的石梁中央开裂,处于断裂状态。

2. 前厢房

前东厢房因火灾已被人为改造为二层两间砖混建筑,木屋架青瓦双坡屋盖。一层西外墙和北外墙还留有原墙残段遗迹,清晰可见。在西残墙段外前院处人为搭建一个简易房,居民作为洗衣房使用,在内院的墙壁上人为开门通向前屋的东次间。在西残墙北段也人为开门通向前屋的西次间。

前西厢房整体形状和样式还保留得比较完整,但人为改造破坏和自然破损情况还是比较严重。一层被人为分隔为三部分,南段一部分,从内院位置有门进入,现为杂物堆放处;北段为两部分即为两小间,西间从北天井处外墙门出入,现被装修改造作为一琴室使用,东小间北墙开门通向前屋西侧,在小间内靠东墙位置人为改造一木楼梯通向厢房二楼,现该楼梯已被封。二楼为一个独立的大房间,从天井楼梯上至二楼厢房,现被人为装修为传统服装设计艺术工作室使用。

前西厢房残损状况如下:

(1)地面、楼面。

地面原为三合土地面,现被改造为水泥地面。楼盖东部被人为开洞改造为下一楼的楼梯,楼板木格栅直接埋设在砖墙里,该位置霉烂严重,霉烂率为90%,木楼板部分霉烂,霉烂率为50%。

(2)木构架和砖隔墙。

木构架中的木柱梁枋被砌筑在砖墙内,部分气孔被封,破损情况不详,预估已霉烂需更换。

临巷的南墙为抹灰粉刷,抹灰层风化严重,有众多细裂,局部已酥松脱落。一层下部表面被人为刷白。二层西侧墙体有一条竖向裂缝长3 m,缝宽20 mm;西窗窗台下墙体开裂,缝长60 cm,缝宽5 mm;东窗西上部墙体竖向开裂,缝长70 cm,宽20 mm。

北墙外立面二楼窗外装饰柱抹灰层风化开裂,窗下外窗台面做抹灰装饰图案,该抹灰风化、图案剥落缺失。东外立面二楼南部墙体竖向开裂,缝长2.5 m、宽15 mm。墙体局部破损有洞孔。

砖砌体墙脚底部砖受潮,局部表面松化,一层与二层间砖缝间杂草丛长,外表面砖雕还比较完整。

(3)门窗。

木门破损严重,部分被人为修缮过,但与原门窗有偏差,如原窗扇为三格玻璃,修缮后被改为两格玻璃;原窗扇有一道内平开的板扇窗已破损难以推动,这未被修复,而被封堵在内。东一层门已破损脱落。

(4)装修。

内墙面和顶棚被人为装修过。二层顶棚被人为装修添加吊顶,上部屋架破损情况不详,待居民搬迁后拆开吊顶再调查。

(5)楼梯。

西厢房室外楼梯被改造为预制混凝土楼梯,据考证推测原应该是木楼梯。东厢房北木楼梯基本保持完好,局部梯板松动不牢,楼梯梁局部霉烂,霉烂率为40%。

(6)屋面。

屋顶局部破旧,有渗水、排水不畅的情况出现,屋面排水系统管道已破损。

3. 前屋

前屋除了明间外,其余被改造比较严重,东次间南部分被人为改造为厨房,墙和地面贴了瓷砖,木柱被切割,并搭建阁楼,东墙和南墙被人为开门。西次间西墙人为开设门洞,搭建阁楼,并在南段建造楼梯上阁楼,南端人为改造建有灶台。

(1)地面。

明间和廊三合土地面还保留得比较完整。次间地面原是木地板,现人为改造为水泥地面和地砖面。

(2)木构架。

柱、梁、枋、檩整体留存基本完好。西次间屋顶木梁虫蛀破损情况严重,需更换。明间东屋架南部分梁、檩、枋榫卯部位有霉烂痕迹,霉烂率为40%。明间前廊月梁上坐斗和细桁下雀替开裂。廊柱有垂向通裂,裂缝宽15 mm。

东西次间内被隔为两层,上部隔出一阁楼,内有木楼梯上阁楼。

木构架霉烂、破损部分合计占50%。

(3)门窗。

门窗被改造比较多,木漏空窗扇都被拆除改为木玻璃窗。次间隔断门和窗及柱离地2 m高范围内都被油漆粉刷,漆为红棕色。

(4)装修。

明间东隔墙竹条粉面隔断,部分因阁楼采光通风需要而被人为挖掉一部分,剩下的已自然破损脱落。明间南上部横向的竹条粉面填档破损40%。东次间被人为改造装修,破损严重,后面部分改造为厨房使用,墙面贴瓷砖,木柱有一半被切割掉,前面部分改为餐厅使用,墙壁都贴有装饰板。屋顶下顶棚也被装饰板所贴。

(5)墙体。

前屋南和东、西外墙为砖砌墙体,朝室内一面粉刷层破损剥落。西次间南墙尤为严重,南两柱之间木隔板被拆后用砖墙填隔。

(6)屋面。

明间椽、望板受潮霉烂严重,约有50%霉烂。屋面瓦片部分破损,破损率为30%,瓦缝中杂草丛长,屋脊粉刷层风化剥落。

东、西次间屋顶人为开设老虎窗。

4. 中厢房

东中厢房改造情况如下:

(1)地面、楼面。

地面原为木地面,现明间和南次间被人为改造为水泥地面。二楼木地板还保留得比较完整。

(2)木构架。

柱、梁、檩、枋基本完整,局部霉烂,一层廊枋在垂莲柱处端部霉烂严重,后檐柱底潮湿霉烂,破损霉烂率为30%。

⑬轴和Ⓝ轴交接处柱垂向通裂,裂缝宽7 mm;⑫轴与Ⓝ轴交接处柱垂向通裂,裂缝宽10 mm;⑭轴与Ⓡ轴交接处柱底部1 m高严重虫蛀;⑭轴与⑬轴交接处柱底部50 cm高处严重虫蛀;Ⓡ轴与⑪轴、⑫轴交接处柱子被拆用砖柱改造。(注:轴线编号见图7-5-1~图7-5-3)

(3)门窗。

门窗大部分已经被人为改造,有残留的门窗破损严重。

二楼后窗都被改建过,现为木玻璃平开窗。

一楼后墙被人为改造严重,下部被改为砖砌墙,上部改为铝合金玻璃窗和木玻璃窗。

一层南次间和明间廊道处隔扇门上部被人为改造为玻璃,原格栅扇被拆除而镶嵌玻璃。北次间隔扇门还保留得比较完整,上部为冰裂镂空格子扇。

(4)装修。

二楼南段砖砌檐墙开裂破损,横向裂缝有20 mm,几乎断开。二楼廊北端砖砌填档斜开裂,缝宽10 mm。

二楼美人靠破损,栏杆缺失,缺失率为40%。

南次间一楼和二楼内墙地面和顶都被人为用塑料墙布覆盖,室内杂物堆放。二楼前廊道处南次间木墙板和门被人为改造移动过。

一楼明间和北次间木板墙被人为打开一门洞。北次间北外墙西段有木门,被人为封闭,东首被人为开设门洞。二层明间和北次间顶棚人为用幔布装饰遮盖。

(5)屋面。

一层廊顶望板和廊椽部分霉烂,霉烂率为50%。二楼廊顶南部望板霉烂严重,中部望板少部分缺失,廊檐木椽也有部分霉烂,霉烂率为50%。

后侧挑檐椽条霉烂严重,屋顶被开采光亭,屋脊被隔断破坏。

南侧楼梯间顶破损严重,屋面瓦部分已脱落,椽条霉烂。屋面瓦破损率为30%。

(6)墙体。

北砖砌墙体二楼北被人为开设壁柜。

中西厢房改造情况如下:

(1)地面、楼面。

地面原为木地面,现明间和南次间被人为改造为水泥地面。楼面木地板还保留完整。

(2)木构架。

柱、梁、檩、枋基本完整,局部霉烂,破损霉烂率为30%。一层廊枋在垂莲柱处端部霉烂严重。

⑯轴和Ⓕ轴交接处柱垂向开裂,裂缝宽7 mm,长同柱高;⑭轴、⑮轴后柱柱底1 m高处严重虫蛀;⑬轴后柱底下50 cm处严重虫蛀。(注:轴线编号见图7-5-1~图7-5-3)

(3)门窗。

二楼后窗被改为玻璃木窗。

一楼后墙被人为改造严重,明间与南次间后墙木板被拆除,底部 40 cm 高处用砖砌筑,上部被人为改造为落地大玻璃,北次间后墙被人为改造为木玻璃窗。一层廊道处南次间隔扇门上部还有部分冰裂镂空格子扇保留;明间格栅扇上部镂空格子扇被拆除,现用木板封盖;北次间隔扇门上部被人为改造为玻璃,原格栅扇被拆除。

(4)装修。

二楼明间与南次间隔墙东段被人为拆除。南段砖砌檐墙开裂破损,横向裂缝有 20 mm 宽,几乎断开。二楼廊北端砖砌填档斜开裂,缝宽为 10 mm。

二楼美人靠破损,栏杆缺失,缺失约 20%。

一层明间和南次间木板墙两侧被人为开洞口,原门被拆除。一层南次间南墙被人为开设木门和落地大玻璃。

(5)屋面。

屋顶被人为改造开设通气和采光窗,破坏了原屋顶及屋脊。

一层廊顶望板和廊椽部分霉烂,霉烂占比为 40%。二楼廊顶部分望板霉烂严重,廊檐木椽也有部分霉烂,霉烂占比为 50%。侧挑檐椽条霉烂严重。

南侧楼梯间顶破损严重,屋面瓦部分已脱落,椽条霉烂。

屋面瓦破损率为 30%。

(6)墙体。

墙体保存基本良好。

5. 正屋

正屋被人为改造比较多。明间西北部人为搭建小屋,其与西次间开门联通,西次间人为搭设阁楼。东稍间东天井上部人为搭建架空阁楼,且在东稍间人为搭建楼梯上阁楼。东、西稍间南与中厢房之间两砖砌墙之间原应是通道,现都被改造为房间使用。

(1)地面。

明间、前后廊道和东、西稍间北通道为三合土地面,60% 破损。其余为木板地面,但除了明间、廊道和西稍间北部分外原地面都被改造过。

明间和前后廊三合土地面凹坑破损,被用混凝土填塞。西稍间北部分木板地面磨损和破损严重。东、西稍间南通道地面部被人为铺设瓷砖。东次间地面被人为改造为水泥地面,东稍间地面被人为改造为地砖。

(2)木构架。

前后廊垂莲柱共四根,南廊道东首垂莲柱下用临时木柱加固,其余三根临时用砖砌柱加固。各垂莲柱的虫蛀和霉烂情况严重,特别是被后砌砖柱包裹的,更是霉烂加重,基本上是报废的程度,包括与垂柱连接的梁、枋、檩、撑栱等都已霉烂,周围的望板也已霉烂。

⑦轴、⑨轴、⑫轴与Ⓒ轴交接处柱子底下 50 cm 处严重虫蛀;⑩轴与Ⓒ轴交接处木柱被砖包砌已严重霉烂。(注:轴线编号见图 7-5-1 ~ 图 7-5-3)

(3)门窗。

门窗被改造严重,木格子门、窗扇被置换为玻璃,只有少部分还留存着,但也已经破损很严重。

东外墙北部分原隔扇窗还保留,但有破损;南面部分外墙被人为改造,外墙被拆除内移,留下空间做敞开楼梯,通上部人为搭建的阁楼。

(4)装修。

明间梁枋间粉面竹编填档粉面破损脱落比较多。明间东墙中部隔板墙被人为开洞 40 cm 大小,做采光使用。

明间前后临廊处原有隔扇门,现被拆除,在石柱础处还遗留有安装门槛用的凹槽,上方的木枋处还遗留有门臼。

东次间前廊轩顶望板霉烂严重,有 50% 已严重霉烂,部分已塌落。其余望板都有不同程度的霉烂,霉烂率为 40% 。

东稍间北室内人为装修改造痕迹明显,墙体人为开门和新建隔墙,把南面原是通道的砖隔墙开洞和开门。

Ⓝ轴处木隔墙板被拆,用砖砌筑。(注:轴线编号见图 7-5-1 ~ 图 7-5-3)

(5)屋面

屋顶被开设老虎窗,屋面青瓦缝长出杂草较多,瓦破损率为 30% 。局部望板断裂脱落,明间望板破损脱落 20% 。檐口望板霉烂严重,侧檐口瓦缺失比较多,椽条霉烂,霉烂占比为 50% 。

6. 后厢房

后东厢房改造情况如下:

南次间和北次间、北稍间廊道被人为隔为室内使用。在北稍间前天井内人为搭建了一临时建筑物。后部靠近围墙处人为改造比较多,在南稍间东天井上方搭建阁楼作为厨房使用,北稍间东天井处也搭建有厨房,其余天井处都搭建雨棚。南次间和北次间及北稍间后部一层原应该有后廊道(二层架空),现被封用来堆放杂物。

(1)地面、楼面。

廊道为三合土地面,一层房间原都为木地板地面,现除北次间还保留木地板外,其余都被改为水泥地面。

三合土地面有起坑、松散、凹凸不平,60% 破损。一层木地板有磨损、部分霉烂,现上表面覆盖有木皮。二楼木楼板破损严重,特别是廊道部分,在廊道的南段已霉烂塌陷。

(2)木构架。

木构架布局总体上基本保存良好。破损霉烂占比为 20% 。

在一层廊南与垂莲柱连接的梁、枋连接处有 50 cm 长霉烂严重,榫头已无支撑力。二楼南段檐柱倾斜,柱头与挑拱脱离,即将倒塌。二楼南稍间檐檩霉烂严重。

北稍间地栿有一半已虫蛀破损松软。

(3)装修、门窗。

一层南次间、北次间、北稍间廊道处西隔扇门被人为拆除,外移至廊柱间,把廊道归为室内使用。南稍间廊道处木隔扇门上部被改造为玻璃。一层后墙下部砖砌部分砖体和上部分木隔墙破损严重,砖墙开裂砖脱落,粉刷层已全部剥落,木隔板有 60% 霉烂。

二楼南稍间廊道处隔扇门被拆除内移,各房间之间隔墙处的门被封死,南稍间东外墙被拆除,并与人为搭建的阁楼连通。

二楼美人靠坐板、栏杆腐烂、虫蛀严重,破损率为 40% 。

北部与围墙结合一起的砖砌外墙处木门已破损脱落。

(4)楼梯。

楼梯板破损严重,部分脱落,破损率为40%。

(5)墙体。

南砖砌隔墙东门洞和北门洞被人为封死。北与围墙结合在一起的砖砌外墙破损开裂。

(6)屋面。

挑檐椽条霉烂破损,檐口封板霉烂,瓦当脱落,一层破损率为40%,二层破损率为30%。屋面瓦破损率为30%。

后西厢房改造情况如下:

后西厢房有两间即北次间和北稍间被改造过,改造后的屋面比原有的屋面高度抬升,二楼廊道被隔在房间内,没有了廊道,一层大部分屋檐被拆除。北外墙除了门台外都已被拆除改造,据考证原应该与东厢房的北外墙类似。

后天井处外墙被人为拆除,各房间与围墙连在一块,后天井被人为改造为房间内部使用。

南两间每间中央楼板都被人为改造为开设楼梯洞口,从一楼上二楼使用。二楼南次间朝前天井处延伸并人为搭建跳空阁楼。

(1)地面、楼面。

廊道为三合土地面,有60%被改造为水泥地面。一层房间原为木地板地面,现除了南稍间和南次间东半间外,其余都改为地砖和水泥地面。

二楼南两间原木楼板还保留,但表面被粘贴木皮。北两间整体被人为改造过。

(2)木构架。

木构架除了南两间部分保留外,其余的都被人为拆除改造过。

(3)装修、门窗。

一层南次间、南稍间廊道处隔扇门被人为拆除,改为木玻璃落地门,后部外墙被人为拆除。二楼前后外墙都被人为拆除。

二楼美人靠坐凳、栏杆都被人为拆除。

南稍间还遗留一层屋檐,檐椽和檐檩破损率为30%。廊道望板霉烂率为40%。

北两间整体被人为改造过。

(4)楼梯。

楼梯板破损严重,部分脱落,破损率为40%。

(5)墙体。

南砖砌隔墙门洞被人为封死。

(6)屋面。

屋面瓦破损率为30%。

7. 天井

天井被人为改造较多。前天井、中天井、后天井和前屋东、西两侧天井地面都被人为浇筑水泥地面,厚度为6~8 cm。东、西侧天井排水沟被人为改窄,除了少部分还保留外,大部分被填塞,填塞率为90%。

前天井东靠近东厢房外墙处人为搭建小屋。后天井东北角处人为搭建小屋。前屋西小天井东侧人为搭建临时厕所。前屋东小天井上部被人为搭建棚盖。

西侧天井南端被人为改造为小屋，中段和北段上部有阁楼搭建，北段被改建为厨房和小房间。

东侧天井南端被人为搭建棚盖，原水井被破坏改造，现状为鱼池。北段在北厢房处被改造为室内使用。

8. 围墙

前围墙东段被人为拆除，改建为两间二层的砖混建筑的外墙。

前围墙西段下部分粉刷层风化剥落，砌体开裂严重，有丛多裂隙，底部砖裸露粉化、酥松，墙面青苔生长。西段的西部墙体人为开洞破损情况严重，最西端上部边缘已坍塌。围墙的下部分表面被人为刷白破坏。

后围墙东段有开裂，少许倾斜，墙头杂草爬藤植物生长，有较多苔藓生长，破坏砌体。砌体表面粉面抹灰层风化剥落脱落，外露砖面局部粉化、酥松，有部分已脱落。

后围墙中段压顶破损，青苔、杂草丛生。内墙面石灰装饰面风化严重，青苔丛长，墙体有明显倾斜。

后围墙西段除了嵌墙小门台外被人为改造重新砌筑过。

9. 其他

整座宅院各电线等线缆为后安装设置，大都未穿套管保护，凌乱不规范，存在安全隐患。

二、洪宅修缮的共生设计完成后效果

洪宅经过前面所述的调查结果材料，进行有针对性的修缮设计，在修缮设计中，除了遵守"不改变原状"，可识别和可逆性，原形制、原结构、原材料、原工艺、原建筑样式，最低干扰等原则外，还把建筑共生学理论贯穿于整个修缮设计过程中，使其更能体现出历史建筑的文化承载内涵。

该建筑在长期的使用过程中，被人为改造严重。在调查过程中，根据留存着的空间结构布局和材料、构造等还能推测出其原来的形状、体量、高度、色彩、内外空间。采取恢复、保留、加固等各种措施，运用建筑共生学理论，提高有利的方面、削弱有害的方面等措施，使其体现出最大的文化价值。

1. 后东、西厢房恢复

后东、西厢房在使用过程中被改造了不少，特别是后西厢房被人为改造特别严重，可以说是面目全非。

后西厢房被改造部分参考遗留部分和后东厢房未被改造部分，进行推测还原，绘制施工图，按照施工图施工，施工后达到了预期要求。屋顶抬高部分拆除减低恢复，被后添加改造部分拆除，原有木构件保留，新增各木构件，重新建造恢复。使其自身的形状、体量、高度、内外空间处于互利共生关系，共同表达出传统木构建筑的形制特点，同时与历史风俗习惯、地域特征互利共生。改造后，从其建筑形体上反映出传统文化思想，传统文化在其形体上得到延续。(见图 7-5-7 ~ 图 7-5-9)

图 7-5-7　后西厢房恢复前

图 7-5-8　后西厢房恢复施工中

图 7-5-9　后西厢房恢复后

后东厢房有三间廊道被改造为室内使用，经详细勘查考证，发现北稍间廊柱柱础为方形石，其余廊柱柱础都是不同的圆形石，另外有地栿的两侧木柱石础都为方形，方形石便于镶嵌地栿，推断该稍间处没有通道廊，只有挑檐下小道廊。进行恢复和修缮，完成后达到预期效果。（见图 7-5-10、图 7-5-11）

图 7-5-10　后东厢房恢复前

图 7-5-11　后东厢房恢复后

该后东、西厢房不是绝对的对称，为总体上对称，局部不对称。后西厢房北稍间处就是通达廊道，廊道底围墙处建造嵌墙小门台，开设后门，通达后巷。布局不对称的安排说明古人建造房子非常注重实用性，不为绝对的对称美观思想所束缚。恢复后，把古人的建房实用性思想体现在建筑体上。

2. 后围墙保留和恢复

后围墙东段进行保留性修缮，后围墙西段进行模仿恢复性修缮。

后围墙东段除了清除杂草、局部修复、局部加固外，基本保持现状。原有外墙面抹灰风化脱落部分除了局部加固抹面外，其余大部分保留现状，不重新抹面（见图 7-5-12、图 7-5-13）。在保障安全的范围内，保留历史沧桑感，把历史时间凝固在围墙上。外墙抹面的风化剥落和裸露出来的带有风化痕迹的历史青砖，是自然的空气、雨水、阳光、温度、湿度等长时间的有损作用的结果，也是围墙与它们共生的可感触到的一种表现。保留这种现状，能满足人的一种追忆历史的情怀，看到这种斑驳的破旧现象，更会勾起对历史的追忆。若重新粉刷，那种历史感就没有了。这样修整处理，目的就是为了能够更加体现历史文化和建筑构件的互利共生。

图 7-5-12 后围墙东段修缮前

图 7-5-13 后围墙东段修缮后

后围墙西段除了嵌墙小门台保留外，砖砌墙拆除，模仿后围墙东段修建。经过考证，现存的后围墙西段为后来改造，原来样式如何已无法查证，保留还是恢复，需要综合衡量。若保留，也能体现建筑在使用过程中被改变的一段历史证据，但作为宅院的完整性有缺陷；若模仿东段恢复，宅院的完整性可得到体现。另外，考虑到保留的东段已留存年代久远，不知何时会承受不了自然界的侵蚀而坍塌，于是模仿新建的西段并留存这种比较特殊的带有防火功能的马头墙围墙；再者，该处外观上体现了宅院的完整性，并反映了历史建筑对称性的历史文化含义（也是文化符号的一种有利共生），于是决定模仿东段进行恢复。（见图 7-5-14 ~ 图 7-5-16）

图 7-5-14 后围墙西段恢复前

图 7-5-15 后围墙西段恢复施工中

图 7-5-16　后围墙西段恢复后

在恢复设计中,把现代技术的钢筋混凝土用上,砖砌墙体中加进钢筋混凝土圈梁和构造柱,使墙体更加稳固。比原留存的东段有更高的安全性和坚固度,这样,恢复的西段比东段有更长的自然寿命。

3. 前内门台修缮

前内门台上部横额和三角顶砖雕被人为破坏铲平和覆盖,保留现状(见图 7-5-17、图 7-5-18),留住这段破坏历史文化和摧残文物的沉痛历史,深刻地吸取教训,唤醒人们对历史文化的重视,使历史与实物共生互动,见证历史。如果复原雕塑,虽然能让雕塑内容重现,但对历史造成了破坏,表现不出那段破坏文化的愚昧历史。

图 7-5-17　前内门台修缮前

图 7-5-18　前内门台修缮后

为了完整保留门台，对断梁的处理非常关键，石梁开裂存在着严重的安全隐患，门台上部的中央重量依靠石梁承托，开裂使石梁失去了承载重量的功能，增加了门台坍塌的风险。

经过研究比较多种方案后，在开裂石梁上部加入钢筋混凝土梁，来代替石梁承托上部重量，石梁依靠自身的剪力悬挑在石柱上。如何加入钢筋混凝土梁是个难题，若处理不妥，就会破坏门台上部。

在施工前，首先用钢柱顶住石梁，以免施工过程中操作不慎，使门台塌下来。在确保安全的前提下，从门台的后部挖开石梁上部砖块，插入纵向钢筋和横向钢筋，横向钢筋钻空植入门台前部砖墙，然后在后方建立漏斗，导入高坍落度的混凝土，浇筑钢筋混凝土梁，混凝土达到规定的强度后，拆除加固钢柱和封砌后部砖洞（见图 7-5-19 ~ 图 7-5-22）。

图 7-5-19　内门台石梁断裂

图 7-5-20 内门台石梁加固施工

图 7-5-21　内门台开裂石梁加固施工后内外表

图 7-5-22　内门台开裂石梁加固施工后外外表

施工完成后，达到了预期要求，现代技术与古门台互利共生，门台得到了原样保护，现代技术得以充分发挥其作用。

4. 前西厢房修缮

前西厢房也称“西洋楼”，外观砖砌壁柱、窗拱、腰线，仿西式构造明显，砖雕、木构又是中式，是中西合璧的典型建筑案例。木柱梁被砌筑在砖砌体内，木柱承载屋架和楼盖，砖砌体自承重。

该建筑修缮重在保留墙体，最大限度地降低安全隐患。东侧墙体除了局部清除风化抹灰层并重新抹灰保护外，不做其他恢复，保留现状。（见图7-5-23、图7-5-24）

图7-5-23 前西厢房东立面修缮前

图7-5-24 前西厢房东立面修缮后

南墙体裂缝用增强剂加固处理后，剔除风化抹面，重新粉刷保护。（见图7-5-25、图7-5-26）

图7-5-25 前西厢房南立面修缮施工中

图7-5-26 前西厢房南立面修缮后

北墙体清理苔藓、拆除挨着墙体的小屋，呈现完整墙体面，不做其他改变形状的修补，保留完整墙体。（见图7-5-27～图7-5-29）

图 7-5-27　前西厢房北立面上部修缮前

图 7-5-28　前西厢房北立面下部修缮前

图 7-5-29　前西厢房北立面修缮后

东墙体拆除后加构造物，清理杂草苔藓，一层剔除风化抹面，重新抹面保护，二层保留清水墙现状。（见图 7-5-30、图 7-5-31）

图 7-5-30　前西厢房东立面修缮前

图 7-5-31　前西厢房东立面修缮后

屋盖和对墙体加固是降低安全隐患的重点。(见图 7-5-32)

图 7-5-32　前西厢房屋盖修缮施工中

原屋面渗水,屋盖木件霉烂严重,整个屋盖重新制作,在小青瓦下部增加卷材防水层。在屋盖木人字架支撑点下方墙体中的木柱旁植入钢管柱,增加竖向受力。(见图 7-5-33、图 7-5-34)

图 7-5-33　前西厢房墙体加固施工 1

图 7-5-34　前西厢房墙体加固施工 2

屋盖处,在四面墙体内圈增设钢筋混凝土圈梁,圈梁植入横向钢筋与四周砌体拉结,加强四面保留墙体的整体性,提高安全系数。

5. 前外门台修缮

前外门台除了破损修缮恢复外,其大门修补保留还是重新制作也是个关键点。

该大门是双扇内开木门,门扇朝着外侧一面包裹铁皮,是典型的旧时木构建筑的防火门制作构造方式。该防火门铁皮下半部生锈严重,木板下部有腐烂脱落。若拆除重做,历史信息损失比较大。经过研究比较后,把原防火门拆下来存放,放置在该宅院的历史文化展览室内,并在实物旁做好文字介绍。然后根据原防火门构造制作仿制品，安装上去，这样既保留了原品，留存了历史信息，又进行了新品更新，二者兼顾，让历史信息和现代信息互利共生。（见图 7-5-35 ~ 图 7-5-38）

图 7-5-35　前外门台修缮前上部

图 7-5-36　前外门台修缮前下部

图 7-5-37　前外门台修缮后内外观

图 7-5-38　前外门台修缮后外部门外观

6. 屋顶被加建恢复

该宅院共有 16 处人为改造加建的，其中改造屋面加建气窗有 13 处。屋顶后来改造加建的部分对整体宅院的完整性造成破坏，决定恢复完整性，对屋顶各后来改造加建的部分进行拆除，恢复原来屋顶的形态。（见图 7-5-39 ~ 图 7-5-44）

图 7-5-39　中西厢房和正屋屋顶被改造加气窗

图 7-5-40　东后厢房屋顶被改造加房

图 7-5-41　正屋西稍间屋顶被改造加气窗

图 7-5-42　前屋屋顶被改造加气窗

图 7-5-43　被改造气窗内部

图 7-5-44　拆除被改造气窗

7. 外空间修缮和恢复

传统建筑非常重视外空间的打造，天井、廊道等都是精心布置的，该宅共有七个天井、两个回廊、两个直廊。宅院占地面积为 1022 m^2，其中天井就有 321 m^2，廊道有 207 m^2，宅院的外空间就占一半的宅地。对宅院外空间的完整恢复和修缮能使其外空间与材料、构造、界面、文化、自然等互利共生在一起。

如图 7-5-45 ~ 图 7-5-49 中，为前屋、正屋、中东西厢房围合的宅院中央天井、回廊在修缮施工中和施工完成后的图片。修缮施工完成后，格局清晰，展现了传统的风格，留存了"天人合一"的含义。

图 7-5-45　中央天井和回廊修缮施工 1

图 7-5-46　中央天井和回廊修缮施工 2

图 7-5-47　中央天井和回廊修缮施工 3

图 7-5-48　中央天井和回廊修缮后 1

图 7-5-49　中央天井和回廊修缮后 2

宅院东侧天井由东厢房、中厢房、正屋东外墙和东后厢房东廊柱及东围墙界面构成,呈狭长形。廊道由东后厢房东外墙和廊柱构成,呈直线形,北围墙处开门通向宅院外部巷道,南折通向后天井廊,构成宅院的内外连通通道。(见图 7-5-50 ~ 图 7-5-52)

图 7-5-50　东侧天井修缮前 1

图 7-5-51　东侧天井修缮前 2

图 7-5-52　东侧天井廊被改造封堵

东侧天井和廊道各界面被人为改造严重，如木墙板被拆，大部分窗户被拆后改为玻璃窗，廊道被封堵等。经过恢复和修缮后，达到预期设计效果。新材料与旧材料、空间与界面、空间与文化、空间与材料等达到了互利共生。（见图 7-5-53、图 7-5-54）

图 7-5-53　东侧天井廊修缮后

图 7-5-54　东侧天井修缮后

西侧天井由西前厢房、西中厢房、正屋西外墙、西后厢房西廊柱及西围墙等界面围合构成，贯穿宅院南北。廊道由西后厢房、西外墙和廊柱构成。（见图 7-5-55、图 7-5-56）

图 7-5-55　西侧天井修缮前 1

图 7-5-56　西侧天井修缮前 2

西侧天井和廊道各界面同样被人为严重改造，地面排水沟被封填，外墙面包括门窗被拆除改造。恢复和修缮后，达到预期设计效果，展现了与文化的互利共生。（见图 7-5-57、图 7-5-58）

图 7-5-57　西侧天井廊修缮后

图 7-5-58　西侧天井修缮后

8. 内空间的修缮和恢复

传统木构建筑内部空间方正而温馨，空间大小适合人体尺寸和家具摆放。该宅在长期的使用过程中，经历了多次的人员使用更替，在这次修缮前，有 19 户家庭居住使用，相当于一户家庭只分配到一到两个房间使用，由于生活中的吃睡等家居需要，不得不改造内部空间。内部空间的各界面被改造得面目全非，但空间大小尺寸框架还能辨认，建筑的大部分木构结构和局部木板、门窗还预留，根据留存的各构件样式进行复制等，恢复各内部空间的各界面。（见图 7-5-59 ~ 图 7-5-62）

内部空间在修缮和恢复后，达到了预期设计效果，文化、材料、风俗等各因子达到了完美的有利共生。

图 7-5-59　中东厢房南次间二楼修缮前

图 7-5-60　中东厢房南次间二楼修缮后

图 7-5-61　修缮后内空间之一

图 7-5-62　修缮后内空间之二

9. 材料构件的保留和修缮

宅院主要由木材、石材、砺灰、砖、瓦等材料共生组合而成，特别是木材，通过手工技术工艺制作各种不同的构件用于构筑建筑物。保留遗留部分并进行修补、修复、复制是建筑与历史文化信息互利共生的一种重要手段。

该宅院遗留的木门窗隔扇镂空花纹有6种不同的样式。破损的进行修补，同一隔扇缺少部分用同一花纹复制填补。隔扇被拆除改造为玻璃门窗的部位，用留存的隔扇花纹样式进行复制制作，更换被改造的玻璃门窗。修缮完成后，门窗达到了新旧材料的共生融合，使材料与文化互利共生。（见图7-5-63、图7-5-64）

图7-5-63　木隔扇的修补

图7-5-64　木隔扇的修复

对破损的二层廊杆、地板进行修复后，完整呈现了“美人靠”样式及其空间形态。（见图7-5-65、图7-5-66）

图7-5-65　破损廊杆地板修缮前

图7-5-66　破损廊杆地板修缮后

对木地板破损部分进行修补，原遗留的木板进行保存，不更换。对还留存着的三合土地面进行保护、保存，原样不动地保留，能使地面地板的历史信息得到有效保护和留存。（见图7-5-67、图7-5-68）

图 7-5-67　木地板的保留与修补

图 7-5-68　三合土地面的保留

该宅院在中厢房与正屋之间屋架、正屋与后厢房之间屋架砌筑有防火墙，屋架柱梁之处留有通气孔，防止木构件受潮霉烂，用这种各方兼顾的组合形式来保留和修复，使其历史信息较好地留存下来。（见图 7-5-69、图 7-5-70）

图 7-5-69　修复后防火墙体之一

图 7-5-70　修复后防火墙体之二

宅院侧围墙存在着部分坍塌和部分被改造拆除。用坍塌下来的石块重新进行砌筑和恢复，不足的用新石块进行补充，原石墙砌筑是用黄泥加少量的砺灰填石缝，重新砌筑时用现代的水泥沙浆填缝，比原先的石墙更稳固。（见图 7-5-71）

图 7-5-71　围墙恢复施工

宅院有四根垂莲柱,有三根用砖砌柱进行支撑,柱头和其连接的各木梁枋严重腐烂,也看不出柱头的原样式。但有一根垂莲柱用木柱进行临时支撑,还能完整地保留垂莲柱的样式。根据留存的一根垂莲柱的样式进行复制制作,恢复其余三根垂莲柱。修缮后,效果还不错,达到了预期的设计要求。(见图 7-5-72、图 7-5-73)

图 7-5-72　破损垂莲柱修复前

图 7-5-73　破损垂莲柱修复后

10. 现代技术的加强

对历史建筑的修缮,原则上是用原有材料、技术、工艺进行修复,但不是绝对的,修缮的目的是最大限度地保留历史信息,并尽量延长其寿命。

该宅院原用木材为杉木,修复木构件也用杉木,但在用现代的杉木时,用现代科技材料对木材进行防腐防虫处理,增强了木材寿命的性能。防水方面,原屋面是依靠青瓦片防水,没有防水层,这次修缮时,增加了现代科技材料防水卷材,增强了屋面的防水性能,对保护木构建筑整体起到了延长寿命的作用。(见图 7-5-74、图 7-5-75)

图 7-5-74　木料添加防腐剂

图 7-5-75　屋面防水层增加

对整个宅院进行消防设计，增加消防设施，提高防火性能。宅院原本也很重视防火，如防火墙、防火门、水池等的设置，现代修缮更需重视消防设施的设置。（见图 7-5-76、图 7-5-77）

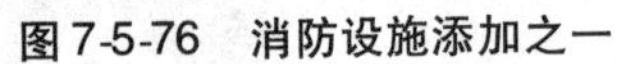

图 7-5-76　消防设施添加之一

图 7-5-77　消防设施添加之二

宅院在使用过程中，各种电线拉结裸露、凌乱，存在着严重的火灾隐患，在这次修缮设计中，规范、加强了电线设计，消除此种安全隐患。（见图 7-5-78）

图 7-5-78　电线的规范布置

11. 历史文化的挖掘和记录

历史建筑的修缮对历史信息的保存非常关键，另外，各个时期修缮过程中的各种信息也是一种文化。西方的一些历史上的大教堂都在建筑内开辟有该建筑的历史展览室，展出有关该建筑的各种历史信息，通过图片、实物、文字等介绍，展示原始的建造过程、发生的历史故事、修缮过程的记录等，对该建筑的历史信息进行全方位、全过程的展示。

在对洪宅的修缮设计中就提出建立洪宅历史展室,在该宅院内选择一个房间作为展室使用。把与该宅有关的各种历史信息、物件进行收集,包括这次修缮过程中的各种信息。要求保存修缮过程中拆卸下来的不能用的各种历史材料、构件等实物并记录好拆卸的位置、功能信息等,在修缮完成后,摆放在历史展室内,同时附上文字说明,这也是一种历史文化实物信息。

如图7-5-79就是在宅院修缮后,在正屋西尽间的保留楼梯旁堆放着各种拆卸下来不能用的历史材料、构件等。图中该木梯是住户搭建的木梯,要求不要拆除该木梯,就放置在原处,以见证该段历史。该宅院原是一大户人家,收归国有后,在计划经济时期,分配给多户人家居住,该户原主人分到该间房,其他房间分给了别人,但房子不够用,需要利用房间的上部阁楼空间,但上去的楼梯在比较远的公共通道内,若通过公共楼梯上去也得经过他人居住生活的空间,生活极不方便。但要想利用自己的阁楼空间,就不得不在自己的居住房间内搭建一部楼梯上去。现在,随着国家经济的发展、对历史文化的重视,把原居住在该宅院的居民全部进行了外迁,对宅院进行整体修缮和保护,此时,该楼梯也就失去了其原有的作用。

图7-5-79 保留的改造楼梯和拆卸构件

该楼梯的原址保留是为了见证该宅院历史使用过程中的一段历史,也是社会历史发展过程中的一个片段缩影,历史是不能磨灭的,即使没有了实物,真实的历史也是永远存在的。但若有实物见证,便可呈现出历史的可见性,这也是一种文化的表现形式,也能更加丰富历史建筑的内涵及其存在的历史意义。

后 记

于2014年形成建筑共生体概念，至2019年9月完成《建筑共生学理论及应用》书稿理论部分，并申请知识产权，2019年11月获得知识产权登记证书。2019年11月底完成书稿的案例部分，2020年8月完成书稿的修改，至11月初完成校对定稿。

在书稿完成过程中，得到了许多人的帮助和支持。

业内前辈丁俊清不辞辛苦，特地抽出时间研读了书稿，标注了许多宝贵的建议和意见，其真知灼见为我进一步修改完善书稿奠定了基础。在我提出请他为书稿写个序时，谦虚地推托没资格写，为此推荐了三名全国业内知名人士来为书写序，这让我非常激动。最后在我的盛情邀请下，为书稿写了序，其精神和眼界值得我终生学习，在这里表示衷心的感谢！

浙江大学建筑设计及其理论研究所教授、博士生导师、所长，我的老师徐雷，给书稿写了寄语。温州市政协原副主席、温州建筑文化研究会会长章方璋，给书稿提出了宝贵的意见和建议。前领导苏骊来对书稿提出了诚挚的宝贵建议，使我能更好地为书稿做下一步的工作，还为书稿写了评语。前同事胡雄健通读了书稿，并进行了勘误校对。在此对所有人表示诚挚的感谢！

还有施建光、郑国良、汤伟民、孙于、徐志权、陈志武等同行和同学，为书稿提供了不少帮助和建议。书稿的完成离不开父母、妻子应雪琴、姐姐潘双燕、弟弟潘金瓯和潘文才、女儿的支持，也离不开许多亲戚朋友和业内人士的帮助。在这里表示衷心的敬意和感谢！

2020年11月12日